Our basic necessities

格调生活

我们的衣食住行之美

李宁 / 著

九州出版社

JIUZHOUPRESS

图书在版编目（CIP）数据

格调生活：我们的衣食住行之美 / 李宁著 .—北
京：九州出版社，2018.1
ISBN 978-7-5108-6574-9

Ⅰ . ①格… Ⅱ . ①李… Ⅲ . ①生活—美学—通俗读物
Ⅳ . ① B834.3-49

中国版本图书馆 CIP 数据核字（2018）第 019792 号

格调生活：我们的衣食住行之美

作　　者　李　宁 著
出版发行　九州出版社
地　　址　北京市西城区阜外大街甲 35 号（100037）
发行电话　（010）68992190/3/5/6
网　　址　www.jiuzhoupress.com
电子信箱　jiuzhou@jiuzhoupress.com
印　　刷　北京盛彩捷印刷有限公司
开　　本　710 毫米 ×1000 毫米　16 开
印　　张　31
字　　数　540 千字
版　　次　2018 年 1 月第 1 版
印　　次　2018 年 1 月第 1 次印刷
书　　号　ISBN 978-7-5108-6574-9
定　　价　78.00 元

衣

食

住

行

前
言

　　一直想写这样一本书：在男人们的办公桌上，在女人们的枕边，在学生们的课外读物里，在旅行者的背包里都能看到。

　　导演们可以把它搬上银幕，可以拍成电视剧，可以制作成动画，可以当童话说给孩子们听。有人会问:可以吗？我说:简单，容易。其实是不简单，也不容易。

　　看这本书时，最好把自己当成一个地球人。这样你就能用旁观者的眼光，平静地看待书中或熟悉，或陌生的人和事。你会发现，衣服原来也可以这样穿，饭菜又可以这样烧，房子这样盖才漂亮，地球上有这么多好玩儿的地方。

　　在这个蔚蓝色的星球上，无论我们住在哪里，都应该发掘生活中的美。让我们热爱生活，呵护地球这个人类的美好家园。

衣

霓裳演绎

光着身子在妈妈肚子里自由自在的，没觉得有什么不对劲的地方。当"哇"的一声赤条条来到这人世间，才感觉应该有块遮羞布。还好妈妈早已准备好柔软的衣服和暖暖的被子，躺在里面看着周围的一切，感觉真的是换了人间。

服饰的演变过程，就是一部人类发展的文明史。人类从婴儿、少年、青年、中年到老年，每个年龄段都有不同的衣饰风格。衣服的款式、色彩及流行趋势，是服装设计师的工作，我们只要掌握选择和搭配的技巧就足够了。在不同的时间、地点、季节选择适合自己的衣服，是一门学问。

真的是换了人间

在学校图书馆查阅资料，是易德和小希开始准备毕业作品计划的第一步。在讨论用什么布料，制作哪几款服装样式时，他俩的想法很多。服装学院的学生，可能是听的、看的有关服装方面的信息、流派种类繁多，所以想法也更多，有时不知道该如何取舍和选择。设计什么风格？是古典与浪漫，实用与高雅，还是方便与舒适，休闲与自由？

最后，他俩还是订下初步的设计计划：

用实用与高雅的风格来设计制作——职业装；

用舒适与个性的风格来设计制作——休闲装；

用随性自由的风格来设计制作——牛仔装；

用古典、浪漫的风格来设计制作——晚礼服。

按他俩的计划，设计工作由两人分工负责：

小希负责职业装、牛仔装的设计与制作。

易德负责休闲装、晚礼装的设计与制作。

各自按需要寻找和查阅有关的资料，这一切的设计规划都是在学校草坪边的一个小亭子里完成的。易德一会儿坐在石板上，一会儿躺在草坪上，活泼好动的性格，使他显得有些不安分。这也是这个年纪的人的特点，思维活跃又是他的优点。小希比易德小两岁，是个性格温和的小伙子。用温文尔雅来形容他，再贴切不过了。一温一火的性格使他俩成为形影不离的好朋友。他俩性格不同，却有着共同的爱好。这次毕业实习自然就在一起合作进行毕业作品的设计。易德今天穿着件白色的 T 恤衫、蓝色的牛仔裤、白色带条纹的运动鞋，是学生们最常穿的款式。简洁、清爽、大方，显得年轻而有活力。小希穿件小格子的衬衫、浅灰色的西裤、休闲的皮鞋，像个小绅士似的坐在石凳上，手里拿着笔写着什么，嘴上说："还有什么想法，快说，我都记下来。"

易德起身走过来，坐在小希身旁说："小兄弟，就这么多，先找到所需的资料，看看能找多少，我再详细地说。"

小希说："好吧，按计划我俩分工进行，你需有时间概念。"

易德说："知道啦，怎么婆婆妈妈的。"

小希说："好啊，看你到时间，可能把所需资料全部找齐。说好了，你别遇到问题都推到我身上，我俩应按计划行事。"

易德笑笑说："好兄弟，放心。我保证按时完成作业，交给你过目。"

小希看看他，没说什么。他俩在一起，小希虽然小两岁，却像个大哥哥一样管着易德。易德虽有些烦他，但还是会按他说的办。对于小希的唠叨，从不生气。这就是为什么他俩总能和平相处的原因。反过来说，小希又是易德保护的对象。在外面遇到什么难办的事，总是易德出面解决。这使得小希又把易德当大哥哥，觉得与他相处比较有安全感，可以自由自在地想到哪儿都可以。

在外人的眼里，他俩是配合默契的哥俩好。就连学校的老师，都看好他俩，认为他俩发展得好，今后一定有大作为。同班的女同学，也会经常背后谈论他俩的长相、穿着。说他俩外形像兄弟。他俩单独在一起时，又像是小两口，相互有争吵、有关心。班上有好多女同学喜欢他俩。但有个女同学例外，她就是班上号称"理性女丽人"的陈艺，外号"夏娃"。同学们都说，有两个亚当引诱她"偷吃禁果"都不容易，因为她就像不食人间烟火的"机器人"，一切都按照程序办事。就好似从外星来的"超人"，不管是外形还是心智都几乎完美。这也成了她的缺点，不懂人情交往。同学们预测，她的另一半一定是在外星。所以与她相处，没什么顾忌，随意、自然，不用什么心思，就可以和平相处，男同学，女同学同样相待。这就是为什么同学们都称她为"理性女丽人"的原因。

陈艺有在雨中散步的习惯，每当下起小雨，她都会在学校的林荫小道上散步。细细的小雨，飘飘洒洒地打在脸上身上，会让她觉得很舒服。湿润的空气散发着迷人的清香，天地之间笼罩着灰蒙蒙的雾，仿佛走在云雾里，有一种飘飘然的感觉。在这样的环境里漫步，能使人慢慢静下心来，悠然自得地欣赏这大自然带给人间的雨露。树上的叶子，地上的草儿，都被雨水清洗，重新换上了绿装。自然界的一切都会在雨中焕然一新，仿佛又有了生机。

我国历来被称为"衣冠礼仪之邦"。从古至今，中国的服饰都有着辉煌耀人的成就。通过这次详细查阅中国服饰演变的有关资料，使得小希着迷似的进入了古装的迷宫。他似乎回到古代皇宫里，看着帝王将相、妃嫔公主们的衣衫世界。小希连续数日在图书馆，查阅中国古代服饰的演变过程。他发现，古代服饰注重强调人与自然的和谐统一。

最早的人类是利用自然界的原始材料，如树叶、兽皮遮盖身体。起到御寒、遮挡的作用。用骨针缝织兽皮，用手工编织成布帛，男耕女织是我国古代家庭自给自足的自然分工。麻、葛植物纤维，在周代开始种植，种桑养蚕，织作丝绸的发源地就在中国。中华民族的发源地黄河、长江流域为中国古代人提供了生存的自然条件，形成了以血缘关系组成的家庭单位。看着种类繁多，随时代变迁而变化的各类服饰，小希佩服古代人在简陋、原始的条件下，能够制作出如此寓意深厚的各类服饰。

古代男装

比如：日、月、星、辰、山、林、火、华虫、鸟兽，都被给予象征意义，反映了中国古代人"万物服体"思想观念。

日、月、星、辰：代表三光照耀，象征帝王皇恩浩荡，日月代表天相，为"天子"皇帝服饰专用。

山：取其稳重，象征皇帝稳重性格，能治理四方水土。

华虫：取其文丽，象征帝王要"文采昭著"。

火：取其光明，象征帝王处理政务光明磊落。

古代女子服饰

小希正在电脑前看资料，这时，易德提着一袋汉堡、饮料，走进图书馆，对小希说："未来的设计师，好啦，别光顾着穿衣，我们该吃午饭啦。"

小希这才想起到了吃饭的时间，两人走出图书馆，坐在外面荫凉的台阶上吃午饭。

小希说："你这粗心的大哥，这回想起给我送饭，真是难能可贵。"

易德说："那是，看对谁，咱俩谁对谁。"

说着两人坐下，一边吃饭一边说着话。

小希说："今天看到一个不常见的字'黻'，是从'己'字演变而得，意取其明辨，古人把这个字变成图纹绣在帝王衣饰上，代表帝王明辨是非、知错就改的美德。"

易德笑着说："善仔，说明古人的想象力也很丰富，以图示意。"

小希说："读历史就是真长见识。"又说，"你给我起的外号，听起来还算好听。"俩人说着话走进图书馆大厅，坐在桌子旁，继续查阅有关资料。小希又在书架旁翻阅有关隋唐时期服饰着装特点和发展演变过程。易德从书架上抽出几本书，走到桌子边，坐在小希的旁边。小希转过头看着他说："你准备看哪个时代的？"

易德说："我找到了隋唐时代的，但我想的是，这一时期，特别是唐代是我国古代发展，最繁荣的鼎盛时期。男性服装主要是皇帝，大臣们穿的官服与我们设计的服装关系不大。不过，唐代丝绸发展与制作的技术相当高超，所使用的图案、花纹，对我们设计晚礼服有借鉴作用，特别是唐代女装，裙腰系得很高，形成高腰，抹胸，下摆齐地的特点。这对我们的设计很有启迪，我们在设计晚礼服时，前胸可用宽边绣花图案，裙子用丝绸面料，长度直达脚面。因丝绸面料柔软飘逸的特点，走起路来自然向后飘，长一些不会影响走路。"说到这儿，易德问："你知道古代人讲的石榴裙的来历吗？"

小希说："听说过，就是女人穿的裙子吧？"

易德说："告诉你，唐代的女子穿着裙子的颜色有红、绿、黄。以红色为最时尚，加上当时染红裙子的染料，是从石榴花中提取的，因而红裙就被称为'石榴裙'。唐代的妇女以'健肥壮硕'为美。皮肤白皙粉嫩，是当时唐代女性的审美标准。按当代的说法，就是很性感。说明唐代物产丰富，女人们个个体态丰盈、富贵。唐代很多诗人对女性的着装有形象的描写。施肩吾的诗句《观美人》'长留白雪占胸前'，说的就是袒胸、抹胸的式样。在当时较为盛行，形成唐代特有的着装风格。唐代曾有一件红宝衣成就一代名将美好姻缘的故事。"

小希说："你这次收获不小，看资料都快变成诗人啦！说起话来文绉绉的。"

易德说："是吗！那就随我步入宋代游览一番，让你小子见识一下。'牡丹芍药蔷薇朵'怎么'都向千官帽上开'。"

小希走到易德跟前说："真的？当官的，帽子上会开花？"

易德说："当然！男女帽上都开花，没见过吧，这才叫作时尚。从下到上的时尚。看过韩剧《传闻中的七公主》吗？那里面孔支票喜欢戴各种花纹的头巾。没想到，早在我国宋代就是男人们喜爱的首服。还有专卖花冠的店铺。"

宋代男子佩戴头巾，有仙桃巾、幅巾、团巾、道巾、披巾、唐巾的习惯。由宋到元代四百年，经久耐用，成为社会各阶层男子最为喜爱的头巾。"怎么样，够时尚吧？"易德对小希说。

小希说："我明天就上街买块头巾系在头上，又挡太阳又时尚，怎么样啊？"

易德说："你不是想当第二个'孔支票'吧，那我称你小弟还是舅舅？那可是两辈人。"

小希说："怎么不可以，你没听说过，年过七旬的人叫刚出生的婴儿叔叔吗？"

易德说："没听说，你在为自己辩护吧，傻小子。"

小希说："信不信由你，反正我听说过。"

易德说："再来看看宋代女子除戴花冠还穿什么样儿的衣裙。"

"绫、纱轻薄面料在宋代为时尚的服装面料。颜色以浅、淡色为主。一般用淡黄色和粉红色的纱制成'轻衫罩体香罗裙'，裙子亦用轻薄的绫、纱质料。时有'薄罗衫子薄罗裙'，飘飘然然来到小希面前，看你如何是好。"易德笑着看着小希又说。

小希开玩笑地说："罪过，罪过。小的不敢承受，见谅见谅。"

易德笑着说："你小子平时胆子挺大的，看到女子怎么就像个小和尚。"

小希说："就是吗，你没听说，世上的女人是老虎的说法吗？"

易德说："你是说那首歌里唱的，小和尚下山，老和尚提醒他说，山下的女人是老虎，看到就躲开。可是，小和尚从山下回来后就得了相思病，说山下的女人不是老虎，而且很可爱。"

小希笑嘻嘻地说："你知道这首歌，会唱吗？唱来听听。"

易德说："你不看这是什么地方图书馆，人家都在看书，你叫我唱歌。"

"那只好换个时间再听你演唱。"小希摇摇头说。

宋代以后，受孔孟及佛教、道教思想的影响，人们对美学的观点也有所改变。衣冠服饰，以质朴、洁净与自然为好。在宋代织锦的品种达一百多种，刺绣、彩绘、染色技术已取得新的成就。印染的色谱已很齐备，以名家画为粉本的刺绣，达到很高的水平。妇女日常服饰，在衣边、袖边、裙边都以彩绘绣制的花卉图案来装饰。在众多服饰中，以"背子"最具特色，也就是现代人喜欢穿的背心、马甲。对人的身体来说，有保暖的作用；对衣饰来说，有点缀、修饰的作用。这种双重作用，使得男女都喜欢穿。

当时盛行的这种女装背子都有花边装饰。直到明代，人们穿着的背子都是这样的花边装饰，因而需求量很大。这就促进了宋代花边制作行业的兴盛。男子穿背子，为长袖，长衣身。腋下侧缝缀有带子，垂而不结，意为"好古存旧"。

在当时，京城里的男女，腰间围帛巾，以鹅黄色为时尚，俗称"腰上黄"，风行一时。宋代女子，常在裙子间挂上一根用丝带编成的飘带，串一个玉，制成圆环玉佩，被称作"玉环绶"挡住裙幅。为的是在走动时，裙摆不易敞开而影响美观。

由唐代演变过来的绕肩而垂的彩绣叫"霞帔"，是指其色彩似雨后天边出现的彩霞。下端用金或玉制成的坠子固定，这种服饰是宋代妇女的命服，随品级高低不同，是昭明身份的符号。

易德看到这儿对小希说："你看'腰上黄'和'玉环绶'在女式裙子上，主要起装饰作用。我们在设计晚礼服时，可在腰部、前襟与后背部位作些改动，加上长条或花纹的飘带，即可起到收腰和装饰作用，又可增加长裙的性感、飘逸，怎么样？"

小希说："当然可以。用类似印度纱丽的布料加上玉佩，就能起到很好的效果，我们可以尝试在晚礼服外加一件长外套。"

"我想是可行的，在外套的肩部，用七彩图案装饰，外套则用纯色，不带花纹。"易德说。

小希说："外套的长度可直达脚面，布料用加厚的丝绸。"

易德说："好的，我想可以考虑，我们再来看看蒙古人衣饰。"

历史上蒙古人进驻中原，改国号为元，称为元代。因所处的地理环境，蒙古人喜欢的色彩，无论是衣服、绘画、建筑都偏重于浓重鲜艳，这样可以打破所住环境在自然景色上的沉寂，增加些活泼的色彩，蒙古族尊崇火，因而对红色特别推崇，蒙古族男女都以袍服为主。

金代时的人们好披戴的云肩，到元代时制作就更加华美。云肩又叫作披肩，是隋代以后发展而成的一种衣服上的装饰。多以丝绸制作，围绕颈肩一周，是结婚嫁娶时，青年女子不可缺少的衣服装饰。至明清时期，云肩亦被广泛地使用。有如意式、柳叶式、荷花式，上面都有吉祥纹样。如富贵牡丹，多福多寿，连年有鱼。

到明代国号定为"明"，寓意"光明"。明代在历史上是相当活跃的时期。衣、冠服饰出现了丰富多彩的特点；南方有发达的丝织业，北方有纺织品；在数量、质量上都有很大提高。日常服饰有："程子衣"，大襟宽袖、外形宽博，非常适合于明代士庶，洒脱、随意和宽松的审美趣味，多为明代士大夫在家闲居时常穿用。明代最有特点的服饰是"百子衣"，百子意喻多子多福。有诗云："恰如翠幕高堂上，来看红衫百子图。"而多子图案的衣饰，则主要用于新嫁女子。

他俩翻阅历代服饰演变过程资料，主要目的是增长知识，开阔眼界。

易德对小希说："有些时代需作重点来详细解读，如明代时期的衣饰，应景纹样，就值得我们细细品味。"

明代人们的穿衣，需根据时令、季节和风俗，变换服饰的质料和纹样（这就是应景花纹）。

如一年四季，春、夏、秋、冬，不同季节，还有不同的节日，换穿不同的衣饰。当皇帝生日时，穿金彩绣灵芝寿纹衣服。皇帝改换年号，颁布新历，穿"宝历万年"纹样衣服。以谐音的图案，八宝、荔枝、鲶鱼来寓意。

在明清时期的纹样中，多用植物、花卉、

连年有余

动物和抽象图案为象征。喻义不同的吉祥喜庆的内涵。

植物、花卉、葫芦、葡萄、藤蔓象征长盛子孙繁衍；

灵芝、桃子和菊花象征长寿；

牡丹象征富贵；

石榴象征多子；

莲花象征清净纯洁；

并蒂莲花象征爱情忠贞；

梅花、松、竹象征文人清高；

玉兰、海棠、牡丹谐音玉堂高贵；

灵芝、水仙、菊花谐音灵仙祝寿；

五个葫芦与四个海螺象征五湖四海。

动物：

大狮、小狮相戏，谐音太师、少师。狮子滚绣球象征喜庆；

虎口衔艾叶是端午节镇压五毒的象征；

仙鹿、仙鹤象征长寿；

龙凤、孔雀、锦鸡象征地位；

鸳鸯象征婚姻美好；

喜鹊为七夕应景花纹；

鲤鱼跳龙门寓意科举得中；

鲶鱼、鳜鱼象征丰收；

蝙蝠谐音福字；

蜜蜂与灯笼、稻穗象征五谷丰登。

抽象图案有：寿、福、喜。

"百事大吉祥如意"七字作循环连续排列,可读成"百事大吉""吉祥如意""百事如意""百事如意大吉祥"。

佛教的八种法器：宝轮、宝螺、宝伞、宝盖、宝花、宝罐、宝鱼、盘肠是吉祥的标号，称为"八吉祥"。

明代首服，最具艺术特征的当属"凤冠"，奢侈华丽，璀璨夺目。冠上十二龙九凤，上部龙昂首升腾，下部凤展翅飞翔，龙凤均口衔珠宝，下部饰珠花，全冠共有宝石 121 块，珍珠 3588 颗。凤冠一般在妇女举行婚礼时使用。明代的帽类首服，样色款式都较为丰富。

　　我国古代的汉服都以宽袍长袖为"时尚"，是日常男女老少都穿的衣服。早期的衣服上系带，作用相当于现代的扣子。"服皆有带"也体现衣带飘飘的审美模样。因而，当代人看古代人，总觉得有些似仙人，到哪儿都是飘飘然而落，不像是走过来，而像是随风飘来似的，这跟古人穿的衣服样式有很大关系。

　　纽扣的使用，最早源于北方的游牧民族，后影响到隋唐的袍服。而纽扣的真正使用，是从明代开始，那时纽扣以左右为配对，一为纽，一为扣。多以金、银、玉、锡、铜为原料，制出花纹，镶嵌各类珠宝的纽扣。清代时期的纽扣有钉入式和活套式两种。钉入式是鐷条穿过纽扣，把扣固定在衣服上；活套式是可以将纽扣自由安装或取下的样式。清代乾隆以后的纽扣，工艺更为丰富，精巧。受西方穿着的影响，出现了平面洋扣，纽扣材质亦是丰富多彩。有金扣、银扣、玉扣、铜扣、螺纹扣、绕蓝扣、白玉佛手扣、包金珍珠扣、镶翡翠扣、全玛瑙扣、珊瑚扣、蜜蜡扣、琥珀扣、钻石扣、重皮扣。在使用上，结婚时穿"囍"字袍，配"囍"字扣；寿日时穿"寿"字衣，配"寿"字扣。从那时起，纽扣一直延续之今。

　　从清代开始，男子不分长幼，一年四季都戴帽子。冬天有暖帽，夏天有凉帽。

　　清代礼冠，惯用现代的话说，就是帽子的意思，名目繁多。

　　礼见时，用现在的话说，就是出席主要的活动，就穿吉服冠。

　　燕居时，用当代的话说，就是休闲时着常服冠。

　　出行，即外出旅游时，又有行冠，下雨时则有雨冠。

　　男子穿便服时穿鞋，穿着公服时穿靴，多用黑缎制作，这些鞋和靴的外形都成尖头。

　　清代妇女穿的鞋，非常有特色。是一种用木做底，鞋底的中部很高，一般高5～10厘米，有的高达14～16厘米，最高达25厘米左右。鞋底下小上大，似花盆，称为"花盆底"；鞋底下大上小的称为"马蹄底鞋"，统称高木底绣花鞋，而当代的高跟鞋都是后部最高。鞋面多是缎制，绣有各式花样，鞋底涂白粉，富贵人家鞋底周围镶嵌有宝石。女性在穿长袍时，穿这种高木底绣花鞋，走起路来姿态优美，非常好看。穿这种鞋走路，需有一个过渡期才能适应，才可以自由随意地走路。

　　清代的满人长期生活在草原上，称为"马背上的民族"。服饰以毛皮骑射为主，进驻中原后，受汉服的影响，对明代服饰加以改动，借鉴明代服饰的一些元素，比如，官服前襟上的"补子"仍采用明代的文、武官员的职别标识。九品以上的文、武官员，衣服上的前胸都有一块方形绣动物的补子，代表职位的高低。

　　小希看到这儿对易德说："联想当代人穿的T恤衫上，特别是年轻人，胸前背后都有装饰画，图案有人物、文字、山水、花鸟、抽象派、印象派的各种图案，但不代表职位，级别，只代表个人喜好，这是当代人的时尚标识。"

清代妇女的服饰有两种，满族妇女穿长袍，汉族妇女穿上衣下裙为主。旗袍是满族妇女最有特色的服装。清兵入关后，全国上下"剃发易服"，汉族改变原有的服装，旗袍成为全国统一的服装，男女老少，一年四季都穿旗袍。

肚兜：是古代妇女都喜欢穿的贴身内衣，上面用布带系在脖子上，下面用布带系在腰间，用于遮住乳腹部，亦称心衣、兜子。唐代称为抹胸，清代称肚兜或兜肚。发展到当代，一般都用在婴儿身上，夏天穿单的，冬天穿棉的。上面绣有吉祥的图案、花纹，有连年有余、龙凤呈祥、连生贵子、双喜临门、麒麟送子。

古代的早期男女都穿裙子，到唐代以后，裙子专为女性穿着。清末时，裙子的形式出现很多式样，有些一直延续当今，成为女性日常服饰。

马面裙：裙子的前后有两个长方形外裙门，由此而得名。裙门上可绣多种图案，龙凤纹、波浪纹、亭台楼阁、云纹、花纹。

鱼鳞百褶裙：裙的两侧，打细又密的细褶，因而称"百褶裙"。走起路来，裙子的褶部形似鱼鳞，又称"鱼鳞百褶裙"。

响铃裙：在裙子上系满飘带，末端系以金银铃铛，走起路来，可产生清脆美妙的声音，取名"叮当裙"，又称"响铃裙"。

月华裙：裙幅共 10 幅。腰间每褶各用一色，清描淡绘，风动如月华，由此得名。

彩悦：是清代衣服上的一种装饰。上窄下宽，约长 1 米，有些像当代男性们系的领带。不同的是，领带是系在脖子上，彩悦则是扣在纽扣上，垂饰在左胸前。彩悦的色彩有品序之分，通常彩悦上双面绣喜字、灯笼、稻禾、蝙蝠、琴棋书画、凤鸟花卉纹样。

到民国时期，对国民礼服与公务员制服进行规定，男式为蓝袍和黑褂，女式为蓝袍和蓝衣黑裙。男公务员制服为中山装，女式装饰受西方影响，中式装扮与西式装扮并存。

新中国服饰的演变是这样的，70 年代，男装为中山装，女装为旗袍。80 年代，喇叭裤，蝙蝠衫。90 年代，百姓的时尚观念和审美情趣与世界接轨，男女西服，休闲装，成为日常服装。牛仔裤，旅游鞋这对最佳搭档成为男女青年的最爱。当前，随着国际服装的交流，我国服装与世界国际服装都已融会贯通。

小希带着一脸倦意看着易德说："大哥，几点啦，今天就到此为止吧。我想吃点东西，洗个澡，休息一下，你听到我说话了没有？"

易德转过头来看看小希，笑着说："好吧，我把明天需查阅的内容大概翻翻作个标记。你说，想到哪儿填饱肚子？我请客！"

转眼之间，两人走出图书馆，街上的路灯已经打开，他俩沿着人行道，走到不远处的一个餐馆。当他俩走进餐馆时，看见同学陈艺正在吃饭。陈艺向他俩点头微笑，以示礼貌，他俩招手向她示意。找到空座位坐下，小希拿着菜单点菜，问易德："想吃面食还是米饭？"易德说："就照你说的，一人一份。"

易德正在注意看"夏娃"今天的穿着打扮。服装学院学生的职业习惯，比较注意人家的衣着，特别是女孩子，或者说女人。陈艺穿件蓝圆领衫，白色的裤子，米色的凉鞋，头发用一个发夹，夹在脑后，这一身清爽大方、优雅得体的学生装扮，给人平易近人的感觉。学生时代的女生，是最丰富多彩，最纯真可爱，又最有可塑性的时期。

临近毕业时，男生女生的心理上都会有些波动和浮躁。这是由于毕业作品和毕业后的去向的双重压力，使他们都会产生相同的心理反应。易德对陈艺的好感是在无意间产生的。

这时，服务员送来饭菜，小希用手推一下，对易德说："开饭了，想什么呢？"

易德说："是的，知道啦，肚子真的有点饿。"说着拿起筷子夹起菜，放进嘴里说味道不错。他看一下小希，"你的呢？"

小希说："什么你的我的，都是一样的。我看你还没吃出饭是啥味道。"

"你说什么呢？这么好吃的饭，还堵不住你的嘴。"易德说。

"我有解你秘密的锦囊妙计，想领教吗？"小希说。

易德说："说来听听，你小子想到什么啦？"

小希喝口饮料说："不想说啦。"

易德看看小希说："生气啦，我是让你吃饱喝足再说。今天是我请客，怎么还不满意？还想喝什么说。"

"我是想说你找到穿你时装的模特没有，我有现成的，推荐给你如何？"小希神秘地说。

"谁？说来听听。"易德高兴地说。

小希说："又是说来听听，这都成你的口头禅啦。当然是'夏娃'。"

"这主意不错，就这么定了，你有时间通知她一声。"易德说。

小希说："还不知道人家愿不愿意？你就这么肯定她会同意吗？"

易德说："这就看你有没有说服力啦。"

"为什么是我去说？你呢，你为什么不去说？"小希说。

"这么光荣的任务，当然应由你来完成。"易德笑着说。

小希说："说不定你去说更容易说服她。"

"这你就不懂啦，简单的任务由你来完成，完不成再来找我，艰巨的任务由我来办，怎么样？"易德说。

小希笑着说："你是让我当侦察兵，先在前面探探路，摸摸情况，你可真会用人。怪不得请我吃饭，原来是有目的。"

"胡说什么，这跟吃饭没关系，是偶然想到的。这主意不是你提出的吗。"易德说。

俩人你一句，我一句地说着。

陈艺走过来说："怎么就你们两人吃饭，不请同学我？"

"哪里哪里，我们来时，看你已经在用餐，就不打扰啦。"易德说。

"是，是这么回事，你请坐。"小希有些紧张地说，指着旁边的椅子让陈艺坐。

陈艺说："不用客气，我有两张观看时装发布会的票送给你俩。"说着从包里拿出两张票。

没等他俩说话，陈艺已离开餐厅，走到街上。晚风轻轻地吹着，使人感觉凉爽。陈艺迈着轻快的脚步，走在人行道上。她对这两位像似兄弟的同学印象很好，但不想表现得很热情，因为这不符合她做人的原则，只是想做些力所能及的事。今天是周末，她想让自己放松一下心情，调调口味，就到餐厅来吃饭，没想到会碰到他俩，真的是很凑巧。本来还想到图书馆找他俩，把票送给他们，没想到在这会遇到他们。看见他俩经常往图书馆跑，不知毕业作品准备得怎么样，应该还可以。两人相互出主意，做起事来应该比较轻松，商量着办事，容易把事情办得好一些。两个人智慧应该是1+1=3的模式。但愿他俩能设计出精彩的作品，成为服装界未来的新星。

小希从桌子上拿着票高兴地说："真是太好了，这就是我想要的。易德，看我俩多幸运，可以看到最新的服装流行趋势发布会，对我们来说，真的是及时雨。"

易德微笑着说："看把你乐的，用完餐该付账啦。"说着起身准备走出饭店。

小希说："不是你请客吗，怎么叫我付账？"

易德开玩笑地说："我请客，你付账，不可以吗？"

小希正想说什么，易德笑着说："付过啦，你刚才光顾高兴，什么都没看见。服务员不是来过了吗？"

"是吗？我怎么没看到？"小希说。

"你的眼里只有时装票，哪还有其他人。"易德从小希手里拿过票看着说。

小希说："大哥真好！人家说，世上只有妈妈好。我说，世上只有大哥好！"

易德拉着小希说："走啊，人家都在看你，像个傻小子，哪有像你这样夸奖人的。说好噢，你的任务还没完成呢。"

两人一前一后走出餐厅，易德今晚心情很好，不由自主地抬头看，晴朗的夜空，布满繁星，好似颗颗珍珠坠在空中，月光洒落在林荫道上，柔和的光线照着他俩英俊的脸庞。就像人们说的，真是天生的好模样。

西方美学家曾说，人的身体美，就在于各部分之间比例对称。我国古代美学家认为，人体美的主要部分是一种健康活泼的神色，以及标志强壮和活动的四肢构造。服装设计可以说是与美打交道的职业。美的形体，美的色彩，美的线条，在这样被美的氛围环绕着学习和生活，自然对美格外留心，关注。对美的内涵也有着不同的领会、诠释。欣赏美并创造美，就是服装设计的主旋律。在服装学院，学生们开始学会用美学的思维方式，看待周围环境的一切，各种类型的人和事。比如，自然界的日、月、山、水、树木、花草、园林，会给人创作灵感。又如，数学中的几何图案，也会在服装作品中体现出来，长方形、正方形、椭圆、大圆、小圆、三角形、菱形、梯形、大小方格，其实就是几何图形延伸与变通。这些在布料与服装款式中被广泛运用，随处可见。用自然界的花草点缀服装的某些部位，用自然界植物织成的布料、饰品，制作成衣或装饰品，具有环保、舒适，体现人与自然的和谐美。

服饰的布料的色彩，可用日、月的灿烂和淡雅；

服饰布料的图案，可选择水波纹，水波纹给人以柔软起伏的美丽动感。

布料亦可用花草的色彩、图案，来制作不同的类型、款式的衣服和装饰品。

自然界的美，可以发挥人丰富的创作想象力，把自然界的特征和人的生活情趣联系起来，创造出丰富多彩的服装作品来。当代人应灌输美的意识，从内心到外表，从专一到多能，逐步成为审美型的时尚年轻人。

易德、小希今天的任务，就是查阅中西方美学简史，寻找服装设计的创作灵感。

古今中外，历代文人雅士都对美学有深入浅出的论述与见解。在美学史上，美学是一门年轻又古老的学问。说它年轻，是因为它产生于十八世纪后半期，德国哲学家鲍姆嘉通，被人们成为"美学之父"。说它古老，早在两千多年以前，人们就已经在思考。当代人的衣食住行，都对美学的思维方式有不同程度的学习和运用。中国古典美学对后世影响最大的，是以孔子为代表的儒家文学思想，孔子的美学思想，提倡的是"成于乐""游于艺"。"乐"是指诗歌、音乐、舞蹈三位一体的综合艺术。

"还记得小时候在学校学过的诗歌。"易德问小希。

"哪首诗？"小希问。

"就是那首汉乐府《江南》。"易德说。

"读来听听。"小希说。

"非常简单，听着，是这样的。"

江 南

《汉乐府》

江南可采莲

莲叶何田田，

鱼戏莲叶间，

鱼戏莲叶东，

鱼戏莲叶西，

鱼戏莲叶南，

鱼戏莲叶北。

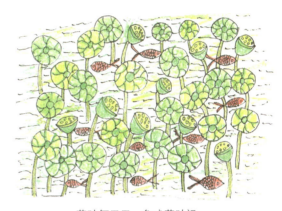

莲叶何田田，鱼戏莲叶间。

意思是说在江南好大的湖水里，有好多的莲花，采莲蓬的季节到了，小伙子和姑娘摇着小船来采莲蓬。圆圆的莲叶长的密密的，浮在水面上，莲叶的下面有鱼儿在游戏。鱼儿一会儿游到东，一会儿游到西，游呀游，又游到南边，游到北边。

小希说："看你说的，我都想像鱼儿一样到水里游，又可以摘到莲子，多爽快。"

易德说："你就想着好玩，古代民间有很多简单易学，又有审美价值的诗歌，儒家学提倡成于'乐'，'乐'就是指诗歌。'艺'是指驾车、射箭、数学类的技艺。"

小希说："驾车、射箭，都不会，还没时间学，数学吗，马马虎虎还可以。"

易德说："再朗诵一首给你听。"

李波小妹字雍容，

褰（qian）裳逐马如卷蓬，

左射右射必叠双，

妇女尚如此，

男子安可逢?

"你来解释一下诗的意思。"易德对小希说。

小希说："意思就是说古代北方少数民族，善于骑马射箭，一箭可以射穿两样东西，女子骑马射箭都这么受人称赞，哪男子安可逢，可怎么对付啊?"

"说得好，就是这个意思。这回轮我称赞你啦。"易德说。

说到文学素养，古人有七岁就能作诗的小诗人，传说初唐四杰之一骆宾王七岁时，就能写出咏鹅这首诗：

白毛浮绿水，红掌拨清波

鹅　鹅　鹅，

曲项向天歌，

白毛浮绿水，

红掌拨清波。

诗人形象生动地描写了，鹅浮在水面游动的样子。洁白的羽毛漂浮在绿色水面上，红红脚掌在水下拨动着清清的水波。

完美的艺术应该是"尽善尽美"的，完美的人应该是"文质彬彬"的。"美"是指艺术形式；"善"是指艺术内容；"文"是指礼、乐素养；"质"是指伦理品质。中国古代孔子的审美观念、伦理思想，影响到后来人的思想、性格和思维的发展。

《乐记》是我国古代的第一部美学专著。它的出现，在我国美学史上具有划时代的成就。《乐记》坚持"物"的客观第一性，又强调"心"的主观能动性。本意就是"心"感于"物"，贺知章的柳枝词就是这类诗词。

碧玉妆成一树高，

万条垂下绿丝绦。

不知细叶谁裁出，

二月春风似剪刀。

这是说高高的柳树就像打扮成碧玉的美丽姑娘，垂下来长长的柳枝条，不知是谁剪出细细的叶子，二月的春风就像剪刀。

刘勰的《文心雕龙》是我国历史上繁花似锦的论著中的惶惶巨著，提出"文附质""质附文"的观点，提倡文质相称，真善的内容和美的形式相统一的自然之美。在艺术美的创作上"情以物兴，物以情观"。虽繁而析辞尚简，使昧飘飘而轻举。情晔之而更新。如李白的诗词：

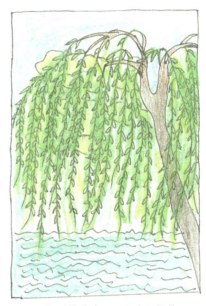

不知细叶谁裁出，二月春风似剪刀。

> 日照香炉生紫烟，
> 遥看瀑布挂前川。
> 飞流直下三千尺，
> 疑是银河落九天。

庐山在江西九江市，香炉指庐山的香炉峰，意思是说，阳光照在香炉峰上，在光线的照射下，云雾变成紫色在山峰上浮动，水流（指瀑布）从很高的山上飞流直下，远远看去水面上挂着一条瀑布，以为是银河从九层天上掉下来呢！古代传说，天有九层，九天是最高的。

有关写庐山的诗还有就是苏轼的《题西林壁》：

> 横看成岭侧成峰，
> 远近高低各不同，
> 不识庐山真面目，
> 只缘身在此山中。

说的是，站在山的不同位置看山，山的形状是不同的。没有办法看到，或者说不知道山的真正的样子，是因为你就在山的里面啊。

在当时的文人士大夫心目中，自然之美是一种"朴素而天下莫能与之争美"的崇高境界。李白诗歌主张"清水出芙蓉，天然去雕饰"之美，"爱君诗句皆清新，澄湖万顷深见底，清水一片光照人"的自然之美。

古代的文人除诗歌以外，还有许多其他方面的杰出代表。比如，

中国历史上最杰出的戏剧美学家李渔，它就主张情理相通，方能感人肺腑。只有传奇性和现实性的和谐统一的剧作，才有旺盛的艺术生命力。戏剧又是综合性的舞台表演艺术，从服装、道具、灯光、布景、化妆、音乐，都具有整体统一的舞台艺术形式之美，才能使观众真正得到美的享受。戏剧在舞台上是用语言与人交流，服装表演在舞台上，是用形体语言向人们传达，最新的服装流行趋势，就是时尚的最新信息。

美学史上，最有成就的绘画美学家石涛，对山川之美的山水画概括为"吾写此纸时，心入春江水，江花随我开，江水随我起"。他是一位真正懂得中国画本质的美学家。纵览中国古代美学史，产生一大批有特色的美学名著。如：

儒家美学开丽花结硕果，是汉代的《乐记》，

绘画美学开丽花结硕果，是清初《画语录》。

所以美学按鲍姆嘉通的话说，就是研究感觉的学科。研究感觉认识，如何才能完善。美学家蔡元培认为，美有两种特性，一是普遍，二是超脱。

名山大川，人人得而游览。

夕阳明月，人人得而观赏。

公园的风景，美术馆的图画，人人得而畅游与观赏。这就是关于美的普遍性的证明。

美色，人之所好。对希腊之裸像，绝不敢龙阳之想，这就是有关美的超脱的证明。美术品之所以美，就是因为它能给人理想的境界。

西方的美学源远流长，古希腊美学有丰富的文艺实践基础。柏拉图主张人所创造美，来源于心灵的聪慧和善良。心灵美和身体美的和谐是最美的境界，这些都是积极可取的。欧洲是历史悠久，文明发达的地区。人们讲究文明，修养，注重衣饰穿着打扮，在不同的场合，穿不同的服饰。比如英国人，在交际场所，重视"绅士淑女"风度。男士身穿燕尾服，头戴高帽，手持文明棍，是他们的标准的行头。花格裙，又名"基尔特"是苏格兰男子最传统的服装。在重要场合，他们穿得很正规，平时则穿着简单、舒适。德国人不喜欢穿太花的衣服，穿西服一定要系领带。女士则喜欢穿长裙，略施粉妆。他们都讲究清洁整齐。德国男性常穿深色礼服，女性以"素"为美。这些传统的着装有的延续之今，有的已大为改观，当代人着衣以个性为主。

　　亚里士多德，对西方的美学产生过重大的影响。他写的《诗学》是最重要的美学论文。《诗学》论述说，画家所画的人物比原来的人更美，根据现实，又比现实更美，这就是创作出的典型美。

　　圣托马斯认为，"凡是一眼看到就使人愉悦的东西才叫作美的。"美是感性，美感活动是直接的，不加思索的。

　　但丁则主张，文艺作品内容上要善，形式上要美，善在于思想，美在于辞章的雕饰，善和美都是喜闻乐见的。他认为诗要有最好的思想，因而需用最好的语言表达出来。

　　德国美学家所说的"空间艺术和时间艺术"是说诗和音乐是时间的艺术，雕塑绘画是空间艺术。

　　康德是德国古典美学家，对美质的方面下的定义是，审美趣味是一种不凭任何利害计较，而单凭快感或不快感，来对一个对象或者一种形象显现方式，进行判断的能力。这样的一种能带来快感的对象，就是美的。美的特点是，不涉及利害计较，因而不涉及欲念与概念。

　　歌德的美学思想，是理论与实际结合的范例。他提出："对天才所提出的头一个和末一个要求"，都是"爱真实"。从上述的理论到实践，我们再看看，世界各国的服装特色与爱好。

　　法国的时装，设计新颖大胆，有高超的制作工艺。"法国式样"在多数人的眼里，可以与时尚相提并论。法国时装与法国香水同名，各时装公司，都有与自己时装同牌号的香水。法国人认为，穿着打扮，重在搭配得法，发型、帽子、鞋子、皮包、眼镜与服装相协调，就是最得体的装扮。

　　意大利是个文明古国，首都罗马，佛罗伦萨，保留着文艺复兴时期的杰出艺术品。米兰又是世界六大时装之都之一。意大利人，在正式社交场合，喜欢穿三件套的西装。结婚时，新娘都喜欢穿黄色的结婚礼服。

　　在俄罗斯，城市里男女大都穿西装，套裙与欧洲服饰差别不大。但在俄罗斯民间，已婚妇女戴以白色为主的头巾，未婚女子则戴帽子。由于冬天较冷，俄罗斯外出都穿皮毛长大衣、戴皮帽子。这些大衣、帽子，做工精良、外形美观。外国友人到俄罗斯旅游，如选购衣物，这些衣帽都是首选。车尔尼雪夫斯基是俄国文学家，他在美学上提出："美是生活"的著名定义。这就是说生活中可处处体现出美。

　　美国著名美学家费列德里希对世人影响最大的著作是《美学》。不知他的一部有六卷的巨著《美学》，对后来的美国人的审美观有什么影响。但他们强调的"美是理想和现实的统一"是有一定道理的。虽然美国人平素不拘小节，但在正式场合却十分注意穿着：举办宴会时，会在请柬上注明被邀请人应穿什么服装；赴社交活动时，会提前准备，选好衣服。美国人追求舒适，无拘无束。他们不穿背心、睡衣出门，相互间通常直呼其名；重视生日，特别是孩子的生日，出席生日聚会时会带礼品。风靡世界的牛仔服最早就出现在美国，发明者亦是美国人。

加拿大人在正式场合，男子着西装，女子穿裙子，款式要新颖，颜色协调，不太注重面料。平时穿着较随便，对人朴实、随和。

墨西哥人很有名气的是"恰鲁"，类似于骑士服，穿起来又帅又酷。宽沿大草帽，披着色彩艳丽的彩条披肩。

西班牙人喜欢穿黑色西装，黑色皮鞋，妇女外出，一定要戴耳环，否则就像没穿衣服一样，被人笑话。西班牙有元旦吃葡萄、过年手拿金币的习俗。

比利时有"欧洲首都"之称。喜欢穿色彩柔和的服装，系颜色鲜艳的领带，西服用料质地高档，服装款式多样。女子特别喜欢佩戴首饰，显得珠光宝气、雍容华贵。比利时有闻名世界的巧克力，与瑞士巧克力齐名。

瑞士专门设有"瑞士服装协会"和"民族服装协会"。在发祥地施维茨，男性下穿过膝长裤，上穿袖子宽大的衬衫和短夹克。女子喜欢穿丝质上衣，长裙和天鹅绒背心。瑞士人平常穿着朴素大方，在他们看来，青春本身就是美，不用穿红戴绿，亦不用化妆。

有人这样论述有关美的话题，美作为经验现象，人们随处可见。从自然界的宇宙星空，山水花鸟，到社会生活领域，人们的举止行为，衣着打扮。艺术领域的绚丽绘画，动力的歌舞。美为人类而存在，为社会而存在。美首先是人们所熟悉的和喜爱的事物，美的事物的产生是人类实践活动的结果。人类在创造美与欣赏美的活动中，是由不自觉到自觉的发展过程。人的劳动成果，凝聚着他们的体力，精力和智慧。劳动成果是人类最能理解的第一个美的现象，美是人类在维持自身生存的活动中产生的。美的发展过程有两种趋向，一是有用即美，到美，再到非功利的"纯美"；二是审美对象，这是由人向自然，社会领域的发展。

比较东西方的审美观点，有相融、相似之处，也有各自的特点与差异。从各国人们不同穿着打扮不难看出，由于审美观念的不同，人们对服装的爱好，服饰的色彩，款式要求不同，对颜色的喜好也有不同。

法国人视鲜艳的颜色为高贵，粉红色是积极向上的色彩，蓝色则是宁静、忠诚的色彩。

大多数国家的结婚礼服多为白色、红色，而意大利新娘，喜欢穿黄色的结婚礼服。

有的国家人喜欢戴彩色的头巾。有的国家人，则喜欢戴白色的头巾。

西班牙妇女外出必须戴耳环；中东地区女人通常都穿大长袍。

奥地利男子爱穿白色礼服，女子爱穿红色礼服。

沙特阿拉伯男子以白色大袍为主，妇女穿黑长袍，戴面纱。

马来西亚男子在公共场合，不能露胳膊和腿；

秘鲁的驼羊毛贵如黄金，本地人对驼羊进行改良，制造出不同颜色的衣服和装饰品。

澳大利亚人的服饰与西欧人相同，都喜欢穿西装。达尔文服是住在达尔文市的人穿的一种简便服装。妇女大部分时间都穿裙子。澳大利亚人，无论男女都喜欢穿牛仔装，认为穿牛仔装，行动起来方便自如。

新西兰人都穿深色的西服，男性女性都比较注重服饰，妇女在打高尔夫球时，都习惯穿裙子。

当今世界西服已是通用的服装，特别在亚、欧国家。无论政界、商务界，重大的节日，男士们一律是西装，女士们的服装，款式多种多样。各国的民族服装，区别较大，平常生活中，特别是生活在城市里的人，已很少穿。除在传统的节日或是结婚时，有的国家和地区，还是穿民族服饰。

阿拉伯地区，由于天气炎热，日常穿戴都是长袍。据说有探险家在这一地区，专门做过试验，这种长袍，特别适合在沙漠地区穿着。起到隔热、通风的作用。比穿其他衣服凉爽、舒适。

还有就是苏格兰，男人穿的格子裙是他们民族服装的明显标志。在人们的眼里，男人一般都穿裤子，穿裙子是女性的专利。因此，偶尔看到男人穿裙子，会觉得很另类，特别会引起关注。

在南美的巴西人，穿衣十分讲究，在参加重要的商务活动时，必须穿西服。

香港素有"购物天堂"之称，受中西方思想的影响，穿的服装东西方的服饰都有。社交场合都是穿西装，平时以休闲装为主。内地许多人都喜欢到香港购买衣服、首饰。

台湾是我国最大的海岛。台湾同胞喜欢穿汉服和西装，男装多为西装、港衫，女装多为洋装、旗袍，亦有少数民族服饰。

地处北欧的芬兰是圣诞老人的故乡。传说中，20 世纪二三十年代，圣诞老人和他的两万头驯鹿住在耳朵山上，他能听到世界各地所有孩子的心声。所以，孩子们喜欢将自己的心愿写在贺卡上，寄给圣诞老人。由于信件过多，芬兰邮局只好找人代圣诞老人给孩子们写回信，并在北极村建立圣诞老人邮局。

圣诞老人会在圣诞节前一天的夜晚，背上大口袋，给孩子们送礼物。因此，圣诞老人的红衣服，白边尖头帽子，长长的白胡须，便成了孩子们心目中难以忘却的经典形象。在芬兰，千万不要问："真的有圣诞老人吗？"因为在芬兰人的心中，圣诞老人确实存在。在芬兰的北极村，街道、商店到处都有圣诞老人的画像和纪念品。圣诞老人经常走出来，迎接远道而来的客人。凡是到过这里的人，都会被当地的热情款待所感染。

芬兰拉普人的民族服装多采用三种耀眼的色彩：海蓝、火红和金黄。

每年的时装发布会，都会邀请国内外知名的服装设计师加盟，模特公司亦会抽调名模来进行时装表演。今年的春夏时装秀，汇集国内顶级服装设计师和男女名模，发布会布置得绚丽夺目，T 台两边已坐满了人。易德和小希今天着实用心打扮了一番，两人穿的休闲装，看似随意，其实还是动了脑筋精心挑选出来的。两人都穿同一色调的牛仔裤，演绎兄弟情结。上身内衣各穿一件带图案的圆领衫，外面各套一件条格纹的衬衫，衬衫都没扣扣子，显得潇洒帅气。这一切都看在陈艺的眼里。坐在她旁边的王教授说："你看，他俩来了。"说着向他们招手。易德、小希正在寻找坐哪儿，看到教授，就笑着走过去，在他们身边坐下来。

易德说："你们早！"

陈艺说："你俩好准时啊。"

小希向教授、陈艺点头笑着说："你们好！"说着坐在陈艺的身旁，看了一下易德。

易德看看小希，没说什么。心想，你小子胆子够大的。他对教授说："没想到您今天会来，早知道我们就一块儿来。"

教授说："我和陈艺说好一起来的。"

他们说话间，时装发布会开始了。

主持人走上台，介绍现场嘉宾——时装界的领导、服装设计师、赞助商、特邀嘉宾、历届男女名模。又说明今年春、夏时装流行趋势的主题是：

活泼动感——男人风，柔美清新——丽人结。

青春、时尚、简约、帅气。

随后富有节奏感的音乐响起，模特们迈着猫步走上 T 台。看着模特们来来回回走动，展示着各种类型的时装，易德想，今年的春夏时装流行趋势主题，与他和小希设计的毕业作品，不谋而合，基本相似，对他们的设计很有启发。想着，他转头看向陈艺，能观看到这场最新的时装发布会，得感谢她提供的机会。可是，怎么感谢她呢？他又看看小希，那小子一边与陈艺说着话，一边看着模特表演。居然离得那么远，想和他商量事，都没法说话。

这时，坐在易德旁边的教授说："怎么样，受到什么启发没有？我感到今年的服装流行趋势偏向于年轻化。不过，这正好符合你们的设计主题。"

易德说："是的，我也有同感。观看这场时装发布会，就好似淋场及时雨，使我大开眼界，头脑清醒，思路更加敏捷。对我们的设计作品更有信心。"

教授说："有什么需要帮助的，说出来，我会尽力帮忙。"

易德说："好的，有问题我会去找您。"

这时，坐在陈艺旁边的小希得意扬扬，边看时装表演，边想，坐在美人旁边的感觉真好。易德对我好像有意见，是在意我今天没坐在他身边吧？平时我总是在他身边转来转去，今天觉得不自在了吧？想着，扭头看看易德，正巧与他对视，小希对易德笑着，显示出今天非常开心，满足。

易德心想，你小子别太得意，有你好看的。

小希心想，我不在乎，及时享乐，才是人生的乐趣。但他想到易德交给自己的任务还没完成，现在跟陈艺提出来，再好不过了。于是，他转头对陈艺说："易德想请你当他时装展示的模特，你看如何？"

陈艺说："就他一个人的意思？"

小希说："不，是我们两个人的意思，可以吗？"

陈艺笑着说："我想考虑考虑，好吗？"

小希说："当然可以，我们等你的好消息。"

陈艺说："就这样，我们再联系。你觉得今天的时装发布会怎么样？好看吗？有什么启示？"

小希笑着说："非常好看，就像专门为我们发布的。'活泼男人风，柔美清新丽人结。青春、时尚、简约、帅气。'这就是我们想表达的服装设计理念。太有默契了，真是妙不可言，美赞，美赞。"

陈艺看看小希，笑着说："没看出来，你挺会说话的，还文绉绉的。"

小希不好意思地说："随意说说，让你见笑了。"

此时，发布会已近尾声，在座的人都鼓起掌来。看样子，人们对今天的时装发布会很满意。服装设计的水平高，模特展示得很到位。总体上说，都很成功。人们起身相互招呼着，走出时装发布会现场。

易德走到陈艺跟前说："真的谢谢你，时装发布会很好看，我们一起去喝杯酒庆祝一下！教授和我们一起去。"

王教授说："你们去喝，我不会喝酒。"

小希说："一起去吧，喝葡萄酒，不会醉的。"

陈艺说："走吧，教授，我们一起去，时间还早。"

夜幕降临，城市中车来人往，灯火璀璨。一辆车开来，四人一起上车。

易德、小希回到住所时已是深夜。可他们没有一点睡意，被时装发布会激发出的热情还未退去。易德坐在桌子前对小希说："你小子今晚挺风光的，坐在大美人身边有什么感想？"

小希躺在沙发上笑着说："感觉很好，想法多多，就是不告诉你。"

易德走到沙发边，坐在小希身旁说："老实交代，你跟她说了些什么？"

小希从沙发上跳起来说："说什么？说你请她当模特的事，看把你急的。"

易德笑着说："她同意吗？"

小希说："她说考虑考虑，估计没问题。"

易德高兴地说："算你聪明，帮我办成大事。她还说什么了？"

小希得意地说："她说我文绉绉的，意思就是对我有好感，有点儿喜欢我。"

易德说："什么喜欢你，她说'文绉绉'，就是说你像个傻小子。"

小希不服气地说："她明明就是喜欢我，对我有好感的意思。"

易德摸摸小希的头说："是的，喜欢你，我看是你对她有好感，不好意思说吧？"

小希说："说谁呢？是谁不好意思说，是你吧？"

易德做出暂停的手势，对小希说："说说时装发布会的事。"

"怎么样，被丘比特的箭击中了吧？"小希比了一个射击的手势，"感觉很好，比预期的好，你觉得呢？"

"是的，这次春夏时装设计流行趋势与我们准备设计的，四款系列时装的设计理念相似。现在我们就可以把各自两款系列设计主题写出来，有时间把图画出来，好吗？你看如何？"易德边说边走到桌子跟前找纸和笔。

小希说："当然可以，就这么办。"说着拿纸笔在沙发边的茶几上坐下来，开始画设计图。

这套房子是易德和小希合租的，为的是学习生活起来随意、不受干扰。一室一厅、卫生间、厨房，看起来不大，但对他们来说已经足够了。客厅是他们学习、工作的地方。卧室内，一边放一张小床。这样对于长成大块头的男生来说，睡觉更自由、舒适。两人的床单、被套都是一样的。只是床边的小饰物不同，这就表现出他们的个性与爱好。厨房主要是用来烧水，两人很少做饭。卫生间洗涤用品各人一份，还算干净整洁。对男孩子来说，能做到这样，已经可以了。所谓家务事，小希做得多一些，他们有明确的分工，易德主外，小希主内。也算是人尽其才，各显神通，小日子过得还算称心如意。同学加兄弟的关系，使得他们更能相互关照和理解。

客厅有桌子、沙发、茶几。易德喜欢在桌子上学习、写字。小希喜欢看书时躺在沙发上，写字时就在茶几上。两人各霸一方，既可以交流谈话，又互不打扰，真是其乐融融。好似两个食人间烟火的神仙和尚。

小希想着职业装的设计，应体现什么样的风格？怎样把时尚的流行元素带到办公室？在办公桌前展示职业达人的自信与时尚。让穿职业装的人们也能感受到时尚的潇洒。他想用三款不同的样式体现职业装的简约、时尚和自信。他用铅笔开始在纸上勾画图样。对于学服装设计的学生来说，画时装图是件容易的事，关键是设计什么样式。想好样式画起来就会很快。小希边想边画，第一张图很快就画好了。他开始上色，用黄颜色涂成黄色的线条，然后拿起来看着，感觉还不错。又用米色涂裙子和裤子的颜色，米色带金粉鞋子，简洁流畅的线条，营造出明艳可爱的职业男女装。画好后拿给易德看，易德看了一下说："好，不错。"又问："你准备设计几款职业装？"

小希说："三款。还有两款没画出来呢。"

易德说："全部画出来，我们再一起商量看。我这里几款还没画出来。"

小希说："那好吧，我再画。"

小希又开始画他的职业装画儿，绿色的格子上装，浅灰色的西裤，带绿条纹的鞋子，演绎绿色的动感活泼与时尚。

白色的真丝上衣，海蓝色的西装长短裤，蓝白相间的鞋子，体现自信、温柔的性格，这一款成为他职业装的经典搭配。

易德设计休闲装的主题是，用彩色的花纹，演绎悠闲的休闲旅游生活装。三款服装包括两套男装，一套女装，全部用白色。宛如云朵般的白纱裙，长长的裙子，腰间用白色的带子穿过系在前面。酷似绅士般的白色套装，宽松的白上衣用立领，无须打领带。宽松的白色长裤，长度直达脚面。运动式的白 T 恤衫，加白色的短裤，白色的运动鞋。

因为都是白色无须上色，易德只需画好图样儿就可以。

三款都画好后他走到小希跟前，看小希正在给服装上色，易德边看边说："好，样式好看，色彩用得很协调，整体效果不错。没想到这么快就把职业装都设计出来。看看我的怎么样，提提意见。"说着拿过来图样给小希看，小希拿过图样看着说："都是白色的。"

易德说："我想休闲装就用简单素雅的风格比较好，所以都用白色的。"

小希说："是可以，看上去挺舒服的。裙子腰间可以加一条彩色的带子点缀一下如何？"

易德说："可以，你提醒的好。否则，白裙子就成白袍子啦。腰间系根彩色带子，女性的线条就显出来。你提的建议非常好，我采纳。"他又问"你的牛仔系列设计的怎么样？"

小希说："大概想法有，设计图还没画，你的晚装呢？"

易德说："晚装我准备加披风，所以设计图就需多画几张。"

他俩在说话间，已经到了早晨，该是用早饭的时间。俩人简单漱洗一下，就到外面的早餐店用早餐。

易德设计晚装，准备用红、橙、黄、绿、青、蓝、紫，再加黑、白九种颜色的长裙子，外加一件披风，来演绎他的晚装系列，设计和制作都比较简单。关键是选料，找到合适的布料与装饰。设计图上的长裙，设计成抹胸样式的裙子，裙子的长度到脚脖子。宽度以胸围为准，抹胸上边加一条款 20 厘米的彩色边，边上有不同图案的花卉。披风用与长裙同色系的加厚的丝绸布料。外加帽子，帽子边与前襟，全部加上与裙子抹胸同样的花边加以装饰，使晚装整体看起来协调而不显得单调。彩色的花边，提升了晚装精美、性感、优雅、时尚的格调。同时又起到了画龙点睛的作用，效果看起来很好。制作晚装的布料，全部用真丝纯色不带花纹的丝绸布料。披风的面料比裙装略厚一些，长而宽的披风，披在衣服的外面，既潇洒有又风度，起到了挡风保暖的作用。

这样的披风可以当外套穿，在日常生活中，有时外出时同样可以穿戴，穿起来很方便自如，领口处只需要系根带子就行，脱时只需解开带子就可以。披风在18世纪的欧洲是很流行的服装，不过，样式、用料与易德设计的时装披风，有很大的区别。那时的欧洲，披风在日常生活中使用率很高，所以重在实用。而易德设计的披风，从模特穿着走进来，到最后披着走出去，演绎的是穿着晚礼服赴晚宴的整个过程，着重体现当代人时尚、浪漫、追求完美的流行趋势和不断提高的着装品位。对于大多数人来说，晚礼服与披风是一种奢侈品。但在特定的场合，对特定的人群，还是有实用价值的，值得欣赏和穿着。因此，易德对他设计的晚装充满信心，因而他会在很短的时间内，把设计图搞定。裙子、花边、披风，设计得样样俱全，这才显示出他的工作风格。

小希设计牛仔服，最得心应手，因为他本身就喜欢穿牛仔服。对牛仔服的款式、色彩、布料了如指掌，非常熟悉。对于年轻学生来说，牛仔服就时时围绕在身边，时常相依相伴。

翻开牛仔裤发展的历史来看，最早是美国西部牛仔用来做帆船、车篷的帆布。因为结实、耐用，后被用来做成工作裤。而后逐渐发展成为世界各国人士都喜爱的服装。历经百年，成为服装时尚界的贵族。

在当今时尚界，牛仔服是永远不会过时的衣柜必备品。服装所有的随性、性感、个性、时尚、休闲元素牛仔装全有。小希设计牛仔装的全部理念就是把牛仔服这些元素，一一演绎出来。他准备设计五款不同类型的牛仔装。

把牛仔服缔造出，符合时尚身份的绚丽的最佳新牛仔系列，再用彩色的丝巾作装饰，使牛仔装帅气与丝巾的柔软、轻盈演绎出最多彩，靓丽的最受欢迎的服饰。

浅蓝色的牛仔带帽子上衣，深蓝色的高腰裙，彩色丝巾系在脖子上，下穿牛仔布料的鞋子。这一抹蓝色，气质淡雅，演绎出牛仔装的随意、自然。

白色蓝边的抹胸，外套带帽子的上衣，蓝色的牛仔短裤，裤子上系一条彩色长条

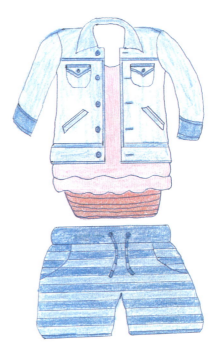

百搭牛仔服

丝巾，释放出女性性感的线条，给人无限的遐想和迷人的光彩。

蓝色的牛仔上衣加白色的领带，白色的牛仔裤腰上系一条彩色长条丝巾，带帽子的牛仔风衣。显示出帅气，洒脱的牛仔个性。

白色上装，衣领系彩色丝巾，外加蓝色带帽子牛仔背心，蓝色七分牛仔裤，体现牛仔服是永远引领时尚的精品。

蓝色带帽子的牛仔直筒连衣裙，脖子上系一条长长的彩色丝巾直达腰间。转个圈，柔软轻盈的彩色丝巾与厚重的牛仔装搭配，营造出活力、动感、优雅的休闲时光。

时装设计图，在小希的手中一张张飞快地画出。加上彩色使画上的人物栩栩如生。小希看着时装画，露出满意的笑容。由来已久的梦想，这次终于付诸实施，使他在服装设计道路上，迈出坚实的一步。

小希来到易德的身旁，看他还在画时装设计图。小希拿起已画好的设计图看着，觉得易德的晚装设计看似简单，但都蕴藏着深厚的对我国历史悠久的服装发展、演绎过程的诠释与灵活的运用。裙装带图案的花边，凝聚着我国古代服饰点缀的精华。丝绸布料和彩色的运用，使晚装体现当代布料加工和染织技术的先进性。披风却有些洋为中用的味道，这一切融合在一起，显得他的晚装设计既古朴又时尚。多种彩色的丝绸，都是不加装饰的纯色，显示出丰富多彩和纯洁素雅的高贵品位。披风的运用，是服装设计的简约与奢侈的双重演绎。这些都说明易德对古今中外服装的发展，有深刻的研究。会用艺术的眼光去看待古往今来服饰的演变，并用娴熟

晚礼服

的设计手法，摄取最能表现人体美的服装设计作品，让人耳目一新。从而感受到服装艺术的感染力和服装与人体的亲和力，设计出能给人带来舒适和美感的服装，欣赏这样的服装设计作品，就是一种享受。

小希是个会欣赏艺术品的小伙子，对艺术有很好鉴赏力，是个适合搞艺术的人。因而对易德设计的服装，就有深刻的理解和很高的评价。说明他在服装学院，学到许多有用的知识，使他在理论上和实践中都有提高。搞服装设计应对服装的款式，色彩都比较敏感。能敏锐地捕捉到时装流行的趋势，这样才能设计出既时尚又新颖，适合各类人群在不同场合穿着的各式各样的服装。

易德感觉到小希站在身旁，边画图，边问："善仔，怎么样？看到我的设计图，你有什么感觉，说来听听？这可是我最用心设计的服装系列，你可要认真看啊。"

小希边看边说："我是在认真用心地看，你是个把'简单'用到极致的服装设计师，这么说你同意吗？"

易德说："什么意思，你是在称赞我，还是在说反话？"

"你觉得像是反话吗？"小希说。

"感觉是在鼓励我。"易德看着小希笑着说。

小希说："那就对啦。我是说你设计的服装,我暂时找不到好的形容词来赞美。"

易德笑着说："是吗！有那么好吗，那我就信心十足啦。"

小希放下图纸，走到易德面前，拍拍他的头说："你有颗聪明的脑袋。"

易德说："是不是我设计的晚装，能代表你的心愿？"

小希说："什么心愿，是我很喜欢你的杰作。"

易德高兴地说："那就谢谢你，小兄弟。"

小希说："这话我好像在哪儿听说过。"

易德看了一下小希说："你小子胡说什么。"

小希笑着说："听着耳熟，就这个意思。"

"我来看看你的设计图。"易德来到茶几边拿起小希的设计图，"真的，蛮不错的。不，应该说相当好。第一次看到，这么多带帽子的牛仔服，还有彩色丝巾作装饰，效果很好。怎么想起来用彩色丝巾作牛仔服的装饰？就是应该这样设计。牛仔服很多人都喜欢穿，可是怎么穿最随性、最时尚，就看设计师对服装的鉴赏能力如何。看来，你不但会欣赏，还是个聪明有前途的时装设计师。"

小希高兴地说："看样子，我俩是最佳的服装设计搭档。设计图出来，就需按图纸上各类服装材料，外出采购。先到哪儿，买什么呢？"

易德说："最好到批发市场，那儿的布料，样式比较多，挑选的余地大。我俩先骑车转一圈，作个市场调查。"

小希说："好的，我们先到那儿填饱肚子再说。"

易德说："你说得对，我们应该庆祝设计图画好，这是项关键工程。到哪儿去吃饭呢？"

小希说："找个好一些的餐厅，我请客。"

易德说："不用你掏钱。"

小希说："请你饱餐一顿，我还负担得起。"

人们常说，人靠衣装。穿衣戴帽个人所好。所以说，不要小看穿衣。穿什么样的衣服，可体现一个人的品位、修养、生活水准，还能体现一个人的兴趣爱好，表现一个人的性格。

衣服的款式与色彩，即流行趋势是服装设计师的事。如何选择和搭配就看穿着者的眼光和欣赏水平了。适合自己的样式与各类服饰之间的搭配，因人而异。在不同的时间、地点、季节，选择合适的衣服，是很有学问的。

穿衣的学问，首先需学会观察和欣赏。观察各种各样的人，在不同场合穿着不同服饰。欣赏不同款式和色彩的服饰，还须注意在不同时间、季节、场合穿什么样的衣服，戴什么样首饰最合适。

就先从婴儿的衣服说起，除柔软、透气、宽松外，色彩须淡雅，素色的衣服跟婴儿柔软、光滑的皮肤很相配。还有个细节，不知大家是否注意到——婴儿衣服都是毛边，不能折起来。那是因为婴儿的皮肤很嫩，有折边容易磨着他。还有一个说法是，小孩儿是不停地成长的，毛边预示着他在不断地成长，长高长大。给孩子穿上这样的衣服，你就可以经常对宝宝说："快快长大，快快长高。"从欣赏的角度看婴儿的服装，你会觉得很可爱，很亲切。看着小小的鞋子、袜子，还有小小的帽子，会觉得人类最初的生命，就是从这小型的世界里生存与成长。

从抱在怀里的婴儿，到逐渐长成一个大人，真有点儿不可思议。婴儿的笑声、哭声，每个动作，都会给人留下深刻的印象，不禁让人感慨生命的可贵和人类生命延续的奇妙和伟大。所以有事没事在逛商场时，顺道走到婴儿服饰边，看看小孩子的衣服、鞋子、袜子、帽子，会增加一些乐趣。还会领悟和赞叹自己就是从这样可爱、幼小的状态中长大。保留一颗孩子般的童趣心，就会永葆青春，这种童趣会伴随人们度过年年岁岁。

幼儿期，衣服都是由妈妈来选择，可不是所有的妈妈都会选衣服。最重要的是记住，你的孩子正在成长期，所有的衣服、鞋子都会在几个月或一年之内发生变化。因此，购买时只需考虑衣服的舒适度、款式新、色彩鲜艳，无须考虑它被穿的时间。因为这一时期，你会有很多时间光顾商场、超市，为孩子挑选衣鞋。这些精力和费用是省不下来的，需有心理准备。

青少年时期，是穿衣最随意的时期。这时不管穿什么、怎么穿都很漂亮。青春的活泼赋予衣服，神采飞舞的动感与飘逸。衣服上的图案、条纹与色彩，汇聚了服装设计师们的所有创作灵感。创造出非凡的、超现实的、引领服装潮流的超前意识的作品。服装设计师们的超前意识，几乎都体现在青少年的服装设计上。因为青少年的服装不受任何限制，设计师可以自由发挥想象力。或长，或短，或深色、浅色、花色、素色、格子、条子，穿在青少年身上都好看。

学生时代，可结伴逛街，购物。看着琳琅满目的衣物。除找到和挑选自己喜欢的，不可忽视的是你父母的承受能力，养成节俭的好习惯，就是从这个时期，自己选择生活用品开始的。培养好的消费观念，会对你的一生都有好处。很多家世富裕的孩子，过着简朴的生活，不是经济问题，而是懂得节俭是应具备的内在品质。认识到和做到是两个概念。学会管理和控制自己的行为，对于青少年来说是很难做到，但又是必须学会和做到的事。大人们应该用鼓励的口吻对孩子们说，慢慢学，随着年龄的不断长大，你会做得很好。这个时期的青少年，可塑性很强。一切都在变，人都是在变中长大、成熟的。设计师已经给你们设计好各式各样的衣服饰品，要学会选择，选择你喜欢的。选择哪些穿起来漂亮，又能带给你自信的服饰，才是最聪明的选择。

青少年时期就是围绕"学"字。在学校学功课，在家学会生活，学会怎么做人做事。都是一个"学"字。初、高中穿校服的时间最多。有些学校，设计的校服相当好。课外时间，男孩女孩贴身穿的衣服，就可根据自己的爱好购买，这类衣服最能体现个性，可以随心所欲地穿，不须有什么顾虑。最好选择价廉物美，布料质地最好是全棉的，穿着舒适还有利于身体健康。

工作以后，有自己可支配的收入，开始学会买真正实用的服饰。上班服与休闲装，需格外留意。实用指的是完全按个人爱好，有个性的服饰。上班时穿的衣服、鞋子、包，都需正规。精而少，稳重，高雅。看上去像个精明、自信满满，想作一番事业的年轻人。因年龄的关系，这一时期，不管穿什么衣服都好看。就是用土布做成的衣服，只需款式新，颜色纯朴，穿上别有风味，舒适自然就好。在家或周末时，穿的衣服完全按自己喜好购买。款式新颖，色彩明亮，鲜艳，布料柔软的，穿上宽松自在的衣服，感觉就像服装设计师专门为你设计的那样，尽现你们的青春活泼的个性与样子。

事业有成的中年人，穿衣就要讲究点儿品位。质地优良的服饰，才是首选。准备几套在不同场合穿的衣服，是必需的。这样在需要时，就好应对自如。不会出现尴尬的场面。想掌握了解有关服饰方面的消息，只需稍微留意一下每年春、夏、秋、冬服装发布会，买几本服装的杂志，还有就是选几个自己喜欢的品牌，到专卖店去买衣服，一般来说，既省时，又少跑冤枉路，包你满意又称心，把买衣服看作是一种休闲的乐趣。从某种意义上说，也是对服装设计师们劳动成果的欣赏与尊重。人类就是在这种相互依存，相互帮助，相互鼓励，在各自的领域发挥着自己的聪明才能的情况下，共同推进着人类的发展、繁荣、进步。

男女服装最大的区别是，除衣服外，配饰也很有讲究。男士的领带、围巾、帽子，这三大件最能体现个性与爱好。选不好，就有失水准。想省事，就选安全色。想表现个性，与众不同，就精心挑选三小件，眼镜、皮带、手表。

对于女性，如果你仔细观察，就会发现，几乎所有的女性，到哪儿都会背着或拿着一个包。女性的配饰中，包是女性最贴身、最离不开的随身饰物。从心理学的角度来分析，女性包的外部形状和包内装的物品，都能反映其性格、爱好、职业。

女性的饰品如：项链、耳环、胸针、围巾、腰带、头上装饰等，类型很多。现代的女性头上的饰品很少（古代女性头上的饰品是真多）。项链在女性饰品上占有相当重要的作用。首先是因为它在最显眼的脖颈，怎么佩戴，什么人戴，最能体现女性的身份、个性、爱好。因类型繁多，所以需精心挑选。听说戴耳环对眼睛好，因为耳朵戴耳环的穴位，正好是针对眼睛的。就是不戴耳环，经常用手捏捏耳垂，都可以醒目，使眼睛明亮有神。

女性首饰的类型很多，应根据不同的衣服，随季节变化选择不同类型的。纱巾、腰带是随衣服的款式、色彩，而搭配使用的。在夏天可用较细些的皮带，其他时间需按衣服的深、浅、厚、薄选择适当的，只需带着舒服就行。

女性的发型与年龄、职业、性格都有关系，是最有讲究的。护发、养发产品，需从护发产品的选择入手。首先得知道自己的发质，再来选择适合的护发产品。洗发的次数与水温都须掌握好。穿什么衣服，梳什么发型，盘发就很有讲究，女性朋友需学会几种样式。

女鞋   男鞋

鞋子支撑人体全部的重量，所以是换得最勤的。买鞋时，需重视鞋子的款式、色彩，质量才是选择的重点。还有就是鞋子最好亲自试穿，否则，穿着会不合适。不是有那句话，鞋合不合脚，穿上才知道。

小孩子的鞋子，只需有穿的就行，不必买多。因为，成长期的孩子，每个季节、每年都需要买新的鞋子，所以说只要有穿的就行。成人的鞋子，最好买那种与多种款式、颜色服装都能搭配穿的鞋子。只需备好春、夏、秋、冬四季的鞋子，也不必买得太多。鞋子是全身上下物品中磨损、消耗最多的，人一生鞋子换得最多。

帽子除保护头部、头发外，还有装饰作用。夏天戴帽子选择宽檐帽，遮挡阳光照射，使头发保持光泽。冬天戴帽子，选择较厚的毛制品，保持体温又使得头发柔软、飘逸。冬夏两季戴帽子实用性较强，春秋两季戴帽子，装饰性较强。帽子的样式很多，男人、女人、小孩、大人，都是帽子的享用者。选择帽子的色彩和样式，都应和衣服，鞋子的款式色彩搭配好。帽子还有特殊的功效，一些特殊的职业，比如，警察、军人，这些人一年四季，都需要戴帽子，因为这是职业的标识。

包是伴随人类一生的饰品。从小到大，没有人不需要包。上学要背书包，男女上班要带包，上街购物必背包，外出旅游离不开包。包是最实用的装饰品，它的实用性大于装饰性。因而，包能容纳人的一切用品，吃的、用的，统统可以放包里。

读书人包里的书，总是与他相伴左右；

爱美女性可把化妆品装进包里，需要时，随时可用；

公文包又是上班族的最爱；

旅行者的包里，吃的、用的都有。

古代人，都是用块布包东西。什么都用布包起来，背在身上。这种方法使用起来多有不便。由此人们想到发明、设计不同类型，不同用途的包，提供各类人群使用，因而各种类型的包应运而生。从古至今，当代人使用种类繁多的大包、小包。旅行箱也是包的一种"壮大"形状，但仍具有"包容性"。优点是容量大，装在里面的物品不易损坏，不怕挤压，可以随身携带，也可以邮寄托运，还可以设密码，保守秘密。

男人的包，是根据实际需要，装的东西多时，就买大包，装的东西少时，就买小包。以实用为前提，包的质量以经济条件而定。

女人背包除实用外，附带个人喜好。喜欢背大包的女性，个性相对而言较粗线条，包容性强，各类用品，都零乱放在里面。喜欢背小包的女性，个性相对细致、精明，办事有条理。由此想到包的设计师，真是令人羡慕和敬佩的职业。看着人们背着自己设计的大包小包行走在大街小巷，会觉得很骄傲和自豪吧。对设计师来说，始终保持职业的自豪感，定会激发设计灵感。设计出实用而有美观的大小包包。喜欢包包的人们，看到有那么多样式、色彩，可以挑选，就会感到生活是多么美好。

有幸穿职业装的人们，大多都是很好的职业。警察、检察官、法官、律师、军人（陆海空三军）、公司白领、空姐、海关人员，这些制服穿在身上，英俊潇洒，整齐统一。最大的好处就是按时间分发，真的是省时、省心又省钱。职业装有的很有特点。比如，穿上迷彩服的野战军，是处于高度戒备的备战状态。特种兵全身上下一抹黑的装备，给人以神秘、强悍的感觉，最危险、最艰巨的任务，都是由他们承担。警察是城市、群众的守护者，有他们在，大家从心理上就有安全感。最初设想设计统一的职业服装，遵循的是什么理念？从管理者的角度，一个团体整齐划一的着装，首先是便于管理，这个不难理解。职业装是一个团体、企业的标志，也从侧面反映出企业的整体实力。警察、军人穿统一的服装，是最庄重美观的，是最能体现职业特点与工作性质的服装。

对穿衣而言，通常人们都会有这样的感觉——

在家时，穿宽松的衣服，比较舒适、随意。

上班时，穿制服比较正规。

外出游玩时，穿休闲服，显得悠闲自在。

晚装就需穿高贵典雅的服装。

不同个性的人会选择不同的衣服：

性格活泼的人，喜欢明亮的衣服；

性格文静的人，喜欢淡雅的衣服。

衣着可反映人的情绪，喜乐可以写在脸上，也可以穿在身上。人在遇到喜事时，会精心打扮一番。情绪低落时，会不修边幅。从色彩学的角度来说，色彩也可以调节人的情绪。服装的色彩、款式随着时代的变迁而不断改变。不同国家、民族都有自己的喜好和着装习惯，服装的发展都有着漫长的演变过程，从前人们穿衣服都是用简单的布包裹缠绕起来，宽宽松松，走起路来飘飘然，好似传说中的仙人来到人间。古人穿衣服，跟神话故事中的人物穿的衣服有些相似。

我们引用一首古人的诗：《游子吟》。

慈母手中线，
游子身上衣。
临行密密缝，
唯恐迟迟归，
谁言寸草心，
报得三春晖。

说的是母亲为将要出远门儿子缝衣服，一针一线。缝得又密又结实，就怕在外面的孩子衣服破了，没人补。母亲的爱，如同春天的阳光，照着孩子，给他温暖，怎能报得她的关心。

古代人都是用手工缝织衣服。有句俗语，"汉子外面走，带着女人两只手。"可见在古代手工活儿是妇女的看家本领。丈夫孩子的衣着舒适与美观，就看夫人是否心灵手巧。

小希笑着说：这回不是看女人的看家本领，而是看哥们儿的双手灵巧。

易德说：不但是看你的手巧，还需看你的脑力眼力如何。

在这座城市的郊区，有一个布料批发市场，是座宽敞的建筑。布料以不同的质地，分布在各个柜台。各色各样的布料，布满各个柜台，可以用星罗棋布、色彩斑斓来形容。来来往往的人群，穿梭在各楼层和柜台。易德和小希在人群中边走，边看，边说着什么。他们走到一个柜台前，看着柜台放着许多各种各样的布料，他们用手摸着布料，易德说："我俩先挑选职业装和休闲装的布料。"

小希说："好的，先把这两个系列做好，再选其他的布料。你设计的休闲装布料都是白色，指需选好布的质量和用料多少就行。我的服装布料需选好几种不同颜色和质量的布料，白色的真丝绸，米色和蓝色的裤裙料子，衬衫布料用纯色棉质地的，裤裙料用卡其布的。"

易德说："我的白色布料，用丝绸的做连身裙和上衣，裤子布料用比卡其布软一些的料子，用什么料子好呢？"

小希说："我俩再转转看，这里看完再到楼上看看。看有没有我俩想挑选的布料。"说着，他俩又走到别的柜台看，这时他俩又碰到服装学院的同学，他们几个同学也在批发市场转，他们上前打招呼。

易德说："你们在选布料吗？"

同学们说："是的。我们都在选布料，还没选好，这儿的布料真多，你们选好什么布料了吗？"

小希说："没有，我俩正在转呢。"

同学们说："需帮着找什么布料就说一声。"

易德说："好吧，我们也可以帮你们介绍布料的行情。"

同学们说："好的，就这样，再见。"说着几个人走到别的柜台。

易德和小希转身走向电梯，准备到楼上看看。易德在电梯上说："今天我们不知能否买到所需的布料，最好都能买全。"

"不一定全部买齐，能买到几种也可以，不空手回去就行。"小希边看周围布料边说。在电梯上他俩可以看到很多，放在远处柜台上的布料。

最后，他们终于选到他们所需的布料。营业员热情地帮他们扯布，包装，用袋子装好。他俩双手都提着袋子，来到批发市场的外边。打了一辆车就坐上车，车沿着宽阔的马路行驶。一天的奔波，总算满载而归。这是得他们的时装，由图纸走向实物，开始实施实际操作阶段。看着他们亲自挑选的布料，鲜艳的色彩，柔软的丝绸，都使他俩有种身临其境的感觉，仿佛穿着精心设计、制作的时装，走在 T 型台上，潇洒地展示给人们看，让人们欣赏他们用辛勤劳动创造出的丰硕成果。那种自豪感，满足感，让他们对自己设计的时装充满信心，满心欢喜的孜孜不倦的辛勤工作着。作为服装学院，学服装设计的毕业生，设计出新颖，时尚的服装，是他们的梦想。他俩在用实际行动，迈着稳健的步伐走向成功。这需要有智慧和信心，并对设计作品充满信心，从而才能顺利完成毕业作品，为今后的前途打下坚实的基础。

回到家的易德、小希，满身大汗，易德脱掉衣服走进浴室洗澡。看着易德裸露的身体，小希想到神话故事中的人物，大多是裸体的。于是想讲个故事给易德听。

他问易德，"讲个故事给你听，想听吗？"易德边洗澡边说："好的，你说吧。"

小希躺在沙发上，闭上眼睛开始讲，关于太阳神阿波罗的动人故事。

在很久很久以前，众神都住在奥林匹斯山上，有一天，太阳神阿波罗在山上巡视，看见小天使丘比特拿着一双小弓箭在玩，阿波罗上前说，看你的弓箭，这么小有什么用处。看我的弓箭多有威力，再看看你的那么小。阿波罗说着大笑起来。

小希问易德："你知道小天使是谁的孩子吗？"

易德说："不太清楚，好像是爱神维纳斯所生的儿子。"

小希睁开眼睛笑着说："不错，就是美丽的爱神维纳斯之子。"小希坐起来又绘声绘色地说着。

"丘比特得意地笑着，不服气地说，你别看它小，它可是威力最强的神箭。"原来，这种金、铝制成的箭非常特别。被金制成的利箭射中的人，心里会燃起爱情的熊熊烈火，而被铝箭射中的人会憎恨爱情。阿波罗听到丘比特的话不以为然，于是他想走开。丘比特

拿起金箭，向将要离开的阿波罗射过去，又用铝箭射向路过此地的美少女达芙妮。被金箭射中的阿波罗看到达芙妮，对她产生浓厚的爱意。而被铝箭射中的达芙妮却说，我不喜欢甜言蜜语。于是，阿波罗想用琴声打动达芙妮，他拿起竖琴，演奏出一首首优美动听的曲子。阿波罗的琴技高超，不论是谁，听到他的琴声都会不由自主地来到他的身旁聆听。躲在山谷里的达芙妮，被他的琴声感动，不由得慢慢走来，阿波罗看着渐渐走近的达芙妮，激动地上前，紧紧抱住达芙妮。

这时，洗好澡的易德冲着小希喊，给我拿浴巾来。小希从沙发上拿起浴巾给易德。易德开玩笑地说："怎么不抱住我。"

小希把浴巾扔过去笑着说："你又不是美少女达芙妮，我对你的裸体不感兴趣。"

易德用浴巾包住身体，走出浴室说："是吗，那你对谁感兴趣？"

小希边脱衣服边走进浴室说："我对维纳斯感兴趣。"

易德说："维纳斯已有儿子啦。"

小希笑着说："那我就连他儿子一块娶过来，不可以吗。"

易德穿好衣服说："当然可以，这下妻子、儿子都有啦，那多神气啊！"

小希得意地说："是啊，你不服气？"

易德笑着说："我生什么气啊，我就是维纳斯，你就是我儿子。"他转过话题说，"你的故事讲到哪儿啦？"

小希说："今天先讲到这儿，以后再说。"

古代的神话故事，是人们永久的话题。人是个感性的高级动物，对美，特别是人体的美，有着不可抗拒的吸引力。神话故事里的人物，总能给人们带来有趣的生活情趣。在闲暇的时间里，易德和小希轻松快乐地生活着。这样的氛围，容易引发他俩的创造性。使他俩保持充沛的精力，投入到学习、工作中去，出色、高质量地从事服装设计工作，应对出现的难题，从而圆满地完成毕业设计作品。

设计服装构思画图，对学这个专业的学生来说不是很难。但是，把时装图制作成成衣，确实不容易，需要有人协助他俩。学校专门有做成衣的车间，在那里有专业的裁剪、缝纫师傅，可以帮助他们完成这些最烦琐又最需要耐心的工作。制作成衣的工作量，又是服装设计制作过程中最大的工程。他俩需把好关键的几个关口，比如，裁剪的尺寸，用料的多少，上下衣服的色彩搭配，服装关键部位装饰，都需恰到好处。需保证在预定的时间内，顺利地制作完成。因而，他俩在制作成衣期间，在车间、批发市场、住所三点一线上来来往往地奔波。用餐、睡觉都不规律，成为名副其实的工作狂。辛勤的劳动，使他俩的劳动果实一件件展现在眼前。看着他俩设计的服装作品，终于变成可穿在身上的靓丽时装，感觉既自豪又有成就感。

在服装制作车间，易德问小希，模特的事办得怎么样？落实到多少人？

小希说："报告设计师，模特已全部落实。请你过目，审查。"说着把模特名单递给易德。

易德看着名单说："这些都是我们班同学？有几个不太熟悉。"

小希说："是的，有的是同年级不是同班的，不过，都是我们学院的。你可能不熟悉，但他们都是学院模特队的不会有错。"

易德说："那好，训练模特的事，就由你来担当，你看如何啊？"

小希说；"好啊，就按你说的办。等我们排练好，你再来审查检阅。九个男生，九个女生，按服装样式最多的人选派，你看怎样啊？"

易德说："很好，准备得很充分，有问题随时与我联系。"

训练模特，主要是让他她们按易德和小希设计好的路线在舞台上表演行走。服装展示的先后顺序，穿什么衣服走哪条线路。在哪儿停，又在哪儿转身。最后，模特穿着服装，前后，左右定位在那儿。整个过程，都需精心设计，安排，不能出错。否则就会乱套，会影响服装整体的表演效果。

还有音乐的选择，职业装、牛仔装、休闲装、晚装都需要使用旋律，节奏感完全不同的音乐，这些都需要经过反复排练，才能做到和谐，统一，达到完美的效果，才能通过评审团的审查。

工作程序已全部排好，只需按制定的计划行事，就可以在规定的时间内，完成所有工作量。易德和小希两人都有相对较好的组织，协调能力。初出茅庐，小试牛刀就功绩显著，从定计划，到查资料，设计图纸，采购布料饰品，到制作成衣，模特训练，他俩分工协作，各自都表现出色。连贯的程序使他们能在较短的时间内，完成大量的、烦琐的工作。简捷、快速找到解决矛盾的方法。这使得他俩能按计划向前推进全部工作程序，从而达到预期的目标。有计划地排好先后程序，这样他俩就可以轻松些，有时可用小和尚一休的话说就是："休息一下，不用着急。"

今天是周末，两人早上睡个懒觉，起床后，换好衣服，午饭在学校的餐厅用午餐。午后两人到学校附近的咖啡馆，坐在安静悠闲的咖啡馆，享受一下闲暇的生活。听听音乐，放松心情，里面的人不是很多，咖啡的香气弥漫着整个房间。他俩一人一杯咖啡，坐在那儿慢慢品尝。

易德看着小希说："这段时间，辛苦你了，小兄弟，与你合作非常开心。"

小希悠闲地笑着说："哪有，我俩彼此，彼此。你比我辛苦，没想到你工作起来还是个拼命三郎。"

易德笑着说："没办法，只有这样，才能按时完成比赛作品。你小子就表现得很好，训练模特很在行，不知道你还有这方面的才能。在哪儿学的？我以前都没注意。"

小希有些得意地说："没学过，看多了不就学会了，关键是挑选好的模特，才能事半功倍。还想知道什么？"小希看着易德又说。

易德说："等服装都出来再说。我想看看设计的服装穿在模特身上什么样子，效果如何？"

小希说："一定好看，特别是陈艺，穿上你设计的晚装，一定很迷人。不过我还是喜欢她穿牛仔装，活力四射，迷倒一大片人。"

易德说："看你，说漏嘴了吧，还不承认你喜欢她。"

小希说："我是欣赏她，说真的，是有点儿喜欢她，我也是男人。"

易德说："是的，还是个小帅哥，孺子可教，前途远大。"

小希说："承蒙大哥夸奖，小弟这就谢谢。"

两人就这样在咖啡馆度过快乐、悠闲、惬意的周末。

晚饭后，小希说想到哪儿活动一下。易德说："行啊，就到保龄球馆打保龄球。"

小希高兴地说："太好啰。好长时间没打保龄球。今天我俩好好玩一通。"

易德笑着说："看把你高兴的，你打得怎么样？"

小希说："那我们就比试，比试。"

可能因为是周末，保龄球馆人很多。他们走进球馆，边走边看打球的人。这时，他俩听到有人叫小希的名字。

易德看到是陈艺在和同学们打球，就和小希走过去。

有个同学说："来，我们一起打球。"

陈艺拿着一个保龄球给小希说："打一个看怎么样。"

小希从陈艺手上接过球，走到球道前，熟练地打了一个漂亮的全中。同学们齐声喊："好球，再来一个。"

小希让易德打，易德拿起球，开始打球。连打两个全中，成绩都很好。易德让陈艺打球，陈艺拿起球就打，成绩都相当好。同学们你一个我一个，开始轮流打球。这时的保龄球馆，非常热闹，每个球道都有人在打球。好球，全中，人们不停地在喊。保龄球是非常有利身、心健康的运动项目。可以增进相互间的交往和协作精神。锻炼手脚与大脑的协调性，对身心都有好处。又是室内活动，无论刮风下雨，一年四季，春、夏、秋、冬都可以打。只需有时间，随时都可以运动。这就是为什么很多人都喜欢打保龄球的原因。保龄球又是一项文明的运动，不会给人体造成伤害。所以社会上应该提倡这项运动，为人们提供运动场所。

随着季节的变迁，人们的衣着也随时间而发生改变。春天是万物萌生的季节，温度渐渐转暖，从生理学的角度来说，春天应改变冬天晚起的习惯，早早起床。有好的作息习惯的人，会到外面跑一圈，再吃早饭、上班或做其他的工作。

早春的服装，用轻装上阵来形容。温暖的季节，可以用明亮的色彩来衬托。蓝色、绿色、粉红色、金银色都是可以随意穿着的颜色。找寻一些让你愉悦的彩色条纹、格子，来装饰自己。

上班的男性，可用蓝色、米色、灰色、咖啡色服饰。比如蓝色系列的西装，内穿蓝白条纹衬衫，浅蓝色的羊毛衫，深蓝色西服外套，黑色的皮鞋，应该是不错的搭配。喜欢穿休闲服的男性，可以用米色系列，淡黄色的衬衫，棕色的毛线衣，米色的外套，咖啡的裤子。棕色的皮鞋。穿休闲装的人，一般外套不用扣扣子，才能显示休闲装的潇洒自在。

女性春季服装可选择的款式色彩都很多：

各色羊毛衫，系条彩色的围巾，米色的裤子或裙子。脚上穿双咖啡色或棕色的靴子。明亮温柔、活泼的色彩，是年轻女孩子们最优雅明智的选择。

蓝色系列是职业女性常穿的服装。春天是百花盛开的季节，彩色系列的时装能给人带来跳跃、鲜艳的感觉。

粉红色的上衣，里面穿花色的羊毛连衣裙，穿浅色或深红色的鞋子，最能表现春天的格调。艾格是年轻女性们都喜欢的时装。温柔、明朗的色彩，满是春天气息。简洁、宽松的休闲装很适合上街购物。女性们就用艳丽、明朗来装饰充满个性、喜悦的春季。

随着温度逐渐升高，柔软轻薄的服

背心式长裙

装是夏季的首选。真丝雪纺、棉麻织物，质感轻盈飘逸，透气性很好，是夏季必备的衣装。色泽纯净的白色衣裙，可以用你喜欢的任何一种彩色衣领、花边作点缀，展现出不同女性的情趣爱好。

精力充沛又好动的男性，在夏日里，恨不得像古代奥林匹克运动员那样，只穿个兜袋行走奔跑。可是在当代文明国度里，日夜奔波在各行各业，进出在不同写字楼里的精英们，还是需保持绅士风度。办公室里的中央空调给他们提供了维护绅士风度的条件与环境。所以衬衫、西裤加领带，仍然可以大显身手。只需随意，怎么穿都可以。款式、色彩设计师和制造商都给你们准备好了。只需选对自己喜欢的颜色、样式，就 OK 啦。

对幼儿园的小朋友和学校里的学生来说，夏季是他们最好过的日子。长长暑假，使他们可以在各种场合，都能穿自己喜欢的，最舒适、凉爽的衣服。如汗衫、短裤、拖鞋等，色彩、款式怎么凉快就怎么穿。他们才是真正的夏天的宠儿。

夏季，是女性们展示自己柔美、性感的最佳时期。女装设计师们，为女性设计出款式新颖、色彩丰富、简洁大方的各类服装、鞋帽。使得女性朋友们，在大热天里也不减逛街购物的热情。女性的衣饰情结与生俱来，天生就喜欢。也难怪有位名人说过，世界上的七分美是由女人带来的，因而创造美、展示美，是上帝赋予女人的特权和义务。许多抒写美的语言、诗句，都是用女性比拟的。

北宋著名的诗人苏轼，是位多才多艺的文学家，他有一首把西湖比作古代美人西施的诗。

饮湖上初晴后雨

苏 轼

水 光 潋 滟 晴 方 好，

山 色 空 蒙 雨 亦 奇。

欲 把 西 湖 比 西 子，

淡 妆 浓 抹 总 相 宜。

意思是说，西湖在晴天时，映在水波上的光线，随着波浪一闪一闪的非常漂亮。在下雨时，雾气和雨丝使大山变得朦胧。这时的西湖有与平常不一样的美丽。把西湖比作古代美人西施，真是非常贴切。不论是浓妆还是淡妆，西施总是那么漂亮、好看。不论是晴天还是下雨天，西湖又总是那么幽雅、明丽。

随着秋季的来临，人们可体验秋高气爽的特质和简单浪漫的秋季时装，畅想一番秋季服装带来的时尚与精彩。

帅气的牛仔装是秋季最时尚的服装，是男女秋季的必备品。

针织衫柔软贴身的亲和力，非常适合女性穿着。

内穿圆领衫，外套开衫，是最经典的中年女性秋装打扮。

外套纯色的细羊毛开衫，里面穿彩色套头衫，是秋季外出时的简约休闲装。

秋季男性服装以西装和休闲装为主。西装注重布料的质地、制作工艺。休闲装追求随意、简单、舒适，是男性穿着场所最多的服装，也是最喜欢穿的服装类型。

秋天是丰收的季节，硕果累累，预示着来年会有丰硕的成果。在服装色彩上，用紫色和金色表示，是成就感和优越感的双重体现，可用丰富多彩来形容秋季服饰。夏天有的装饰品，由于天热而暂时收起来，到秋季就可以拿出来重新装饰。项链、手链、围巾，长的、短的、粗的、细的各种各样，丝巾的飘逸，项链的闪烁，统统上演金色秋天的时装秀。

随着冬季的到来，女人们编织毛衣的手工活儿，又开始编织出温暖的情结，使寒冷的冬季变得色彩斑斓。穿着厚厚长长的毛衣，在冰天雪地里行走，显得随意、洒脱，在雪花飘飘的冬季同样可以做时尚的宠儿。紫色凝聚着薰衣草味道的绒毛衫，蓝色的牛仔裤，咖啡色的羽绒服，把冷空气都挡在外面。红色是挑战寒冷的最佳伙伴，或穿红色的大衣，或戴红色的帽子、围巾作点缀。处处弥漫着贴心与关爱。在色彩的装点下，这个冬季不会怕冷。毛衣图案特有的浮雕感，粗花呢的外套，长筒靴，显得艺术气浓郁十足。谁有资格把握冬季温暖的尺寸，个性鲜明的穿着打扮才是男女演绎冬季温暖的时尚派。呢大衣、羽绒服是男性冬季最简约的装饰，实惠与温暖完美结合。

美人靴是女性冬季必备的装扮重点。浪漫的蓝色，典雅的棕色，鲜明的红色，最容易搭配的黑色，都是女性喜欢的色彩。长筒靴子又是冬季保持温度的最佳选择。

易德和小希在服装学院，演绎夏季最后的浪漫与精彩。他俩设计的毕业作品将给他们的学生时代画上完美的句号。对他俩来说，真正的人生才刚刚开始。

在学校的 T 型台上，模特们穿着他俩设计的服装进行排练。易德和小希坐在台下，看着自己设计的时装，由模特演绎着，心中油然升起一种自豪感和成就感，这是他俩精心设计打造的毕业作品。

在优美动听的音乐声中，模特身着小希设计的职业装走出 T 型台，明黄、浅绿、纯白的三套职业装，穿在模特身上就好像白领丽人走在上班的路上，神采奕奕，非常好看。台下响起掌声，是易德、小希和其他学生们在拍手。

小希抬头看着易德笑着说："怎么样？还可以吧。"

易德笑着说："什么可以？！应该说非常好。"

小希说："那我就放心了，再来看看牛仔装如何？"

他俩说着话，男女模特着不同款式的牛仔装走上 T 台，在音乐的伴奏下，性感的白色蓝边抹胸内衣；带帽子的牛仔外套；蓝色的牛仔裤；上衣系彩色丝巾；蓝色带帽子的直筒连衣裙；模特脖子上飘动着长长的丝巾，把牛仔装随性、帅气、性感演绎得动感十足。

台下众人同时鼓掌说："精彩！"

易德说："模特的演绎很有感召力，把牛仔装的青春活力都充分表现出来，你找的模特都很棒。"

小希笑着说："是吗？我也觉得很满意，她们表演得确实很好。"

易德说："你设计的牛仔装真是既新颖，又时尚，我很喜欢。"

小希说："如果给你穿，你喜欢穿哪套？"

易德开玩笑地说："想想看，我就穿带抹胸内衣那套。"

小希笑着说："那是女式的，胡说什么。"

易德笑嘻嘻地说："知道，我是开玩笑的。我就穿蓝色牛仔上衣，白色牛仔裤，还有那条长丝巾。"

小希说："我看那条长丝巾，对你来说还是拿掉，装在口袋里比较好。"

易德说："为什么，我就把它系在脖子上，怎么样？"

小希笑着说："那表示什么意思？"

易德说："没什么意思。好看，不行吗。"

小希说："行，好看。你是向谁示意吗？"

易德说："哪有啊，不然我就系在头上当头巾。"

小希摸着易德的头笑着说："这可是'中式孔支票'的头，戴上丝巾会更帅。"

易德说："怎么样啊，他是布头巾，我这可是真丝的头巾，比他那还高级呢。"

小希笑着说："是的，你是又高又帅的孔支票。"

易德说："那是，到哪儿找这么又帅又时尚的帅哥。"

小希笑着说："对啊，你是双重身份的人，今天是服装设计师，明天有可能就是'孔支票先生'。"

易德笑着说："这样的好处就是，在意料之外，确在情理之中，奥秘加神秘。"

小希说："那我就等你发大财，我沾光。"

易德得意地说："随你好了。"

小希看着台上说："快看，你的休闲装出来了。"

男女模特穿着易德设计的白色系列的休闲装，出现在 T 台上。宽松、飘逸的白色休闲套装，潇潇洒洒好似走在蓝色海边的沙滩上。在蓝色海风的音乐声中，演绎出浪漫、悠闲和时尚。白色丝绸的连衣裙，一条彩色带子系在腰间，恰似彩虹落到人间，真想伸手抓住。模特从腰间取下彩带，挥动着转身走过 T 台，留下一道彩色的梦想条纹，真是好看。台下有人拍手，易德扭头看，是小希。

易德笑着说："傻了吧，飞走啰。"

小希说："什么啊，我在为你喝彩呢。你说实话，那条连衣裙，为谁设计的，准备给谁穿？"

易德开玩笑地说："你说给谁啊，送给你？"

小希笑着说："送给我，你舍得吗？"

易德转个话题说："看，晚装走过来了。看看怎么样，这是我最得意的作品。认真看，仔细看，多提意见，再看看模特演绎得如何。"

小希说："我在仔细欣赏，你看台上的模特队形排得如何，是不是按我们事先安排好的路线行走？"听到小希说，易德注意看，女模特从左边走出时，缓缓解开披风，交到站在旁边的男模特，转身走向右边。又转身走向男模特，男模特给她们披上披风，女模特穿好后走向幕后。

易德说："很好，就是这样。不过，你觉得男模特是否该增加走动的动作与队形呢？"他问小希。

小希说："晚装的主角是女模特，除非出场时，他们就两人一组，手拉手出场。否则，男模不好走动。"

"说得对，这个地方重新排练。"易德站起来，拍拍手说，"停，停一下。这儿的队形重新排练。"他和小希走上台，让男女模特两人一对，女模特挽着男模特走出来，脱下披风交给男模特，两人再在 T 台上走一个来回，在前台亮相，女模特再穿上披风挽着男模特转身走到幕后。

小希教模特们再走一遍，然后，再重新排练一次。就这样，在优美、舒缓的音乐中重新排练了一次，效果很好。易德和小希点头表示满意。坐在台下的教授说："很好。就这样，服装设计表演彩排全部通过，等待最后的毕业作品设计大赛。"

　　模特们开始脱下服装挂在衣架上，小希帮着把所有服装都按类型架好。

　　易德和王教授站在那里说话，时装表演在热烈、友好的气氛中，圆满完成。模特们开始走出 T 台。易德走到陈艺身旁说："你今天表现很好，我和小希都很满意，谢谢你。"

　　陈艺说："是你们的服装设计很出色，愿意为你们效劳。我们都是同学，不用客气。"

　　小希走过来笑着对陈艺说："辛苦了，我们一起到外面散散步。"

　　陈艺与他俩一起走出 T 型台，三个人边走边聊。陈艺问他俩怎么安排暑假时间。

　　小希说："还没想好到哪儿去。"

　　易德说："还是想出去，到哪儿好呢？听说有户外俱乐部，不知怎么样？"

　　陈艺说："我看，还是跟旅行社出去，或我们到一些好玩的地方旅游。"

　　小希说："如果我们三个人一起去玩儿就好了。"

　　易德说："好是好，到哪里呢？我们得想想看。"

　　三人来到易德小希的住所，陈艺走进两位男同学住的房间说："有些乱，不过还算干净，男孩子能做到这样，已经很不错了。"

　　小希对陈艺说："大驾光临，请坐，我去倒杯水。"

　　陈艺说："不用客气，我很快就走，外出旅游的事以后再联系。"

　　易德说："来了就坐一会儿，别急着走，我和小希都欢迎你来。"

　　陈艺说："好吧，那我就再坐一会儿。"

　　易德看着小希，两人对笑一下，都坐在沙发上。易德问陈艺："你想到哪儿去玩儿？"

　　陈艺说："没想好，我想与你们男生出去玩，好不好啊，可行吗？"

　　小希说："怎么不行，我们两个男生，一个女生，出去玩才有意思，人家都说，男女搭配，干活儿不累，就我们两个光头出去玩儿多没劲。你放心，我们会相处得很好，你不用担心什么。"

　　易德看着陈艺说："看把小希急的，一起去吧。你送我俩时装发布会的票，我俩还没谢谢你呢。给个机会吧。你好像也喜欢旅游。"

　　陈艺笑着说："你怎么知道，谁不喜欢旅游，有时间都想出去玩玩，你俩都到哪里玩过？"

　　小希说："玩的地方不多，这不重要。关键这次到哪儿去玩？我们应该选三个人都喜欢的地方去玩，才有意思。"

易德说："到海南去玩吧，那儿有三亚、亚龙湾，是我国最美丽的热带海湾；有白色的沙滩、蓝色的海水，天涯海角。各项专业的 SPA 设施，香薰 SPA 护理，是最负盛名的度假胜地。你俩觉得怎么样啊？"

小希说："我看很好，可以去玩玩。"

陈艺说："你俩都喜欢，那我们就去。海边应该是好玩的地方，准备什么时候出发，订好时间通知我。"

易德笑着说："那就这么定了，明天开始准备行装。"

小希高兴地说："到海边欣赏比基尼，饱饱眼福。"

易德说："看你小子，在想什么呢，这么好色。"

因为陈艺在，小希有些脸红地说："好色是男人的本性，我又不是小和尚，不需要戒色。"说着看看陈艺。

陈艺看看他俩，笑着没说什么。

易德说："你这小子还有理呢，这次叫你看个够。"

海边旅游是个不错的选择，小希的话提到比基尼，正好与陈艺设计女式内衣相似，这次到海边，可以好好欣赏各式各样的比基尼，对设计内衣有好处。陈艺开始准备出游的行装。简单舒适的棉布、丝绸衣衫，棉质的短裤，一件长长的风衣式外套，夹脚人字拖鞋。简洁轻巧的拎包，连衣式的泳衣，一条浴巾，防晒护发的帽子。遮阳镜，防晒霜。陈艺把准备好的东西，全部都放进旅行箱子里。坐下来想想，应该再邀个女同学一起去比较好。和男同学外出，有些事不好意思说，还是找林红两个人好些。想到这里，她拿起手机打电话。林红是陈艺设计内衣的合作伙伴，两人关系非常好。林红接到电话，爽快地同意了。她俩开始准备外出行装，两人约好一起在外面吃晚饭，讨论外出旅游的事。再到超市买些必备的日用品。晚饭后，陈艺林红推着小车在超市转。这时碰到易德和小希，推着车子也在转。他们看到陈艺的身旁有个同学，是班上的林红。

陈艺对易德、小希说："林红和我们一起去海南。"

易德说："好，欢迎同学一起去旅游，人多热闹，有意思。"

小希看着林红笑着说："是你呀林红，没想到啊。"

林红说："怎么，不欢迎？"

小希说："哪有，陈艺设计内衣的搭档，这次让你大开眼界，到海边去长长见识。"

林红说："那是，不能光让你饱眼福。"

听林红说的话，小希想可能是陈艺对林红说了他什么，不由自主地看陈艺。陈艺马上反应过来说："我可没说你什么，是你俩说的话比较投缘。看样子，我这个同伴找对了，这次我们会有个愉快的旅游。"她转头对易德说："你说呢？"

易德说："对，应该说愉悦的旅行在等着我们，好好准备。"又问："你们准备得怎么样？"

林红说："一切准备就绪，我们坐飞机还是火车？"

小希说："你想坐什么？"

林红说："我想坐飞机，海南那么远，坐火车什么时间才能到？！"

陈艺对易德说："你看有他俩，这次旅行一定很热闹。"

易德笑着说："这可是你的功劳。"

四个人推着车子走出超市。

说到外出旅行，简便轻松的休闲时装最能贴合悠闲的心情。休闲装的男女风格，有 T 恤衫、短裤，格子、长条、横条、几何图案等许多选择。防晒用的长袖外套，蓝、白相间的包包与海边景色很相配，墨镜、旅游帽、点缀全身的服饰，清爽简单又充满十足的时尚感。海军风格的条纹，款式色彩各异的图案衬衫，宽檐帽，遮阳镜，粉红色的手提包，显露女性的帅气与可爱，这就是夏季出游具备的美感与实用。出游就是成双成对，才显得精彩，时尚，休闲味十足。因而，外出旅行会让人显得年轻而充满活力。

飞机在三亚凤凰机场降落，陈艺、林红、易德、小希拖着行李箱走出机场，打车开往旅店。天域度假酒店，坐落在三亚，亚龙湾，旅游度假胜地。来到此地恍若置身于人间美景，使人感觉真的是来到人间仙境，这儿的蓝天白云，碧海清波，涛声阵阵，让人迷恋不已。

海风、椰树、沙滩、鸟语、花香，空气纯净，令人陶醉。他们来到酒店，登记两人一间的套房，设备齐全。房间的装饰，高档、典雅。陈艺，林红在房间边收拾衣物，边说着什么。过一会儿，两人洗好澡，换好衣服，坐下来喝茶。因为快到晚上，两人都穿着连衣裙，陈艺穿件条纹的连衣裙，林红穿件粉红色的连衣裙。易德、小希就住在隔壁房间。这时，他俩走进来说："我们一起用餐。"

陈艺、林红起身说："好的。"

他们走出房间，来到餐厅，找到座位坐下来点菜。餐厅坐了许多人，都是来观光旅行的。有情侣，有一家人，还有结伴而来的。像易德他们这样，一看就知道是来度假的青年学生。他们一边吃饭，一边说着话。餐厅的环境布置的都是海边的风景，看上去很凉爽。人们都在用餐，在这里可以品尝到南海的海鲜，还有乐队舞蹈的表演。

易德、小希他们用完餐，走出餐厅，向附近的海边走去。海风吹拂着他们的衣裙。傍晚的海边有很多人在散步，他们走在细软的沙滩上，夜晚的海面，风平浪静，是一派迷人的夜景。他们已很久没在海边散步，凉爽的海风，柔软的沙滩。他们索性脱掉鞋子，光着脚走在洁白柔软的沙子里，有些轻快舒心的感觉，真想坐下来或躺在沙滩上，欣赏这海边的夜景。

夜光下的海边，神秘、浪漫，仿佛把陈艺与林红带到海的世界。眼前是椰树、灯火、轻柔的海风、蓝蓝的海水。脚下是柔软、细细的沙子。这一切让人迷恋。忽听有人说，"迷途的羔羊该回饭店啦"。陈艺、林红转身看到易德在对她们说话，小希在旁边笑着看着她俩，原来她俩不知不觉已走了很远。她俩笑着提着鞋子，光着脚跑过来。

小希笑着说："你们两人真的被大海迷住了，想投入大海的怀抱。天这么黑，我们可救不了你们。"

林红说："就想扑到大海的怀抱，怎么样？不用你救，我们高兴那样。"

易德笑着说："看你俩，等到明天，我们再到海边来，让你俩扑到大海里。大海真的有那么大的吸引力，让你俩如此迷恋？"

陈艺笑着说："那是的。不过，走在傍晚的海边，真的又舒服，又迷人。你俩不觉得吗？夜色撩人，指的就是这种情景吧？"

小希说："我们两个大活人都没把你俩吸引住，你俩反而被这黑蒙蒙的夜晚搞晕了，这说得过去吗？"

易德说："她俩不是在你身边吗？还是你最有吸引力。"

林红走到易德身旁握着易德的手说："走，我们回饭店，气气小希。"

陈艺看着小希笑着说："看，你把人家气走了。"又小声地对他说，"她是故意这么做给你看的。"

小希笑着说："这有什么好气的，我是宰相肚里能撑船。她这个小帆船，小意思。"说着与陈艺走进饭店。

海边的早晨，空气清新，海风轻轻地吹着。易德他们早早起床，在海边跑步。他们穿着不同的 T 恤衫和热裤，显得青春而有活力。在海边形成一道亮丽的风景，他们边跑边发出爽朗的笑声。小希和林红边跑边打闹着。

陈艺边跑边说："今天准备到哪儿玩？"

易德说："上午到大海里泡泡海水，下午在护理中心享受一下香薰 SPA 的护理，那可是解压的最佳方法。"

陈艺说："好的，你看他俩迫不及待地想在海水里玩。"

小希、林红跑过来说："你们在商量什么呢？"

易德笑着说："让你俩穿着比基尼扑到海水里玩。"

林红说："好啊，今天可以玩个痛快。"又对小希说，"你说呢？"

陈艺说："行啊，我们就一块玩，下午去做海水浴护理。"

小希说："是海水浴护理吗？我们一起去。"

林红笑着说："男的不需要做，把你放在盐水里泡泡就行啦。"

小希看着她笑着说："你不懂，那是在做海水漂浮，躺在上面可舒服啦。"

林红说："真的么，那我也想去试试，看看如何啊。"

易德说："护理，男女都可以做。午饭后，我们就去做海水浴护理。"

他们回到房间。早饭后，准备游泳用的衣服、帽子、拖鞋、太阳镜、外套、防晒霜，这些都放在包里。两位女生穿上泳衣，套件外套。易德、小希比较简单，穿个泳裤，戴上墨镜，披个浴巾就行啦。

他们走到海边，找个草蓬遮阳伞，坐在下面，喝着饮料。易德穿着蓝色的泳裤，带条纹的拖鞋，坐在靠椅上。小希穿的是红色泳裤，头上戴着帽子，浅蓝色的拖鞋，在草蓬下的沙滩上躺着。陈艺穿的是蓝色的胸衣，下穿格子的泳裤，红色的拖鞋，披条纹的外套，与林红并排靠在躺椅上。林红穿件红色的胸衣，蓝色泳裤，黄色拖鞋，披件粉红色长外套。

这时，林红说拿出防晒霜说："我们还没擦防晒霜，我来帮你擦。"

陈艺坐起来说："我先帮你擦。"她让林红转身，边帮她往身上擦着，边说，"你的皮肤真好，可不能晒黑。"

林红说："没关系，晒黑一点，说明我们沐过日光浴。"

陈艺说："他们两个男士不知擦不擦，我俩待会儿去问一下。"

易德看着陈艺，林红对小希说："你

看她俩穿泳装真的很性感，女人味十足，你说呢？"

小希看看说："是的，女人就这时最好看。"

这时陈艺、林红走到他们跟前说："我们帮你们擦防晒霜。"说着林红走到小希身旁说："我来帮你擦。"

小希说："不用。"

林红说："转过身，别动。"说着拿防晒霜给他身上抹。

陈艺对易德说："我来帮你擦。"

易德说："好。"说着转身坐起来。

陈艺说："长得挺结实，平常没少运动吧。"

易德笑着说："是的，喜欢跑步，打球。你呢？"

"我喜欢打羽毛球，保龄球你都看到了。"陈艺说。

林红给小希边擦着防晒霜边说："男子汉怎么长得细皮嫩肉的，应该好好锻炼锻炼，晒黑一些。"

小希说："我皮肤白，可我很有劲。你看！"说着伸出胳膊，握拳给林红看。

林红笑着说："是的，看起来很有劲，跟人打过架吗？"

"小时候有过。"小希说。

"被人打趴下了吧。"林红笑着说。

小希说："哪有啊，我把人家打倒得多，我很少打架。"

林红说："对，温文尔雅的小希是个文明人。"

"那还用说，我是个讲道理、懂礼貌的人。"小希说。

"擦好，我俩就到海水里游泳。"林红转身对陈艺他俩说。

"好啊，我们都到大海里游泳。"易德说。

林红和小希跑在前面，扑到了海水里。蓝色的海水，清澈透明，波浪起伏，他们在海水里畅快地游着。游了一会儿，陈艺和林红走上沙滩，坐在躺椅上，拿出饮料喝着，易德和小希两人还在海水里游泳。

陈艺说："我俩在这儿欣赏穿泳衣的人，看有什么新颖的样式。"

林红说："好啊，这里的泳衣样式真多，有的还怪好看的。"

陈艺说："我们这次设计内衣，上衣的布料可用轻软些的布料，短裤不用透明的比较好，学校里都是学生，穿透明的不太雅观。"

林红说："是的，可用牛仔布料就可以，性感又好看。"

陈艺说："对，可以用乳白色，淡蓝色的。"

林红说："我们可以都用彩色的全棉布料，或真丝绸布料。"

这时，易德和小希跑过来说："你俩怎么坐在这儿？"

林红说："我们在欣赏人家穿的泳衣。"

小希说："我俩也坐在这里看看穿泳衣的性感女郎。"

陈艺说："你又不设计女式内衣。"

小希说："你们设计，我们欣赏，不是很好吗。"

林红说："我看你是好色吧。什么欣赏，说得好听。"

易德帮小希说："那你俩设计的内衣，总要有人欣赏吧。"

陈艺帮林红说："她在跟小希开玩笑。"

小希看着林红说："就是吗，小丫头说话就是不知道深浅，好好学学。"

林红说："哼，就你知道，毛头小子陈小希。"

易德对陈艺说："你俩设计的内衣，设计好了吗？"

陈艺说："初稿已经出来，这次回去再做修改，就好了。"

易德说："需帮着做些什么，说一声。"

陈艺说："好吧，到时请你俩欣赏，提提意见。"

小希对陈艺林红说："两个同学，欣赏好了吗？我们该回饭店用餐，我肚子饿，你们呢？"

林红说："对，下午我们还得去做护理呢。"说着披上外套和他们一起，沿着林荫小道往饭店走。

SPA系统护理中心，由来自巴厘岛的专业人士负责管理。香薰SPA护理，使用中西结合的护理方法，中医经络理论，西方植物香精油，为的是达到调理、放松、平衡阴阳的功效。静静躺在弥漫花香的小屋里，会把你带入神奇的身心和谐、焕然一新的理想境界。

陈艺、林红在做香薰SPA护理，易德和小希躺在海水浴里，海水的温度可以自由调节，调到与身体温度相同。可以使身体吸收大海丰富的微量元素和矿物质，起到调理养身的作用。如果你选择漂浮，就可以躺在比海水的盐分高出五倍的水中漂浮，冥想，在这样的环境中，只需闭目休息，就可达到最好的睡眠质量。

天域新落成的双层户外加温游泳池，是首家采用最先进的臭氧消毒方法，可迅速消灭对人体有害的各种物质的游泳池。即使天气不佳，人们同样可以享受在海中畅游的感觉。

这儿有潜水、快艇、冲浪等多种水上娱乐项目。商家斥巨资引进的法国豪华双体帆船，已成为亚龙湾海上一道新的风景线。

天域有美国名家设计的夏威夷式的建筑，体贴细微的客房设施和最大的海园林，设计风格备受称赞。不论是逃离城市的短期度假，或是全家旅游，在天域的驻留时光，定会让你留下一段美好的记忆。

来自香格里拉饭店的总厨，为你精心调制各种不同美味佳肴，还有地道的京、沪、川的美食。周末有椰林烧烤，可以品尝到鲜美的南海大对虾。用进口麦粉烧制的全麦饼，则是亚龙湾最健康的食品，还有用黎家传统方法酿制的"山兰玉液"米酒。

五色斑斓的鲜花四季盛开，这是亚龙湾最大和最负盛名的海岸花园，也是你可以尽情放松心情的最佳场所。

亚龙湾是我国具有热带风情的国家级旅游度假区，沙滩绵延 7 公里，浅海区宽达 50 米，海水清澈，沙滩上有洁白细软的沙子，海水的能见度约有 10 米，终年可以游泳。海湾的面积 66 平方公里，可同时容纳 10 万人嬉水畅游。数千只游艇游弋追逐，这里具备海岛度假的一切条件，连排的高档酒店，丰富的水上活动，多彩的异域风情。

而海滨公园，毗邻大海，占地面积约 20 万平方米。园内有贝壳馆，中心广场则具有观光、娱乐、餐饮、集会、多种功能的游乐中心。图腾柱是广场最高点，上面有龙、凤、鸟、鱼，以及风、雨、雷、电，四种的图案。图腾和雕塑浑然一体，构成强烈的中国古天文意识和东方的神秘色彩。广场上有 4 个白色风帆式的尖顶帐篷，富有现代气息。贝壳馆，设有贝壳展览厅，是国家首家以贝壳为主题，融科普，展览为一体的综合性展览馆。

男女同伴们从护理中心出来，已到了用晚餐的时间。

"到哪里享受美味？"小希说。

陈艺说："我们去品尝全麦饼，你俩喝'山兰玉液'米酒。我俩喝粥，怎么样？易德你说呢？"

易德说："行，再来盘南海对虾，到海南就得品尝一下海鲜。"

小希说："好，海鲜，全麦饼加米酒。"

林红说："我喜欢对虾，全麦饼，喝粥。"

他们穿过椰林，来到酒店的餐厅，餐厅已坐很多人，在靠窗口的桌子，用餐时，可以看到外面的海边。有椰树，蓝蓝的海水，波涛涌上洁白的沙滩，海上有豪华的双体帆船。他们可以边用餐，边欣赏窗外的美景。

三亚处在海南岛的南边，天涯海角是人们心中向往的圣地。人们常说的吉祥话"福如东海，寿比南山"，就与三亚的大东海和南山旅游区有着密切的联系。

易德他们今天的旅游目的是三亚。吃完早饭后，他们乘车前往三亚。先到三亚爱心大世界，占地4700多亩的园内，目前有孟加拉虎300多只。他们去了老虎表演馆，观赏老虎与小猪怎样和谐相处，真的很有趣。小希和林红看着小老虎真想上去抱抱，他俩笑嘻嘻地逗小老虎玩。易德、陈艺站在那里看他俩玩得开心，就在树下说话。

易德说："等会儿，我们就到南山寺。听说那儿的香火很旺，可以烧香许愿。再到海洋水族馆，你看行吗？"

陈艺说："好的，我们可以玩一天，晚上再回饭店。"

小希林红笑着走过来说："那里的老虎真好玩，你们怎么站在这里，商量什么啊？"

陈艺说："我们都看过了，现在咱们可以到南山烧香许愿了。"于是，他们边走边说，往南山寺走去。一路经过金玉观音、三谛桥、长寿谷、群像雕塑、吉祥如意、南山文宝院。到南山寺后，他们就在那儿烧香，四个人双手举香，闭目许愿，表现得非常虔诚。烧完香后他们走出寺院大门，林红问小希："你许的什么愿？"

小希说："保密，不能说出来，否则就不灵了。"

林红说："真的么，那我也不说了。"

他们又来到南海观音像前，它高108米，是世界上第一尊耸立于海上的观音像，也是世界上最高大的海上雕像建筑物，他们绕着铜像走了一圈。

在热带海洋水族馆，他们观赏了海豚、海狮、海鸟的表演。水族馆的旁边是椰林，白色的沙滩，还有碧波大海。他们在椰林边休息一会儿喝些水，又来到令人神往的天涯海角。

"天涯海角"和"南天一柱"这两处景观位于海南岛的最南端，甚为壮观。它的后面是马岭山，前面是蓝蓝的大海。边上还有历史名人雕像，天涯画廊。

小希说："有首歌唱的是'请到天涯海角来，这里四季春常在'，讲的就是这里吧？"

林红说："你歌唱得不错，歌里唱的天涯海角指的就是这里。你们看，我们到天涯海角啦。"

陈艺说："天涯海角就是在石头上刻的字啊。"

易德和小希走到刻有"天涯"二字的石块旁边说："我们在这儿照个相吧，怎么样？"

陈艺林红来到他俩身边说："好的，我们来留个影。"

陈艺、林红站在中间，易德、小希站在两边，摄影师给他们拍了两张。

小希说："我们这一天的行程丰富多彩，就剩下品尝海鲜。"

易德说："我们坐车到三亚湾吃海鲜，那里有著名的'椰梦长廊'。"陈艺、小希、林红三个人都同意说："好的，我们就到那儿。"

三亚湾东起三亚港，滨海大道有 10 千米长，依着海湾绵延至天涯湾，可以看到渔家拉网，体验真实的渔家生活。还有质地柔软的沙滩，又可以看到很美的落日夕阳，著名"椰梦长廊"就在这里，这是一条非常有名的风景大道，有"亚洲第一大道"之称。

陈艺说："易德真会选地方，选的都是有名的景区。"她对林红说："我们这次跟对导游了。"又问易德："你以前来过这儿吗？"

易德笑着说："没有，我和小希只是翻翻书，看看地图，就搞定了。"说着看看小希。

小希点头笑着说："我们就跟着易德走没错，有好吃的，又有好玩的。"

他们乘车开往有名的海滨大道。在车上问司机："哪个酒店离'椰梦长廊'最近？"

司机朋友说："海景房。"

"哪好，就到哪儿。"易德说。

到三亚一定要吃纯正的海鲜，观海景。吃海鲜，才能真正体会到"人间鲜味"。海鲜的营养价值很高，鲍鱼、龙虾、鲗鱼，都是不可多得的美味，最好都尝尝。

晚饭后，他们走出酒店，不远处就是"椰梦长廊"。他们来到长廊，两旁都是椰果累累的椰树。

小希说："我们是猴子就好了，可以上椰树，摘椰果。"

"想得美，在这里只能看，不能摘。"林红说。

易德说："这儿的椰果，不能摘，但可以买到鲜椰果、椰子糖果、椰子糕，还有椰子酱。"

小希说："你们看，只需掏钱，不用费劲儿，就可以尝到好多的椰子产品。"

陈艺笑着说："我们待会儿去买些带回去，慢慢品尝。"

林红高兴地说："还是陈艺想得周到。"

他们到三亚最大的超市买特产，林红推着小车，他们选的都是平时很少能尝到的海南当地的特产，到收银台，小希主动付钱。

易德说："还是我来吧。"

林红笑着对小希说："就让他出钱，谁叫他说，只需掏钱，不用费劲儿。"

小希笑笑说："我这不是在付钱吗，你呢。"

陈艺说："你们别争了，还是我来请客，你们负责提袋子。"说着把钱交给收银员。他们提着买来的海南特产，走出超市。

这次的海南之行，使他们留下了美好的记忆，又增进了他们之间的友谊。

回到学院后，他们分别准备各自的毕业作品，陈艺与林红开始她俩的女性内衣设计作品，女人的美丽，是由内而外的。对于陈艺和林红来说，设计百变时尚内衣的工作，才刚刚开始进入实质性的实施阶段。想设计出性感撩人、温柔可爱、时尚前卫的内衣，在款式、色彩、用料方面都须做恰当的选择。她俩设计的内衣款式多种多样，包括：

样式类似比基尼，文胸的带子系在脖颈后，粉红色柔和甜美，展示都市少女与众不同的情怀；

蓝色牛仔布料，加彩色宽边图案的文胸与牛仔短裤，色彩对比强烈，打造时尚前卫的形象；

浅红色的文胸，咖啡色格子的平脚裤，显示健康与性感完美的修长身体比例；

宝蓝色海洋色彩的上衣与短裤，给炎热的夏季带来清爽的凉意；

纯色的文胸与短裙，简洁又时尚；

藕红带荷叶边的吊带上衣，绿色系的平脚裤，显露出漂浮清波的诱惑，让人不知所措；

格子吊带衫，牛仔迷你裙，色彩即明快，又清新动人；

白色吊颈文胸，白色超短裙，演绎简约、纯净的时尚风格；

红色真丝吊带上衣，平角短裤，显得性感热情，带有东方情调；

紫色条纹的文胸与平脚裤，显得神秘、性感又时尚；

孔雀蓝吊带衫，蓝内裤，温柔、可爱、性感、浪漫；

缠绕的绑带绣花内衣，吊带裤，显得缠绵又性感；

苹果绿色吊带内衣与平脚裤，似乎可以闻到苹果的清香。

选择好内衣的款式、色彩、布料后，陈艺、林红分别选出各自喜欢的样式，来画设计图上色，布料的挑选，则需两人外出采购。

咖啡色、宝蓝色、大红色、紫色、绣花由陈艺负责画设计图。

粉红、牛仔、荷叶边、白色、格子吊带、孔雀蓝、苹果绿、活泼的印花图案由林红负责设计画图。林红对这次的内衣设计兴趣高涨，出自女孩子对内衣的喜欢，看到喜欢的样式，就统统拿来设计。一般来说，感兴趣的事，肯定能办得好。陈艺放心地让林红设计众多的款式，自己除画图外，再做些其他的工作。

正值暑假，同学们不在，房间只有她们俩人。平常显得拥挤的房间变得宽敞多了，她俩把几张桌子拼在一起，加长加宽的桌子可以放下她俩所需的纸张、颜料。两人各坐一边，说话、画图、上色，都很方便、自由。生活起居也很随意，不受干扰。

陈艺说："我俩好好珍惜这宝贵的时间、空间。争取短时间内，把所有的设计图纸都画出来。"

林红说："那是的，就这么说好。"

最新的流行报告预测，轻薄丝质的内衣，渐渐成为女人的首选。最私密的内衣是女人的最爱，简洁柔软，若隐若现的丝质内衣，塑造出性感撩人的女人味。丝质布料富有弹性，最能凸显女性身材。她俩的内衣设计理念是这样的：

粉嘟嘟的色彩设计少女们最喜欢；

规则的图案设计，是最实用的类型；

绑带的设计，可增加缠绕的感觉；

华丽的宫廷设计，展示公主情结；

牛仔图案的设计，是众多时尚内衣中最新颖前卫的；

格子条纹设计，以出彩、美艳并存，使淑女气质油然而生；

孔雀蓝的运用，犹如孔雀般美丽动人；

荷叶边的设计，带来荷塘月色的阵阵清香；

白色纯净的设计，最能体现简洁、明朗的风格；

设计咖啡色内衣，可让人感受咖啡的清香浓郁；

深蓝色的内衣设计，仿佛来自海洋的波涛；

深红色的内衣设计，是夜晚神秘的东方美人；

紫色的内衣设计，如葡萄般丰盈、可爱；

绣花设计，如同漫山遍野的鲜花开在胸前，原来鲜花也可以这样装扮。

设计稿承载着陈艺、林红两人的智慧、心意与理想，从而，使她俩设计的女性内衣，呈现出多彩、新颖、女人味十足。陈艺拿着设计稿看着，林红坐在桌边，不停地翻看设计稿，她边看边说："请易德小希两男性来看看我俩设计的内衣，提提意见，你看如何啊？"

陈艺说："男同学看女性内衣，好不好？"

林红说："他俩可是二十一世纪的男性，不是古董而是开明人士。"

陈艺说："真的给他俩看？"

林红说："就给他俩看，看他俩会怎么说，把他们请到这儿来。"

陈艺说："打个电话问问他俩在哪儿？，就说我们请他们吃晚饭，晚饭后再到我们这儿来。"

林红说："我现在就打。"说着拨通电话。

晚饭后，易德和小希来到陈艺、林红的住处。

林红笑着对他俩说："尊敬的两位男同学，你们好，请看我俩设计的女性内衣，多提宝贵意见。"说着，把设计稿交到他俩手上。

小希看着林红说："什么设计稿，这么神秘。"说着拿设计稿看着。

易德边看边说："叫我俩来，就为这设计稿。"

陈艺看着他俩说："不好意思，请你俩提提意见。"

林红开玩笑地说："你俩看仔细，这可是我俩的杰作。"

小希看了会儿说："真的好迷人啊，我都快昏了，易德快来救救我。"

易德看着小希笑着说："这么敏感，想象力太丰富了吧。还没穿在女人身上呢，你就这样啦，好意思吗。"

陈艺说："还是易德比较理性，看样子见过世面了。"

林红说："小希是初出茅庐的傻小子，对什么都好奇。"

小希说："我是在说，你们设计得好，很出众，不是吗。"

易德说："确实不错。款式、色彩，都很好。你们准备在哪儿买布料，制作与加工？"

陈艺说："还没想好到哪儿买布料。"

小希说："我俩带你们去买布料，我们知道在哪儿能买到你们所需的布料。"

林红说："我就说吗，他们俩来就有好处，买布料的事好办了，我俩可找到好帮手了。"

易德说："是的，买布料加工，我们都可以帮你们。"

陈艺说："能认识你们真好，是我俩的福气。"

小希说："我们都是同学吗，这点儿小事，小意思。"

易德说："还是小希会说话，这事就这么定，包在我俩身上。"

陈艺说："选好外出时间，就通知你们俩。"

林红说："今天这顿饭，可没白请，我俩中头彩。"

小希说："那我得到奖金啰，多少都可以。"

陈艺说："到时会给你的。"

林红说："看你表现如何。"

易德说："我们是全心全意为人民服务。"

小希说："到此一游，大开眼界，真是不虚此行。"

陈艺说："多谢光临，多谢，多谢。"

林红把泡好的茶水放在桌上对他俩说："你俩请用茶。"

易德和小希的到来，使陈艺和林红得到意外的收获，特别是对她俩设计的内衣，大加称赞和认同，使她俩对今后的工作信心十足。有时男性对女性服饰的评价，更有说服力。能得到他俩的认可，说明这次设计内衣初见成效。

瑜伽和普拉提两项运动，都被认为是女性理想的锻炼方式，若将两者结合，就能帮助身心达到最佳的状态。

陈艺、林红业余时间，除跑步、打球外，就学习瑜伽和普拉提。瑜伽可以增强身体的柔韧性，拥有轻盈柔美的体形。瑜伽要求意识力高度集中，有助于身体和意念和谐统一，是生活节奏紧张的人士最佳选择。练习瑜伽的人都可证明，练瑜伽能增强血液循环，给细胞供氧，让皮肤红润有光泽，使人保持年轻，也可增强免疫力，让你少感冒。

普拉提，只需通过一个简单的动作，以静止的方式保持体位，冥想，就会使你的自律神经与激素更加活跃，可提升身体能量，改善血液循环，使你感到精力充沛，练习普拉提能享受性乐趣，普拉提通过调节呼吸，动静平衡，身心统一。刺激身体本身的自觉与自愈。除去身体的不适与躁动，保存并增加体内生命能量。

运动内衣以其健康、活力而深受喜欢运动的人的喜爱，当前无论男装、女装，往往都加入运动元素。

因而，运动型的内衣，将身体的造型和舒适性完美结合。运动胸罩、内裤、迷你短裙、短裤都是强调运动机能和性感气质的款式。它们的特点就是素材朴素，色彩多为纯色，线条图案都很简单，充满现代感与活力。肉色、粉色、紫色、橙色、蓝色、苹果色，纯度很高，都是富有年轻气息的色彩，占领所有品牌的最新款。如再加入富有弹性的莱卡，使内衣的功能与时尚元素紧密相连，是富有活力的运动内衣越来越火。色彩的流行是会经常变化的，如今社会上最流行是黑、金、灰，彩色条纹与图案和牛仔型的设计，使其穿着者显得年轻而又活泼。运动内衣的设计，除体现性感与美丽，还应重视穿着的舒适性。

一般来说，最贴身的衣服，都应以平衡的时尚态度，不仅注重外在时尚，还应重视内衣舒适。运动服饰的流行趋势是舒适与随意，保留专业的同时，降低时装的华丽，把时装的华丽性感，穿出运动闲适的自信与自在，而把具有朴素功能挂帅的运动服装穿出摩登。以健康、自然、快乐、运动的生活乐趣，从而是时尚的运动时装，多些随意与舒适。当前，许多的运动装设计的新颖、时尚，使运动员穿起来时尚又帅气。这使得许多外出旅行与户外活动的人，都会挑选自己喜欢的款式、颜色运动装穿着外出。最新流行防晒外套，也都包含运动装的元素，特点是轻、薄、软，穿起来宽松舒适，深受多数人的喜爱。

运动的项目有许多，比如，球类运动等一系列运动都代表着当今生活的时尚、动感和活力的运动。年轻与激情是一种时尚，运动并时尚着是许多人的追求，如今提倡新运动，新时尚，新生活。

易德和小希带着陈艺与林红到批发市场，看到那么多的布料。

林红惊喜地说："你俩怎么知道这儿的，我和陈艺从来没来过。"

小希说："我俩设计的服装布料，就是在这儿买的，跑过好多趟。"

易德说："你俩想买的布料这里都有，你俩可随意挑选。"

陈艺说："除买布料外，还需买些装饰品。"

小希说："小饰品多的是，就在旁边的大厅里。"

林红说："待会儿我们就去看看。"

内衣所需的布料，花色品种很多，需跑好多地方才能买齐全。陈艺、林红负责选布料、尺寸、色彩，两男生负责提包。幸好布料不是很重，否则跑那么多柜台挑选，真是不容易。

小装饰品批发市场，饰品丰富多彩，各式各样的商品多如繁星。他们边走边看，看到必需的就买下。就这样跑了一天，从早到晚，最后终于把所需布料，饰品都买全。他们大包，小包拎着，坐车回到住处。休息一会儿，就到餐馆用餐。他们走出饭店时，城市的夜晚已灯火通明。他们走在马路边的林荫小路上，边散步边说着话。

陈艺说："我和林红谢谢你们，今天都受累了。回家后好好休息，有时间我们再联系。"

易德说："客气什么，我们都是同学，理应相互帮助。"

小希笑着说："累是有些累，不过心情愉快，我们是助人为乐呀。"

林红微笑着说："有你们这两个帅哥的陪伴，我很开心。"

易德对她说："女人总想让人呵护着。"

陈艺说："我俩在一起，她可是个聪明的内衣设计师。"

小希笑着对林红说："有什么需要小哥效劳的说一声。"

林红高兴地说："由劳你俩操心，小女谢谢了。"

内衣的制作有一定的难度，轻薄、柔软的丝绸布料在剪裁制作时，不太好控制。需要耐心、细心，才能在微小处，恰当地显示出女性优美的线条。在整个制作过程，陈艺和林红都需在现场观看，及时提示小的装饰品在上下左右的位置。色彩搭配，整体效果如何，都需随时调整，稍有不慎，就会出问题。设计图与实物有时需做改动，以符合人体造型。从早到晚，她们都在紧张地工作着，以保证内衣的制作能按时顺利地完成。

她们还需联系同学担任内衣模特，还须制定训练计划。在有限的时间内，把所有的工作都按计划进行，在开学前，需把内衣制作完成，模特训练好，不能有任何差错。

一切总算准备就绪，就等学校毕业作品展示会的通知，方可上台展示表演。

人体的内部，从头到脚是一个有序的内循环系统。人体的外包装除内衣、外套，还有帽子、鞋子等，构成人体系统的外包装。

鞋子对于爱美女性来说，如同水晶鞋与灰姑娘，在二十一世纪，演绎当代白马王子与灰姑娘的爱情故事。经过岁月的洗礼，王子与灰姑娘，只是青年男女的代名词。灰姑娘的水晶鞋不仅仅是上演晚装舞会的主角，在度假时，时尚休闲鞋可与轻松的心情相伴。当代的外出旅行与商务往来的"飞机王子"已超越古代的白马王子，飞越在天地之间。同时，城市里白领丽人穿着商务鞋，行走在写字楼的职业场所，与古代的女性生活已大为改观。晚装鞋有雍容华贵的金色；而黑色流苏晚装鞋则尽显自信；黄色镶水钻晚装鞋令人心动；丝绒晚装鞋永远高贵、神秘，与晚礼服最相协调。银色的休闲鞋，是享有白搭元素的当代休闲鞋。

春夏鞋以简练为主，精彩的图案装饰，会令人赏心悦目。

上街购物时，易穿舒适的平跟鞋，能避免长时间行走带来的不适。

高跟鞋能使女人自信并充满女人味，高度与舒适度结合使契跟鞋在众多鞋子中最受欢迎。

穿直筒长裤时，配双高跟鞋，能让身材显得修长。

如穿件纯色的衣服，可以穿明亮的漆皮鞋，打破整体的沉闷感觉。卡通图案的T恤，迷你短裙或短裤，再穿双彩色的运动球鞋，最显青春期男女，无拘无束的生命力。

明星们出席首映式时，大多都会穿长裙，高跟鞋是必备的。双色带扣儿的高跟鞋，镶珠宝的高跟鞋，让明星们派头十足。

享受暑假休闲时光的男女学生，走在时尚前沿，简洁、随意、垂感、宽松、花卉、半遮、格子、条纹，用这些小元素，可感受到夏季的轻松；惬意地郊游时，穿花色或条纹图案的帆布鞋，是最酷，最时尚的。运动鞋是运动员的最爱，除在运动场上显示运动鞋的威力，外出旅游时，运动鞋会让你足下生辉，走起路来轻快如飞。

出席商务派对，亮丽的长裙，高高的高跟鞋性感而又迷人，足以震撼同行人。秋冬季一贯常穿的休闲鞋，彩色相间的标志性织带，谁知可以吸引多少人的眼球。设计简洁，轻巧的软底鞋，是外出旅行的必备鞋。冬季爱美的时尚人，将靴子作为全身装扮的重点，现在流行的美人靴，无论在款式、色彩、质感上都显示出不同的风格，选择格纹靴子最适合黑灰色的服装。

帽子在服饰造型时，扮演占领制高点。站在高高的头顶上，俯视全身上下，包括佩饰、包包，是否与高高在上的帽子相配，并带有审视的目光。可能你会觉得那是公众人物用来低调的小道具，恰恰相反，这是他们高调的标志。推荐编织毡帽，颜色选米色、棕色、大地色系，它几乎可以与任何休闲装搭配。让你看上去神采奕奕。出行装，夏天外出时，可穿戴的帽子衣服有很多，可任选一种，比如，黄色 T 恤，红色宽檐帽，蓝灰色雪纺百褶裙，迷你长度火热的性情，热辣又可爱，是标准的出行度假装。

最早人们外出，都是用布包裹所需带的东西。后发展成为各式各样，不同形状，不同色彩，不同材质，不同图案的各类包包。标志，图案、品质，是包包们的名片。国外设计师以字母为标识，设计出"双 G 字母，双 C 字母，双 F 字母"标志。富有韵律感的棋格，以四个"L"字母缠结在一起，设计的图案，被商界人士垂青，时尚又高雅。设计师们务求设计出经典的款式，图案最好能打破时间的局限，展示让人耳目一新的风格。各类包包精湛的质感与款式，备受各界人士的喜爱。

经典设计款式 LV 又是以字母为标识的包包。由 LV 字母，四瓣花形，正负钻石元素演绎出新的 LV 图案，以至于被沿用百多年的历史。不是因为价格，而是很有美感的 Print。

　　闪烁金银质感光泽色彩的包包，成为人们全身上下的焦点。能装手机、化妆包、记事本、A4 大小的文件夹和时尚杂志的包包，是外出商务旅行，观光女性的必备。小而精美多彩的手拿包，是派对的必备品。水晶包、漫画包，色彩随着高彩度的鲜艳，带出丰富的时尚活力。蛇皮等贵重材料，染上轻柔的色调，在春夏季外出使用，显得轻盈俏丽。

　　短期的商务旅行，是白领丽人工作，业务分内的事。根据不同的工作性质，设计出不同的服装、鞋、包。这些有形装备，都是感官享受的艺术。

　　带瓶自己喜欢的贴身装备香水，在旅行时能起到意想不到的愉悦效果。

　　没时间精心化妆，准备一支唇膏，就会让你顷刻间光彩照人。

　　在陌生城市来回奔波，得体出色的着装，宽松舒适，绚丽的色彩，贴心的软底鞋可轻松上路。选择一只漂亮的旅行箱，外出时常伴左右。在商务会议上信心十足的谈判，自信由内而外的展现，会让你的工作得到事半功倍的效果。

　　夜幕降临时，喧闹的城市开始平静下来，一场华丽炫目的派对拉开帷幕。随着音乐的响起，穿着艳丽长裙的女士们走进会场，穿梭在人群中。派对有很多形式，有生日派对、商务派对、同学聚会、朋友聚餐，不同内容，穿着会有所不同。

　　生日派对主要是过生日的人，穿的漂亮正式，别的人就可以随意穿平常的衣服。

　　商务派对是有隐秘的含意，表面看是轻松的派对，实际上是工作、业务上的人际交往。因而，着装时需把功能性和时尚型完美巧妙的结合，不能太华丽，又不可过于休闲。这样才能在重要的商务派对中，游刃有余，取得有利的成效，为今后的工作打下坚实的基础。

　　同学聚会的派对，就是较为轻松自由随意的，可以随心所欲地穿，放心大胆地聊，尽情享受休闲的时光。

　　找寻纯真的欢乐时光，就用随身携带的挂件表示。在颈间，戴上一条富有个性的挂饰，能顷刻间打破服装的沉闷与单调，使人显露出活泼，轻松，珠宝总是女人生命乐章的博彩世界。钻石、珍珠、宝石、铂金、黄金 K 金，各自都散发出奇特的珍贵。

多变和丰富的造型，让人感觉视觉的愉悦。

蓝水晶镶嵌在银色的金属之中，在夏季给人高贵清爽的感觉。铂金镶宝石与粉色海水珍珠吊坠项链，热带花卉的图案被运用到挂饰，自然而又容易与服装搭配。看女人是否精致成熟，除看她的着装，鞋和包以外，再就看她戴什么样的"首饰"。

一般来说，学生时代的少男少女，会随意戴些自己喜欢的挂件，觉得好奇又好玩。

踏上工作岗位以后，就需要一件真正有价值的首饰，这样可显示出你很有鉴赏力。

选择好的首饰，须留意材质。在佩戴什么首饰之前，先了解不同材质的差别，18K、14K 白金是黄金和其他金属的合金。而真正的 PT 铂金是稀有金属，珍贵纯净，在重要场合佩戴铂金首饰，它的白色光泽高贵而不做作，一件纯净的铂金首饰，带来的优美感觉与无可替代的高贵价值感，会让男人、女人着迷。

服饰对人的心情有很大的影响，如果早晨选错服饰，可能整天都会感觉不舒服。选服饰的风格，应像本人那样自然，而不会妨碍你的活动，你显得活泼，就会让人觉得有亲和力，从而对你产生好感。

从健身中心出来时身着运动衫，就保持这个样子，有点儿运动元素，会显得你很时尚。有帽子的运动上衣，带有运动的时尚元素，能把握时尚的节奏，这样从某种意义上说，十分有吸引力。

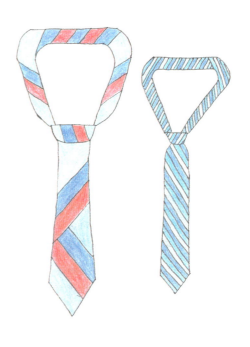

相信服饰需有质量的保证，否则会对产生结果感到遗憾。知道自己想要什么，对时尚的风格，你需有清晰和完美的标准。

简单就是推崇的标准。直线条的宽窄，粗、细能体现优势。蓝色、黑色、白色穿上这样的衣服，不会显得沉闷，反而会显得很高贵。最好是简单的两件套，三件套。

明显的风格可以是柔美和高雅的，

最喜欢的饰品是有价值的而不是流行。

　　腕上计时表与设计高贵、典雅的眼镜是男性最喜欢、最欣赏的饰品。

　　缠绕在男性身上的领带和腰带是起着画龙点睛的点缀作用。除政务，商务活动外，其余时间的佩戴完全是个人爱好。各种领带丰富的色彩与腰带的质感，可发挥你的想象力，需注重风格与材质。在注重质量同时，可玩一点点性感。比如说，强调身体结实的曲线，悠闲自在略带野性和浪漫的表情，这都是男性穿衣的原则和标准。

　　孩提时代就喜欢玩的穿衣游戏，使女性天生就对服装有着用情趣穿衣的感受。不同形状、色彩、图案的衣服，包括柔软的，舒适的，飘逸的雪纺长裙，围巾，最好是和皮肤，头发相似的服饰。喜欢高贵，那非常好啊，用纯棉、丝绸、亚麻或皮毛制成的简洁的衣服，裙子。上下都带口袋的运动衫与裤子。雕刻的木制系带子的手链，来自原始自然的手工饰物项链，都是能展示女性的爱好。

　　条纹服装本身就带有帅气，文雅的感觉，男女服装都可以运用。用在运动休闲款式上显得非常有运动感。

　　横条纹的宽度，穿在身上有拉伸的感觉，显得简洁大方。细条纹有类似水波纹动感，十分随意，自由。

　　蓝色条纹带有水手色彩，如同海水的波纹，清凉舒适。是夏季男女服装常用的款式和颜色，也可用在运动服装的装饰或运动职业装。

　　格子，条纹是打破平凡的武器，让男性穿着时玩味十足。细条纹衬衫，格纹的短裤，两种元素混搭，更显生动有趣，展现前所未有的年轻预科生的相貌。

彩格图案的衬衫，将成为塑造小男孩气质的惊人百搭，包裹凹凸的身材，换一种方式性感，简直在同时可以诱惑男性和女性。

西式短打的运动职业装，是美腿透气的好机会，可对行走在大街小巷的人与居住的空间带来凉爽。

细条式纯色短裤与驼色长裤，有稳重的感觉，比较容易适应在多个场所穿着。

格子的短裤，有年轻，活泼的感觉。

各种色彩的格子短打裤，男女、大人、小孩都可以穿。

这儿强调的是能引起注意的格子、条纹，是最有人缘的图案。

对上班族推荐的办公室穿衣十大原则是：

原则一：经典永远不会被淘汰。这就是说，永远保留黑白色系，白色的圆领，V 领，尖领，高领低领的男装。飘带领衬衫，长袖，短袖与直筒的长裤短裙的女装。在任何时间都可以穿，但不能每天都穿。"H"型是把衬衫系在裤或裙中，整体看起来修长，潇洒，显得人很有精神，男女都可以穿着。

原则二：或深或浅的格子，条纹，在办公室同样是永恒的主题。需根据季节，温度来变换颜色的深浅和装饰的变换。

原则三：蓝色牛仔裤，裙，让人有清纯学生的感觉。看起来年轻又不会太刻意。

原则四：轻松随意的波西米亚风格，可展示个性，需注意项链，皮带，鞋子的款式，色彩与服装的协调。

原则五：简单的衬衫，T 恤都可以走在时尚的前沿，只需挑选喜欢的款式和色彩。

原则六：暖系列的色彩，米色，粉红色、浅黄色，身边的同事看起来会有亲切感，可以提升人气。

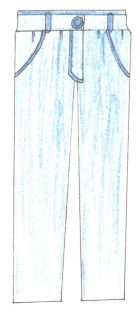

原则七：若隐若现的雪纺绸上衣，性感又得体，不用担心会变得轻浮，只会被认为最有

女人味。

原则八：经常会看见模特走 T 型台的风光，办公室同样可以自信的犹如走 T 型台。升高腰线的比例，浪漫唯美的装饰物，法兰西式优雅，甜美的，淑女感觉，足以有漫步 T 型台的感觉。

原则九：优雅简洁的款式，用金色，红色装饰形成强烈的视觉反差。如若是高手，效果定惊艳。

原则十：学会运用服装质感增加与众不同的造型的设计理念，这就是服装质感的真理。这儿再重申一下，精彩、真帅就是这样产生的。真帅代表男性，精彩代表女性，这就是人类永恒的主题。

尝试用什么样的包包，装扮商务丽人一周的工作生活行程：

周一：有必开的工作例会，实用而有简练，易于放文件的包最好，可展现高级白领丽人气质与风度。

周二：可以轻松些，拿着皮草手包逛街，或用在晚上派对，高贵，典雅，会带给你美好的心情。

周三：工作日程已过半，简洁随意又带些帅气的包包最靓。

周四：穿露背连衣裙，拎金属质感的包，让你成为焦点。

周五：总结工作，联系好晚上的约会，选择实用大方的手提包，自信又帅气。

周六：睡个懒觉，略带粉饰，拿着宽大的手提包和朋友出游是最随意的选择。

周日：逛街，斜挎着或圆或方的包，手上提着纸提袋，悠闲的与好友穿梭在街上的大小商场。

易德、小希他俩约陈艺、林红一同去郊游。今天的易德穿的格子衬衫，牛仔裤，蓝运动球鞋。而小希穿件条纹的衬衫，牛仔裤，软底带格子的球鞋。两位女性一个穿牛仔裙、花上衣、条纹帆布鞋。一个穿牛仔短裤、T 恤衫、格子帆布鞋。他们都穿的是牛仔服，可见，牛仔服是全世界的人，都无法抵挡它的吸引力，就像牛顿发明的万有引力一样。人们信任它，依赖它，牛仔服已成为我们生活的一部分。有人会说怎能忍受没有牛仔服的日子，因而，牛仔服已越来越贴近我们的生活。

　　如果在时尚界除了黑白色，还有什么服装是永远不会过时的，那么答案就只剩牛仔服了。

　　休闲出游时，夏季轻薄型牛仔服，在炎热的季节，它依旧是百搭宝贝，随你怎么穿，都能为你的着装增加色彩，饱满而有形，俏皮又帅气。简单的 T 恤，帅气的牛仔裤，它总是完美的搭档。牛仔服有着与生俱来的感染力，再戴上遮阳帽，太阳镜，使你的出游装率性无比。

　　同学们聚会时，怎能少了牛仔服的相依相伴。一条百搭的牛仔裤，可以有很多种造型，高雅的、悠闲的、轻松的、任你挑选。今夏式样繁多的牛仔长、短裤，总是你的贴心装饰。各种斑马纹，图腾以及各种花卉图案都出现在各类牛仔装上。

　　甜蜜约会时，各色交织的可爱的格纹吊带衫，牛仔裙，外搭一件俏皮的牛仔小马甲，率真，柔美又充满活力，是最佳的约会装。牛仔马甲的款式琳琅满目，它不仅能起到好的装饰作用，给人神采奕奕的感觉。无论是怎样着装，与 T 恤，衬衫都能找到一款与之相搭的牛仔马甲，它具有修身功能。使身形显得匀称修长，是你理想的装备之物。

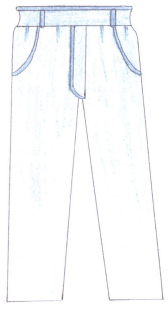

　　春夏最受时尚男女生欢迎的牛仔裙与牛仔热裤，性感火辣，个性率真，又清凉无比。腰线上移，拉长腿部线条，显得高挑修长。配上明亮的 POLO 衫，这样的装扮，定能使你成为街上的个性帅男丽女，自信果敢又美艳动人。

牛仔热裤是最适合夏季穿的热门之一，带给人火辣的视觉冲击。身着热裤，街头 T 恤，火辣程度如热情的艳阳，活力四射。今季在购置牛仔短装时，注意它们的时尚关键词：超短、高腰、牛仔布的处理工艺多样，并拥有帅气的插袋。

几乎所有人的衣柜里，都有牛仔服，因为牛仔服是在每个季节都永远受欢迎。

浅蓝色的牛仔衬衫，男性穿上有种酷酷的感觉。女性穿着时，就带帅气的味道。

牛仔马甲长的穿起来，潇洒自如。短的能起到修身的作用，使身体的线条变得颀长高挑。

牛仔短裙，上穿较长的薄料衬衣，显得随意。牛仔短裤，上穿 T 恤就有男孩子的帅气与顽皮。

水洗蓝的牛仔裤，穿白色或黄色圆领衫，显得年轻活泼又很出众。

诠释新牛仔，不但是嘻哈的，还可以使优雅柔和的，又可以是帅气十足的。把牛仔服造型出时尚，柔情的多面性，让它在时尚永恒的前提下，释放出个性与性感。为体现个性，牛仔可以在性感与率真之间任意穿行，男性和女性元素重叠是最佳的诠释。裸露优雅性感，轻柔的连衣裙，上穿牛仔外套，可诠释出牛仔服的柔美飘逸。

牛仔服历经百年后，已逐渐成为时尚界的贵族，皮革混搭不仅是牛仔身价倍增，还给双方注入新的活力，牛仔的质朴与皮革的贵气，在穿着时，有一种真正的洒脱感。

直筒型的牛仔裤再度搬上 T 型台，散发出孩子般的简约、纯真，这迷人的气息，这才是最时尚的气息。

一点小小的装饰，如一颗钻石纽扣，珍珠链，就能使一条牛仔裤的 身价上升至百万美元。性感、随意、个性、休闲，几乎年轻人喜欢的时尚词汇，牛仔服全有。LV 推出的牛仔系列的包，可是时尚人的最爱。

郊外的天气晴朗，到处都是绿色的，青的山，绿的水，绿幽幽的草地，绿荫荫的树林。他们找到一个较为平坦的草地席地而坐。拿出带来的饮料，食品，边吃边喝，又说又笑开心得不得了。两男生躺在草地上，看着蓝天白云，易德说："蓝蓝的天上白云飘，白云下面马儿跑。能看见白云飘，马儿在哪里呢？"

小希笑着说："那是草原上的蓝天白云，地上有马儿跑。城里的蓝天白云下，只有汽车跑。还有你这匹大黑马躺在这儿。"

易德说："什么黑马，白马，我现在是最自由自在的马。"

小希说："对，你是最得意的马，那我是什么马？"

易德笑了起来说："你是被我骑的小白马。"

小希说："你是想黑马王子骑白马，想得美，我这匹开心马，是来郊游的。"说着想小希想起小时候骑在爸爸背上的情景，还是觉得很好玩，转眼间都长这么大，真是不可思议。

陈艺说："小希是不是想家了，这个暑假没回家看看。"

小希说："不是想家，一个暑假没回去有什么关系。"

林红说："看他开心的样子，不像是想家。"

易德笑着说："他不是想家，是想他妈了。"

小希说："你胡说什么，是我妈不放心我。"

林红说："看样子，你是个孝子。"

陈艺说："你现在还是个单身汉，等你以后成家，你妈就放心了。"

易德说："对，赶紧给他找个女友。"

小希看着易德说："是你想找吧，怎么说我呢？"

陈艺说："你们两个先想着找个好工作吧。"

林红说："就是，先找工作后成家。"

小希说："对，就是这个意思，你俩说得有道理。"

易德说："工作，女友可以同时找啊，不就可以双喜临门了吗。"

小希说："好，那我们就等你的喜讯。"

陈艺、林红说："祝你们俩都双喜临门。"

小希说："还是说说眼前，等会儿我们到哪儿玩啊？"

易德说："打篮球怎么样？"

陈艺说："我俩打篮球，行吗？"

小希说："可以，活动活动又不是比赛。"

林红说："我们就打着玩吗。"

他们开始收拾东西，准备到篮球场。

陈艺说："我们得找个室内篮球场。"

易德说："那是的。"

小希说："那我们需走很远的路，才能到。"

林红说："反正是坐车，路远怕什么。"

　　当前运动加休闲，是职场人士最热衷的业余生活方式。特别是一些年轻人，都是通过体育运动，来度过休闲的时光。运动、郊游等都是健康、乐观的休闲方式，应大力提倡。易德一行人就选择到城郊旅行，以度过闲暇时间。

　　POLO 衫是休闲运动时最适合穿的服装，颜色选浅色带各式图案统称格调 T恤，素色用彩色图案装饰，显得醒目而有活泼。

　　橘色与黑色，并存帅气；

　　飘逸雪纺布料相融出柔美元素，粉色时尚而又美丽；

　　珊瑚色，可带来好气色；

　　水果色和印花性感时尚；

　　粉红色带字母长款，是惹人喜爱的甜心造型。

　　这些都是适宜在运动时或外出时穿着，简单实用，美观大方，男女都可以穿，显得年轻，活泼。格子，条纹是清新动人的运动休闲装。可根据自己的喜欢的色彩来选择款式，长短，在运动时，可自由舒展的活动。

　　他们在篮球馆打篮球，篮球是一种高强度运动项目，比较适合男性运动。女性除非是专业篮球运动员，否则几个来回跑下来，体力就跟不上。其他的球类，比如羽毛球、乒乓球、保龄球，女性运动还可以。她们打了一会儿，就停下来。

陈艺说："这种强体力活儿，还是你们男生玩儿比较好。"

林红说："我还是看你俩玩儿就好了。"

小希说："不行了吧，说什么，男女都一样，怎么能一样呢？"

易德说："你俩先休息一会儿，我们去冲个澡，带你们饱餐一顿。怎么样，小希你说呢？你选个地方，我们一起去。"

小希说："好啊，我带你们到一个环境优美，又有美味的地方，你们肯定没去过。"

林红说："那是什么地方啊？"

小希说："是游乐场，怎么样？"

易德说："那是小孩子玩的地方。"

林红说："就到那地方，我喜欢在那儿玩。"

陈艺说："游乐场，大人小孩都可以玩。"

她们洗过澡，换好衣服，又出现在游乐场。年轻人的好处，就是精力充沛，想到哪儿就到哪儿。在交通发达的如今，在有限的时间内，可穿梭在城市里的各个角落和场所。饱餐一顿后，他们在游乐场里到处玩儿。这时的他们像无忧无虑的孩子，又说又笑，尽情地玩儿。在他们的身上表现出，新一代人健康乐观的生活情趣。

在这个浪漫的季节，空气里都弥漫着爱情味道。就在这个恋爱的季节，他们的表情纯洁，眼神露出幸福和欢乐，相互间欣赏着，快乐地度过这愉快的时光。在光影交会的夜晚，听着撩人的音乐节奏，会使人沉迷，不由自主地随着音乐舞动身体，感觉使人有点疯狂。易德走出舞厅，月光洒满静静夜，繁星点缀在深蓝色的夜空星星闪闪，多么美好的夜晚。都说月光老人会在月光下牵红线，促成美满姻缘。易德心想，月光老人真的会牵红线，他今晚会出现吗？

好像听到有个声音在说,会的。他把红线已经交到你的手上,只需动动你的手,她就会向你走来。

就在易德准备转身走动时，看见陈艺从舞厅出来，向易德走来。晚风吹拂着她长长的衣裙，飘飘然如同仙女下凡，从舞厅门外的台阶下来，笑着走到易德身边说："你怎么一个人站在这儿呢？"

易德看着陈艺，恍如在梦里，他没说话，用右手臂轻轻起穿过陈艺的腰间，又用左手指穿过她的发间到颈部，缓缓抱住她，闭上眼睛，深情地从她的耳边一直吻到嘴唇，他的动作如此的温柔体贴，使陈艺无法拒绝他的热吻，只是顺从地闭上眼睛，用双手抱住他的颈脖，易德紧紧地抱住陈艺，仿佛已和她融为一体，这是他第一次这么热烈地亲吻一个女人，感受到心跳加快，满脸通红，当他意识到自己的举动有些不由自主，开始慢慢睁开眼睛看着陈艺，不好意思地笑着说："被吓到了吗？"双手慢慢放开。

陈艺笑着摇摇头说："还好，没想到你的吻这么有魅力，会让人情不自禁地投入你的怀抱，你好像是情场高手。"

易德说："不对，你没感觉到我是第一次这么吻女人吗？"

陈艺笑着说："真的，那我的感觉没错，说实话你以前从没吻过人，比如说偶像什么的。"

易德笑着说："我想想，好像有。第一次吻那就是我的臭袜子，我经常会闻臭袜子，感觉可不一样。你的第一次吻在什么时间？"

陈艺笑着说："是在梦里，在梦里有人吻我。"

易德笑着说："真的，在梦里可以接吻，那我以后就到你梦里吻你，怎么样？"易德看着陈艺怪笑着说。

陈艺笑说："欢迎你走进我的梦里，天使丘比特先生。"

易德对陈艺说："我们俩在这儿再坐一会儿，今晚得好好感谢这月光，使它牵的红线，把你引到我的身边，真的很神奇。"他用深情的眼光看着陈艺，情意绵绵的把头靠在陈艺的肩上，抬头看着皎洁的月光，两人静静地享受这美好的时光。

小希和林红在舞厅里跳舞，身穿波浪连衣裙的林红和穿牛仔裤小希，随着音乐的节奏，翩翩起舞，他俩用轻快的舞步，乐悠悠地跳着舞，动作协调，轻柔，舞步娴熟。喜悦的心情，迷人的笑容，使他俩活力四射，精彩动人。

小希边跳边欣喜地对林红说："和我跳舞意味着什么你知道吗？"

林红爽快地说："什么，你说的是什么意思？"

小希笑着说："是那个好的意思。"

林红停下脚步，拉着小希走出舞厅，问他在说什么。

小希趁势想抱住林红，被林红推开说："小子你在想什么呢。"

小希笑着说："谁叫你长得那么可爱，做我女朋友怎么样？我可是认真的，不是开玩笑。"

林红说："看你小子长得人模人样，可以考虑。"

小希高兴地说："真的吗？那就先让我抱一下。"

林红温和地笑着说："不行，被人家看到怎么办。"

这时，易德和陈艺走过来说："我们可看到了，你们俩不是在跳舞吗，怎么在这儿？"

小希说："我们在这儿休息一会儿，吹吹风。"

林红说："你们在外面做什么，怎么不跳舞？"

陈艺说："看这月光多美，你们也来享受一下'月光浴'。"

他们在月光下漫步，温情脉脉地看着对方。临行时，林红悄悄地在小希的脸颊亲吻了一下，小希用手摸摸在嘴边闻着。

在易德小希的住处，易德显得异常兴奋，小希看他跟往常不一样，问他有什么喜事，这么高兴？

易德笑着说："你没看出点什么？"

小希说："你是不是在谈恋爱，看你整个人都飘飘然，像飞起来。眼睛眯眯的，嘴巴笑得合不拢，我说对了，是吗？"

易德笑嘻嘻地说："算你小子有眼力，今晚月下老人牵红线，让我遇见'梦中情人'，怎么样，幸运吧。"

小希说："是谁呀？说来听听。"

易德说："这个人你早就认识并很熟悉，你对她印象很好，有点儿欣赏她。"

小希说："你说的我知道是谁，你对她早就有意思，只是以前没得手。今晚才终于达到目的，是吧？"

易德说："别说得那么难听，什么没得手？你把我说得像个狼似的，我有那么差劲吗？"

小希笑着说："不是狼，就是虎，总不会是小白兔吧，有那么温柔吗？那陈艺就是从月宫下凡的嫦娥，到人间来抱小白兔吧，可能正相反，差点儿让小白兔吞下去吧。"

易德说："你真会编故事，胡说什么？我是牛郎遇到织女，我俩相敬如宾。"

小希看着易德说："还相敬如宾！脸都红了，是不是第一次，没想到你还是童男，今晚破戒了吧？"

易德不好意思地说："没有，只是亲吻，感觉真的很好。不知为什么，让我如此陶醉迷恋，你有过吗？"

小希笑呵呵地说："没有，我没你有福气。不过，今晚有人轻轻亲我一下，还有余香在脸颊。"说着用手摸着脸。

易德说："你小子还说我呢，说说你与林红的事，她同意与你交往吗？"

小希得意地说："那是的，不过，我们还没到谈恋爱的程度，但是前途光明，我有信心得到她的爱。"

易德躺在床上，闭着眼睛说："今晚我要做个美梦，变成天使飞到陈艺的梦里与她相会。"

小希侧身睡在床边，用手托着脸颊笑着对易德说："小心被王母娘娘发现，你俩可就只能'盈盈一间水，脉脉不得语'了。"

易德陷入甜蜜梦乡，发出轻轻的鼾声。

在另一个房间里，陈艺和林红边收拾房间，边闲聊着。

陈艺说："与小希相处得怎么样，还好吗？"

林红说："他想让我做他的女朋友，你说呢？"

陈艺说："可以啊，你俩先相处一段时间，什么事都有个过程，只有真正交往才知道，双方的感情是否是真的。"

林红说："那好吧，不知道男孩子都想些什么？"

陈艺说："不管他们想什么，只有真正跟你生活在一起结婚、生孩子，才是真的，其他都是假的。"

林红说："现在谈到婚姻生活好像还早点，毕竟我们的相处时间还不长。"

陈艺说："我说的是普遍规律，不是指现在。"

林红说："你好像对男女之间的关系想得很理性。"

陈艺说："人都有理性与感性的时候。我很反感某些男人的虚伪行为，对人对己都不负责。找对象是两个人的事，双方情投意合才能和谐相处，否则都是不明智的行为。"

林红说："你说的是社会上的人，咱们几个都是同学，应该比较好相处。易德都跟你说了什么？"

陈艺说："他是个浪漫又实际的人，我喜欢真实的人在身旁，'不入虎穴，焉得虎子'说的就是理论联系实际，心里想的付诸行动，才是明智可取的。我说这些话，你可能听不明白，以后再说吧。"

林红说："你说，我会明白的。"

陈艺说："我在发泄心里的郁闷，对不起。以后有机会咱俩可以结伴旅游，行动更自由。"

恋爱中的男女都会有些火辣、狂热的想法，用以释放内心炙热的情感。不同职业的人，会用不同的方式来表达。服装学院的学生们将所学的专业知识，发挥在自己和情侣的身上。这是易德和小希两人想出来的，用林红的话说，就是高温热辣的派对装，而陈艺说是月色柔情的出行装。为此，他俩凭借超凡的想象力，先画设计图，再上色，再逛遍大街小巷，选择他们所需衣服、鞋、袜、帽、装饰物，打造出情侣系列装；并用纸记录，在什么时间、地点，穿什么样的服装，选择哪些配饰。他们的口号是：学服装设计的，就是有非同一般的出彩能力。让人们都知道，情侣装是可以这样穿的，让服装的款式与色彩，演绎轰轰烈烈的霓裳恋爱。他们约好一起用餐、逛街、打球、唱歌、跳舞，但不许一起睡觉，否则就是犯规。

易德和陈艺的服装格调是较淡雅、沉稳，成熟类型的。

小希和林红是热辣、鲜艳、明靓的风格，青春类型的。

早上，他们一起在附近用早餐。易德身穿淡蓝色上衣，白色裤子。陈艺身穿白色上衣，蓝色裤子。轻柔全棉布料，宽松款式，穿在身上有轻飘飘的垂感，凉爽、素雅。两人并排走进餐厅，引起众人的注意。他俩找到座位，又给"小两口"占好位置。小希身穿橘黄色套装，林红则是西洋红色套装，两人手牵着手走进餐厅，火辣热情样子，使人一看就知道是热恋中的情侣。

易德打趣道："两个火炉过来了，可别把我俩点燃了。"

小希坐到他旁边，笑着说："有那么严重吗？"

林红坐到陈艺旁边说："你俩穿得冷冰冰的，正好让我俩凉爽一下。"

早饭后，他们回到住处，换了行头，又出现在运动场上。全都是短打热裤，只是款式色彩不同。小希穿牛仔热裤，带图案的红色 T 恤衫。林红穿彩色格纹热裤，红色吊带裙。

陈艺看着他俩笑着说："热辣指数三颗星。"

易德和小希一样，下身牛仔热裤，上身穿黄色 polo 衫。

陈艺与林红穿同款彩色格纹热裤，带字母蓝色圆领衫。

林红说："你俩的乖巧指数五颗星。"

他们的运动项目是：羽毛球，男双、女双变男女混合双打。

同比热度 65 度，休息室的亲热度 72 度，甜美度 89 度。青春、帅气、热辣、乖巧一网打尽。

炎热的天气，好像在跟他们恋爱的热度比赛，连续的高温，使他们觉得来回跑动很不方便。易德提出让陈艺林红搬到他们的住处，正好有两个房间。她俩犹豫了一下，还是同意了。规则是，两男住外间，两女住内间。这回他们的亲热度猛升到 92 度，已临近危险度，怎么办？这下可好，他们甚至减少外出的时间，窝在家里，看电视，上网，两对粘在一起，不知有多好。

小希笑着说："这回王母娘娘可管不住，牛郎、织女住在凡间，变成了'粘粘一水间，脉脉两相恋'。"他对林红说："你看他俩。"

易德红着脸说："臭小子，你在说什么风凉话，你俩的亲热度，快超过我俩的可控度，过火了，谁负责。"

陈艺不好意思地转移话题："我想去超市买些东西。"说着走进内间，穿外套。

林红说："我们一起到超市转转，超市里有空调，比较凉快。"

他们推着购物车在超市里转，这样可使他们暂时换个大的空间，使他们的热度降下来，危险指数大大降低了。他们边走边选购商品，又说又笑，日用品、食品装满了小车。

陈艺对林红说："我们多一些外出活动，转移他们的注意力，晚上去唱歌跳舞，你说怎样啊？"

林红说："好的，他们设计的晚装，我们还没机会穿，正好可以穿着唱歌跳舞。他们肯定会同意愿意外出的，男孩子本性都是好动的。"

他们大包小裹地回到住处。根据陈艺的提议，他俩同意饭后外出。陈艺林红抓紧时间准备晚饭，易德小希把买来的物品，放到各自的房间。小希把有些林红用的拿进内间，在嘴边亲吻一下放好，像恋爱中的好男人。易德把有的食品，拿进厨房，帮着陈艺做晚饭。

晚饭后，他们开始准备晚装。在内间，陈艺、林红换好衣服出来。林红穿件低胸红色丝绸连衣裙，高跟鞋，看上去美艳性感。

小希看到后走到林红身旁说："可爱的宝贝，让我先抱抱。"小希穿的红色丝绸衬衫，黑色的裤子，又是火辣装。

易德说：“我们俩都在这儿，你收敛点。”易德看着小希说。

易德穿海蓝色丝绸衬衫，白色的裤子，陈艺穿的是蓝色的连衣裙。他们的晚装都是浓墨重彩，在夜晚看上去高贵、典雅，大异于往日的学生打扮。他们手挽手走出住所，晚风吹拂着他们的衣衫，凉爽的夜晚使人感觉很舒适。

陈艺说：“我们在这小路上散会儿步，呼吸点新鲜空气，待会儿再坐车去跳舞。”

林红说：“好的，就在这儿散步。”说着拉着小希走着，头靠在他的胳膊上，显得温柔可爱。

小希用手摸摸她的头：“跟我在一起，快乐幸福吗？”

林红笑着说：“还行吧。”

易德对陈艺说：“你看他俩好像比我俩还黏糊。”

陈艺笑着说：“他俩是帅哥辣妹，温度高着呢，还会持续高温。”

易德说：“我俩好像是恒温的那种，但会持续很久。”

陈艺笑着说：“我俩是月下老人牵的线，因而是温和持久的。”

易德笑着说：“是的，你的比喻很恰当，说得有道理。”说着，易德在陈艺手上亲吻一下。

炎炎的夏日，凉爽的夜晚，两对恋人相互依恋着，漫步在婆娑的月光下，轻松而惬意。他们丢掉一切烦恼，惬意地沐浴着晚风，感受柔情甜美的爱情。

繁华都市中，高耸的楼房，富有色彩的时尚生活，逛街购物凝聚城市特有的吸引力，他们此时的心情是乐观向上的，用热爱生活的浪漫与洒脱的穿衣风格来衬托这种心情最好。

想在出行时保持美丽，就需用智慧打造出具有时尚休闲风格的服装。

易德和小希精心设计的出行装，在晴朗炎热的周六派上了用场，成为都市里一道亮丽的风景。他们说好今日就是逛街再逛街，消耗过剩的体力。

小希和林红一改往日的火辣装，换上凉爽、清纯的浅绿色带字母的 POLO 衫，浅蓝色的轻薄西装裤；带花的帆布鞋，凸显小希的帅气活泼，蓝色带图案的沙滩帽，显得他稚气又可爱。林红身穿印花吊带衫，浅蓝色牛仔短裤，银色帆布鞋，背着红色包包，女人味道十足。

林红略带羞涩地说：“看看你的杰作怎么样？”

小希笑着说：“好看，上街可别让人抢走了。”

林红说：“不是有你在我身旁吗，怕什么。”

小希开玩笑地说：“今天是八一建军节，遇到紧急情况，你可以向解放军叔叔求助。"

易德今天穿的是黄条衬衫，米色长裤，条纹帆布鞋，戴浅蓝色边的墨镜，看起来像外国友人。陈艺则是格子衬衫，米色短裤，金黄色帆布鞋，戴宽边遮阳镜。

易德对小希说："你俩准备好了吗？我们一起出发。"

他们就这样潇洒、自由地出发了，享受多彩的夏季生活。

香水的种类

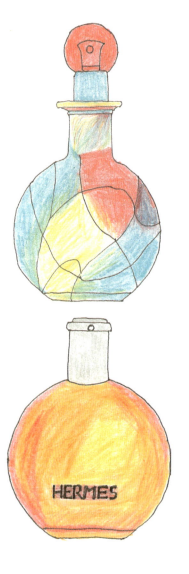

人们往往将香水与品质生活联系在一起。从某种角度来说，香水也可以"穿"在身上，成为"嗅觉时装"。香水富有浪漫气息，能给人留下深刻印象，亦是最奢侈的。世界上有名香水都是用多种多样的香料和溶剂制成的。法国拥有全世界最好的香水制造商。

"不喷香水就无法出门。"这是迷恋香水的女人说的话。只有用对香水，寻找到适合自己的香水，才是世间最幸福的女人。清新、高贵、淡雅、神秘、活泼、迷人、诱惑、沁人，各种香型的香水以不同的魅力慢慢地、一点一点地释放出味道，引发人们无限遐想。选择一瓶适合你的香水，"穿上它的香氛"，能将你的风格演绎得或高贵优雅，或含蓄性感，让人难以抗拒。

如有兴趣就挑选几款个性香水：

Birt 香水，准确解释经典的格子精神；喜欢家庭温馨、懂得享受生活的女性，Lancome 香水最适合；CK 香水有打破性别界限，强调两性共享新鲜的香气。

BOSS 香水，以清新的白色茉莉和华贵的粉红牡丹为主调，并以最清新的香氛放射出不同的香调，赋予香水性感，充满力量。它的嗅觉元素：以它超能的可塑性，让时尚人士着迷。白色由不同的人，不同性格的人使用，都会演绎不同的风采。

Hermes 橘彩星光香水，构造童话与梦幻的意象，主调采用优雅神秘的海洋龙涎香，搭配木质橡木调，再加以少许柑橘香，浪漫的气息传递出女性的唯美特质。以及，Lanrin Rumeur 美丽传说香水、Sisley 夜幽情怀圣诞限量版香水等，都非常适合女性使用。

具有雌雄同体的性感嗅觉元素：木质调制与花香调制形成呼应。它能帮你散发出女性的优雅，成为夜晚最耐人寻味的味道。

黑夜闪耀精灵，与众不同的香鸢尾，Jennifer Lopez，就像湿润而洁净的亚麻布，视觉和嗅觉结合，形成极具现代而又时尚的"模特造型"高贵而典雅。

琥珀以性感的特性而使人陶醉，同时又充满东方神秘感的檀香木的香氛，彰显出质朴

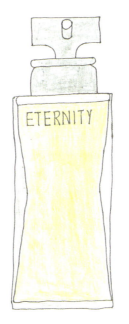

自然的味道，会让你的周身都轻易附着上神秘的色彩和气息，从而带来深邃的嗅觉震撼。

纯净如风的香水 Estee lallaer，从时尚演变成优雅美丽，穿上裁剪简洁的西装，再用香水点缀，这都在漫不经心给女性树起一种力量感，带来了帅气与成功的自信。

繁花光彩的性感嗅觉元素：

饱和艳丽的宝蓝色、樱桃红、金盏花的橘黄色系，都是最具视觉震撼力的色彩，因而都涌向了微风吹起的衣裳，随意而浪漫，好一派秘密花园般如诗的梦幻。让青春的浪漫，轻盈的身影，明亮的双眸，灿烂的笑容，加上那些女性柔美飘逸的服装设计，以不同年代作为灵感而剪裁出的衣裳，会令你充满活力，一切都如此的愉悦，这种富有动感的设计，最适合果味与花香的香水，它愉悦清新，充满

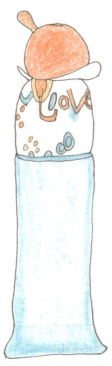

活力的香调，能让你熠熠生辉。

淡淡的木兰和醉人的铃兰就像一串精致的钻石，令人联想起阳光充沛的午后，弥漫着沁人心脾的清香。

诱惑香水 Elizabeth Arden、洛丽塔香水 Lolita lempicka、许愿精灵香水 Anna sui、YSL 巴黎香水、活力华贵女性香水 Jennifer loptz。

这些各具风格的香水，都可由不同女性任意选购。

谈到香水有人可能会问，"旭蒲鹤香"是什么？

相传在很久以前，欧洲十字军东征时，从塞浦路斯岛带回来一种香水，香味清爽、沉静，令人迷恋。在距离塞浦路斯首都尼科西亚 90 公里远的地方，有一座山岭，那里能俯瞰蔚蓝的地中海。意大利考古学家在那里发现了一个坑洞，在洞中，科考队找到了世界上迄今为止，最古老的香水，距今已有 4000 年历史。所以，塞浦路斯是世界上最早的香水产地。而"chgpre"是塞浦路斯在法文中的名字，代表香水的一种香型。

有人会问，你会对香水一见钟情吗？

蝶之变香水 Anna sui，蝴蝶是爱的使者，它能传递爱的信息，爱是生命的源泉。"恋爱中的女人"用这款香水，前调是果香，中调为迷人的茉莉、白玫瑰、荷花、紫罗兰，能呈现出自然欢乐和愉悦的氛围，或许你会喜欢。

而灵感来源于奥莉芙娃娃的瓶身设计，显示出强烈鲜明的色彩，白、蓝、橙则表露出喜悦、热情。瓶身上有趣的图案，会激发人们快乐和爱的情感。这款最新的香水充满了明快的柑橘，茶玫瑰的爱的味道。MOSCHINO 是最新女用香水，它年轻、活泼、时尚、热情、喜悦、个性，清新花果香调，能激发出你快乐的心情。

SUBLIME 是由玫瑰和茉莉，山谷中的百合和松

花味，有温暖而安神的白檀香树苔味，瓶盖设计使人想起圣洁的白玉兰花，琥珀色的香水，让你好想在暖洋洋的阳光里快乐的舒展。

香水喷涂在什么地方最好呢？

香水最喜欢裸露的皮肤。在穿衣服前，将它喷洒在温暖舒适的部位，比如耳后、脖颈、手肘内侧、腰部、手腕、指尖、膝盖内侧、腿部、脚踝、胸脯下方、裙摆。

能将香水喷在头发上吗？

这是个好主意，刚刚洗好头发对香水是最好载体。

什么是香水的前味、中味与后味？

香水的香味分三个阶段，最先窜入鼻中的特别新鲜的味道，是香水的前味，持续时间大约 10 分钟。之后中味会慢慢体现出来，持续时间 30 分钟到两个小时。最后才是后味，亦就是余香，持续两个小时到半天左右。因此，购买香水时，务必注意时间对香味的作用。

香水的保质期有多长时间？

香味在被打开后 30 个月内保持原有的特性，需有正确的收藏方法。香水最忌放在潮湿的浴室，太热，太亮的窗台上，最好将香水放在衣柜里保存。

十二星座香水大餐

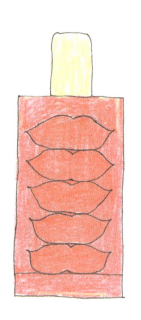

不光是花卉，星座也能对你说，哪种香味和你最相称。随着人们生活质量的提高，人们生活的内容会丰富多彩起来，有人偶尔在闲暇时，想尝试着时尚时尚，或者说是增加一些生活的调味品。

水瓶座（1月21-2月19日）

水瓶座喜欢独立，喜欢与众不同，喜欢接受挑战。当归茶和香柠檬、檀木、岩兰草、迷迭香和樟脑的香味可以让她们舒缓。RUSBYLIPS "恋恋红唇" 香水，专为极有个性的女人而设，是超凡水瓶座女人的最爱。

双鱼座（2月20日-3月20日）

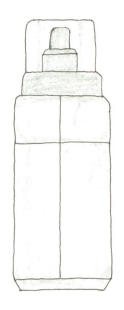

双鱼座喜欢无拘无束的感觉，她们不喜欢许诺，厌恶片面性，音乐和香氛疗法都很适合她们。双鱼女人喜欢的香水是那种带些热带的潮湿、香味不太浓烈的品种。MNG 的 Cutforwoman 是一款满载着诱惑的香水，茉莉、洋槐及莲花的味道，适合活泼而有个性的双鱼。

白羊座（3月21日-4月20日）

白羊喜欢挑战和行动，她们不喜欢受到阻碍或是无所事事，她们喜欢发泄自己情感。白羊女性很适合使用一些香型不复杂的淡香水，如雪松味、柏树味、香柠檬油味、马鞭草味的香水。HUGOBOSS Woman 自然的初调，自信的中调，热烈的基调，展现白羊女人的自信和轻松、温柔、热烈、挥洒自由的激情。

金牛座（4月21日-5月21日）

时间带来的压力和突然发生的变化，对于金牛来说不太容易承受的。她们喜欢安逸从容，迷人的香氛。金牛女性喜欢性感、厚重，以及鲜花味的香水，安娜苏的我爱洋娃娃香水，浓郁花香的味调，雪白的娃娃眼角一颗的美人痣，都令金牛女人爱不释手。

双子座（5月22日-6月21日）

双子最喜欢每天经历一些新的事情，她们喜欢不停地变化以及交流。菩提叶、马鞭草、柠檬香味能够让她们烦躁的脾气得到平缓。

清新的、水果的，扑鼻的果香最符合双子座的性格，OOUI,女性感性气质的百合花香味,让双子座的男女都欣喜。

巨蟹座（6月22日-7月22日）

巨蟹喜欢隐藏自己，喜欢无忧无虑。她们不喜欢那种不真心的关系，以及被忽略的对待。玫瑰和白松子的香味都很适合她们，巨蟹女人喜欢玫瑰胜过一切，花香味道较为浓烈的香水是她们喜欢的。Bazar 女士香水，最适合喜欢浓郁花香的巨蟹。

狮子座（7月23日-8月22日）

狮子喜欢奢华，灯光和温暖，糟糕或者黑暗的房间会使她们异常不适应。橙花油、橘子、檀香能够增强她们的心脏功能，狮子喜欢能给她们带来震撼感觉的香水。Deep Red,犹如来自天边的精灵,足以擒获挑剔的狮子,让他她们一见倾心。

处女座（8月23日-9月23日）

处女座非常重视清晰的人际关系。过分神秘或是邋遢的人会让她们无法忍受，胡荽，康乃馨都会给他们满足感，她们对感官上的细小不平衡，十分敏感而神经

紧张，处女座女人喜欢令她们感觉飘飘的香味。DHC"心之恋"香水，和煦淡雅的味道，让处女座女人超然若定。

天秤座（9月24日-10月23日）

天秤喜欢和谐与美感。她们对突出十分敏感，当身体中稍微有些不和谐的时候，她们反应就像一台地震仪一样，她们喜欢能带来放松感觉的香水。Armani mania 柔和淡雅的木兰、白檀香味道，神奇的雪松，芬芳的摩洛哥月桂，这些都是给天秤最好的礼物。

天蝎座（10月24日-11月22日）

天蝎喜欢充实的感情以及思想的摩擦，她们非常重感情，但是同时也具有相当高的要求，极吸引的花香是天蝎最好的芳香礼物。Enjoy 香水，奢华优雅而充满活力，像时尚而又坚持个人风格的天蝎。

射手座（11月23日-12月21日）

射手喜欢宽阔的天地，她们生活十分慷慨，随意。无聊，压抑和无组织对于她们来说是无法容忍的事。射手座女性比较适合用热烈而浓烈，但是简简单单的香水。Lacoste Touch of pink 充满活力的香调，诠释略带俏皮的性感气质，最能代表射手女人。

摩羯座（12月22日-1月20日）

摩羯座十分具有条理性，注重结果，坚韧有耐心，杂乱无章会令她们很不安。有时她们会因为繁杂的工作而忘记一切。摩羯座女人喜欢没药树、雪松、橡树苔的味道。Morgan 的"为你疯狂"琥珀和花香的基调，让十分注重条理的摩羯女人为爱疯狂一次。

如你觉得星运解析，描述的内容与你的情况不完全吻合，你就看相似的那个星座描述，保险起见你最好将所有的描述都对照一下，找到与自己最为相近的那个好香水。

秋天快到了，我们"穿"什么香水出门呢？

秋天的香水温暖、浓郁、充满遐想与浪漫。BOSS INTENSE 香水是女人的诱惑武器，震撼的香味，在心里刻下激情，它可体现女人内心优越和超强的诱惑力。

CELINE 高贵与性感的红胡椒，紫罗兰叶香，佛手柑、水果、五月玫瑰、琥珀茶香味，可让你散发出典雅的魅力。

"1000"它最为特别的是调香师加入了一种珍稀的原先产于喜马拉雅山和日本的木犀灌木的花朵，弥漫着花的清香。

Lanvin 光韵香水，它有令人刻骨铭心的爱恋，无论在何时，何地，都可以"穿"上它去体验和经历爱的存在。

Ferre 的女性香水，散发着热烈和亲柔的性感，拥有与生俱来的风度和天生的吸引力，能给人以迷恋的嗅觉体会。

学生时代一般很少用香水，女生偶尔会用，只是出于好奇的新鲜感。香水对于学生来说是奢侈品，设想一下，如果上大课时，同学们都擦香水，那教师不是教书讲课，而变成闻香师。不过放暑假时，学生就是自由活动的时期，可按兴趣爱好尝试一些新鲜的事，学生是最愿意，亦是最喜欢欣赏新鲜乐观的随意生活。

易德小希他们来到香水柜台，易德说："买瓶香水用用，你们喜欢什么香味？"

小希看着林红笑着说："我不需擦香水，原汁原味最好闻。"

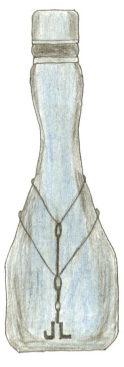

林红推一下小希说："说什么呢，我就想买瓶香水用，熏熏你。"

陈艺说："可以买一小瓶用用看，关键选对香味，你们喜欢的香味。"

他们开始选香水，在那儿，你闻闻，他闻闻。你说这个好闻，他说那个好闻，最后，陈艺、林红各买一小瓶香水。易德买一小瓶，小希不买，他说："我不用香水，我能闻到香味就行。我们该到哪儿品品茶，休息一下好吗？"

说着来到林红身边在她身后闻一下说："哇，好香啊。"

林红用手掐他一下，小希哎哟一声说："你怎么掐人啊。"

林红笑着说："就掐你，谁叫你不老实。"说着又掐他一下。

易德说："在大街上，你俩还是收敛一点，想亲热回家再说。"

陈艺看看他俩笑着说："林红的香味引来了大黄蜂，谁让你擦那么多香水。"

林红说："我没擦，是刚才试香水时擦的。"说着来到陈艺旁边。

易德笑着拍着小希的肩膀说："看你把人家吓跑了。"

小希说："我没怎么样，只是闻香而已，她掐我。"

易德笑着说："掐得好，我看就该打你。"

他们边说边走进一家茶馆，找地方坐下来，点茶和糕点。

小希坐到林红身边坐下说："香香，我来啦。"

林红笑着说："小心点，回家有你好看。"

小希笑着说："那又怎么样，小心黄蜂蛰你。"

这时茶馆里的电视在播放军旅题材电视剧，里面军人都穿着迷彩服。

陈艺笑着说："你们看，军人穿迷彩服最好看。"

易德说："不是最好看，而是你最喜欢看军人穿迷彩服。"

陈艺笑着说："对啊，你怎么知道？"

易德笑着说："这还不简单，迷彩服迷人呗。"

陈艺笑着打易德一下说："就是迷人，怎样啊！你知道迷彩服的来历吗？是谁发明的？"

易德说："不清楚，肯定是名军人，可以查一下有关的材料。"

陈艺说："小孩儿穿迷彩服也非常可爱，你看到没有？"

易德笑着对陈艺说："看到过，我穿迷彩服亦很可爱。"

陈艺笑着说："知道，你穿什么都好看。"

小希说："你不知道，他什么都不穿最好看，就像希腊神话故事里的裸体战神阿瑞斯。"

易德笑着说："小子你胡说什么？"

林红说："好多古典名画中都有裸体人像，你们怎么看待那个？"

小希说："好看啰，那都是艺术画，给人欣赏的，为什么不看？学服装设计就需知道人体的造型，才能设计出适合人体穿着的服装，这是服装造型艺术的必修课。"

林红说："没想到你还有那么多奇谈怪论。"

易德看着小希说："他的花花肠子多着呢。"

小希说："那不是花花肠子，那是艺术理论知识，说明我学有所用。古代艺术和现代技术完美结合就是当代艺术。我说得很明白，你们听得如何？"

林红看着小希说："你在唱什么高调？我们听不明白。"

易德笑着说："这小子能说会道，你们俩可说不过他。"

陈艺说："我们在说军人的迷彩服好看，他在说人体艺术与服装设计师有联系，现在的很多制服，设计得都很有水平。比如，三军、空姐、警察、海关服装设计，制作工艺都很高。易德今后可考虑设计职业服装，个性比较适合。"

小希得意地说："我还是设计时装好。"

易德说："对，你是个浪漫主义者，适合设计时装。"

陈艺说："是的，他有丰富的艺术细胞，是设计时装所需的才能。"

林红笑着说："看他能设计出什么服装。"

小希说："今后我设计的时装，最先给你穿，怎么样？"

易德笑着说："看你今后怎么打扮她。"

小希笑着说："那肯定是一会儿变公主，一会儿变仙女，最后就变成小媳妇了。"

林红又掐他说："你又胡说什么！"

陈艺笑着说："这样的推理，比较符合逻辑。说起迷彩服，你们知道海军的横条纹海魂衫是怎样诞生的吗？"

这个故事由易德来说，其实海魂衫的诞生与海洋没有任何联系。当时，英国国王格奥尔格二世散步时，看见一位骑着白马的公爵夫人在不远处急驰而过。她身穿蓝色的衣服，扎白色的腰带，颜色和谐，十分雅致，国王满心喜欢，他立即召见官员，要求革新海军制服，就像公爵夫人那样，蓝白相间，这就是海魂衫的来历。从此海军舰艇上就出现了身穿海魂衫，头戴飘带帽子的海军战士。

林红说："这位国王想象力真丰富，怎么会从公爵夫人的衣服，想到改革海军制服，说明什么呢？"

易德笑着说："说明他喜欢大海，因而想到海军制服。"

小希说："我看还是公爵夫人穿的蓝白颜色衣服，使他想到蓝色的海水和白色的波涛，由此，就产生蓝白相间的海魂衫。"

如今蓝白横条早已脱离单一的制服功能，转而进入时尚界。

法国时尚界顽童 Jean Paul Gaultier 则把它打造成具有强烈个人印记的服装符号，运用一切流行剪裁的衣饰，被称为 21 世纪海魂衫的卓越代表。

美国 D&G 的设计师则把红色带入蓝白双条，形成红、蓝、白三色条纹的时装，他在搭配手法上也相当高明，红蓝白相间的丝巾，休闲的条纹上衣和阔肥裤，使横条纹上下服之间形成和谐，完美的结合，打造出具有航海标志的海洋风情。

林红用双手捏住小希脸的双颊笑着说："看小希今后能设计出什么时尚的服装？"

易德说："看两个人又粘在一起。"

陈艺说："我们的'时装表演'告一段落，打道回府。"

炎热的夏季，户外活动亦是可取的休闲方式。在绿意盎然的大自然中，享受森林 SPA，编织专属自己的"仲夏夜之梦"。可以设想一下，在阳台、花园、草坪上，躺在吊床或躺椅上，可开辟亲近自然的休闲空间。若想百分百亲近自然的绿，高尔夫球类的草坪活动，是最好的方式，感受微风拂面的宜人清凉，轻嗅绿草树木与花的清香，是多么舒心与惬意的事，这就是夏日的缤纷活动。

大自然永远是恩慈的，投入野外就好似被自然拥抱，能够享受久违的悠然与舒展，自由与放松。易德几人在附近的草坪上，绑好吊床，铺上垫子，享受夏日夜晚的清凉。这是最原始的，也是最简洁的户外休闲方式。

小希躺在吊床上，看着繁星满天的夜空，皎洁的月光穿梭在云间，月色柔和得让人迷恋。在这样的夜晚，清风阵阵，已不觉得烈日炎炎。

林红在另一张吊床上，柔情绵绵地看着小希。

小希转头看着林红说："你怎么躺在那儿？不能躺在我旁边吗？"

林红笑着说："想得美，我就喜欢躺在这儿。"

小希笑着说："那我俩不就成了牛郎织女，只能隔草两相看。'绿绿青草坪，相看两不厌'，但我更希望'牵牵玉绵手，免得泣涕淋如雨'。"

林红笑着说："我俩远远地看着说话，这样不就可以啦，你的想法可真多。"

小希无可奈何地说："在这么美好的月光下，遇到这么不解风情的你，真是扫兴。"

林红笑着说："那你就泣涕淋如雨吧，我可没带餐巾纸。"

易德笑着看着小希说："丘比特的双箭发挥作用，小希怎么办？谁来帮帮你。"

陈艺看着他俩笑着说："我们是来乘凉的，不是谈情说爱。还是让清凉的晚风给小希降降热度，林红你说呢？"

林红笑着说："对，不行就去冲个凉水澡。"

小希笑着说："好，那你和我一起去怎么样？"

林红说："不好，我就在这乘凉。"

易德说："我们还是说说毕业作品比赛的事。"

陈艺说："临近比赛，我们须好好准备。"

林红说："是的，小希你的时装都准备好了吗？"

小希说："早就准备好了，只等开赛。"

易德说："所以他才有时间谈情说爱，你们都这么不解风情，不通情达理。"

小希说："还是易德理解男人的想法。"

陈艺笑着说："就是吗，在这么美好的夜晚，正是甜言蜜语的好时机，林红靠近点，安慰一下受冷落的心。"

林红说："我躺在这儿挺舒服的，不想让黄蜂来蛰我。"说完闭上眼睛笑着。

易德给小希示意，小希从吊床上下来，轻轻地走近林红。

陈艺笑着说："黄蜂飞来了，小心点。"

林红赶紧用双手捂住脸，笑着说："快来人。"

小希笑着说："我这不是来了吗。"他猛地抱住林红，"看你往哪儿躲。"

易德笑着说："如此精彩的一幕，我带相机拍下就好了。"

陈艺笑着说："今后有的是机会，这样的精彩场面会竞相上演。"

清凉的夜晚，月光洒满了整个草坪，这就营造出让人缠绵的氛围，在这样的环境里，很容易使人迷恋，想享受二人世界的情意绵绵。

易德触景生情，温情脉脉地看着陈艺，心想：月老的红线可在我手里，你别想跑，我会让你诚心留在我的身边，直到永远。陈艺看着易德柔情的目光，不由自主地想：我们是同班同学，为什么以前我会忽略他的存在？

临近开学，同学们陆续返校，冷清的校园又开始热闹起来。易德他们也开始准备毕业作品。毕业设计作品展与开学典礼同一天举行，就在学校的礼堂。比赛那天，同学们边说着话，边陆续走近会场。

易德几人在后台紧张地进行赛前准备。台下已坐满了人，学校的领导、评审员都已到齐，主持人宣布开学典礼开始，主要领导与学生代表先后发言。最后，学生的毕业作品开始表演，模特都是由本校的学生担当，他们迈着轻快的猫步走上 T 台。展示由同学们设计的各类时装，内衣亦是由学校的女学生担任，受到大家的关注与好评。陈艺、林红与同校的男女生，穿着由易德、小希两人设计的时装，走上 T 台，两位设计师看着他们精彩的表演倍受感动。最后，易德、小希牵着模特的手走上 T 台，向领导、同学、评审员谢幕。台下响起热烈的掌声，他们的服装作品得到评审员们很高的评价，同时受到在校同学们的喜爱。他俩按捺住内心的喜悦，相互笑着表示祝贺。

他们不知道，还会有更大的喜讯在等着他们。不久，由学校领导推荐，报送他们到法国时装设计学院学习。收到通知时，他们高兴得相互拥抱起来，易德、陈艺、小希、林红，双双在异国他乡学习、恋爱，使他们的服装设计梦想，得到相关专业导师的指导，从而取得服装设计的辉煌成果。

星级饭店

婴儿在妈妈肚子里时，不会有饿的感觉，反正妈妈饮用什么，他就吸收什么，也不能挑食。那些注意饮食平衡的妈妈，孩子就能吸收得好，营养齐全，长得强壮。有的妈妈饮食随意，孩子会长得又胖又大，怎么生出来，还是个问题，不过没有难产，哪来的助产婆和后来发展的妇产科医生，刚刚出生的孩子都一样，除看身上挂的小牌，再就是种族与国籍。

人类文明的发展，是从使用火开始发生质的变化。古希腊神话中，普罗米修斯从太阳车上点燃火把送到人间，从此人间有了火种和光明。人类的生活，开始与火与光明息息相关。

这家星级饭店，在这座城市里是小有名气。饭店外装饰采用最古典的金顶红墙绿瓦。格瑞走进这家古色古香的星级饭店，仿佛走进了古代的宫廷楼阁，内部的陈设却用的是最现代的装饰。听说是祖父留下来的产业，却是由留洋回来的父辈经营，真的是"中洋结合"。格瑞看着眼前的这些，心想这就是我喜欢的风格，很想见见"掌门人"。

在总经理助理的引导下，格瑞来到总经理办公室，看着围绕办公室里的装饰与陈设，窗边有绿色植物，桌上有电脑和常用的文具。制作精细，款式新颖高雅的沙发，整体看起来，简洁、清爽、实用。

总经理米洋面带笑容来到房间，伸出双手与格瑞握手问好，随后坐在椅子上说："你对这儿的印象如何啊？"

格瑞笑着说："给我的印象非常好，从外面看好像是雕栏玉砌的楼阁，而眼前的一切，却是最先进与时尚的，让人耳目一新。在这种跨时空的环境里工作，一定很有趣，我很乐意到这样的饭店工作。"

米洋笑着说："那就好，你先熟悉一下环境，等会儿有人带你到处转转，你的工作主要负责部门经理以上人员的配餐、饭店的膳食搭配、重大节日庆典餐饮、生日聚会晚宴、饭店专门配备的具有典型特色的食谱，再根据特定人群的需要设定食谱。"

格瑞说："我会制定出详细、具体的各类食谱方案让您过目，有什么需要请随时吩咐。"

米洋说："好的，我先带你到各餐厅转转，有时间再详细谈工作上的事。"

餐饮业是人类最原始的职业之一。世界各国的饭店，就是从比如中国的驿馆、中东的商队客店、古罗马的棚舍、欧洲的路边旅馆和美国的马车客栈演变而来。在过去一百年间，随着经济、物质、文化生活的发展，人们闲暇时间增多，交通道路的顺畅，饭店业成为旅游热门中不可缺少的一部分。餐饮业的发展，也给当地的社会政治、经济、文化发展带来重大影响，从而标志着该国家与地区各行各业的发展水平。

饭店（Hotel）一词，源于法语。原指贵族在乡间招待贵宾的别墅，后来，英、美沿用了这一名称。饭店的作用，体现在它是社交活动的中心，促进与活跃当地的对外交往，经济发展和文化交流，可增加外汇收入，平衡国际收支，提供就业机会。根据国际统计资料和我国的实际经验，高档饭店每增加一个房间，可提供5～7个就业岗位。饭店向所在地区的居民提供活动场所，会促进当地消费观念和消费行为的改变，还可带动相关行业的发展。有关资料统计显示，饭店住客开支近60%花费在饭店以外的行业，外来住客在饭店消费的物品大多也是社会相关行业提供的。因而，饭店业的发展也推动了相关行业的发展，世界各国的餐饮业，也越来越重视饭店的发展。

饭店的星级制

这是指把饭店根据一定的标准分成等级，分别用星号（☆）表示出来，以区别饭店的等级制度。比较流行的是五星，星级越多，等级越高。这种星级制在世界上，已成为通用的饭店等级制度，欧洲采用的最多。

五星级评定的主要标准是：清洁程度、维护状况、家具和具体陈设的质量、服务以及所提供设施的豪华程度。饭店的规模有多种类型，新的产品模式，推出的范围和速度，这些都能足以说明，饭店业的生机活力与发展程度。

饭店新的管理模式

近几十年来，世界各地饭店业，创新非常活跃，特许经营、管理合同等管理模式被公认为是比较成功，并且行之有效的模式。特许经营是通过经济型酒店业主与特许方的品牌特许经营协议实现的。在国际上，特许方品牌通常不参与酒店的日常经营管理；被特许方——经济型酒店业主是实际上的经营方。比如，圣达特、精品国际、马里奥特、雅高、仕达屋等酒店集团。拥有大型超豪华饭店连锁公司有：希尔顿国际饭店公司、喜来登国际饭店公司以及陆续发展起来的各种类型的饭店。

美国商业饭店的创始人，斯塔特勒提出饭店经营成功的根本要素就是"地点"原则。饭店特点、服务设施与服务项目，都讲究舒适、清洁、安全和实用。

中国的饭店，是从唐、宋、明、清时期发展起来的。驿站是中国历史上一种官办设施，专门接待往来信使和公差人员，以及外国使者等。

西式饭店对中国近代饭店业的发展起到了一定促进作用，他们把西式饭店的建筑风格、设备设施、服务项目、经营管理的理论带到中国。在各大城市中，都可看到这类饭店。

如今，世界饭店业的发展可满足不同客人的需要，从统一产品转向多元产品，从标准产品转向个性产品。各种类型的产品应运而生，这在一定程度上顺应了时代发展的需求。

金钥匙服务

这一饭店业创造出的高附加值服务起源于欧洲，代表儒雅、稳重、诚信的绅士作风。可贵之处就在于，不是无所不能，但是一定竭尽所能。金钥匙的服务人员，扮演饭店大管家的角色。传到美国后，重信息、讲效率、年轻化、敢于创新等特色是金钥匙服务发展的宗旨。欧美的金钥匙服务风格是兼收并蓄，丰富了金钥匙的概念与内涵，因为人们对富有人情味服务的需求越来越高。中西方饭店是在相互借鉴与学习中成长发展起来的。

前厅是饭店的业务活动中心。总经理米洋带着格瑞先到前厅部，介绍她认识前厅部门的有关负责人——前厅的大堂经理、助理，公关经理沈艳；而后到餐饮部，认识几位大厨——中餐主厨张先生、西餐主厨卡尔先生、鼎鼎大名的行政总厨贺康铭先生。格瑞笑着上前与他们一一握手。行政总厨贺先生是一位中年男性，可能是因为注重饮食保养，身体非常结实，眼睛明亮，满面红光。他面带笑容地对格瑞说："欢迎你来到我们饭店。"

格瑞笑着说："谢谢，今后请多多指教。"又与中西餐两位主厨说，"很高兴与你们合作，以后请你俩多关照。"

俗话说"民以食为天"。饮食是人类生存的最重要的条件之一。人类饮食发展是从简单到讲究的逐步发展过程，又是由低档向高档的饮食服务而发展。因而，饮食活动中的礼仪、观念、习俗就应运而生。

我们人类的祖先，从有意识利用火来加工食物开始，随着时间的推移，食物的加工种类逐渐增多。

最早的聚餐形式"筵席"，来源于古人的席地而坐。

商周时期，已出现音乐助餐。

周代已具备相当规模的宫廷专职人员的服务与机构，如同现代的宾馆与饭店。

唐代以后饮食从席地而坐，发展为坐椅而餐。北京名画家张择端的《清明上河图》向人们展示了汴梁人的市井生活，当时的酒店可将三五百人的筵席立刻办妥，可见规模之大、分工之细、组织之全。

最早的西餐起源于意大利，古罗马人对当今文明的贡献之一，就是创造了西餐。在餐桌上放置花卉、使用餐巾、报菜名都是由罗马人最早在餐厅运用的。当前，中餐中的烹饪、调味，服务中行之有效的方法都是从西方引进的，法国人使得西餐的选料、烹饪达到顶级的程度。

中国的古人云："食、色、性也。"西方心理学家马斯洛将饮食列为人类五个需求中最基本的需求。随着生活水平的改善，当代人的生活习惯和质量不断提高。在营养上要求全面、平衡。卫生标准，在用餐时也大有提高，对饮食原料要求鲜活，餐饮服务要求规范与个性。

美国饭店业的先驱者斯达特勒先生曾说过："饭店从根本上说，只销售一样东西，那就是'服务'。"饭店的目标，就是向宾客提供最佳的服务。餐饮服务业的有形产品，不仅可以满足顾客的最基本生理需求，还可以色、香、味、形、器，使宾客得到感官上的享受，在舒适典雅的就餐环境中，得到热情的款待和周到的服务。这种服务必须是恰到好处的，并与之精神享受相吻合。因而餐饮在同行业竞争中具有灵活性、多变性与可塑性。

五行学说是东方流行的养生方法。《健康之友》杂志曾介绍了一种"五行养生"

食物的五行密码，值得借鉴。但是，提醒人们食品摄入时需有科学的方法，均衡的摄取食物，以保证人体健康。

饮食上注意五季：春、夏、长夏、秋、冬；

五色：青、红、黄、白、黑；

五味：酸、苦、甘、辛、咸。

养生五行食谱

五 季	春、夏、长夏、秋、冬
五 行	木、火、土、金、水
五 脏	肝、心、脾、肺、肾
五 腑	胆、小肠、胃、大肠、膀胱
五 色	青、红、黄、白、黑
五 味	酸、苦、甘、辛、咸

在五行养生中，春季属木。春天，世间万物开始一年的生长，人的身体也进入新陈代谢的旺盛期。春天是养肝的好季节，青色的食物是补肝明目的。应多吃菠菜、西兰花、韭菜、芹菜、绿紫苏、春笋这些绿色蔬菜。五味中酸属木，"酸可生肝"，应选蓝莓、石榴、猕猴桃，这类水果食用，但不可过量食用。

夏天是一年中最炎热的季节，人容易上火，增加心脏的负担，夏季在五行中属火，所以夏季最需养心。补养心脏最好的食物多以红色为主，有番茄、胡萝卜、紫甘蓝、柿子椒、茄子。水果类：樱桃、葡萄、红枣。夏季五味中火属苦味，因而人们在应夏天多食用苦味的食品对心脏好。

长夏是属土的季节。是夏、秋交替的时节，就是人们常说的"秋老虎"。这一时节暑热多雨，过多的湿气，容易伤脾胃。补脾益气，适合多吃黄色带甜味的食物。黄豆、玉米、小米、香蕉、木瓜。重点介绍木瓜，很多人很少食用木瓜，其实木瓜被称为"万寿果"。可帮助消化，缓解胃病，对女性来说，还有丰乳的作用。

秋季气候干燥，在五行中属金，五色中金属白。白色食物都是补养肺的好手。莲藕、白萝卜、茭白、山药、银耳、百合、雪花梨，能滋润肺部，提高免疫力。五味中属金的是辛味，生姜、大蒜、洋葱，是辛香的调料，秋天可以多加一些。秋季是进补的好时机，鱼则是最好的进补品。

冬季是寒冷的季节，在五行中属水，黑色属水，五味中咸味属水。所以冬天可以食用偏咸的食品。应经常食用黑色食物，如：黑米、黑芝麻、黑木耳、香菇、紫菜、黑枣、黑豆，这些都是养护肾的好食材。

五行养生讲究的是自然平衡，每个季节注意饮食五色，五味的调节与互补，学会灵活的运用，就可以做个养生保健的好主妇。

可能会有闺蜜在你耳边吹风，某化妆品的功效神奇。但很少有人说出在你身边的绿色蔬果能带给你怎样的美丽，睁大眼睛，按照营养师们的指引，就可轻而易举地摄取抗氧化的青春密码。

抗氧化的食品，历来备受人们的推崇喜爱。男女在日常饮食时，都应摄入适量的抗氧化食物。其实我们的身边就有很多显而易见，轻而易举就可以买到的抗氧化食品。

绿茶——可使皮肤保持光泽，减少岁月在身上留下的痕迹。茶叶的品种有绿茶、红茶、花茶、花草茶。

紫葡萄——可以很好地预防色斑、心脑血管疾病，经常食用会保持身体健康又美丽。

柚子——富含生物类黄酮，是强大的抗氧化成分。有助于维生素 C 在人体里更为稳定，提高皮肤的抗炎能力，防止痘痘的产生。

芥末——可让肤色红润，芥末辣味强烈，具有较强调解女性内分泌的功能。刺激血管扩张，增强脸部血气运行，使女性脸色红润。芥末呛鼻的成分可预防蛀牙，对预防癌症，防血管斑块沉积，辅助治疗气喘也有一定的效果。

芹菜——对预防高血压、动脉硬化都有帮助。有降血压、降血脂的作用，被人称为"厨房里的药物"，还有一定的镇静和保护血管的作用。

兰芹（茼蒿）——可为肠胃消毒，天气热时，食物容易变质在人体内产生胃胀气，兰芹就可帮你赶走胃里的胀气。

茴香——是轻身之选。茴香怪怪的气味能利尿发汗，并清除皮下脂肪中的废物，防止肥胖。

大蒜——蒜中含有的辣素，杀菌能力强，可预防流感和胃肠道的疾病，对皮肤也有消炎作用，被称为"地里长出的抗生素"。

生姜——含有比维生素 E 大得多的抗氧化成分，可去除"体锈"，老年斑就是这种"体锈"的外部表现。生姜能抑制前列腺素合成，减少血小板聚积，预防心肌梗死和脑梗死，有降胆固醇的作用。

番茄——是所有抗氧化食物中最有效的一种食品。番茄含丰富的茄红素，抗氧化的能力是维生素 C 的 20 倍，熟吃番茄营养更丰富，对男女都有功效。

洋葱——被誉为治疗咳嗽、嗓子嘶哑、耳朵疾病的妙方。人怕洋葱刺鼻的气味，疾痛也一样害怕。常食用洋葱又可增加骨密度。

花椰菜——是世界公认的抗癌食物。可以激活人体天然的防癌防线，经常食用，增强分解致癌物质的能力。

格瑞在饭店转了一圈。饭店的人员、设备都很好，这让她感受到了一些压力，营养师肩负重任，好在有经验丰富的行政总厨，还有中西餐的主厨，他们会提供非常有用的，可实际操作并可体现中西方人的饮食习惯、口味特色和餐饮风格的菜肴。她想先从不同的角度，制定出各种品味的菜单种类，再争求有关人员的意见，最后，交行政总厨过目后，再确定在饭店执行。

研究食物的密码，是营养师的必修课。

中国人、外国人，南方人，北方人，都有不同的饮食爱好与需求。人们从小到大，在不同的时期——一年四季，需要考虑食物的特性来进行饮食上的调整，提供身体所需各类营养物质，以保证人体生理的正常运行。

一日三餐，是人类生存的基本保证。随着时代的变迁，人们在保留传统的饮食习惯的基础上，综合了不同地区、不同民族的饮食习惯，汇集东西南北的不同口味。有人还学会用西方人的烹饪方法开西餐馆，西餐同时也搬上中国平常人家的饭桌。简单的意大利面、比萨饼、蔬菜、水果沙拉，这些简单的饭菜，使日常烦琐的炒菜做饭，变得简单而易操作，美味又可口。学会平衡的饮食，才是科学的生存之道。怎样烹调食品与饮用什么，是人们经常会想到并考虑的问题，所以说是值得研究的一门学问。

想要食用好的食品，并不是那么简单的事情。如想分享健康的饮食理念，首先须了解不同食物的属性，再掌握如何根据食物的类型、季节的变化、个人的口味，让种类繁多的食物，从你的心到你的手，变成可操作，从而演变成餐桌上的美味，供人们享用。

人的饮食习惯，是从儿时开始的，所以从小要养成好的科学的饮食习惯，才能健康快乐地成长。人最初的口味，对食物的喜好，都是在儿时养成的。因而妈妈们必须用心引导，让孩子们知道与懂得，不同的食物对人体各部位的发育起着不同的作用。哄孩子除了要有耐心外，还须掌握一定的技巧。打是亲，骂是爱的手段，已经过时了，对孩子是不可取的。使用正确的方法引导说服孩子，才是教育子女的有效之道。

成长期的孩子，运动量大、新陈代谢快。饮食首先是保证一定饭量，才能补充成长期所需的热量，再适当增加身体各部位所需的营养。在可能的情况下，有意识地选择那些新鲜而质量好的食材，同时还需用心地挑选与耐心的制作，这就是色、香、味齐全。简单地说，就是既好看，又好吃，才能引起孩子的食欲与兴趣。特别是那些身体必需的，而孩子又不太喜欢的食物，需用心地变着花样来制作。比如，孩子的早餐最重要，直接影响孩子的大脑发育、身高、身体素质。蛋白质、脂肪、维生素，全麦食物所含的色氨酸比其他食物高出 54% 以上，可有限地调解大脑的情绪，使大脑较长时间保持高度注意力。孩子在上课时，可以长时间集中注意力听老师讲课。回家做作业时，在有限的时间内完成作业。

中餐的饭菜，至少两菜一汤，多了也没必要。只需记住经常变换菜单，最好是设计一张一周的菜谱。既省心，操作起来也比较方便。不会因为工作紧张而忽视营养素的搭配，长此以往会留下不可弥补的遗憾。有不少人没有意识到，为什么有的孩子脸色红润、精力充沛，而有的则恰恰相反。除了天生的遗传因素，后天的营养丰富至关重要。身为人母，就应学会怎样养好孩子。其实在有条件的城市或乡村，应考虑办一些婚后家政培训班，让年轻的母亲学些家庭内务的基本功，这样可以学到众人所长，比在家跟父母学的一技之长好得多，因为父母的偏食，有时也会影响到孩子。跟有经验的营养师学到的，应该更科学，更有利于孩子身体健康，希望有更多的孩子一代一代健康成长。

晚餐关键是少而精，很多肥胖者就是因为晚餐饮用得太多。想保持体型，学会控制晚餐的饭量是很有必要的。不要等长成大胖子再来减肥，既花钱，又受罪，这是非常值得重视的，决不可掉以轻心，不要害怕营养不够，因为早餐、午餐正常饮食，晚餐少用一点，不会影响身体所需营养物质。如需加夜班，喝牛奶、面包、饼干、蛋糕都是可取的。既能简单补充营养，又可帮助睡个好觉。一举两得，何乐而不为？

中国营养学会于 1997 年颁布了《中国居民膳食指南》，明确指出并规定我国居民的饮食习惯和餐饮风格。人类的食物是多种多样的，各种食物所含的营养素不同。想做到膳食平衡，必须摄取多种食物，才能满足人体所需的各种营养，达到营养合理身体健康的目的。

各种食物包括五大类：

1. 谷类和薯类：谷类包括大米、小米、小麦、玉米、高粱。

制成品：米饭、馒头、烙饼、玉米饼、面包。

薯类：红薯、马铃薯。这些都是膳食中能量的来源。这类食物的选择，应重视多样性。每人每天应摄入 250 ～ 400 克主食。主要给人体提供碳水化合物，蛋白质，膳食纤维，维生素 B 族。

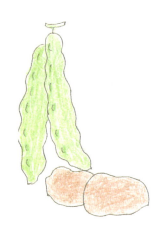

2. 动物性食物：包括肉、禽、鱼、奶、蛋。提供人体所需的蛋白质、脂肪、矿物质、维生素 A 和 B 族。摄入量为 50 ～ 75 克。

3. 豆类和豆类制品：黄豆、红豆、绿豆、提供蛋白质、脂肪、矿物质、膳食纤维、维生素 B 族。常见制品包括豆腐、豆浆、豆干。

4. 蔬菜水果类：包括茎、叶、根类菜。鲜豆、茄果、瓜菜类、葱蒜、菌藻类。黄、红、绿深色蔬菜中维生素含量超过浅色蔬菜。每日摄入量 300 ～ 500 克。深色蔬菜最好占一半以上。新鲜水

果含有葡萄糖、果糖、柠檬酸、苹果酸和果胶，物质比蔬菜丰富。每日的摄入量200～400克。蔬菜、水果各有优势，不能完全相互替代。

5. 纯热能的食品：包括动、植物油、豆油、花生油、菜籽油、芝麻油、调和油、橄榄油，猪油、牛油、黄油。

在食用这些食油时，应经常调换，多食用植物油。

世界卫生组织指出，影响人类寿命的主要原因是饮食习惯，健康的饮食习惯是长寿的关键。

中国居民平衡膳食宝塔，是《中国居民膳食指南》的核心内容，其结合中国居民膳食情况，把膳食平衡原则转化成各类食物的重量。以利于人们在日常生活中实行。

膳食宝塔用图形表示各类食物摄取量，提出比较理性的膳食模式，并注重运动的重要性。

膳食宝塔分五层，各层的位置面积不同，在一定程度上反映各类食物在膳食中所占比重和地位。

第一层是谷物类：

所占比重最大最多,说明谷物类是膳食中主食。每人每天摄入量250～400克。

第二层是蔬菜和水果：

每人每天摄入量，蔬菜 300～500 克，水果是 200～400 克。蔬菜水果所含的营养元素不同，因而不可以相互替代，而应平衡摄取。

第三层是动物性食物：

鱼、禽、肉、蛋。动物性食物是优质蛋白质与植物性的食物应合理科学地摄取。鱼虾类 50～100 克，畜禽肉 50～75 克，蛋类 25～50 克。

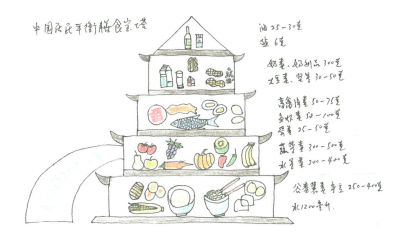

第四层是奶类和豆类：

奶类每人每天摄入量应在 300 克左右。豆类的摄入量在 30 ～ 50 克，再加适量的坚果。

第五层塔顶是食用油和食盐：

烹调油在 25 ～ 30 克，食盐不得超过 6 克。

新的膳食宝塔，增加了水和身体的运动量，强调水和身体活动的重要性。水是一切生命的必须物质，需要量应根据年龄，环境温度，身体活动的运动量，在温和条件中生活的轻体力活动的成年人，每日至少饮水 1200 毫升约 6 杯。高温或强体力劳动应适量增加，饮水过多或不足都会对人体健康带来危害。

目前我国大多数成年人的身体活动不足，应改变久坐少动的不良生活习惯，坚持每天适量的运动，建议成年人每天累计相当于步行 6000 步以上的身体活动，如果身体条件允许，最好进行 30 分钟中等强度运动。

在平衡膳食宝塔中建议的每人每日各类食物摄入量，适用于一般健康成年人。在实际生活时，应根据个人的年龄、性别、身高、体重、劳动强度，季节具体情况适当调整。能量决定食物的摄入量，膳食宝塔建议的各类食物的摄入量是平均值。但无须每天都严格按照各类食物的量来饮用。在一段时间里，比如一周，各类食物摄入量的平均值应符合平衡膳食宝塔的规定量。

人们摄取多种多样的食物。不仅是获得均衡的营养，也是用丰富多彩的饮食，满足人们的口味的享受。应用平衡膳食宝塔，可把营养与美味结合起来。按照同类互换，多种多样的原则合理调配一日三餐。多种多样指的就是选用品种、形式、颜色、口感多样的食物和变换的烹调方法。例如米可与面粉、杂粮互换，猪肉和其他肉类互换，鱼与虾互换。

我国各地的饮食习惯与物产不尽相同，充分利用当地的资源，才能有效地应用膳食宝塔。平衡膳食对健康的影响是长期的结果，应用膳食宝塔需自幼养成习惯，并坚持才能充分体现对健康的重大促进作用。

没有不好的食物，只有遵循平衡的膳食原则，因而关键在于平衡。人类的食物种类繁多，所含营养成分不同。除母乳外，任何天然食物都不能提供人体所需的全部营养素，平衡膳食是由多种食物组成，才能满足人体各种营养需要，促进身体健康。含丰富蔬菜水果和薯类的膳食，对保持心血管系统功能健康，增强和预防抗病能力，起着十分重要的作用。

适量摄取鱼、禽、蛋、瘦肉能给人体提供优质的蛋白质，过多会引起肥胖，应少量的摄取。

　　奶类豆类都含有丰富的优质蛋白质，应大力提倡这类食物的摄取量，对人体健康有利。食量与体力活动要平衡，保持适宜的体重。

　　早、中、晚餐的能量分别占总能量的30%、40%、30%为宜。平时吃清淡膳食有利于健康。

　　在节假日，喜庆和交际场合，人们往往喜欢饮酒助兴。饮酒应限量，可少量饮用红酒，青少年不宜饮酒。

　　在选购食物时，应选外观好，没有变色变味，符合卫生标准的食物，严防病从口入。

　　进餐时要注意卫生条件，包括进餐的环境，餐点和供餐者的卫生健康状况，集体用餐提倡分餐制。

　　我国多数地区居民习惯是一日三餐。三餐的食物量与间隔时间，作息时间的劳动量应合理安排。科学的安排一日三餐，对健康长寿尤为重要。国内外营养学家认为，早餐是一天中最重要的一餐。受人体生物钟的影响，人体在早餐对蛋白质，碳水化合物营养素的吸收率最好，利用率最高。美国霍普金斯大学对80～90岁老人进行调查表明，使他们健康长寿的共同点是每天都食用丰盛的早餐。一些专家把早餐列入健康长寿的一个条件。在法国，每年的9月20日是"国家早餐日"。这一天，法国许多大城市免费向居民提供早餐。政府官员说，设立国家早餐日的目的，是要人们知道早餐对人体健康的重要性，以唤起全民的重视。

　　怎样用早餐比较好呢？在早餐的时间和方法上，应注意起床后不应马上用餐，最好在半小时以后。刷牙洗脸后，饮用半杯温开水，到户外呼吸一些新鲜空气，舒展一下身体，这样有利于增强食欲。

　　人们经常说，午饭要吃饱。实际上对于上班族来说，中午不能午睡的人，饮食太饱，胃肠道血液循环加快，相对而言脑部的血液供应就少一些，所以我们强调午饭别吃太饱。

　　从医学角度讲，人体在晚上血中胰岛素的含量可上升到一天的最高峰。胰岛素可使人体过多的热能转化为脂肪贮存在体内，使人发胖。以晚餐为正餐的人，晚饭少用许多人做不到。那就制定一个晚餐适当早的计划，不要吃得太晚。餐后有3小时以上的时间再睡觉。民间有"饭后百步走，活到九十九"之话。如果能在用餐后1小时做些适量的运动，对人体健康就更好。

格瑞在住处，坐在电脑前制定有关饭店的营养菜谱。她从小到大不太关心营养的摄取。长大后虽知道食物的营养需适量摄取，但从不注意。现在在饭店工作，在制定饭店营养菜谱时，想到要制定个人菜谱，已备在家时合理平衡膳食。

需制作的菜单内容很多，但仔细分类一项一项列出来，先列出大类，中餐、西餐。再在大类分出小项目。饭店职工菜单，与中层以上职员的菜单需先列出来。平时的一日三餐，在节假日，还需适量增加一些菜肴。这些都可根据不同的节日，临时增加，变换，所以在制定菜单时，只需把平时常用的菜肴打印出来就行。原则是均衡搭配各种营养，菜肴的品种不单调，口味有浓有淡，职工可以自行选择。菜单制定好后，可下发给职工征求意见，再做调整。其他的菜单，先制定出来，给行政总厨过目，再作适量调整。还需了解中餐、西餐主厨的拿手菜，并列在菜单的醒目处，这样在烹饪时，可让他们大显身手。也可作为平时饭店的推荐菜，在菜单中做出注明。

饭店推荐菜单。首先推荐三款养生粥，喝粥的好处是操作简单，易消化好吸收，适合各类人群：1. 长寿粥；2. 养生粥；3. 养颜美容粥。

有关饭店的营养调配，格瑞想出增建中医膳食大厅，根据药食同源的中医养生原则，聘请知名中医来饭店，传授历代中医养生的方法，用中药＋食材，以南方人喜欢喝的汤与北方人喜欢喝的粥为主，来调理各类人群所需。在饭店长期开设讲座并现场实际操作，各种汤与粥的制作过程。饭店的员工在空闲时，也可加入其中。再就是在咖啡厅并入茶社，让中西方人喝饮料的习惯相融，在同一大厅感受中西方饮料，各自的益处与长处。充分体现出饭店是传播饮食文化的好地方。这些大概的想法，是想通过增设中医传统的养生原则，来为顾客服务，这是遵循饭店服务的原则而推出的新项目。格瑞带着这样的想法，来到总经理米洋的办公室。

米洋对营养师格瑞有关饭店营养方面的想法思维理念都很欣赏，具体表现在当格瑞对他提出有关建议时，他都会用点头或眼神对她表示，你的想法很好，我非常满意，再说出自己看法与意见。格瑞对米洋的经营理念很敬佩，他中西兼顾，平易近人。他俩之间的情感已超出男女性别，是事业上同心同德的同路人。

说起饭店人与人之间的情感，会有许多的话题。比如，在饭店员工的眼里，总经理助理和格瑞就像姐弟关系，因而他俩之间的对话会是这样的。

格瑞常会对助理这样说："开车小心点，注意安全。"

助理笑着对她说："这话听起来好熟悉，我常听我妈对我说这样的话。"

格瑞没说话，略诧异地想到：我是在工作还是在教儿子，还不如我自己生个儿子，这样有安全感。

而西餐厅经理卡特与格瑞之间就是传统的男女关系，他俩之间会这样相处与对话。西餐经理把精心做的西餐放在桌上对格瑞说："来啊，我俩共进晚餐。"

格瑞看着桌上的西餐笑着对经理说："常用你做的西餐，再加上我善常煲的汤与粥，我俩就可以健康长寿，生活中趣味多多。"

经理笑着说："这话我爱听。"

因而，在饭店员工的眼里，他俩的成功性大。

中秋快到了，饭店高层准备在中餐厅举办节日晚宴。行政总厨让中餐厅负责餐饮，公关经理沈艳来到中餐厅，与经理协商餐厅的布置与饮食。

经理说："餐厅的布置由你负责，我就负责餐饮部分。"

沈艳说："行啊，你得抽几个人由我调用。"

经理说："这好办，调几个人都可以。"

中餐厅经理对沈艳心慕已久，只是担心她另有所爱，才一直没有表白。

因工作关系，总经理助理与沈艳经常打交道。她常会不由自主地流露出对助理的好感。助理看着她心想：会有更合适你的人出现，我们之间只能是同事关系。

因而，助理看到中餐厅经理时，总是鼓励他说："对沈艳好些，她这人很适合你。"

经理说："感谢你吉言。"

助理笑着说："心里怎么想就说出来，这样不会有误会。"

西餐厅经理看似平静，但内心尚存芥蒂。只是他性格大度，始终相信自己会是这场爱情争夺战中的胜利者。

格瑞与沈艳在工作上相互协调，闲暇时也经常相约逛街、聚会。这一日，在格瑞家里，两人边喝茶边聊天。

沈艳对格瑞说："西方人的生活你习惯吗？"

格瑞说："西方人能习惯中国人的生活习惯，中国人为什么就不能习惯西方人的生活习惯？这只是个时间问题。"

沈艳边喝茶边说："你说得有道理，时间能改变很多东西，包括人的生活习惯，这可能是最容易改变的。"

格瑞喝着茶说："你说得对，适者生存，人类的演变就最能说明这个道理。再就是不容易改变的是人的性格。"

沈艳说："你对总经理的助理有什么看法？"

格瑞笑着说："他人不错，你对他感兴趣？"

沈艳笑着说："有什么不对？"

格瑞说："不知道他是怎么想的？我帮你问问？"

沈艳说："你可以旁敲侧击。"

格瑞笑着说："这是使用语言的技巧，可是你们公关人员的强项啊。"

说到饮食人们首先想到的是米。大米是主食，是人体能量的主要来源，烹饪的方法多种多样。

大米——我们的主食，它除提供热量、植物蛋白质外，也是维生素和矿物质的重要来源，特别是人体所需的 B 族维生素，大部分都由它提供。

玉米——含有丰富的维生素和蛋白质、亚油酸、卵磷脂、硒元素、镁元素，在欧美，玉米食品被列为保健食品。在长寿之乡巴马县、新疆英吉沙县，人们有一个共同的饮食习惯——吃玉米。四川绵竹县 110 岁老中医罗明山生活在山区，玉米是他的主食。玉米含有增强神经信息传递、加强思维和记忆的有效成分，还含有生育酚，有助孕的作用。

小米——营养价值很高，含有人体不可或缺的色氨酸和蛋氨酸。北方有把小米煮汤作为产妇滋补、下奶的传统。

小麦粉、小麦籽——含有碳水化合物、蛋白质、脂肪、多种维生素。小麦所含营养适合人体生理需求。

马铃薯——俗称土豆，是一种价廉物美、营养丰富的食物。每餐只饮用全脂牛奶和马铃薯，即可得到人体所需的全部营养元素。国外营养学家认为，土豆是"十全十美"的食物。

煮饭时加一些物质，不仅提高米饭的口感，还能提升米饭中的营养成分。在煮米饭时加几滴油，可使米饭粒晶莹饱满；滴几滴柠檬汁，可使米饭更加柔软；撒一点盐，可使米饭蓬松；用茶水烧饭，可使米饭色、香、味俱佳。

让我们来看看，国外的人们是如何将米饭煮出花样的。

埃及：用 3 小碗大米，放 4 碗水和 1 茶匙植物油，先将放入盐和油的水煮开，再倒入淘好的大米，用大火烧开，然后用文火焖熟，用糖渍水果混着吃。

意大利：把淘好的大米和切碎的葱，放在植物油里炒一下，然后入锅，加上盐和水，用文火煮，食用时，加一勺黄油和擦碎的干酪。

瑞士：在 300 克大米里倒入水和牛奶，各四分之一茶杯，再加上一个生蛋黄，60 克糖和少许盐，将它们搅匀后再用文火煮，当大米将水吸干后，再将剩下的蛋白搅成泡沫状，倒入大米里，待米饭出现黄皮时便可食用。

罗马尼亚：用 1 杯大米，2 杯水，加少许盐、醋、植物油，用文火煮 1 小时，吃时放一些切成薄片的西红柿。

土耳其：把几颗小头的洋葱，放在油锅里略微炒一下，放进一碗大米，再加 2 杯热水，然后用文火煮 20 分钟后取用。

在选择烹调油时，专家提示：其实你应该"喜新厌旧"。所以，不妨多关注烹调油家族中的新成员。这些油不仅名字新、营养成分新，连烹调的方法也是新的。当然也会使新悦的你感兴趣。你一定有点疑惑，为什么营养专家建议你在烹调油的选择上"喜新厌旧"呢？这其实是因为不同的油，爱着不同的人类，不同油品中蕴含的营养成分也大不相同，应该根据自己的饮食习惯、身体情况和喜欢的烹调方式，选择适合的烹调油。

"新新"油类有：红花籽油、花生胚芽油、有机山茶油、葡萄籽油、橄榄油、玉米胚芽油、杏仁油等。

传统大豆油含有丰富的亚油酸，能预防心血管疾病。人体消化吸收率高达99%，价格实惠，可以考虑购买给父母。

对于工作压力大，常吃盒饭，平时饮食不规律，那么最好选择调和油，能最大限度地保证饱和脂肪酸与不饱和脂肪酸摄取的平衡。这种油亚油酸含量高，维生素 E 含量丰富，能有效抵御"三高"，预防心血管病和延缓衰老。

如果你喜欢西式美食，则可以适当考虑选择橄榄油或山茶籽油。橄榄油和山茶籽油能平衡新陈代谢，预防骨质疏松。这两种油的价格较高，可考虑与其他的油类调配食用，从而达到平衡饮食的目的。

最新油类已出现在各大超市：

花生胚芽油——富含棕榈酸、二十四烷酸、山梨酸、不饱和脂肪酸、白梨芦醇、贝塔植物固醇、叶酸、锌等多种微量元素。特别是维生素 E 的含量高达 72% 毫克。天然的维生素 E 能延缓衰老，有效预防动脉硬化，神经系统和心血管疾病，同时减少冠心病发病的作用。烹调方法：烧、炒、凉拌。

红花籽油——"红花籽油"被欧美国家喻为"血管清道夫"。

人体自身能合成饱和脂肪酸，但不能合成不饱和脂肪酸和亚油酸，而亚油酸必须从食物中获得。红花籽油在烹调油中亚油酸的含量相当高，经常使用，血管能及时得到清理又可以预防中老年心脑心血管病。另外还有营养脑细胞、调解自主神经的作用。烹调方法：任意烹调方法。

山茶油——山茶油的主要成分为油酸，其含量高达 75% 左右。此外还含有丰富的维生素 E、胡萝卜素和其他抗氧化剂。因而它能有效改善血液循环，促进消化系统功能，还有一定的通便作用。另外，山茶油还能增强内分泌系统功能。最新研究结果表明，健康人食用山茶油后，体内的葡萄糖可降低 12%。所以目前山茶油已成为预防和控制糖尿病的最好食油。烹调方法：任意烹调方法。

葡萄籽油——葡萄籽油中的不饱和脂肪酸占总脂肪含量的 90%，其中 75% 以上为亚油酸。因此葡萄籽油不仅具有降低血清胆固醇的作用，同时具有营养脑神经细胞，调解自主神经的功效。葡萄籽油用量很少，用葡萄籽油烹调，仅用其他油的二分之一至三分之一就可以达到同样的烹调效果，避免过多的脂肪的摄入。烹调方法：红烧与凉拌。

橄榄油——橄榄油在加热时会膨胀，所以烹调同样的菜肴，橄榄油在油温不超过 210 度是不会分解的，所以可以反复使用，需油量是其他植物油用量的三分之一，是很经济健康的。烹调的方法：炒菜，凉拌。

玉米胚芽油——由玉米胚芽精炼而成。医学研究表明，它不含胆固醇，而含有 60% 以上的亚油酸。可抑制肠道对胆固醇的吸收。烹调方法：任意烹调方法。

杏仁油——山杏仁油总的饱和脂肪酸含量仅占不到 5%，不饱和脂肪酸含量高达 95% 以上，可以软化血管、减少血栓的形成，对心脑血管疾病的预防也有相当重要的作用。杏仁油还含有大量的钙、铁、锌等微量元素。烹调方法：任意烹调方法。

烹调油使用时应注意，烹调油烧至七分热就好，不需等冒烟才放入食物。凉拌或熟食拌可用橄榄油、芝麻油、山茶籽油等。一般煎炒可用大豆油、花生油或调和油。

一些新鲜的油品使用时，需留意说明，用过的油不要倒入新油中。炸过的油用来炒菜，尽快用完，切勿反复使用。

储藏食用油应选择阴凉、干燥、无日光直射的地方。挑选烹调油尽量选择品牌知名度、市场占有率较高的产品。选购时注意产品标签上有无 QS 标志。厂名、厂址、等级、生产日期、保质期等内容。桶装油封口是否严密，桶底有无沉淀，生产日期和保质期最好不要选差一两个月就过保质期的油。

挑选好新新油类以后，再来看看营养专家提议的早餐，我们该如何享用。

科学有营养的早餐：根据营养专家的提议，早餐最好包括谷类、肉类、奶制品、蛋类、蔬菜水果五类。

如食用四类以上为最好。

三类以上为较好。

两类或两类一下为较差。

长期不变的早餐，营养结构十分不合理，应经常调整。

随着人们对早餐营养的重视，牛奶在早餐饮用率的提升，有关专家指出，谷物类早餐配合牛奶，既方便又营养，能充分满足现代人快节奏的生活需求。而牛奶的营养成分最为全面，易于被人体吸收，含有提高人体免疫力的多种抗体，是人类早餐的最佳选择。如果能配上蔬菜水果，就较科学合理。

格瑞在设计饭店各类食谱时，采用的是折叠式菜单，有些像古代人用的奏折。不同之处是，古人是用手写出来的，而现代菜单则是印刷技术高度发展的成果之一。这种折叠式的菜单目录上，标有饭店的标记，并加有彩色图案花纹。让顾客看到就可知饭店的星级与管理服务水平，精致、周到，便于顾客选择。

一周的早餐食谱

中餐

周一：稀饭、油饼、煎鸡蛋、雪菜、香蕉。

周二：牛奶麦片、奶酪三明治、火腿、小番茄。

周三：牛奶、芝麻糊、面包、香肠、番茄酱、葡萄。

周四：豆浆、牛奶、油条、橄榄菜、煮鸡蛋、樱桃。

周五：玉米糊、馒头、煎鸡蛋、凉拌黄瓜、木瓜。

周六：薏仁米绿豆汤、葱油饼、炒鸡蛋、苹果。

周日：红枣莲子粥、苹果比萨饼。

重复的时间，可适当调换主食、蔬菜、水果。

西餐

周一：牛奶、煎蛋、全麦面包、奶酪、香肠、橘子。

周二：咖啡、煎蛋、涂黄油烤面包、火腿、番茄。

周三：果汁、烤面包、煎蛋、火腿肠、水蜜桃。

周四：麦片粥冲牛奶、煎蛋、面包、柚子。

周五：酸奶、肉饼、煎蛋、火腿肠、葡萄。

周六：咖啡、奶酪馅饼、牛肉、煎蛋、樱桃。

周日：果汁、煎蛋、三明治、火腿肠。

西餐在不同的时间，同样可以调换主食、饮料、水果。

中西早餐都是以牛奶为主要饮品，可见牛奶是营养丰富健康的食物。牛奶的营养价值众所周知，但如何喝得科学，将营养价值发挥到最大效用，很多人则未必清楚。

亚洲人有不同程度的乳糖不耐症，所以喝牛奶前最好吃一些含纤维质的小麦制品，能很好地促进牛奶中的蛋白质和多种维生素的吸收。牛奶是含蛋白质丰富的食品，如果空腹饮用不利于蛋白质的消化和吸收。这是因为食物当中被吸收的蛋白质，只有在热能充足的情况下，才能构成人体组织的一部分。

合理的食用方法，是和豆浆调配饮用，不但口味更佳，还可补充并均衡人体所需的多种营养成分。此外，哈佛医学院研究人员通过对3000多例女性及中老年人的补钙和饮食进行调查后发现，"饮牛奶、喝豆浆"是所有的补钙方法中最好的一种。

牛奶含动物蛋白，豆浆含植物蛋白，搭配着食用，可得到最佳的健康效果。牛奶加蜂蜜，不仅能促进吸收，所补充的维生素矿物质也更全面，二者很好地结合，能有效提高血红蛋白含量，并分解体内有害菌，增强免疫力。

健康小贴士

牛奶不可与维生素C同时服用。

不可用牛奶服药。

服药前后1小时不可喝牛奶。

有人喝牛奶会胀气、拉肚子。因而在喝牛奶时可食用一些谷物类的点心。喝牛奶时应少量多次的饮用，不要喝太凉的牛奶，牛奶加热后饮用最好。

早晚喝牛奶是最佳的时间，早餐时喝牛奶，给全天的身体提供充分的营养保证。晚上时喝牛奶，不但有助于睡眠，还有利于人体对营养成分的吸收。

牛奶含有人必需的 20 多种氨基酸中的 8 种。奶蛋白是全价优质蛋白，消化率高达 98%。

每天早晨一杯牛奶，可满足人体每天所需热量的 10%，所需各种维生素的 40%，如果你每天饮用 500 毫升的牛奶，可满足人体所需的钙量的 80%。牛奶丰富的含钙量，还能坚固人体的骨骼和牙齿。

牛奶中富含的钾，可使动脉血管壁在血压高时保持稳定，使中风危险减少 50%。

荷兰人是全世界人均喝奶量最高的国家，每天可达 1 公升。荷兰成年男性平均身高超过 1.8 米。第二次世界大战后，日本提出"一杯牛奶强壮一个民族"的口号，下一代成年男性平均身高达到 1.7 米。如今，日本已成为世界上预期寿命最长的国家之一。

特种食谱

大众通用食谱

大众食谱的主食选用大米、小米、全麦面包、富强粉，粗细粮搭配，是热能的主要来源，又可补充膳食纤维和维生素 B 族。副食选用了富含优质蛋白质的鱼、牛奶牛肉、鸡蛋、豆制品。动物蛋白达到全部蛋白质的三分之一。黄、绿色蔬菜和水果，是维生素 C 和胡萝卜素的含量较为丰富。紫菜香菇提高了微量元素的摄取，使全天营养更全面均衡。这里只是举例，平常生活中可根据个人喜好自由搭配。

脑力食谱

设计脑力食谱，宜挑选富含维生素 C 的食材，注意色、香、味搭配，口味清淡，以刺激食欲。增加热量，补充体力。晚上加餐以甜食为主，富有易消化优质蛋白质。脑力食谱的主食、蔬菜、水果都可随意选择，最主要的是保证足量的优质蛋白、热量和维生素。

益寿食谱

每周食用一种海产品，鱼、虾、海带、紫菜；每周食用一至两次牛肉或牛肉汤；每天至少食用下列一种蔬菜，胡萝卜、洋葱、韭菜、大葱、大蒜、菠菜、花椰菜、芹菜；每天至少喝两杯牛奶、一杯豆浆、一杯果汁或茶等饮品。

除种类繁多的食谱外，再推荐一些有趣的、简单易操作的调拌水果与蔬菜的沙拉酱，喜欢用西餐的人可能感兴趣。中式的沙拉酱有：芝麻酱、四季宝花生酱、巧克力果仁酱、紫苏酱、芥末酱等。有营养专家认为，食用这些酱营养更丰富。

在炎热的夏日，不想下厨做饭就伴个清爽的水果或者是蔬菜沙拉。美味与否，沙拉酱很关键，沙拉酱的品种很多，口味也有所不同，用酸奶调水果蔬菜沙拉比用沙拉酱更有利于健康。

1.丘比沙拉酱：有香甜味和原味。口感细腻滑润，略感清淡，适合时时注意体形的女性食用，原则是适量食用。

2.味好美千岛酱：细腻嫩滑、酸甜可口，略带西红柿及酸黄瓜的味道。

3.家乐蛋黄沙拉酱：口味偏甜，适合口味挑剔的美食家。

4.卡夫蛋黄酱：奶油味较浓，和蔬菜水果的味道相得益彰。

5.家乐菠萝味沙拉酱：酸甜可口，甜中带酸。是"水果美人"的最爱。

6.比萨酱。

美味饮品

番茄果汁

主　　材：番茄一个，柠檬半个。

制作方法：番茄、柠檬洗后去皮，一起放入榨汁机里榨成汁，将榨出的汁倒入加冰的冷杯，加少许的盐调味。

芹菜柠檬苹果汁

主　　材：带叶芹菜30克，柠檬半个，苹果一个。

制作方法：选用新鲜的芹菜、苹果、柠檬洗净，全部放入榨汁机榨成汁。倒入杯中加冰块，可按个人喜好加少量的盐。

点　　评：如果觉得郁闷，不妨调杯鸡尾酒，也许就能调出明朗的心情。

酸甜君度

主　　材：君度45毫升，黄柠、青柠各20毫升，蜂蜜10毫升，冰块一杯。

制作方法：青柠、黄柠榨成汁，加入君度酒，将所有原料倒入调酒器中，摇匀，过滤倒出，切取两片黄柠，放置酒中点缀，再加入冰块蜂蜜。

点　　评：君度酒浑然天成的香甜与富含维生素C的柠檬融合，活泼、新鲜，充满诱惑的酸度，清淡的色彩，清爽的口味，喜爱简单的你一定要尝哦。

香榭丽舍

主　　材：君度，草莓力娇酒，白雪香槟。

制作方法：取一个高脚香槟酒杯，倒入一份君度、一份草莓力娇酒，以及冰冻的白雪香槟。

点　　评：虽然调配简单，但需有鉴赏力的人饮用，才能品尝出其中蕴含的味道。

清凉的饮品喝过后，我们再来了解历史悠久的茶文化。中国茶文化是制茶、饮茶的文化。自唐代茶圣陆羽写出茶道旷世名篇《茶经》起，茶的精神就浸染了中国社会的方方面面，形成中国特有的茶文化。进入17世纪，茶叶传入英国，受到贵族阶级的热烈追捧。历史上从未种过一片茶叶的英国人，却用舶来品创造了内涵丰富、形式优雅的"英式下午茶"。当今的英国人，人生的三分之一是Tea time（喝茶时间），尤其重视午后4点左右的下午茶。一首英国民谣这样唱道："当时钟敲响四下时，世上的一切瞬间为茶而停。"对于英国人来说，即使你有天大的事，也必须等他们喝完下午茶再说。

以茶开始每一天，又以茶结束，是英国人"茶来茶去"的作息规律。清晨刚一睁眼，就在床头享用"床前茶"，早餐时再喝一杯"早餐茶"，又名"开眼茶"。

早茶精选印度、锡兰、肯尼亚各地的红茶调制而成，气味浓郁，最适合早晨起床后享用。

上午再繁忙，也得停顿20分钟啜口"工休茶"。

下班前又到了喝茶吃甜点的法定时间。这时，香气特殊的伯爵茶成为首选。伯爵茶以中国茶为基础，加入佛手柑调制而成。气味芳香，尝起来也不算浓。

晚餐前，再来一次有肉食冷盘的正式茶点，就寝前还少不了"告别茶"。

如今，英国人又在红茶中增加了各类鲜花、水果、香料，制成当今最流行的花茶、果茶和香料茶。加糖、加奶或柠檬，只看个人爱好。正统的英式下午茶并无特别规定。但基本原则是，浓茶加奶精口感会润滑，淡茶加果味水果茶，喝的是原味的茶。

还有名目繁多的茶会，有花园茶会，周末郊游的野餐茶会。最常见的英国茶点，有苏格兰奶油饼干、维多利亚松糕、松饼。著名的英国西南部的奶茶、烤饼外加果酱。松饼要趁热才能吃出口感与香味。口味区分，由淡而重，由咸而甜。从糕点架上取糕点时，讲究的是从底层往上面取用。下午茶讲究的是轻松的家庭风格，所以用手而不是用刀叉取点心，这样的饮茶习惯仍是延续至今的传统。

下午茶选用精美的茶具，蓝白青花瓷色彩简洁，是标准的英式内敛风格。外表描绘出英国植物花卉图案的骨瓷，是典型的维多利亚风格，完全把英国人热爱园艺的习性反映到茶具上。好看的蕾丝桌布，浪漫优雅得让人心动，英伦风格呼之欲出。

英国人饮用茶的优雅之处体现在，英式传统的茶室礼仪，交谈声音小，瓷器轻拿轻放，女性举止从容，有人从面前经过时，应礼貌地轻轻挪动身体，并报以微笑。松饼的吃法，先用刀切开口，再用手撕，先涂果酱再涂奶油，吃完一口，再涂一口。杯中的茶喝完后，将茶匙儿放到茶杯中，表示到此为止。否则，主人会不断地续茶。

在伦敦，几乎所有的大酒店都有茶座，传统的贵族下午茶，以里兹饭店的棕桐阁最负盛名。在这里喝茶，男性必须打领带才能入内，一定事先预订座位，有时需提前两个星期才能觅得一席。

在英国茶协评选中，克拉里奇酒店提供的下午茶，被选为最佳英式下午茶。

除此之外，萨优伊饭店和布朗饭店的下午茶也很出名，除谈公事的本地人，还有很多观光客前来品尝。

英国每年出版一本《全英最佳茶座指南》。和《米其林美食指南》一样，专门介绍著名有特色的喝茶场所，成为权威的饮茶指南。

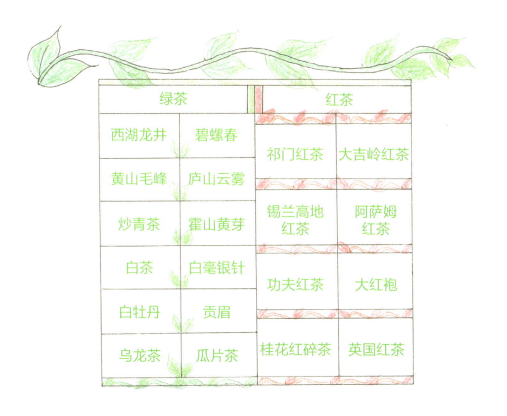

绿茶		红茶	
西湖龙井	碧螺春	祁门红茶	大吉岭红茶
黄山毛峰	庐山云雾		
炒青茶	霍山黄芽	锡兰高地红茶	阿萨姆红茶
白茶	白毫银针	功夫红茶	大红袍
白牡丹	贡眉		
乌龙茶	瓜片茶	桂花红碎茶	英国红茶

欣赏过英伦浪漫优雅的下午茶，再来看其他国家品种繁多的饮品，主要包括：茶、果汁、蔬果汁、蔬菜汁、咖啡等。以下各类茶、各种汁、各式咖啡都是随意挑选出的，如有兴趣调制，可根据个人爱好，随意挑选与调配你喜欢的口味。原则是需懂得最基本的饮食搭配原则，利用四季冷热循环规律来调配你的饮品，也就是说什么时间喝哪类茶最好，什么时间选用果汁最有利身体健康。还有就是在哪个时间段，喝咖啡最能提神醒脑。

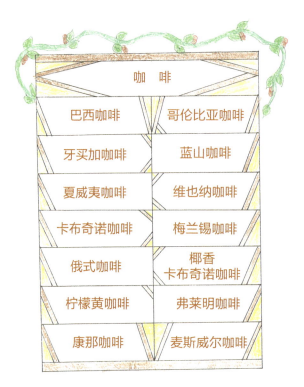

咖　啡	
巴西咖啡	哥伦比亚咖啡
牙买加咖啡	蓝山咖啡
夏威夷咖啡	维也纳咖啡
卡布奇诺咖啡	梅兰锡咖啡
俄式咖啡	椰香卡布奇诺咖啡
柠檬黄咖啡	弗莱明咖啡
康那咖啡	麦斯威尔咖啡

茶叶、果汁、咖啡是人们日常生活必备的饮料。茶又是最健康的饮品之冠。茶艺，古往今来，就是中国人推崇的佳品。每年的四月是新茶上市的季节，和友人一起品尝，仿佛是在放慢生活的脚步，在和谐平静的环境中享受精神上的轻松与愉悦。品味茶壶与茶杯的古朴典雅，环境的清幽静雅，茶的清香萦绕，难怪许多名人，无论多么的忙碌，也对茶艺爱若至宝。在某个下午，你不妨来感受一下，茶艺的宁静与闲趣。

　　周末的下午，饭店在咖啡厅举办茶艺表演。除值班人员外，总经理米洋、行政总厨、营养师格瑞、中西餐厅的负责人，以及员工们都来现场观看，厅内座无虚席。几个年轻女孩熟练地放好茶具，开始茶艺表演。在座诸人首先观赏到桌上的茶具，茶盏、杯托、闻香杯、茶壶、茶海，排放得整整齐齐。再就看她们用开水浇淋茶具，以温湿茶具，将茶漏网放在茶海上，把茶叶轻轻拨放在茶海上。将茶壶中的水注入茶海中拿下滤网，用点头的方式将开水注入茶壶，注满，以作"封茶"。

　　她们左手拿茶巾，右手用茶夹，夹起闻香杯，翻转后将水倒掉后，再用茶巾拭去杯上的水，轻轻地放在杯托上。用同样的方法把茶盏放在杯托上，茶漏放在茶海上，将茶壶中的水注入茶海中，拿下茶漏，将茶汤分倒在闻香杯中，再将闻香杯中的茶汤倒入茶盏中，仔细品闻，闻香杯中的淡淡茶香，最后品尝茶盏中的清茶。

果 汁		蔬果汁		蔬菜汁	
苹果柳橙汁	梨子汁	胡萝卜菠萝汁	芹菜杨桃汁	西红柿蜂蜜汁	洋葱芹菜汁
菠萝西瓜汁	香蕉柳橙汁	马铃薯樱桃汁	胡萝卜梨子汁	胡萝卜甜椒汁	菠菜汁
葡萄芝麻汁	桃子汁	葡萄生菜汁	草莓菠萝汁	白萝卜奇异果汁	白菜花椰菜汁
樱桃汁	柳橙雪乳汁	莲藕柳橙汁	西瓜芦荟汁	黄金南瓜豆奶汁	百合莲子汁
桔子柠檬汁	荔枝石榴汁	黄瓜柠檬汁	洋葱木瓜汁	生菜芦笋汁	马铃薯莲藕汁
柚子汁	美颜柿子汁	苹果冬瓜汁	西红柿火龙果汁	黄花菠菜汁	西红柿海带汁

这些看起来复杂，其实当你身临其境，坐在满屋飘香的茶社中，心平气和地看着清纯的女孩表演茶艺时娴静、专注而优雅的神情，享受茶艺的洗、冲、泡、闻、品的过程时，你也会沉醉其中，感受到茶艺带给你的温馨、轻松的氛围，使你的心情也随之平静下来，随心所欲地与周围的朋友聊天、畅谈。释放工作中的烦恼，减掉生活的压力，享受与领略着精雅闲散的生活。

茶的种类有很多，包括绿茶、红茶、普洱茶、碧螺春、龙井茶等。绿茶和红茶的原料并没有太大的区别，都是茶树叶，区别只是加工工艺不同。

茶叶制成绿茶，只需将茶叶烘干。

红茶则需将茶叶切小并发酵，赋予茶叶深重的色泽和特殊的味道。绿茶、红茶，可在不同的季节饮用。夏季饮绿茶较适合，可防暑降温。冬季可饮用红茶，给人以温暖的感觉，有利于激活身体的热量，从而达到御寒的作用。

咖啡的咖啡因含量比茶叶多2—3倍。不过，含量多并不能说明醒神效果更好。事实上，茶叶中的咖啡因作用发挥较缓慢，持续的时间却较长。可在人体内慢慢释放，达到提神醒脑的作用。德国营养学家认为，绿茶中所含的物质咖啡因，能促进人脑中的交感神经活动，从而使人体避免囤积过多的脂肪。咖啡的色香味是很多人所喜欢的，特别是外国友人，对咖啡可以用"情有独钟"来形容。

饮茶对牙齿有利，尤其是红茶，含氟高，有利于强固牙齿的珐琅质，从而有效预防龋齿。茶叶中含有茶多酚，这种涩涩的物质能抑制唾液中的淀粉酶，进而预防龋齿症。

英国科学家研究证实，饮绿茶能够对人脑产生保护作用。不仅是绿茶，红茶也能够抑制脑中的某种酶，只是效果没有绿茶持久。老年痴呆症的发病与这种酶密切相关。

从养生的角度，很多人有喝下午茶的习惯，其实，这是非常好的习惯。午饭食用的油腻的饭菜，下午喝茶正好能减少油脂的吸收，起到很好的减少脂肪堆积的作用。但最好在饭后一小时再喝，否则，茶叶中含有大量的鞣酸与蛋白质合成就具有吸敛性的鞣酸蛋白质，这种蛋白质能使肠道蠕动减慢，易造成便秘，增加有毒物质对身体的毒害作用。

果汁，是所有女人都喜欢的饮料。享受果汁似乎就成了女性必备的功课。然而，真的每种果汁都适合你吗？在喝果汁前，不妨先听听营养师的忠告，看看他们有些什么好的提议。

首先找到身体最爱的果汁：

橘子汁、橙子汁、苹果汁、葡萄汁、柚子汁、菠萝汁、石榴汁、番茄汁。如此众多的果汁，哪一种才是你身体的最爱。

在说果汁前，先确认一个事实，你每天喝三种水果榨成的果汁，就可满足你身体摄入足够丰富的营养。在人们的生活中会看到许多的排行榜，《健康之友》中阐述的水果排行榜是这样的。

水果之最排行榜：

VC 之王——橙子：金色秋季，随时随处都可见诱人的橙子。橙子具有丰富的维生素，为身体增加活力，同时充分的微量元素能够有效改善人体免疫系统功能。橙子蜂蜜加适量水榨成汁就可以饮用，可以促进排毒预防雀斑，降火解渴。

美丽之王——西柚：又称葡萄柚，淡红粉色的果肉比其他水果含糖量低，富含宝贵的天然维生素 P 和维生素 C，不仅味道清香可口，还具有美白祛斑、嫩肤养颜的功效。柚子加凉开水，倒入榨汁机，搅拌一分钟，就可制出简单、可口的鲜柚汁，可清除体内多余脂肪，达到纤体作用。

抗癌能手——苹果：苹果加适量的蜂蜜，再加柳橙与青苹果，可榨成果绿色的苹果汁，红苹果榨汁颜色鲜艳红润，可补充体力，预防感冒。

疗疾佳果——奇异果：又名猕猴桃，是新西兰特产。新西兰人把奇异果称为"水果之王"，榨汁饮用可明目，增强人体对病菌的抵抗力，所含维生素 C 可保护维生素 E，摄取有相辅相成的增强作用。

抗皱大王——葡萄：紫色的葡萄与梨子榨成汁，就可调成酸甜可口的果汁。可补血镇静安神，滋润皮肤，所含花青素有抗氧化的作用，又可增强体力。

能量之源——香蕉：蜂蜜和香蕉榨汁饮用，可提升精力，补充能量滋润肺肠，使血脉畅通。

水之精灵——西瓜：西瓜与蜜桃，再注入七喜榨成果汁，可清热解暑，又可降血压。

抗氧标兵——柠檬：橙子蜂蜜适量，加入柠檬榨汁，再装入杯子里，就是一杯香甜可口的果汁。有很强的抗氧化作用，可滋润皮肤，美容和美白皮肤。

润肺护心能手——梨子：用梨子、柚子榨出汁，再加1大匙儿蜂蜜，可调出香香甜甜的梨子汁。喝梨汁对心血管系统有利，梨子是高能量水果，可润肺解酒。

果汁的种类繁多，可根据个人爱好，在不同的季节，根据不同的性别、年龄，调制果汁饮用。

人们日常生活中食用的蔬菜，其实也可用来榨菜汁饮用，蔬菜汁的做法简单易操作，只需注意清洗，切碎，带苦涩味道的蔬菜，需加适量果汁、酸奶、蜂蜜，这样喝味道会好一些。

在这方面饭店里的专业厨师，能给你简单易操作提示，为此饭店举行了调蔬果汁比赛，中餐厅、西餐厅分别选出三人参加比赛。由行政总厨、中餐厅经理、西餐厅经理、公关经理、营养师组成五人评委小组。时间定在周末，地点在休闲娱乐中心，不当班的饭店员工都可到场观看。

操作台上，有两种以上的蔬菜汁和两种以上的水果汁，还有蔬菜水果混合的蔬果汁。蔬果汁是以新鲜蔬菜、水果为原料，榨取的汁液。营养学家和医学家的报告表明，新鲜蔬果汁含有人体所需的矿物质、维生素、蛋白质、叶绿素、氨基酸、糖类、果胶和胡萝卜素等营养成分，易被人体吸收，有利于健康。到场的人都兴致勃勃地观看专业厨师熟练的操作手艺，评委们细细地品尝，员工们也争先恐后地品尝，好一派热闹的场面。

以下的各类果汁，你可以根据自己的爱好任意挑选，试着调制一杯给朋友或家人。也可给自己调制一杯，奖励一下自己的味蕾，尝尝植物王国带给人类的美味饮品。

西红柿蜂蜜汁：西红柿2个，蜂蜜少量，冷开水50毫升，放入榨汁机，搅打1分半钟即可。西红柿含有大量的维生素C和茄红素，这两大营养成分是美容的重要元素。

洋葱西红柿汁：西红柿1个，洋葱120克，冷开水适量，黑糖少许。将所有材料放入榨汁机，榨出汁拌匀即可饮用。

芹菜菠菜汁：将菠萝、芹菜洗净切开，放入榨汁机，榨成汁，加少量柠檬汁即可，可以静心宁神、活血清热。

胡萝卜汁：胡萝卜2个，洗净切条，放入榨汁机榨成汁。胡萝卜汁含有丰富的胡萝卜素，能够缓解体内积水和身体浮肿。

萝卜汁：白萝卜50克，蜂蜜20克，冷开水350毫升。将白萝卜切成丝，加冷开水搅打成汁，再加入蜂蜜，就可饮用，可润肺止渴。

花椰菜胡萝卜汁：青花椰菜100克，胡萝卜80克，柠檬蜂蜜适量，将胡萝卜、花椰菜，洗净、切成块，搅打成汁，加蜂蜜柠檬即可，深色蔬菜营养成分可改善眼疲劳。

雪梨芹菜汁：取芹菜100克，西红柿1个，雪梨150克，蜂蜜少量，榨成汁即可饮用，适合青春痘的辅助治疗。

菠菜果汁：菠菜300克，圣女果100克，木瓜半个。将菠菜、圣女果、木瓜洗净切块备用。将所有的材料放入榨汁机内，搅拌即可饮用。菠菜果汁含有丰富的维生素C，有养血补血，清热润燥的功效。

胡萝卜梨子汁：胡萝卜100克，梨子1个，柠檬适量。把梨子洗净、削皮、去核，胡萝卜切块。将胡萝卜、梨子、柠檬放入榨汁机榨成汁即可。可缓解肾脏、心脏、肝脏病。改善便秘还可利水。

柠檬猕猴桃汁：猕猴桃2个，柠檬

适量。将猕猴桃去皮，柠檬切块，放入榨汁机榨成汁即可饮用。可滋养皮肤，缓解疲劳。

胡萝卜石榴汁：胡萝卜 1 根，石榴籽少许，蜂蜜冷开水适量。将所有材料放入榨汁机搅拌成汁。加入蜂蜜，冷开水即可饮用。可补充维生素 A 和维生素 C。

葡萄萝卜梨汁：葡萄 100 克，萝卜 200 克，贡梨 1 个。将葡萄、贡梨、萝卜洗净，去核切块，放入榨汁机榨出汁就可饮用，补充增强体力。

桃子柳橙菜汁：哈密瓜半个，芹菜 50 克，桃子 1 个，橙子 1 个。将桃子去核，柳橙连皮切成块，哈密瓜去除外皮瓤切成块。芹菜茎和叶切开，所有的瓜果都放入榨汁机，就可榨出美味可口的果汁，时常饮用可美白润肤。

喝完各种口味的果汁，我们再来看看，世界上最流行的香味浓郁的咖啡饮料，了解有关咖啡的发现与发明的历史。

世界上三大饮料之一的咖啡，具有提神作用，"早上喝一杯，精神一上午。"午餐后大脑处于低峰期，饮用咖啡，帮你很快驱除疲倦，进入工作状态。每杯咖啡含有 70 ～ 150 毫克的咖啡因，是提高注意力、保持精力充沛的最好的饮料。一般情况下，饮用咖啡大约 30 分钟之后，咖啡因的兴奋刺激作用就会达到顶点。持续 3 ～ 6 小时后，作用会下降。咖啡饮用每天不可超过三杯，否则会影响身体健康。临睡前饮用，会使你难以入睡。还有，不要认为咖啡可以提神，什么时间都可以喝。其实不是这样的，激烈运动后，不宜喝咖啡。凉咖啡更不能喝，运动后体温较高，凉咖啡在胃里停留时间长，可能会产生痉挛、注意力不集中的后果。

咖啡是一种世界流行的饮品，是用烘烤过的咖啡豆制作而成的。相传，埃塞俄比亚高地一位名为柯迪（Kaldi）的牧羊人，发现羊儿在无意中吃了一种植物果实后，精神变得非常亢奋、充满活力，他便也尝了尝，然后感到神清气爽。于是，他把这个发现告诉大家。这样人类就开始了饮用咖啡的历史。但最早有计划栽培和引用咖啡的民族，则是阿拉伯人。咖啡这个名称也被认为是源自阿拉伯语"Qahwah"，意为植物饮料。

16 世纪，咖啡从阿拉伯，经威尼斯，马赛港，逐渐地传入欧洲。欧洲人喝咖啡的习惯，是从 17 世纪意大利的威尼斯商人，在各地经商中渐渐传开，并在威尼斯开设了欧洲第一家咖啡店——波的葛。

400 年来，咖啡的饮用习惯由西方传到东方，成为锐不可当的流行饮料，巴西是世界上咖啡产量最大的国家，哥伦比亚是世界第二大生产国。咖啡树栽植在高地，成熟后需小心采收。哥伦比亚咖啡豆品质优良，所生产的咖啡香味丰富而独特。主要品种 Supremo 被视为哥伦比亚所产的最好的咖啡之一。牙买加有闻名于世的、最昂贵的、最具争议性的蓝山咖啡。高地所生产的咖啡则被视为世界上最高级的品种。

危地马拉中部高地生长着一些世界上最好、口味最独特的咖啡——口感丰富，味道香醇，而且稍带炭烧味。

夏威夷西南海岸的康那"Kona"岛上出产着一种最有名，也最传统的夏威夷咖啡。这种咖啡豆仅生长在康那岛上，是唯一生产于美国的咖啡。康那海岸的火山岩土质孕育出这种香浓、甘醇的咖啡。上品的"康那 Kona"在适度的酸中带些葡萄酒香，具有非常丰富的口感和令人无法抗拒的香味。如果您在品尝咖啡前，喜欢先享受咖啡那撩人的香气，或是觉得印尼的咖啡太浓，非洲的咖啡酒味太重，中南美洲咖啡又过于强烈，则康那咖啡将会是您最佳的选择，是最高等级"Extrafong"。

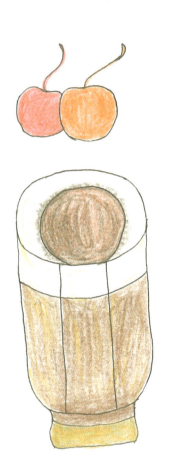

说到咖啡，会联想到巧克力，制造巧克力的原料来自可可树上的可可豆。号称"天堂之树"的可可豆酿成了美味香甜的巧克力，在制造巧克力过程中加入不同的成分，才会造就各种口味的巧克力。市场上的巧克力大体分为黑巧克力、牛奶巧克力、白巧克力。黑巧克力，可可含量较高。牛奶巧克力最初是由瑞士人发明的，一度是瑞士的专利产品。原料包括可可制品、乳制品、糖粉、各种香料和表面活性剂。直到现在，世界上最好的牛奶巧克力仍产自瑞士。白巧克力所含成分与牛奶巧克力基本相同。含可可脂、固体牛奶和香料，因为不含可可粉，所以是白色的，并有可可的香味。口感和一般巧克力不同，乳制品和糖粉的含量较大，甜度较高。

可能是可可豆的作用，使巧克力有着这样或那样的魔力，对不同年龄的人都有一种不可拒绝的吸引力。巧克力的成分之一苯基氨能引起人体内荷尔蒙的变化，跟热恋中的恋人感觉相似。也正因为这样，巧克力才总是与爱情有着直接的联系。巧克力散发的香味与人们的情感有着密不可分的关系，常见的巧克力是被制成各种形状的固态物体。

事实上，真的很少有食品可以像巧克力一样多变。可以制成浓度和甜度不同的固体与液体，可以用来做蛋糕点心、内层夹心、外层包装、各式馅料，还可以做成冷热饮。牛奶巧克力和巧克力曲奇属于最少引起龋齿的零食之一。巧克力特有的物质成分，能够减缓衰老、改善心情，又因含有丰富的人体必需的矿物质，而被视为健康均衡的食品与饮品。

在中国，比较畅销的巧克力品牌有：德芙、好时、金帝、费列罗、金莎、慕纱、明治、吉百利、乐可可、怡浓、申丰等。

世界名牌，产于比利时的有瑞士莲、吉利莲、迪克多、多利是、白丽人。费列罗、建达缤纷乐产于意大利，马克西姆产于法国，M&M's巧克力产于西班牙，乐飞飞产于德国最大的巧克力生产商，这些都是世界上顶级的巧克力制造商。

听说那些在怀孕期间吃巧克力的孕妇所生的婴儿喜欢笑，比较活泼，对出现的新情况不感到害怕，并能做出积极的反应。这样的孩子，未来能更好地适应社会。

巧克力还包含着一些寓意，不一定准确，但可以说明与人的情感有关：

酒心巧克力——你的情人完全俘虏了你。

牛奶巧克力——他很想保护你。

果仁巧克力——你们有一种细水长流的感觉。

传统的巧克力——你们的感情深邃，无论经济上和感情上都会无条件地奉献给对方。

名牌巧克力——你可以做到把最好的送给他，却不太了解他最需要的是什么。

自制巧克力——他已经认定，你是最理想的结婚对象。

最后，咖啡、茶和巧克力都有聚酚类物质，这种物质能通过抗自由基的方式，减少细胞被氧化的危害作用，并带有自由电子的分子，可以阻止"坏"胆固醇和癌症的发生。

饭店为增加效益与休闲活动的多样性，在休闲娱乐中心推出新的花草茶饮品。让来这儿的顾客能够品尝到不同功效的花草茶，领略天然花草带给人们的视觉与味觉的愉悦。

花茶，也叫熏花茶，是在我国北方畅销的一种再加工茶类。以绿茶、红茶、乌龙茶、茶胚与能够吐香的鲜花为原料，调制而成的花草茶。在人们饮用时，能感受到天然的花香，享受田园生活的乐趣。花茶不仅有茶的功效，也有良好的药理作用，有利于人体健康。我们需有点儿耐心，听品茶专家为您细细道来：

以茶胚的种类不同，有烘青花茶、炒青花茶、红花茶、乌龙茶等。以采用的香花种类不同，有茉莉花茶、珠兰花茶、桂花茶、白兰花茶、玫瑰花茶、代代花茶、金银花茶等。

茉莉花茶，是花茶中的珍品，至今已有700多年的历史。它的产区辽阔，产量最大，品种丰富，有"在中国的花茶里，可闻到春天的气味"的美誉，是我国乃至全球的最佳天然保健品之一。

茉莉花茶性味辛甘温，具有理气开郁、清热、解毒的功效；外形油润，香气鲜灵而持久，滋味醇厚鲜爽，汤色黄绿明亮。通常使用透明玻璃杯冲泡，揭开杯盖一侧，顿觉芬芳扑鼻而来；还可欣赏到茶叶在杯中徐徐展开、翩翩起舞的美景，别有一番情趣。

珠兰花茶，从明代开始就有生产，是我国主要花茶产品之一，主产于安徽歙县。因其香气芬芳幽雅、持久耐储而深受消费者喜爱。

珠兰花茶有两种不同的香花，米兰和珠兰。米兰又称米仔兰、鱼子兰，原产于我国南方、东南亚。花味清香幽雅，吐香时间持续 2～3 天，是提炼香精与制作花茶的上好原料。在福建漳州有株 300 年生米兰，高达 6 米，单株年产鲜花 100 千克，俗称"树兰王"。珠兰花茶具有生津止渴、醒脑提神、助消化、减肥等功效。

采花的标准时间：每天上午采收鲜花制茶，一般不过中午，要求花朵成熟。

桂花茶，是我国名贵花茶。因其香味持久，茶色绿而明亮，深受消费者宠爱。桂花乌龙与桂花红茶的研制成功，增添了出口外销的新品种。

桂花烘青是桂花茶中的大宗品种，以广西桂林、湖北咸宁产量最大。主要品质特点，香气浓郁持久。冲泡后颜色绿黄明亮，品尝时滋味醇香。

桂花乌龙茶，主要以当年或隔年的夏、秋茶为原料。品质特点是：粗壮重实，香气高雅隽永，滋味醇厚，汤色橙黄明亮。

在我国，桂花主要有金桂、丹桂、银桂、四季桂。桂花采收是在桂花盛开期，当花朵成虎爪形，金黄色含苞初放时采摘。鲜花需轻采、松放、快运，尽快制作。

金银花茶，是由湖北咸宁首创的一种新兴保健茶，畅销国内外市场。它的主要特点是：外形灰绿光润，滋味醇厚甘爽。金银花茶中 90% 的主料为精制绿茶胚，所以兼具绿茶和金银花的保健作用。可以降压、降胆固醇、增加冠状动脉血流量，以及预防冠心病和心绞痛，抑制脑血栓的形成，提供人体耐缺氧自由基，可增强记忆、延缓衰老、改善微循环、清除过氧化脂肪沉积、促进新陈代谢。常饮此茶可健身防病、延年益寿，是老幼皆宜的保健饮品。

金银花品种繁多，常见的有红金银花、黄脉金银花和白金银花，香气以白金银花最佳。5～7 月是金银花采收时期，当花蕾由绿变白，上部膨大，下部青色时，就可采收。在上午 9 时前采收为佳。此时露水未干，花香最浓，花的原色也较容易保持。根据金银花开放吐香的习性，制作时间一般控制在 20～30 小时。

白兰花茶，有着悠久的历史，主产于广州、苏州、福州、成都等地，年产 2000～3000 吨，主料是白兰花、黄兰与含笑。白兰花又称"缅桂"，每年夏秋季开放，外形呈卵状椭圆形，香气浓郁，以夏季最盛。黄兰花的外形与白兰花相似，其花为淡黄色。含笑是常绿灌木或小乔木，高 2～3 米，其花为淡黄色，香气清纯隽永，也常作观赏用。用含笑花制出的花茶其色泽翠绿油润，汤色黄绿清澈，滋味鲜爽。

玫瑰花茶，是用紫红色的玫瑰花瓣制成的花茶，早在我国明代钱椿年所著的《茶谱》中就有记载。我国目前生产的玫瑰花茶，主要有玫瑰红茶、玫瑰绿茶、墨红红茶等花色品种。

玫瑰是蔷薇科，其品种繁多，是花中最大的家族。富含香茅醇、橙花淳、香叶醇、茶乙醇及苄醇以及多种挥发性的香气成分，是食品、化妆品香味的主要添加剂，也是制作花茶的主要原料。

品饮玫瑰花茶时，宜用素净的玻璃杯。因为沉香梦般的玫瑰花茶，需要一个唤醒的过程，方能欣赏花与茶在杯里舒展、沉浮、飘动、聚集的美景。

泡玫瑰花茶一般用矿泉水、纯净水、山泉水加温，或用温度不太高的水来冲泡。玫瑰花茶宜热饮，香味浓郁。品饮玫瑰花茶不仅是一种享受，常喝还能起到调理气血、缓解疲劳、促进血液循环、保护肝脏胃肠以及养颜美容的功效。

对于女性来说，多喝玫瑰花茶，可以让自己的脸色同花瓣一样变得红润起来。尤其是月经期间情绪不佳、脸色暗淡、痛经，常喝玫瑰花茶都可以得到一定的缓解。

代代花茶，是我国花茶家族中的一枝新秀。在未开时称"米头花"，花瓣厚实，适于调制烘青，炒青花茶。由于其香高味醇的品质与开胃通气的药理作用，而深受消费者的欢迎，被誉为"花茶小姐"。代代花果实冬季为橙红色，翌年夏季变青，故又称"四青橙"。每年开两次花，春花开放在 4～5 月上旬，仅一个月左右，花量占全年采收量 90% 以上，鲜花质量很好。夏花主要开在 7～9 月，很少采收，多让其结果。

花茶的主产国是中国，但花草茶的产地则遍布全球。花草茶不含咖啡因，淡雅清香，具有一定的药用价值。因而饮用花草茶，如今已成为一种生活时尚。

在饭店的休闲娱乐中心，格瑞和沈艳坐在窗边的座位上，品尝着饭店最有名的花草茶，这是饭店最新推出的时尚饮料，品种多，很适合女性饮用，可调养身体，有美容护肤的作用。沈艳要一杯名为"冰雪柔情"的花草茶，此茶有安神明目的功效。格瑞喝的是"代代花草茶"，可以美颜除斑，分解体内多余脂肪。娱乐中心内播放着动听的轻音乐，伴随花草茶的清香，环绕在室内的各个角落，让人们觉得轻松而惬意。

欧洲南部的地中海沿岸，是常用花草茶的故乡。"Herb"一词，就是源于此地的拉丁语"Herba"（意为草、草本）。由于当地艳阳普照，夏季少雨，为减少水分蒸发，适应环境，这些花草的叶中存在着芳香油以保留水分。因而花草不但能成为天然香精的原料，在药效上也很丰富。因此，这里生产的花草茶品质优良，是花草茶最重要的发行地区与消费花草茶的地区。

迷迭香

罗勒

洋芫茜

亚洲的中国、印度都是文明古国，应用植物食用与药用由来已久。

香料草有食药同补的效果。下面介绍五种常见香草。

迷迭香：别名海洋之露，常绿灌木，叶片散发出松树般的香味。自古被视为可增强记忆力的药草，春夏开淡蓝色的花。食用迷迭香可增强记忆力，提神醒脑，减轻头痛症状，改善脱发的现象。

罗勒：别名十里香，是意大利最常见的香草。株高20～70厘米，有特殊香气。西方人常用罗勒做菜，它所具有的浓郁香气，会带来神奇而具诱惑性的感官刺激。在东南亚国家，人们用罗勒叶子来消除体臭。在各种美容保养品中，加入罗勒具有收敛效果。饮食上最常用于香草酱、蔬菜汤或海鲜咖喱菜中，以增加食物风味。

百里香：传说中，百里香是维纳斯的眼泪滴到地上而诞生的香草，原产于地中海沿岸地区。它具有优雅、浓郁的香味，适合炖煮或烤烘。

马郁兰：唇形科牛至属的一种多年生草本植物，味道甘甜带苦。花语为，幸福、安详和沟通。在烹调食物、制作香水、泡茶饮用等方面都有较好效果。

鼠尾草：又名西洋鼠尾草。多年生草木，叶对生呈椭圆形，香味刺鼻浓郁，夏季开淡紫色小花。由于鼠尾草干燥后气味浓厚，煮汤或烹制味道浓烈的肉类时，加入少许可缓和味道，又可加入沙拉中享用，能发挥养颜美容的功效。花用来泡茶时，可散发清香味道。

北美洲的美国、加拿大则热衷于研制以花草茶为原料的药品。

在热带非洲，至今仍保留众多的野生花草茶。通常来说，越接近原始品种的花草茶，药理效能就越强。

花草茶的种类繁多，大都来自德、法、英、澳，加拿大是主要花草茶制造国。花草茶最常见的、最方便冲泡的形式是茶包。花草茶的功效有美容护肤、缓解压力、帮助睡眠、提神、助消化、调解机体、增强免疫力等。长期饮用能帮助人体排出毒素，从根本上改善体质。

清热凉血茶

饮用花草茶需有正确的观念，花草茶具有药用功效，但主要还是在养生方面，以轻松愉悦的心情，把喝花草茶当作一种享受，才会具有养生的功效，这样的观念才是最理想的。

喝花草茶，除是一种享受外，在满足味觉、视觉享受的同时，还需根据各人的体质来挑选适宜的花草茶。买到品质优良的花草茶，需留意正确的保存方法，才能维持花草茶的色、香、味。

饮用花草茶，一半是用来品尝，一半是用来欣赏。冲泡花草茶以瓷和玻璃茶具为佳，以素色或透明为宜。欣赏艳丽的花朵在水中慢慢舒展，也是一种享受。

自从格瑞来到饭店，增设花草茶饮品后，饭店的女员工们也开始注重自身保养，经常品尝这种养眼又养身的花草茶。各式各样的花草茶，成为女士们生活中享用的时尚茶品。

想泡出美味的花草茶，首先要保证原料的品质，好的茶材才能泡出好的花草茶。甘甜的山泉水是冲煮的最佳选择，最能喝出口感。

饮用花草茶时，可适量用些茶点，如清淡爽口的三明治、桃酥、用花草制成的饼干、绿茶饼干、玫瑰蛋糕、奶酪蛋糕等。

花草茶还有一些调理身心的作用：

晨起喝提神的薄荷茶；

餐后可喝一杯促消化的柠檬马鞭草茶；

下午茶就喝口味轻柔的茉莉花茶；

睡前喝有助睡眠的柑橙花苞茶；

烦躁时泡洋甘菊茶；

面色苍白就来一壶活血美颜的玫瑰花草茶。

花草在水中轻盈舒展，可引发人们无限的遐想：

在品尝自然风味的花草茶时，适宜挑选一处阳光柔和的地方静坐，旁边放一些清淡爽口的点心，再捧读一本文学作品，或聆听一曲优美的音乐或三五好友轻谈、浅笑，享受一段悠闲的时光，让心灵感觉到轻松与惬意。

饮用花草茶时用的茶点，还需费点儿心思来平衡其中的味道。

比如对于洛神花、玫瑰花等酸味较强的花草茶，可以用甜味较重的蜂蜜蛋糕。

用苹果香的洋甘菊茶，当然最适合用水果做成的蛋糕。

玫瑰、金盏花、菩提等香气柔和的花草茶，就用辛辣味强的点心。

巧克力类的甜点，可搭配薄荷茶，以冲淡甜味，让口中充满刺激性的提神香味。

如果用鲜奶做的甜点，可搭配柠檬草、薄荷，可以促进消化。

闲暇时冲泡一壶花草茶：

浅红色的玫瑰、金黄色的金盏、淡紫色的薰衣草、深褐色的迷迭香、果绿色的薄荷叶，在晶莹剔透的玻璃壶中，自然的清香、娇柔舒展的花形，辅以蜂蜜，散发着浓浓的大自然的气息。这时，人们渐渐放松了紧绷的神经，享受到温馨而美好的休闲时光。

薄荷茶

薄荷，在希腊神话中，薄荷这种香草是由小仙女曼莎变成的；在欧洲，薄荷培植已有千年的历史。薄荷无论干湿都能用，干燥后呈墨绿色，味道浓郁，与洋甘菊一起冲泡，可止咳、提神，与薰衣草饮用，可以起到解酒的作用。

在头脑昏沉时，喝一杯薄荷茶，

清清爽爽的气味，能让人精神振奋起来。在夏日热天中，冰凉的薄荷茶味道，会使夏日人体暑气全消。

冲泡方法：以一包红茶，再加上适量的薄荷、蜂蜜，就可泡冲出滋味十足的薄荷红茶；或与玫瑰花、洋甘菊、满天星、紫罗兰、茉莉花、代代花、薰衣草、菩提子、桂花搭配，冲泡出形色各异的花草茶。

注意事项：会减少产妇的乳汁分泌量，不适合孕妇及婴幼儿饮用。

金盏花，花瓣呈金黄色，如阳光般璀璨美丽。从前人们认为，金盏花总在每个月的第一天开花，所以它的拉丁文名就叫 Calends（Calendual）。在人们的日常生活中，少不了花的陪伴，有艳丽的花陪伴，会使你的生活充满浪漫与乐趣。

古埃及人认为金盏花有医疗价值；印度人用它来装饰庙宇；波斯和希腊人用它丰富食物的色泽和风味；欧美人也经常用金盏花给沙拉增色。将金盏花与其他花茶搭配，可增加花色鲜艳亮丽的观赏感。

金盏花可以提神醒脑、解热清火、稳定情绪，最适合经常熬夜的人。此外，它还有缓解痛经、分解脂肪、帮助消化、保护消化系统等功效。

冲泡方法：用一杯开水冲泡两茶匙干燥的花瓣，可适量加些蜂蜜，约 10 分钟后饮用。茶色呈美丽的鹅黄色。

金盏花茶

注意事项：孕妇不宜。

玫瑰花，花形唯美，带给人愉悦的感受，可调理忧郁的情绪。冲泡时有一种甘甜味，入口甘柔不腻。明代卢和在《食物本草》中写道："玫瑰花食之芳香甘美令人神爽。"在烹调食物时加入玫瑰花水，可增加食物的清香。玫瑰较耐泡，可冲泡多次，可加蜂蜜，冷热皆宜，对嗅觉、

玫瑰花茶

视觉与味觉都是一种享受。在欧洲，人们常用玫瑰花茶取代刺激性的饮料。

玫瑰花含有丰富的维生素，尤其是维生素 C，具有有养颜美容、调理气血、消除疲劳、保护肝脏胃肠、改善内分泌等功效。对于原发性经痛，可取约 8 克玫瑰花，沸水冲泡 10 分钟，加适量红糖饮用。

推荐饮法：取一茶匙的玫瑰花瓣或花苞，开水冲泡 10 分钟即可；加适量蜂蜜，与满天星、薄荷、紫罗兰、菩提子、金盏花、迷迭香、桂花、马鞭草等调配饮用。

注意事项：玫瑰花最好不与茶叶泡在一起喝，会影响玫瑰花疏肝解郁的功效；由于玫瑰花活血散瘀的作用比较强，月经量过多的人在经期最好不要饮用；孕妇应避免饮用。

紫罗兰茶

紫罗兰，花朵神秘而高雅，因品种不同，花朵有大有小。药草学家约翰杰拉德赞叹说："紫罗兰超越其他，拥有帝王般的力量，它不但让你心中生出欢悦，它的芬郁与触感，令人神气清爽。有紫罗兰伴随的事物，显得格外细致优雅，用它做成的花冠、花束、花环都是最美最芬芳的。它为花园增加迷人优雅的气质与动人英挺的丰姿。善良和诚实已不在你的心上，因为你已经为紫罗兰神魂颠倒，无法分辨善良与邪恶，诚实与虚伪。"这样的评价，看起来有些言过其词，但生动地反映出这位药草学家对紫罗兰花的喜爱程度。紫罗兰花茶又称"惊艳茶"（Surprise Tea）。茶色初绽为浅紫蓝，经水温变化会呈浅褐色。冲泡后加入柠檬数滴，茶色会自浅蓝变成粉红，非常奇妙。

淡紫色的紫罗兰花茶不仅色泽好看，由于颜色鲜艳，花瓣薄，多褶且透光，因此，即使以冷水冲之，精华一样可以释出，口感为淡淡的花香，喝起来十分温润。因葵科植物对呼吸道的帮助很大，能舒缓感冒引起的咳嗽，喉咙痛，对支气管炎也有调理的功效，因而紫罗兰花茶有助于温和保养喉咙，舒缓工作压力。气管不好者可以当预防与保健时常饮用。

紫罗兰花茶的功效：滋润皮肤，除皱消斑，保护支气管，也可解决因蛀牙而引起的口腔异味。

冲泡的方法：紫罗兰 1 匙，甘草适量，冰糖 10 克，热开水 300 毫升，可随时加入柠檬汁，再来观赏紫罗兰花茶的颜色，由浅蓝渐渐变成粉红，让人惊喜连连。

迷迭香，又称"海中之露"（Dewof The sea）。在夏日花草园中绽放清香，代表着爱人之间的忠诚。所以，外国新娘喜欢在婚礼中配戴或运用。

莎翁名剧《哈姆雷特》中有句台词："迷迭香是为了帮助你联想，亲爱的，请你铭记在心。"又有传说，耶稣赐予迷迭香似晨间森林般清新的味道，它具有神的力量，所以被植于教堂四周，因而称"圣玛丽亚的玫瑰"。

迷迭香茶

迷迭香被认为是一种幸运的植物，常用来当围篱的植物。香气有安定紧张情绪的作用，也是极佳的消化系统补药，迷迭香必须将花和叶分开冲泡，因为它们分别是具有不同的疗效。

迷迭香的功效：帮助睡眠，治头痛，消除胃肠胀气，刺激神经系统运作，改善记忆衰退现象。还能促进头皮血液循环，改善脱发又可减少头皮屑的发生，降低胆固醇，抑制肥胖。

冲泡方法：叶是以半匙干叶，用一杯开水冲泡。花是以一茶匙的量，用一杯开水冲泡。口感柔和，加糖饮用滋味细腻，清雅。

注意事项：孕妇与高血压者不宜饮用。

洋甘菊，又称"大地的苹果"，花瓣舒展饱满，色泽艳丽，白色的小花中含有大量的维生素 E 和 C，能使人精神放松，最适合餐后与睡前饮用，是容易失眠人的最佳茶饮。

茉莉花，原产印度，常被用来做香水的基调。在夏秋季节的傍晚开放，花朵清雅洁白，香气浓郁迷人，含有大量挥发油，能使人的情绪稳定，多饮可清香提神。对于不适合饮用咖啡的人，可借助茉莉花茶来提神。传统的饮用方法，是将花和茶叶一起冲泡，可达到松弛神经的效果，缓解焦虑感。对于月经失调及皮肤神经性敏感，有一定疗效。常饮可调节内分泌，润泽肤色。

茉莉花茶的功效：理气止痛、清肝明目、抗菌、平喘、提神解郁，对于便秘者也有帮助。

茉莉花适宜与玫瑰花、代代花、薄荷、茴香、洋甘菊、金盏花、桂花、迷迭香饮用。

冲泡方法：二茶匙茉莉花，三茶匙绿茶，或一个红茶包，用开水冲泡。喝时，先闻闻它所散发的香味，而后再喝茶水。

注意事项：体内有热毒着禁止饮用，孕妇禁用。

薰衣草，名为草，实际上是一种清郁的紫蓝色小花。又名"宁静的香水植物"。原产于地中海地区，性喜干燥，有着细长的茎干。每年的六月开花，花形如小麦穗状，花上有星形细毛，末梢上开着小小的紫蓝色花朵，极具个性的浓郁香气，让人无法忘怀。

薰衣草茶

每当花开微风吹起时，薰衣草田如同深紫色的波浪，上下起伏，甚是美丽。法国的普罗旺斯与日本的北海道的富良野都是因有薰衣草而增添了一道美丽的风景。香味特殊的紫蓝色薰衣草，能够加速新陈代谢，可以美白皮肤。花香中隐藏着宁静，可松弛神经，帮助入眠。是治疗头痛的理想花草茶，在烦躁不安时，喝上一杯暖暖的薰衣草茶，情绪会渐渐地舒缓下来。

薰衣草茶的功效：安抚神经，使人镇静，用来消除压力，舒解焦虑，减轻头痛，帮助入眠。

适宜与玫瑰花、金盏花、鼠尾草、洋甘菊、菩提子、紫罗兰、薄荷、茉莉同时饮用。

冲泡方法：如果喜欢淡雅清香，只需八粒薰衣草，就可冲一杯。如果喜欢花香浓郁，可适量增加薰衣草，淡紫色的茶汁，香气迷人，喝下去感觉呼吸都是清香的味道，可加少量蜂蜜增加甜味。

注意事项：避免服用高剂量薰衣草。

菊花, 河南产怀菊花,安徽产滁菊花,浙江产杭菊花,湖北福田河产称福白菊,白色或黄色花朵,气清香,味甘。具有疏风散热,清肝明目,排毒养颜,降脂减肥,抗衰老功效。疏风散热多用黄菊花,平肝明目多用白菊花。

适宜搭配,桑叶、连翘、薄荷、决明子、龙胆草、枸杞子、熟地黄、金银花、生甘草。

冲泡方法:取透明的玻璃杯,将适量菊花置于杯中,先用少量水冲泡,润湿饮用最佳,也可加入冰糖,这样喝起来味道甘甜。

柠檬草, 又称"柠檬香菜",全株散发出柠檬的清香,新鲜。柠檬草的叶都可以泡茶。口感有一种浅淡的柠檬香气,入口清爽,有助于消化,也可用来增加食物的味道。对喜爱外国料理的人而言,这种香味应不陌生,在炖煮的海鲜类菜品时,可大量运用柠檬草。

功效:降低胆固醇,助消化,镇静止痛。可滋润皮肤,促进血液循环,活化细胞,治胃肠胀气。颇适合餐后饮用,孕妇禁用。

柠檬马鞭草, 最吸引人的就在于它清爽,带有柠檬宜人的香气,原产于南美。柠檬马鞭草食一种提神的花草茶,可以除恶心感和促进消化,风味颇似普通茶叶。淡青的茶色,唇齿留香,能缓解心情与身体上的燥热感,柠檬马鞭草与香蜂草可以治忧郁症。

功效:强肝解毒,松弛神经,舒解忧郁,改善情绪。

洛神花, 是大家熟悉的玫瑰茄。有丰富的维生素C,对美容有一定的效果,能美颜消斑,清热解毒。还可解暑、利尿、去浮肿。促进胆汁分泌,分解体内多余脂肪。

茉莉洛神茶

冲泡方法:取8朵左右的洛神花洛神入沸水,浸泡5分钟左右就可,茶汤为玫瑰红色,口味清新,冷热都很好,可加入适量的蜂蜜,冰糖配饮,酸甜可口。

欧夏至草, 它有个昵称"星星的眼睛"。因为它小小的白色花朵,长满时就像天上的繁星。花形虽小,却香味浓郁,含有机挥发油,对肺部调理效果很好,可预防感冒。

冲泡方法：用一茶匙叶子冲泡一杯茶水。须焖 10 分钟，才能使有机油溶解，在饮用时加适量蜂蜜。

百里香，浓郁香醇，是很好的调味料，在意大利采用的较多。

古罗马人曾写诗赞美它，冲泡时，可加一些迷迭香，蜂蜜。百里香有杀菌的功能，喉咙发炎或咳嗽时，可冲杯热的百里香饮料。

功效：调理鼻子过敏，消化不良。

百合花，中国医学认为百合花性平，味甘，无副作用。具有极高的医疗价值和食用价值，是炎炎夏日首选的清凉饮品。

功效：取百合花 2～3 克，用开水冲后，焖 10 分钟左右即可。茶汤是金黄色，味道甘甜。

桂花，又名九里香，味辛、性温，香味清新迷人，令人神情舒畅，安心宁神，能润肤美白，养神解渴，排解体内毒素。

功效：止咳、养声润肺、芳香醉秽、除臭解毒。适宜与薄荷、欧时兰、玫瑰花、茉莉花、金盏花调配饮用。冲泡方法：桂花 3 克，绿茶 5 克，沸水冲泡。

金银花，自古以来就以药用价值而闻名。《本草纲目》详细论述金银花"久服轻身，延年益寿"的功效，含有多种人体必需的微量元素。能调节女性内分泌，祛除色斑，令容颜润泽，清火润喉，润肺补血。在夏季，金银花当茶饮用，能防暑降温，适应于薄荷、牛蒡子，甘草加适量蜂蜜调和饮用。

金银花茶

甘草，又名甜草根，甘甜、芳香、不含糖分。是花草茶的天然调味剂。可以轻易中和掉其他花草的苦味。有调理体质，滋补强身的作用。可和其他花草冲泡，不需再加糖。

功效：性味平，清热解暑，调和诸药，冷热饮都很可以。

听懂花语又爱花草茶的人，会给花草茶起一些浪漫好听的名字。

闲花落地：

原料：薰衣草 3 克，茉莉花 2 克，蜂蜜适量。

制作方法：在热开水中放入薰衣草，茉莉花，浸泡 5 分钟。加入蜂蜜搅拌溶解就可饮用。

紫色迷情花草茶：

原料：玫瑰 6 朵，茉莉花一小匙。紫罗兰 1/2 匙，薰衣草 1/2 匙，金盏花 1 匙，菩提 1/2 匙，开水 100 毫升，冷开水 150 毫升，蜂蜜适量，冰块适量。

制作方法：先将所有原料放入开水浸泡出味，待凉后加入冷开水，冰块，并以蜂蜜调味，可以用玻璃壶盛装。一边享用，一边看花草舒展。名为迷情，实际是提神醒脑，夏日午后最易昏沉沉，要清醒那就来上一杯。

清透金银花茶：

原料：金银花 2 枝，柠檬 3 片，开水 50 毫升，冷开水 150 毫升，蜂蜜适量。

制作方法：金银花用开水泡出味，待凉后加入冷开水，柠檬片，再用蜂蜜调味，倒入杯中，边饮用边用汤匙将柠檬挤压出汁，增加风味。泡金银花茶，可加点蜂蜜和薄荷，可预防感冒，口感也很好。

红粉佳人：

原料：迷迭香 3 克，粉红玫瑰花 3 克，蜂蜜 15 毫升。

制作方法：在 300 毫升热开水中放入迷迭香，玫瑰花，浸泡 6 分钟后取出茶渣，加入蜂蜜搅拌溶解即可。

特点：迷迭香可预防胃肠胀气、腹痛、头痛。粉红玫瑰香气比红玫瑰香，可强肝，健胃养颜美容，调经活血。

青柠茶：

原料：百里香 2 克，柠檬 3 片，开水 50 毫升，冷开水 150 毫升，蜂蜜适量。

制作方法：百里香以开水泡出时，待凉后加入冷开水，柠檬片，再以蜂蜜调味。倒入杯中，边饮用边用茶匙将柠檬挤压出汁，增加风味。

特点：柠檬富含丰富维生素 C，是夏季护肤美白的必喝饮品。

冰雪柔情：

原料：薰衣草2克，菩提子2克，薄荷2克，蜂蜜15毫升。

制作方法：在300毫升开水中放入薰衣草、菩提子、薄荷，浸泡5分钟后取出茶渣，加入蜂蜜搅拌溶解，再倒入杯中饮用。

特点：菩提子可镇定神经，具有预防动脉硬化，失眠及关节酸痛的功效，薄荷可祛痰、健胃、治疗头痛、咽喉肿痛。

我国是世界上最早发现和利用茶叶的国家。一直以来，多数人知"喝茶"而不知"食用茶"，饮用的只是茶叶中的水溶性物质。仅占茶叶含量40%左右，余下的60%都被当作没用的渣倒掉。这倒掉的茶渣实际上含有非常多的营养成分。例如，膳食纤维、蛋白质、脂类物质、果胶、淀粉、脂溶性维生素。这些成分在饮用茶水时，都没被利用。如果将茶叶直接加到食品中去，既解决了对茶叶有效成分的浪费，又兼具食补和医疗的双重功效，茶叶中含有大量的营养和药用成分。

茶内含有的不是一种物质，而是一个大类，如茶多酚，就包括30多种酚类物质，含有的维生素A、B、B1、B2、B3、B5、B6、C、D、E、K、H、P和肌醇等10多种成分。茶以防病、治病、药食功效为一身，有"茶为万病之药"。从《神农本草》《神农食经》到李时珍《本草纲目》历代古籍都有记载。以茶入食，则是中国人民发挥聪明才智，把茶的营养价值和博大精深的饮食文化融会贯通之后，创造出来的又一养生保健之道。茶在国外也有"安全饮料""保健饮料""健康长寿饮料"的美誉。

茶叶的功效与季节变化有密切关系，不同的季节饮用不同的茶，有益于人体的健康。

春季，饮用香气浓郁的花茶，促进人体阳气生发。

夏季，适合饮绿茶，花卉茶，薄荷茶。绿茶清汤绿叶，给人清凉的感觉。花卉茶人们饮用时不仅在于它的功效，还在于冲泡时的乐趣，那种芳香、色泽、口味，都令人赞不绝口。薄荷茶，用于泡茶的有欧薄荷、绿薄荷、苹果薄荷。薄荷含有挥发油，其味辛、性凉、有健胃通经络的功效。

秋季：饮用青茶最好，可将绿茶、红茶一起饮用，取其两种功效。

冬季：饮味甘性温的红茶，可养人体的阳气。红茶，红汤，红叶给人以温暖的感觉。红茶适合加奶加糖，有生热复暖的功效。同时红茶含有较丰富的蛋白质，还有利于促进人体消化和消除油腻。

茶叶点心，就是把茶叶加到点心里。茶叶点心看似简单，但真正要做到"茶茶可入点，又点点动心"，却是有一番学问。什么样儿的茶叶做什么样儿的点心可口，它的火候又是如何把握的，全都有讲究。喝哪种茶就需上该茶做成的点心。像普洱茶，绿茶等浓茶，一次喝多会让血糖降低，出现醉茶现象。在品此茶时，配一些甜点会使人的心情更加舒畅。精华尽出的茶汤，都把茶叶的精髓发挥得淋漓尽致。

茶膳，是将茶作为菜肴和主食的烹制与食用方法的总和。是茶叶消费新方式，是茶叶经济发展的新的增长点。茶膳，它是古之食疗，今之药膳的补充。

茶叶香味浓郁，清新高雅，同时又含有某些营养成分。因而让人们有创新的意识。而茶膳则是有意识地将茶做成茶饭、茶菜、茶食品、茶饮料的特色餐。当我们翻开茶文化的历史书籍时就会发现，茶入饭已有悠久的历史。

茶膳的最大特点：就是将美味饮食和文化品位集于一体，采用优质茶叶烹制菜肴和主食。茶膳的原材料十分丰富，成本相对较低，具有开发价值与商业前景。

在饭店的休闲厅，格瑞与行政总厨商量后，新开设各式茶膳糕点，由饭店糕点师制作，使顾客在品尝各类饮料的同时，又可品尝到口感不同、形状各样、美味可口的茶点，这一举措受到饭店员工和来宾的欢迎和好评。在工作之余，米洋总经理和行政总厨也是这里的常客，他俩常常会来这儿小憩片刻，说说话聊聊天喝喝饮料尝尝糕点，这同样是一种休闲生活的乐趣。

茶膳的形式：按消费方式划分，有家庭茶膳、旅行休闲茶膳和餐厅茶膳。

餐厅茶膳比较丰富，可分为：

茶膳早茶：如：绿茶、乌龙茶、花茶、红茶、茶粥、茶饺。

茶膳快餐或套餐：如：茶饺、茶面，配一碗汤，或一杯茶，一听茶饮料。

茶膳自助餐：各种茶菜、茶饭、茶点、热茶、茶饮料、茶冰激凌。还可自制香茶沙拉，茶酒。

家常茶菜、茶饭：可按各家的特长自制菜肴。

茶面食：茶月饼、茶面条、茶粥、茶馒头、茶米饭、茶薄饼、茶水饺、八宝茶香饭、红茶香蕉小蛋糕。

茶菜肴：绿茶豆腐、拌绿茶豆腐、冻顶焖豆腐、茶香牛肉、红茶牛肉、茶香鸡、熏仔鸡、茶叶仔鸡、沙茶炸鸡翅、茶叶鸡蛋、茶鸭、山茶喜鸭、六堡茶香鸭、红茶蒸鲈鱼、茉莉鱼丁、碧螺虾仁。

茶零食：绿茶蜜酥、红茶蒸糕、香茶糖、甜的巧果、蒸青麻薯、茶叶果冻、茶叶冰激凌、茶叶酸奶、茶叶啤酒。

在品茶之余，就让我们了解一些有关茶文化的知识。茶文化的结晶——《茶经》，是世界上最早的一部有关茶叶的专著。为唐代陆羽编写而成，它使茶叶的生产从此有较完善的科学根据，是中国茶文化发展到一定阶段的重要标志。

陆羽，字鸿渐，号竟陵子，生于唐玄宗开元年间。唐初，饮茶者并不一定都能体味饮茶的要旨与妙趣。于是，陆羽决心总结自己半生的饮茶实践和茶学知识，写出一部茶学专著。

品饮名茶是古今的时尚，三分解渴，七分品。精湛的茶艺必须具备以下条件，精茶、泉水、活火、妙器。通过形、色、香、味分辨茶品的高下。茶叶受天、地、人各项因素的影响很大。甚至相同的产地，相同茶师傅，相同时间制造出的茶，在品质上也会有差异。所以在泡茶之前，首先要了解这种茶叶的特点、特性，给予最适当的滋润，这样才能发挥出最佳的茶质。

欣赏茶叶时，不仅要对茶有一种美感的联想，还要懂得品尝茶的具体方法。茶人评茶不靠仪器，而是靠感觉器官来审评，不经过历练很难得到品茶的真功夫。

清代大才子袁枚曾讲："品茶应含英咀华，并徐徐体贴之。"意思就是将茶含在口中，慢慢咀嚼，细细品味，咽下时感受茶汤流过喉咙时的爽滑。只有带着深厚的感情，才能真正欣赏茶"香、清、甘、活"的韵味。茶家有一个共同的品茶要诀，茶贵在新。新茶的色泽、气味、滋味均有新鲜爽口的感觉，饮后令人心情舒畅。根据采摘制作的时间，茶叶分为春茶（四月份左右），夏茶（七八月份左右），秋茶（十月份左右）。一般是上半年喝春茶，下半年喝秋茶。

水是茶的载体，水质要清。

对于水质的轻、重，特别好茶的乾隆皇帝别有一番见解。他曾游历南北名山大川，每次出行就令人特制银质小斗严格称量每斗水的重量。水味要甘，甘指水含在口中给人的甜美感觉。用雪水煎茶，一是取其甘甜，二是取其清冷。陆羽品水，也认为雪水是很好的煮茶用水。水源要活，科学证明，活水泡出的茶汤新鲜清爽。水温要冽（清冷），是指水在口中使人有清凉感，泡出的茶汤，滋味纯正，我国泉水资源丰富，比较著名的就有百余处。镇江中冷泉、无锡惠山泉、苏州观音泉、杭州虎跑泉和济南趵突泉，号称五大名泉。

饮食行业的一句谚语说："三分技术七分火。"烹茶用火也很讲究。陆羽认为：煮茶的水有"三沸"，其沸如鱼目，微有声为一沸；缘边如涌泉连珠，为二沸；腾如鼓浪，为之沸。沸水在"鱼目"后，"连珠"发生时候最适宜煮茶。

器指茶具：对茶具总的要求是实用、简单、洁净、优美。

实用——强调茶具的实用性，是由其内在的科学性决定的。

简单——代表一种从容的心态。从心理学角度分析，过于偏爱繁多纷杂风格的人，往往是缺乏足够安全感的。需要外在奢华的物质提供保障。茶人习茶，不追求"一壶千金"，一只普通的玻璃杯。因为喜欢，也是好的。

洁净——茶具必须经常擦拭，略加清洁整理。

优美——茶具的造型可谓是"不怕做不出，只怕想不到"。因此，对于美较难定义。在此主张直面本心，当你面对一件真正的艺术品时，呼吸会变得深长，双眼会感到湿润，这一刹那感动的缘起，就是美。这样的形容让人意味悠长，朴实简洁的话语，道出人们对美的真实感受。欣赏完古代的茶文化，让我们再来阐述有关茶的传说：

白茶，是我国六大茶类之一。它的外形素雅，外披白毫，色如白银，素有"绿妆素裹"之美感，因而得名"白茶"。

白茶，是我国的特产，是在世界上享有盛誉的茶中珍品。它是一种昂贵稀少，身价很高的历史名茶，号称"茶叶的活化石"。它有许多美好的名字，如瑞云祥龙、龙国胜雪、雪芽。白茶的生产有200年左右的历史，素有茶中"美女"的白毫银针，产于福建。

有关白茶曾有这样的传说，在很久以前，有一年，福建一带久旱无雨。想要救众乡亲，除非采得仙草来。有一户人家，有兄妹三人，大哥名志刚，二哥名志诚，小妹名志玉。三人商量由大哥去找仙草，如不见人回，再由二哥去找，还不见人回，则由小妹再去寻找。大哥临出发前，拿出祖传的鸳鸯剑弟妹说："如果发现剑上生锈，便是大哥不在人世。"说完大哥就向东方出发。走了36天，终于走到洞宫山下。这时路旁一位白发银须的老爷爷问他，是否要上山采仙草，志刚说是。老爷爷说仙草就在山上龙井旁，可是上山时只能向前，千万不能回头，否则就采不到仙草。志刚听完爷爷的话，一直爬到半山腰，只见满山乱石，身后传来喊叫声，他不予理睬，只顾向前，忽听一声大喊"你再敢往前走"。志刚大惊回头一看，立刻变成了这乱石岗上的一块新石头。这一天，志诚弟妹在家中发现剑已生锈，知道大哥不在人世了。于是志诚拿出铁簸箕对志玉说，我去采仙草了，如果发现箭镞生锈，你就接着去找仙草。志诚走了49天，也来到洞宫山下又遇见白发老爷爷，爷爷同样告诉他上山时千万不能回头。当他走到乱石岗时，忽听身后大喊："志诚弟，快来救我。"他一回头看，也变成了一块巨石。妹志玉在家中发现箭镞生锈，知道找仙草的重任已落在自己的头上。她出发后，途中也遇到白发老爷爷，同样告诉她上山时千万不能回头看，并送她一块糍粑。志玉谢后背着弓箭继续往前。来到乱石岗时，又有奇怪的声音。她急中生智用糍粑塞住耳朵，坚决不回头。终于爬上山顶来到龙井旁，拿出弓箭射死了黑龙，采下仙草上的芽叶，并用井水浇灌仙草，仙草立即开花结子。志玉采下种子，立刻下山。路过乱石岗时，她按老爷爷的吩咐，将仙草芽叶的汁水滴在每一块石头上，石头立即变成了人，志刚和志诚也复活了。兄妹三人回乡后，将种子种满山坡，这种仙草就是茶树。于是这一带的人们，年年采摘茶树芽叶晾晒收藏，这就是白毫银针名茶的来历。

白毫银针，白如云、绿如萝、洁如雪、香如兰，是清心涤性的最佳饮品。品白毫银针应弃功利心，以闲适无为的情怀，按照程序细细品味白毫银针的本色、真香、全味。同时，把品茶视为修身养性的途径，以心去体贴茶，让心灵与茶对话，使自己步入沁心的境界，品出茶中的物外意高。

白茶中另一位"娇子"白牡丹，它的由来也有一个动人的传说。传说西汉时期，有位名叫毛义的年轻人，因看不惯贪官当道，于是弃官随母归隐深山老林。母子俩来到一座青山前，只觉得异香扑鼻。经寻问一位老者才知道香味来自白莲花池畔边的十八棵白牡丹。母子俩见此处犹如仙境，便留了下来。母亲年老加之劳累，不久便病倒了。为给母亲治病，毛义四处寻药。一天晚上，毛义梦见一位白发银须的仙翁。仙翁告诉他："治你母亲的病，须用鲤鱼配新茶，缺一不可。"毛义认为这定是仙人指点。此时正值寒冬季节，毛义到池塘里捅冰捉到了鲤鱼，但冬天到哪里去采新茶呢？正在为难时，那十八棵牡丹竟变成了十八株仙草。树上长满嫩绿的新芽叶。毛义立即用新茶煮鲤鱼给母亲吃，母亲的病果然好了。后来的人们就把这一带产的茶叶称作"白牡丹茶"。

白牡丹茶的特点是：两叶抱一芽，呈"抱心形"。冲泡后味道清醇微甜，清香持久，汤色杏黄明亮。叶脉微红，有"红装素裹"之誉。具有润肺清热的功效，常当药用。白牡丹茶1922年创产，是白茶中的上乘佳品。

乌龙茶亦称青茶，是我国特有的茶类，也是世界三大茶类之一。有关乌龙茶，也有一个美丽的传说。

在很早以前，安溪的深山里，住着一位名胡良的猎人。有一天，他偶然发现一座山上长着一丛丛小树，枝叶墨绿葱茏，便随手摘下一枝放在背篓里遮盖打来猎物。他翻山越岭，直到天黑才回到家。到家后在点火烧水时，一阵山风吹来，忽闻阵阵清香。在他收拾猎物时，才发现清香来自背篓中的那枝树叶，胡良摘下几片叶子，试着用开水冲泡，喝到嘴里，顿觉口舌生津，烦躁全无，心想这定是仙树。他立刻起身重返深山摘了一大捆枝叶带回家。但用此叶泡水，味道却变得又苦又涩。胡良想了半天，也想不明白，为什么从同样一棵树上采的枝叶，味道却不一样呢？细想之后，他悟出一个道理，原先采的枝叶经过大半天的晾晒，才会产生清香。于是，他开始摸索，加工制作这种茶，经过反复试制，终于找到制作茶的方法，茶制作成功后，流传四方。胡良的名字也随之传颂。照安溪的方言"胡良"与"乌龙"语音相近，后来人们就把这里出产的茶，称作"乌龙茶"，从而名扬海内外。

乌龙茶香气清冽，浓而不涩，味道醇厚。以第二、第三泡茶汤最为清醇，并以陈茶为贵。品质介于绿茶与红茶之间，属温性，既有红茶的浓鲜味，又有绿茶的清香芬芳。其鲜明的特色，往往是"茶痴"的最爱，并有"绿叶红镶边"的美誉。品后齿颊留香，回味甘甜。乌龙茶有一定的药理作用。突出表现在分解脂肪，减肥健美，在各地都被称为"美容茶""健美茶"。

乌龙茶是我国的特种名茶，它香气浓郁，而受到人们的喜爱。经国内外科学家研究证实，乌龙茶对人体健康有着特殊的功效。

1. 预防蛀牙，乌龙茶除能生津止渴，让口中清爽之外，还有预防蛀牙的功效，饮茶可以保护牙齿。在我国古代时早已应用，科学分析，茶叶中含有较丰富的氟，可在牙齿表面形成一层氟化钙，起到防酸抗蛀的作用。科学家经过长期的实验证明，饭后饮用一杯乌龙茶，可以防止牙垢和蛀牙的发生。

2. 美白皮肤，乌龙茶含有多酚类物质，有抗氧化的作用。可以保持皮肤细嫩美白，加上乌龙茶本身就含有维生素C的成分，对美白皮肤来说是一举两得，随时经常饮用乌龙茶既可以美白皮肤又可以补充维生素C。

3. 改善皮肤过敏，调查表明，皮肤病患者中过敏性皮炎的人数很多，乌龙茶有抑制病情发展的功效。

4. 减肥健美，研究表明，乌龙茶中含有大量的茶多酚物质。不仅可提高脂肪分解酶的作用，还可促进组织中脂肪酶的代谢活动，饮用乌龙茶能改善肥胖者的体形，有效减少肥胖者的皮下脂肪和腰围，减轻其体重。

5. 降低胆固醇，乌龙茶能够促进分解血液中的脂肪，降低胆固醇的含量。

6. 抗衰老，最近我国研究表明，乌龙茶中的多酚类能防止过氧化，从而达到延缓衰老的目的。

7. 抗癌症，如今饮茶可以防癌，已被世人公认，在茶叶中防癌抗癌效果最好的是乌龙茶。

武夷大红袍，是武夷茗茶中品质最优异的品种，是四大名茶树之一，有"茶中状元""武夷茶王"之称，堪称国宝。它生长在武夷山北部山岩下，岩壁上至今仍保留着 1927 年天心来和尚所做的"大红袍"石刻。该处海拔 600 多米，四季气候温和，日照短，多反射光，昼夜温差大。岩顶终年有细泉浸润滴流，云雾缭绕，土壤都是酸性岩石风化而成，正是适合茶树生长的好地方。这种特殊的自然环境，造就了大红袍特异的品质。

大红袍茶树的树龄已有千年，现仅存 3 株，都是灌木茶丛。树冠稍稍展开，叶子是宽的椭圆形，叶子颜色深绿有光泽，若是新芽，则深绿带紫，露出毛茸茸的叶毫。在早春茶芽萌发时，芽头微微泛红，阳光照射在茶树和岩石上时，经过岩石的反射，从远处看，整棵树艳红似火，仿佛被披着红色的袍子。

大红袍母树于明末清初被发现并采制，至今已有 350 年的历史。传说，有一穷秀才上京赶考。路过武夷山时，因受风寒，腹胀如鼓，病倒在路上。幸好被天心庙老方丈看见，泡了一碗茶给他喝，茶喝下去，果见奇效，秀才不但很快恢复健康，还感到头脑清醒。后来秀才金榜题名，中了状元，还被招为驸马。来年的春天，状元来到武夷山谢恩，在老方丈的陪同下，前呼后拥，来到了九龙窠，但见峭壁上长着三株高大的茶树，枝叶繁茂，在阳光下闪着紫红色的光泽，煞是可爱。老方丈说："去年你犯鼓胀病，就是用这种茶叶泡茶治好的。此茶炒制后，可治百病。"状元听后要求采制一盒进贡皇上，状元带茶进京后，正遇皇上肚胀痛，卧床不起。状元立即献茶让皇后服下，果然茶到病除。皇上大喜，将一件大红袍交给状元，让他代表自己去武夷山封赏，一路上礼炮轰响，火烛通明，到九龙窠，状元命人将皇上赐的大红袍披在茶树上，以示皇恩。后来，人们就在石壁上刻下"大红袍"三个大字。此后，大红袍就成了年年岁岁的贡茶。

大红袍的品质特征：它外形条紧，冲泡后汤色橙黄明亮，叶片红绿相间，有绿叶红镶边的美感，大红袍品质最突出的是香气浓郁，有兰花香，香高而持久，大红袍很耐冲泡，冲泡七八次仍有香味。

武夷岩茶自古就是养生，治病的最佳饮料，含有多种营养素。

1. 茶多酚：武夷岩茶中多酚类物质能防治动脉硬化，抑制胆固醇和血压升高。降低血脂、血糖，具有抗癌、抗辐射、抗衰老的作用。茶多酚能化解酒精，消除香烟中的尼古丁。是烟酒过量着的理想保健品。

2. 生物碱：岩茶中的生物碱主要是咖啡碱，也称茶碱，是一种血管扩张剂，能强化神经系统，使人头脑清醒，缓解肌肉疲劳。能兴奋中枢神经，促进血液循环和新陈代谢。

3. 氨基酸：岩茶中氨基酸含量特别多，氨基酸是组成蛋白质的基本单位。人体的细胞组织都是由蛋白质组成的，可见氨基酸对人体的重要性。

4. 维生素：岩茶中含多种维生素。维生素是维持人体正常生理功能，能促进和增强人体免疫力，能增强血管壁的弹性，防止动脉硬化。维生素 E 具有很高的抗氧化活性，还有防止高血压抗衰老的作用。

5. 矿物质和微量元素：岩茶中含有多种物质元素，可预防高血压。岩茶能防治眼疾，氟能保护牙齿，不生蛀牙。硒能保护红细胞不受破坏，有提高免疫功能的作用，硒被称为"生命的奇效元素"。

6. 脂多糖：脂多糖是岩茶中的主要药效成分之一。它具有防辐射功能，改善造血功能和保护血象的作用。

7. 芳香物质：芳香物质能溶解脂肪，帮助消化，增进食欲，给人以愉快的感觉，能提神醒脑，生津止渴。

8. 色素：岩茶中色素含量以黄烷醇为最多，其次是叶绿素和类胡萝卜素。茶色素可增强免疫力，叶绿素具有杀菌作用。

除有关茶的动人传说之外，还有可调制简单幸福的下午茶：

在和煦阳光的拥抱下，听着舒缓的音乐或看报纸，几个人悠闲地喝着一杯称作"简单幸福"的茶。

穿过落地的玻璃窗，吹着凉凉的风。享受整个下午的休闲时光，不知从何时起，都市人开始有喝下午茶的习惯，也许是在林林总总的外企公司多起来后，也许是国际文化的蔓延，或是白领生活的时尚，但最重要的是下午茶帮助人们释放内心的情绪。

所谓"下午茶"，它的意义早已不是简单的茶水，而是衍生成在午餐后释放的一种时尚悠闲的情绪。

在英国，正统的英式下午茶也只有祖母辈的人物才会亲手调制。

那些各式各样漂亮的器皿，精致的点心，不是家家都有。英式下午茶和中式下午茶的形式和内容都有所不同，但意义大致相同，休闲，缓解内心的紧张情绪，享受悠闲的下午时光。

1. 双子座茶

双子座茶也叫天生赢家，须用透明的玻璃壶、杯，点蜡烛，用温热的烛火加热，所以茶泡得很慢，那么花草茶叶在水里也会慢慢地展露风情。

配料：藏红花、紫熏衣、菩提叶、茉莉花、洋甘菊、柠檬马鞭草。

功效：双子座茶有调解神经系统的作用，对缓解失眠和压力过大，对安定心神有一定帮助。

2. 薰衣草奶茶

薰衣草奶茶是在普通奶茶基础上加入口感独特的薰衣草，漂浮在上的深紫色薰衣草带来遥远国度的神秘感，温暖中带有淡淡清凉。

配料：奶茶、薰衣草、胡萝卜条、青瓜条。

功效：适合冬天享用，有温暖肠胃的功能。

3. 杏花蜜桃茶

红色的杏花蜜桃茶，未入口就有扑鼻的清香传来，让人情不自禁地想品尝那份捉摸不透的甜味。配上法式红酒梨,两种不同气质的感觉相得益彰。

配料：水蜜桃、杏桃、橘皮、苹果、芙蓉花、蔷薇果、金盏花。

功效：因茶中有种类繁多的水果，因而它含有丰富的维生素C，可以用来预防感冒。

4.树的花茶

普罗旺斯的树，来自法国南部的特产，因而才有这样诗情画意的名字。乍看并没有什么特别，只有当你用舌尖轻轻将奶茶送入口中时，你才会体会顿悟，只有这份温软的感觉，才配得上这样的名字和一个别样的午后。

配料：薰衣草加奶茶。

功效：能提神解忧，舒压宁神的作用外，还有个意想不到的惊喜，那就是可以美容。

格瑞坐在办公室的电脑桌前，旁边放着杯花草茶，她用一周的时间设计饭店中西餐厅使用的各类菜谱：

——包括饭店员工的日常餐饮菜谱；

——饭店各类餐厅特色菜谱；

——早餐的餐点：有西餐菜谱与中餐菜谱；

——正餐的中餐：以自助餐形式的中餐与西餐菜谱；

——晚餐：中餐与西餐菜谱。

——饮料单分三大类：茶、果汁、咖啡。

——茶叶类有绿茶、红茶、花茶，

——还有适合女性饮用的花草茶；

——又增加一些饮茶时食用的茶叶点心；

——果汁类：有水果汁、蔬果汁、蔬菜汁。

这些时下最流行的健康饮料，可用在早餐的点菜单，提供给用餐者选择饮用。也可在用正餐时，提供给那些不能饮用酒类的人饮用。

——咖啡类饮料，加一些可供宾客选用的用巧克力制作的各类甜点，又设计出方便来宾选择的各类点心样谱。

用餐时饮用的酒类：

——中餐厅用的各类国产的白酒和葡萄酒类；

西餐厅用的各类佐餐酒；

——如白兰地、威士忌、白红葡萄酒、啤酒、鸡尾酒、软饮料类。

周末，格瑞在市区的一家超市遇见饭店公关经理沈艳，两人在超市里边选购东西边谈起饭店的有关事。走出超市时，格瑞对沈艳说："今天是周末，你到我那儿坐坐，我俩一起用午餐，如何啊？"

沈艳笑着说："好啊，我正好有时间。"两人说着话来到格瑞的住处。

星期一的早上，格瑞把设计好的各类菜谱，交给行政总厨贺康铭先生，行政总厨拿着设计好的菜谱笑着对格瑞说："我先看看，之后再与你联系。"他看着菜谱说："看样子你用了一番功夫。"

格瑞笑着说："哪有，请您多提宝贵意见。"说着转身走出行政总厨的办公室。

她来到饭店的中餐厅，看到服务员们，正在练习规范服务的操作方法，男服务员正在练习托盘规范动作。在饭店托盘服务很具有观赏性的服务模式，体现餐厅服务的规范，又显示服务人员，在餐厅文明操作的熟练程度。

托盘按其重量分轻托和重托两种。轻托就是托送比较轻的物品或用上菜、斟酒的托盘，轻托一般在客人面前操作，因而熟练程度、优雅程度、准确程度就显得十分重要，是评价服务员服务水平高低的标准之一。

举托盘行走时，要头正肩平、上身挺直、目视前方、脚步轻快、精力集中、步伐稳健、随着步伐，托盘在胸前自然摆动，以菜汁、酒水不外溢为限。

重托盘行走时，要求上身挺直、两肩平行，行走时步履轻快，肩不倾斜，身不摇晃，遇障碍物让而不停。起托、后转、行走、放盘时要掌握重心，保持平稳，动作表情要显得轻松自然。

目前，饭店一般不用重托盘，多用小型手推车递送重物。这样既安全又省力，重托盘仍作为服务员的基本技能加以练习，已备应用。

格瑞走到女服务员跟前，看她们作餐巾的折花练习，也跟着学餐巾折花。

这儿问个有关饭店餐桌上常用的餐巾，你知道餐巾的由来吗？

世界上最早在餐馆使用餐巾是在古罗马时期，当时到餐馆用餐的人，大多自带餐巾。餐馆老板觉得不方便，既由餐馆向用餐者提供统一的餐巾，并在使用中对餐巾的颜色、尺寸、质地逐渐加以规范。从而发展到今天餐桌上，折叠成各种形状，并带有多种颜色与花纹的各种类型的餐巾。使用者在用餐前，就可以从桌上放的餐巾，而获得美的享受，从而引发享用美食的欲望。餐巾按质地有纯棉和混纺两种，实际用途各有所长。

将餐巾插入水杯的称为"杯花"，平放在骨盘上为"盘花"。

通常中餐用杯花，西餐用盘花。

餐巾折花的新趋势是美观大方，造型简单，叠法快捷，中西餐均倾向于大量使用盘花。

在饭店工作，就需知道有关饭店的服务规则，西餐的服务方式大都起源于欧洲贵族家庭和王宫。经过多年发展演变，逐渐成为社会上的饭店与餐馆使用。

美式服务：也称"盘式服务"。服务时应遵循的基本原则是：菜从左边上，饮料从右边上，用过的餐盘从左边撤下。这种服务快速、迅捷、方便，易于操作。

俄式服务：主要用于高档的西餐宴会用餐。俄式服务起源于俄罗斯的贵族与沙皇宫廷之中，并渐为欧洲其他国家所采用。俄式服务时一种豪华的服务，使用大量的银质餐具，十分讲究礼节。风格典雅，能使客人享受到体贴的个人照顾。

法式服务：主要用于高档的西餐零点用餐。法式服务源于欧洲贵族，王室，是一种比较注意礼节的服务方式。其服务的节奏通常较慢。法式服务，一般用两名服务员协作完成，一名为主，一名为辅。为主的服务员服装接受点菜，烹饪加工，桌面服务，结账工作。为辅的服务员负责传递单据、物品、摆台、撤台工作。

中餐服务：指的是中餐的餐厅使用，招待客人的方式。这种方式是同中餐菜肴的许多特点相适应。同时随着大家对卫生要求的提高和对就餐方式的多样化需求，中餐的服务的方式，正在经历着一系列的变革。目前在饭店的中餐厅中，常用的服务方式有：共餐式、转盘式和分餐式。

共餐式服务：比较适用于 2～6 人左右的中餐零点服务。如今的共餐式服务已作较大的改进，就餐时客人用附加的公匙、公筷盛取喜爱的菜肴。提供共餐式服务，应注意的事项：菜肴上完后应先告知客人，并询问客人品种、数量正确与否，最后祝客人用餐满意。

转盘式服务：在中餐服务中是一种普通使用的餐桌服务方式。适合用于大圆台的多人用餐服务，可用于旅游团队，会议团体用餐。也适用于中餐的宴会服务。转盘式服务时在一个大圆桌上，安放一个直径为 90 厘米左右的转盘，将菜肴放置在转盘上，供就餐者夹取的就餐服务形式。换盘时注意先撤后上，先女后男，先长后幼，先宾后主。

分餐式服务：主要适用于官方的，较正式的高档的宴会式服务。分餐式服务是吸收了众多西餐服务方式的优点并使之与中餐服务相结合的服务方式。人们又将这种服务方式称为是"中餐西吃"时所用的服务方式。这种方式又可分为"边桌式服务""派菜式服务"两种。

边桌式服务：是在宴会餐桌旁设一个固定的或可手推的流动服务边桌。在边桌上方一些干净的骨盘和其他餐具，进行宴会的分菜服务。

边桌分菜服务，同西餐中的美式服务相似。

派菜服务，同西餐中的俄式服务相似。

自助餐：正在发展成为越来越受欢迎的餐饮服务方式。自助餐能满足人们喜爱自己动手各取所需的习惯。

新型的自助餐有以下特点：

一是菜肴丰富，陈列精美，能唤起人们的食欲；

二是人们只要用不太多的钱，就可品尝到具有地方特色，品种繁多的中、西美味佳肴；

三是自助餐就餐的速度较快，客人进餐厅后无须等待，这在时间就是金钱的今天非常适宜。餐座的周转率高，又增加餐厅的营业收入；

四是自助餐的菜肴是事先准备的，可缓和高峰时期厨房、厨师人手紧张的矛盾。

自助餐主要适用会议用餐，团队用餐和各种大型活动的用餐。很多饭店对早餐提供自助餐服务较为普遍。

一个正常经营的自助餐餐厅布置应具有独特的个性，同时也与精美的菜肴相映生辉。

例如：水晶宫似海鲜自助餐厅、富有浪漫色彩的野味自助餐厅、反映本地风土人情的民俗自助餐厅、具有乡土气息的田园自助餐厅。

有可能成为自助餐主题的节日有：如圣诞节、情人节、母亲节、复活节、感恩节、元旦、春节、端午节、元宵节、中秋节。

当地举行的活动和公众感兴趣的事有：如体育比赛、音乐活动、文化艺术活动都是个性鲜明的自助餐主题和有影响的活动。

各种展览会，订婚会和商业活动都给餐饮业提供机会。这类自助餐，可以由公司赞助，用他们提供的产品作为主题装饰，可以安排演出，时装表演。

自助餐厅可以有各种形式，应根据场地来选择。

台面有：长方形、圆形、螺旋形、椭圆形、1/4 圆形、半圆形和梯形，用这些台子可以组合出各种形式的自助餐台。站立式自助餐圆台子应用桌裙。

自助餐台的食品陈列，应事先安排计划好。总的来说是根据西餐菜单上的顺序以客人取食习惯排列。

标准是：客人用的盘子在最前端，餐巾、餐具、面包、黄油在最后端，保持餐厅内清洁、整齐。

食品陈列可以有各个不同国家和地区的特色菜。这是自助餐的又一特点。所选用的菜肴大多是中外并蓄，如果着意渲染气氛，也可以让服务员穿某国的装饰进行服务。

管理人员应时常检查餐厅服务运转情况，协调厨房，餐厅的服务。使自助餐顺利进行。

无论是中餐还是西餐，许多菜都伴有一定调味品。根据约定俗成的步骤，服务员需知道哪些调料需在上菜前上台，哪些则应在上菜后服务，并做到调味品的盛器干净。有时，常用的调料用品可保存在餐厅的餐具柜里，如经常用的色拉盛器。

开餐服务是餐厅对客人服务的开始，安排客人就座的工作通常由餐厅经理、专职引坐员负责。招呼客人不仅要热情有礼，面带微笑，态度诚恳，还需灵活机动，做到恰到好处。

就餐服务也是台面服务。良好的就餐服务，包括用有效的服务方法上菜上食品。有效的服务方法，就是将正确的服务技巧和彬彬有礼的服务结合在一起，能最大限度地使顾客满意。就餐服务需安全操作，在保护客人的同时也保护服务员。在就餐的操作中需保持个人清洁卫生和操作卫生。

饭店除餐饮服务部分，还有设施齐全的康乐服务，是顾客休闲娱乐的好去处。

康乐，意为健康娱乐，就是满足人们健康和娱乐需要的一系列活动，健康不仅是身体没有疾病，而是身体的、精神的健康和社会幸福的总称。

总经理米洋和行政总厨贺康铭在康乐中心跑步机上跑步，两人都是穿一身的休闲装，脖子上围一条素色毛巾，两人边跑步边说着话。

总厨说："新来的营养师设计出一份饭店餐厅的菜谱。我大概看过，感觉不错。有些菜肴设计很有新意，饮料部分也有些新的品种。今后在饮食加工方面需作些改动，餐具也需增加一些新出品的样式。"

总经理说："是吗，那你就看着办，有时间品尝一下你们制作的新菜肴，享用你们精心调制的下午茶、花草茶、果汁、咖啡好吗？"

总厨笑着说："好的，我们会做些准备，到时通知您。"

总经理笑着说："这回我又有口福了，让你们费心啰。"

总厨说："不用客气，这是我们分内的事。"他俩说着话又走到室内的浴室，准备洗澡沐浴。

饭店的康乐项目众多，设备完善，按照国际惯例，星级饭店必须具备的一些康乐项目，饭店都具备。室内跑步器、健身器材、自行车、室内外游泳池、桑拿浴、高尔夫球场、网球场、保龄球馆，歌舞、电子游戏、文艺演出。饭店的康乐设备，使顾客有个温馨的活动环境，是提高饭店利润的有效措施。

全球特色美食

地球上分布着大大小小许多国家。每个国家拥有不同的风景、传统以及饮食习惯。

西班牙食谱

西班牙位于欧洲西南部的伊比利亚半岛上。北部沿海是比斯开湾，东南面向地中海，西部毗邻葡萄牙。西班牙人爱吃各种海鲜食品。主食有面食、米饭。喜欢吃酸辣味的食品，特色菜式主要有：马德里肉汤、牛肚梨子煮鸭、大蒜浓汤、土豆煎蛋饼、烤海鲷、香肠煮豆子（一种小白豆和香肠做成的美食）。特色甜点主要有：奶油肉馅饼、蛋卷、油煎饼、果仁糖糕等。

西班牙是世界第一大橄榄油生产国与出口国，橄榄油的质量名列全球第一。西班牙人把橄榄树推崇为"慷慨之树"，把橄榄油称为"液体黄金"。橄榄油是由刚从树上摘下的新鲜橄榄果实冷榨而成，没有经过任何化学处理，保留着天然的营养成分，气味清香，呈黄绿色。橄榄油被地中海周边各国所喜爱的，是公认的绿色美味健康食用油。在西班牙，大街小巷、家家户户餐桌上都放一瓶橄榄油，就像国内餐桌上必放酱油、醋一样。橄榄油能降低胆固醇，预防心血管病，还能保护皮肤，使皮肤具有光泽。日常食用橄榄油可用简单的方法，就是在盘子里倒少量，把面包掰成小块蘸着吃。或者做蔬菜沙拉时，加少许橄榄油伴着吃。中国人在拌凉菜时，也可加些橄榄油。由于橄榄油有抗氧化的作用，含有丰富的维生素 E，可防止大脑衰老，增加人体对矿物质的吸收。因而不少西班牙人起床后先喝一小勺橄榄油，可缓解慢性便秘。时间长了，许多慢性病也不治而愈。有学者认为，西班牙人普遍长寿与食用橄榄油密切相关。

如今，西班牙的海鲜饭和意大利面、法国蜗牛一起，并称欧洲人最喜爱的三道菜。

西班牙海鲜饭：

材料：橄榄油、大米、杂海鲜、甜椒、火腿、番茄、番红花、蒜头、洋葱、鱼汤。

做法：1. 将火腿片用少量橄榄油煎，海鲜以蒜头爆香后加入白葡萄酒炒至五至七分熟。

　　2.番红花取 3 至 4 片用热水泡出颜色放一旁，大米泡 20 分钟沥水备用。

　　3.使用平底锅，以少量橄榄油爆香洋葱至金黄后，加入蒜头炒香，加入泡过的大米炒透明，火力以中小火即可。

　　4.倒入番茄和甜椒、番红花和

什锦海鲜饭

鱼汤，以中火烧 5 分钟后，倒入杂海鲜和火腿片，盖上锅盖焖 5 分钟后，熄火再焖 10 分钟即可。

西班牙肉饼：

　　主料：牛肉 200 克、洋葱小半个、鸡蛋 1 个、番茄 2 个。

　　辅料：面粉 45 克，胡椒粉 5 克、奶油 30 克、乳酪 10 克、牛奶 15 克、精盐 5 克、色拉油 30 克。

　　做法：1.牛肉洗净绞碎、洋葱切碎、小番茄切成环状、鸡蛋搅成蛋液。

　　2.牛肉中加入洋葱、面粉、牛奶、蛋液、盐和胡椒粉拌匀，在烤锅中倒入色拉油。将搅拌好的牛肉放入，并按成饼状。将切好的小洋葱、番茄放在肉饼上，排好，淋上奶油，最后放上乳酪。

　　3.将乳酪肉饼放进微波炉中，用高火烧 3 分钟，再放入烤炉中烤 6 至 7 分钟，即可。

炸洋葱圈：

　　材料：洋葱 3 个、面包屑 150 克、鸡蛋 2 个、面粉 100 克、盐 5 克、白胡椒粉 3 克、油 300 克。

　　做法：1.将洋葱切成 2 厘米的圆片，并将分成一个个不规则的洋葱圈。在洋葱圈中加入盐和胡椒粉。

　　2.将鸡蛋和面粉做成面糊，在洋葱圈上蘸匀面糊，捞起放入面包屑中蘸上面包屑。

　　3.将洋葱圈在油锅中炸至金黄色，可蘸番茄酱食用。

法国食谱

法国在欧洲西部。浪漫的法国人都喜欢喝葡萄酒，饮用量居全世界第一。在法国，生产葡萄酒最多的波尔多鲁萨克的圣爱美伦村庄，很多八九十岁的老人还骑着自行车赶集。鲁萨克村庄的人们每餐都喝红葡萄酒，他们在冬季喝加热的红葡萄酒，有暖身、增强活力、预防感冒的效果。

家庭医学专家耶爱斯德博士，对法国人的饮食结构分析结果表明，这些人血压和血糖等数值非常良好，这就是国际上盛传的"法国神话"。其原因就在于，葡萄酒中含有可抗癌的抗氧化剂白藜芦醇。发现白藜芦醇的药理作用，对人类开发抗癌药物至关重要。

鉴于红葡萄酒的健康功效，在美国产红葡萄酒的包装上特别标注了"适当饮酒有益健康"字样。

在英国的一家医院里，医生给心脏病住院患者每天喝一两杯红葡萄酒，在那里葡萄酒不仅是一种食品，还成为患者的处方药。美国哈佛大学的教授在为美国人准备的饮食手册中介绍地中海食谱时说，一天喝 1～2 杯红葡萄酒，有利于身体健康。

法国人一年到头离不开酒，但饮酒不过量，一日三餐，除早餐外，佐餐时，食用红肉喝红葡萄酒，食用鱼虾喝白葡萄酒，玫瑰红葡萄酒通用。除酒水外，法国人平时还爱喝生水和咖啡。

鹅肝酱、松露、黑鱼子酱并称为法国的三种美食。在用餐时，法国人多喜欢食用略带生口的菜肴，因而原料多选活的、新鲜的。

法国是举世皆知的三大烹饪王国之一。十分讲究饮食，烹调技术在西餐中与众不同。法国菜不仅美味可口，菜肴品种多，法国菜的口味特点是香浓味原，鲜嫩味美，注重色、形和营养，不吃辣味。肉食爱吃牛肉、猪肉、鸡肉、鱼子酱、鹅肝。法国人爱食用面包，他们大都爱食用奶酪，奶酪消费居全世界之首，有"奶酪王国"之称。

欧洲最好的酒店或餐厅雇佣的厨师也多为法国人。1643 年，5 岁的路易十四继位，23 岁亲政后，法国国力日盛，路易十四用了 20 年的时间修建了凡尔赛宫，并多次在宫中为他的三百多名厨师举行烹饪大赛，优秀者由皇后授予绶带，这大大提高了厨师的地位。

同时，路易十四还设西餐，需一道道上菜的习惯，而咖啡、茶、巧克力在那时也成为上层人士的最爱。后来的法国路易十五和路易十六都崇尚美食，这一时期，是人们公认的法国菜的黄金岁月。

例如：鹅肝、馅饼、松露、咖喱、鱼子酱、牛排都已出现在餐桌上，皇室成员和贵族都以品尝美汤佳肴为乐事。

在这种环境下，名厨辈出，创造了许多风味独具的名菜佳肴。一些厨师还著书，并很快被西方国家奉为饮食经典而传播。

法国菜几乎包括了西餐所有的烹调方法，菜肴半熟鲜嫩是特点之一。烤牛排、羊腿七八成，烤野鸭四成就可进食。牡蛎加柠檬汁则完全生食。

法国菜每道菜都上很多种蔬菜，十分讲究调味，对调味汁的做法非常重视，各式调味汁多达百种以上。

法国名菜很多，鹅肝酱、蜗牛、牡蛎杯、洋葱汤。著名的地方菜有南特的奶油鲮鱼、里昂的带血鸭子、马赛的普鲁旺斯鱼汤。

法国菜通常分前菜、主菜和甜点。

法式的标准早餐，有热巧克力、咖啡或牛奶，配上典型的长面包或牛角面包，发酵的面团，再涂上橘子或柠檬做成的果酱。

午餐是一天当中的主餐，种类非常丰盛。

晚餐大部分菜式与午餐相仿。用蔬菜牛奶浓汤取代冷盘，最后须用些咖啡和酒类。

食用法国菜同食用西餐一样，右手持刀，左手持叉，先用叉子把食物按住，然后用刀切成小块，再用叉送入嘴内，食用完后用餐巾的一角轻轻拭去嘴上，手指上的油渍即可。

法式班吉时蔬

法式红酒烩牛肉：

材料:牛肉、西芹、土豆、红酒、鸡汤、蒜、橄榄油、月桂叶、百里香；

做法：1.牛肉切块，用盐和胡椒粉腌起来，约30分钟、蒜切片、土豆去皮切块备用；

2.西芹切成2厘米；

3.将橄榄油倒入汤锅,爆香蒜和西芹,放入牛肉,略煎上色,加入月桂叶,百里香；

4.加入红酒、鸡汤及土豆块，以小火煮1小时即可。

法式煎鹅肝：

在法国美食学上有许多记载，是一道历史悠久的传统佳肴，在法国名菜家族中占有举足轻重的地位。在餐馆菜单上，鹅肝通常是作为头道冷盘。

材料:鹅肝、苹果、土豆、胡萝卜、面粉、黑胡椒、红酒、浇汁、茄子片。

做法：1.先将鹅肝切成片，撒上黑胡椒粉和盐，蘸上面粉把鹅肝放入油中把两面煎熟，鹅肝呈金黄色；

2.苹果去皮切片，蘸上面粉，用中火把苹果煎成金黄色，胡萝卜和土豆泥炸成金黄色；

3.把烧汁浇在苹果和鹅肝上，配上胡萝卜和茄子片。

法式煎鱼：

材料:净鱼肉、土豆、青红椒、胡萝卜、莲藕、玉米笋、橄榄油。

做法：1.将净鱼肉洗净切块，土豆切丝，青红椒切块；

2.将土豆丝放入橄榄油炸成金黄色；

3.青红椒放入橄榄油煸炒；

4.锅中放入橄榄油烧至三成热时加入净鱼，煎熟后放入土豆丝，青红椒装盘即可。

法式什锦鱼排

墨西哥食谱

墨西哥有"玉米之乡"之称，玉米是墨西哥的主食，他们称自己为"玉米人"。在哥伦布发现新大陆之前，墨西哥就培育出了玉米。有玉米粽子、玉米饺子、玉米饼、玉米汤，以玉米为主的主食和茶，就有 600 多种。玉米是世界公认的"黄金作物"，含有多种抗癌因此，如谷胱甘肽、叶黄素、微量元素硒和镁等。美国一家权威杂志发表的最新研究成果表明，墨西哥传统饮食能减少女性患乳腺癌的概率。而其中的秘诀就在于，墨西哥人日常食用的辣椒、玉米、酱料等食材。

墨西哥人喜欢食用辣椒是世界闻名的，甚至吃水果时都要就着辣椒。在喝酒时，每人都要准备两个小杯子，一个杯子是酒，另一个杯子是辣椒汁。喝一口酒，再喝一口辣椒汁，是墨西哥人为之乐道的口味。最著名的一种调味酱叫作"萨尔萨"，用小绿辣椒、番茄、当地小葱、香茶加工而成，鲜辣爽口，是墨西哥人餐桌上的必备食物。酱料是墨西哥美食中必不可少的作料，如莎莎酱、酸梨酱、豆泥酱，他们习惯把食物与酱料一起烹调。

墨西哥人喜食牛肉、猪肉、鸡肉、海味、奶酪；蔬菜爱食用番茄、洋葱、辣椒、土豆、卷心菜。菜式以酸锌为主，菜色鲜艳，引人食欲。以南瓜和辣椒为主料的菜称为绿色菜，以水果和葡萄干为主料的称为红色菜，在餐桌上很引人注目，所以取名为"桌布美"，最传统的则是黑色菜系。

墨西哥鸡肉卷 ：

墨西哥鸡肉卷在当地被称为"塔狗"，是最为平常的美食。

主料:饼皮、肉馅:鸡腿肉 500 克、鸡蛋 3 个、地瓜粉 20 克、辣椒粉 20 克、色拉油 40 克、料酒 5 克、盐 5 克、胡椒粉 5 克、色拉酱 10 克、白醋 5 克、生茶 20 克、黄瓜条 20 克。

做法：1. 把饼放在蒸架上蒸软取出；

2. 将鸡腿去骨留肉，鸡肉切成小块，加料酒、盐、胡椒粉、裹上面粉、蘸上鸡蛋液、再沾地瓜粉、辣椒粉；

3. 锅内倒入色拉油，把鸡肉块放入慢慢炸熟，蘸调好的酱，摊开饼，铺上生茶，摆鸡肉，黄瓜条，番茄丁，卷起即可。

胡萝卜香橙色拉：

材料：胡萝卜3根、橙子1个、橙汁一瓶、洋葱末10克、香菜末10克、辣椒粉10克、糖10克。

做法：1.胡萝卜切丝，取橙肉和表皮之间皮肉切成丝。

2.橙汁煮沸，加入适量辣椒粉和糖，再放入一半胡萝卜丝，煮沸后捞出滤干；

3.把生熟胡萝卜丝橙皮拌匀，再加洋葱末，香菜末搅拌，

4.在拌好的色拉周围，点缀一些橙肉和香菜即可。

墨西哥人世世代代都食用仙人掌。民间流传一句谚语："一天一片仙人掌，年龄不随时间长。"仙人掌含有大量的维生素和矿物质，对三高人群有奇特功效，难怪墨西哥人称仙人掌为"绿色黄金"。

欣赏到以上几个国家的饮食习惯，看他们的饮食爱好，你是否能接受，或者觉得还不错。比如说，液体黄金橄榄油、香甜可口的红葡萄酒，还有玉米故乡的仙人掌。其实这些国内都有，只是在我们的生活里，没有像他们那样偏爱，那样执着，那样把橄榄油当作液体黄金、把仙人掌称为绿色黄金、把葡萄酒当作法国神话。

在今后的生活中，可以尝试用橄榄油拌菜。因为它确实对身体有好处。在周末或节日常喝些红葡萄酒，使自己生活增加些浪漫的色彩。玉米糊喝过，可是你吃过玉米饼、玉米饺子、仙人掌果酱吗？不妨也试试，也许味道还不错。

德国食谱

德国位于欧洲中部。这个国家的人们，生活富裕，注重礼节。他们的饮食很有特点，不像法国菜那样复杂，也不像英国菜那样清淡，它以朴实无华、经济实惠的特点而独立于西方饮食中。人均消费猪肉居世界首位，面包销量居世界榜首，也是世界上著名的啤酒王国。

德国人的早餐比较丰盛，中餐和晚餐，一般都是猪排、牛排、香肠、生鱼、土豆和汤。

德国人对大蒜情有独钟，世界上首家大蒜研究所也设在德国。它的宗旨就是向全世界人们介绍食用蒜的众多学问。德国超市随处可见大蒜食品，还有大蒜餐馆、大蒜专卖店。全年大蒜消耗量在8000吨以上。以下是一个典型德国家庭，一日三餐的大蒜情结。

早餐：大蒜面包，沾大蒜蜂蜜，外加大蒜果酱；午餐：蒜头通心粉，蒜头比萨，蒜头炸薯片；晚餐：用大蒜油烹调蒜头炸鱼，蒜头牛排，蒜头烧鸡，再加点儿大蒜酒；连饭后的蛋糕，冰激凌也是大蒜风味儿。聚会时最喜欢的是大蒜香肠。孩子们最爱吃大蒜奶酪火锅。

在德国的达姆施特市，每年都会举办大蒜节，推选出美貌少女为"大蒜皇后"。大蒜皇后头戴由大蒜编制成的"桂冠"，往来各地宣传大蒜的益处。

食用大蒜时，一定要捣碎成泥，放 10 ~ 15 分钟，让蒜氨酸和蒜酶在空气中结合，产生大蒜素后再食用，这样才能达到最佳的食用效果。

大蒜是"血管清道夫"。德国大蒜研究所负责人哥特林博士介绍说，大蒜含有 400 多种有益身体健康的物质，人们如果想要活到 90 岁以上，大蒜是最基本的保健食物。

德国的食品最有名的是香肠和火腿，在香肠中最有名的法兰克福肠，口感独特，驰名世界。在火腿中最有名的是"黑森林火腿"，销往世界各地。

德国最著名的菜，就是在酸卷心菜上铺满各式香肠、火腿。德国人也喜欢食用生鲜，一些德国人有吃生牛肉的习惯。

面包是德国人一日三餐不可缺少的最主要主食。在德国，面包被认为是营养丰富，最有利于健康的天然食品。但德国人从不单独食用面包，而是抹上厚厚的奶油，配上干酪和果酱，加上香肠或火腿一起食用。

在面包的生产方面，德国也称得上是质量和数量上的世界冠军。德国每天出炉的香味扑鼻的小面包，角形小面包，烘饼和长面包就有上千种。在他们的内地，河鱼和湖鱼是精美食物，十分受到喜爱。

生汁香蕉卷：

材料：大香蕉 2 根、咸鸭蛋 5 个、生鸡蛋 2 个、威化纸 10 张、面包粉 40 克、色拉酱 30 克。

做法：1. 咸鸭蛋煮熟取蛋黄，将每个蛋黄一分两半，生鸡蛋取黄搅匀；

2. 把每根香蕉一分为二，切成 5 厘米长；

3. 每两段香蕉夹半个咸蛋黄，用威化纸包紧，再用生蛋黄封口；

4. 把香蕉卷均匀蘸上蛋黄液，再沾上一层面包粉；

5. 锅内放油烧热，放入香蕉卷，热炸 7 ~ 8 分钟；

6. 将香蕉卷捞出装盘，另加一小碟色拉酱。

酸白菜焖香肠：

材料：西式香肠 1 根、德国酸白菜一罐、洋葱丁半杯、西洋芹菜半杯、青椒丁半杯、牛肉高汤半杯、黄砂糖 5 克、盐 5 克、黑胡椒粉 3 克。

做法：1.香肠切块，将酸白菜用清水冲后挤干水，在平锅加少许油，将香肠煎至表面呈金黄色，先盛起来保温备用；

2.在锅中加少许油，将洋葱丁、芹菜丁、青椒丁用火炒 3 分钟，再加入酸白菜、高汤、糖，加入适量盐、黑胡椒粉调味；

3.将全部材料拌匀后，煮汤汁略沸腾时，将煎好的香肠放在材料上，加盖用小火焖煮 15 分钟之后，将香肠翻面再焖煮 15 分钟，可装盘食用。

日本食谱

日本菜肴也称为"日本料理"，或和食。"料理"是菜的意思。日本人以米饭为主食，副食多吃鱼，喝酱汤，喜食清淡。传统的饭菜有寿司、生鱼片。寿司是以生鱼片、生虾、生鱼粉为原料；用紫菜包卷米饭、海鲜佐食，以醋佐食。寿司的种类很多，吃生鱼寿司时，饮日本绿茶或清酒，别有一番风味。

日本素有"五味五色五法菜肴"之称：

"五味"，酸、甜、苦、辣、咸；

"五色"，白、黄、红、青、黑；

"五法"，生、煮、烤、炸、蒸；

讲究色香味，重视春、夏、秋、冬的季节感以及食材的时令性。春季吃鲷鱼，初夏吃松鱼，盛夏吃鳗鱼，初秋吃鲭花鱼，中秋吃刀鱼，深秋吃鲑鱼，冬天吃鲥鱼和海豚。

日本酒中最有代表性的是用大米酿造成的"清酒"，味微酸，口感醇和。

日本最大众化的饮料是绿茶，根据茶叶品质大体分为玉露、煎茶、粗茶，著名的有京都宇治产的宇治茶，各种名牌红茶深受人们喜爱。

如今，饮茶已在日本普及，茶道已成为日本人物质和精神生活的享受。目前，他们已不满足于喝茶。日本科学家利用茶叶做起传统的"茶膳"。在米饭中放茶叶，酱汤中泡茶。还有很多茶食品，比如茶面包、茶饼干、茶拉面、茶豆腐、茶糖等。

日本国菜为生鱼片。日本人自称"彻底的食鱼民族"。日本捕鱼量居世界第一位。但每年还要从国外进口大量的鱼虾，年人均食用鱼一百多斤，超过大米的消耗量。日本食用鱼有生、熟、干、腌等各种食用方法，以生鱼片最为名贵。国宴或平民请客时，用生鱼片招待为最高礼节。

海苔三文鱼寿司卷：

材料：三文鱼200克、蟹棒200克、咸蛋黄100克、日式萝卜条1包、黄瓜1根、海苔四大张、寿司醋3碗、姜2块。

做法：1.米饭做熟后加寿司醋搅匀；

2.三文鱼、蟹棒、黄瓜切成条；

3.将海苔平铺在竹帘上，将米饭平摊在紫菜上，再将蟹棒、咸蛋黄、萝卜条、黄瓜、三文鱼放置在米饭上，再用竹帘裹住紫菜和米饭卷紧，撤走竹帘。

寿司

4.把卷好的寿司切段装盘。

味增汤：

味增在中国的古代也称为"酱"。在日本有"如果有了酱汁，就不需要医生"这样的说法。

材料：鲷骨300克、红萝卜丝1/2杯、白萝卜丝1/2杯、味增80克、糖1克、味精1克、日本浓口酱油5克。

做法：1.鲷鱼骨切块，用开水烫后，再用清水洗净；

2.锅内入水烧开，将红萝卜丝煮软；

3.放入鱼骨煮开去除泡沫，将味增、糖、味精放入，用汤匙搅拌，装碗即可。

美国食谱

美国地处北美洲，是世界头号经济强国，主要人口是欧洲移民的后代。美国菜是由英式菜派生出来的，但美国人也逐渐创造了自己的饮食风格。其主要特征就是油腻、奶酪多且烹饪方式几乎都是油炸。

美国人用餐，一般不追求精细，喜欢快速方便。主食是肉、鱼、面包、面条；副食是米饭。口味清淡，喜欢凉拌菜、肉排。

早餐一般都在家中用餐，比较简单。有果汁、咖啡、麦片、香肠、鸡蛋等。

午餐食用快餐，三明治、汉堡包、热狗，加上一些蔬菜和饮料。晚餐是一天中最丰盛的。在家用餐时，通常主菜是牛排、猪排、烤肉、炸鸡再配以青菜、面包、黄油。许多年轻人有到餐馆用晚餐的习惯，晚餐最后一道菜是甜点，最后喝一杯咖啡。

孩子们大都喝牛奶，再食用甜饼，成年人多食用水果。主要饮料是咖啡，茶也大受欢迎，可乐和果汁也是他们喜欢的。喜欢在饮料里加冰块，不加要事先声明。更多的人喜欢鸡尾酒、啤酒、葡萄酒，加州所产的优质酒很受欢迎。

出于健康的考虑，素食已逐渐成为美国饮食的主流。这种素食的转变不限于美国，在德国、英国都有。

世界权威营养学家，美知名教授坎贝尔博士长期研究发现，植物性食物组成的膳食对改善预防一系列慢性病有好处。以植物性食物为主的膳食能抵御有害物质对健康的影响。可见，选择植物性的食物，就是选择健康的饮食。如今，吃起来更美味的素汉堡、素香肠、素比萨饼等全素食品已越来越多地被美国人所接受。不过，从严格意义上讲，荤素搭配对人体最有好处，对大多人群来说，才是明智的选择。

菠萝牛扒：

材料：牛里脊肉 750 克、板肉 125 克、菠萝 150 克、葱头 125 克、青椒 50 克、色拉油 50 克、柠檬汁 20 克、香菜 25 克、蒜瓣 25 克、丁香 20 粒、精盐 3 克、胡椒粉 3 克。

做法：1.将牛肉洗净切块，用刀拍成约 1 厘米厚的牛扒，板肉洗净切片；

2.葱头、青椒、香菜、蒜瓣洗净切末备用；

3.将牛肉、精盐、胡椒粉、葱头末、柠檬汁、色拉油、香菜末放在一起搅匀腌制 1 小时；

4.将牛肉放入烤盘内，一块牛肉放在一片菠萝上，再横、竖放上 2 片板肉成十字形，中间放入几粒丁香，浇上菠萝汁，放进烤箱烤至熟香就可食用。

炸鱼排：

　　材料:净鱼肉、土豆、番茄、鸡蛋、面粉、面包渣、盐、胡椒粉各适量。

　　做法：1.将鱼肉洗干净，切成片，撒上盐，胡椒粉入味；

　　2.将鱼肉沾面粉，鸡蛋液，沾面包渣，用油炸熟后，切条装盘；

　　3.将土豆切片炸熟与番茄一起上桌。

海鲜沙拉　　　　　　　　　　　　汉堡双色鱼卷

　　秘鲁国宝 MACA（译为马卡或蛮哥）产于秘鲁安第斯山区，是生活在高山地区的印加人的食物来源之一。马卡是秘鲁人的养身国宝。长期食用马卡的人，多体魄强健、寿命长、头脑清醒灵活。

　　马卡提取物马卡烯和马卡酰胺被认为是最能促进性功能的有效物质。马卡自身有惊人的抵抗力，抗洪水、抗冰雹、抗寒风、抗干旱及虫害，能在贫瘠的土地和空气稀薄的条件下生长，能治疗不孕，具有很高的营养价值，是古代秘鲁人的珍贵食物。

　　马卡的鲜根可以和肉或其他蔬菜炒熟食用，也可晒干后用水和牛奶煮熟食用。当地人常把鲜根加蜂蜜水果榨汁作为一种饮料饮用，可使体力增强，精力充沛，消除焦虑,提高性功能。它能提供大量热能，品尝过马卡的人说，食用它有满足感，令人十分舒服。

　　据说，美国太空总署也将马卡作为太空飞行员的食粮。国际上对马卡的研究发现，马卡抗疲劳效果很好，无任何副作用。其根有特殊基因，才使它具有这种神奇的功效。20 世纪 80 年代，联合国粮农组织曾向世界各国推荐种植。

　　保加利亚是酸奶的故乡，保加利亚人为酸奶出版邮票，还为酸奶建了一家博物馆。酸奶不仅给保加利亚人带来了美味，还给他们带来了健康长寿。保加利亚酸奶呈凝固状，洁白而柔滑细腻。将装酸奶的盒倒置过来也不会泻出来，酸奶一般不加糖，初入口感觉很酸，但仔细品尝顿觉香浓可口。对保加利亚人来说，一日三餐可以不吃肉，但酸奶必不可少。人均每日消费酸奶 300 克，是全世界酸奶消费最多的国家。因为受欢迎，保加利亚酸奶的牌子也多用"爷爷爱、奶奶乐"诸如此类的牌子。

保加利亚人除直接饮用酸奶外，还将酸奶做菜和甜点。比如用酸奶做的塔拉多拉汤，白雪公主沙拉和酸奶冰激凌，塔拉多拉汤是用酸奶加黄瓜制成，是夏季解暑佳品。白雪公主沙拉，热量低，绿色健康，保加利亚人非常喜欢，所以才给它起了如此美丽的名字。

保加利亚几乎家家户户都会自制酸奶，一些地方每年还举行酸奶博览会。保加利亚人专门为酸奶写了首歌传唱："噢，酸奶啊，酸奶，凡饮君者身体壮，少年饮了百病不侵，老年饮了返老还童。"

俄罗斯著名科学家米奇尼科夫在研究了世界上 30 余个国家的人口寿命情况后发现，保加利亚的百岁老人比例最高，结论就是，酸奶是保加利亚人的长寿食物。

从欧洲转入亚洲，亚洲人的饮食习惯大多有相似之处。

韩国饮食文化历史悠久。传说，韩国历史上的传奇人物檀君，是天神之子与一位以熊为图腾的部落女子所生，古代韩国是以各小城邦逐渐合并成部落联盟，并最终形成国家的。从古至今，人们在生活中摸索合理的饮食方法，并积累了丰富的经验，祖辈保持着独特的饮食传统，最终形成富有特色的饮食文化。

他们习惯把单数又是日月同数的日子作为节日。如端一、端三、端午、七夕和重九。

正月初一，所有的韩国人早上食用白年糕汤，祈愿家人平安幸福。

正月十五是五谷饭，凉拌的各种蔬菜和坚果（栗子、松子、核桃和花生）祈愿健康无恙，事有所成。

中秋节祭祖庆丰，用刚收获的谷物、果蔬做菜，从而分享丰饶和喜庆。

冬至则煮豆粥，以驱除疾病。

行政总厨贺康铭与卡尔、格瑞踏上韩国的土地，觉得眼前所见到的一切，都似曾相识。首尔继承了传统的宫廷饮食文化，菜量不多，但种类丰富、色彩艳丽，用食材本身的颜色来点缀的名菜有"神仙炉""九折板""荡平菜"等。另外，首尔的雪浓汤和牛骨汤都很有名。

　　他们来到一家烧烤店。贺康铭用熟练的韩语与店里的老板打招呼。

　　"您好，给我们来三份烤肉，要乳牛肉。"

　　店老板热情地招呼道："好的，请往这边坐。"

　　三个人坐下后，格瑞问道："总厨会说韩国话？"

　　卡尔笑着说："你不知道，行政总厨的夫人是韩国人，自然会说韩国话。"

　　格瑞说："是吗，早知道，让她一起来就好了。"

　　贺康铭说："她才不会来呢，韩国的饮食她太熟悉了。"说着，牛肉已经端上来，他亲自动手烤牛肉示范给他俩看。先把肉烧熟，蘸上辣椒酱和豆瓣酱。然后用生菜、黍子叶包上食用，食用起来鲜美异常。卡尔和格瑞学着贺康铭的样子，先烤肉，蘸酱，用叶子包起来送进嘴里，连称好，都说味道好极了。

　　贺康铭介绍："关键是酱料的调配，很有讲究。我们回去后，在酱料的调配上要下点功夫。"

　　卡尔说："西餐中也是讲究调料的配制。"

　　格瑞说："这是你们研究的课题。"

　　饭后，几人回到酒店，一边喝茶，一边闲聊。

　　卡尔说："韩国的长寿老人特别多，总厨家有个韩国夫人，今后可能就是长寿老人。"

　　格瑞说："总厨本人就是研究饮食学问的，你也是研究西餐饮食的专家，你俩以后都会成为长寿老人。"

　　总厨说："我们都是同行，想长寿，好的生活习惯才是最重要的。"

韩国食谱

　　韩国人研究食疗有着悠远的历史。他们总喜欢向糕、粥、饮料和酒里加入草药，使日常饮食达到药食同源的目的。

　　韩国全罗北道的淳昌郡，南道的潭阳郡、求礼郡、谷成郡是知名的长寿地区。首尔大学人体科学研究所，组织100多名专家，对上述地区进行大规模调查。调查结果表明，居住在这4个郡的65岁以上的人群中，85岁以上的人所占比例特别高，选出了96位80岁以上的老人，包括24位百岁老人，平均年龄为95岁，通过对他们生活习惯的分析研究，得出的结论是食谱惊人的相似：

　　米饭（荞麦）、大米粥、大酱汤、海带汤、泡菜大蒜、洋葱、韩式咖啡（锅巴茶）、自制药酒。

在韩国人的饭桌上，海带和紫菜是必备的。营养学家认为，海带所含的热量较低，胶质和矿物质较多，容易消化吸收，食用后不用担心发胖，是理想的健康食品。海带常见的食用法是加醋凉拌，或加蒜做成韩式海带汤。传统的名菜烤肉、泡菜、冷面等已成了世界名菜。

此外，白菜、大蒜都是韩国人生活中的养生食品。他们对大蒜、洋葱情有独钟，传统食物中都有它们的身影。据说，韩国男足队员们体力超众，就跟顿顿吃大蒜有关。韩国人酷爱豆类食品。韩国汉南大学最近对 63 名百岁老人的饮食习惯进行调查后发现，他们的食物，一般都是米饭 + 大酱汤 + 蔬菜。大酱汤主要用蔬菜、豆腐做成，蔬菜以豆芽为主。研究人员分析，豆芽在老人的长寿和健康中起重要作用，他们普遍没有高血压、心脏病、动脉硬化疾病。这是因为大豆豆芽中含有大量的抗酸性物质，具有很好的防老化功能，起到有效的排毒作用，在韩国餐厅里，石锅拌饭及免费的小菜里都有豆芽菜。

粥也是韩国最常见的养生食物。很多大型高级连锁粥店，一碗粥的价格很贵，约合人民币三十几元。粥里加海鲜、肉丝、蔬菜、杏仁、松子，能起到助消化、增食欲的作用。胃口不好，身体虚弱的人最易食用。另外，韩国人还喜欢将荞麦和大米一起熬粥，荞麦中含有抗氧化维生素，降血压和助睡眠效果很好，还是大肠"清道夫"。

韩国老人喜欢喝红参药酒。酒中入药，必须在酿造时就加入草药，这是韩国人药酒的特色。韩国人最常见的药酒，仍然是人参酒，最好是锦山的人参。韩国许多中老人还根据自己喜好在家自制药酒，品种主要有大枣酒、沙参酒、生姜酒、松叶酒、桔梗酒、大蒜酒、山葡萄酒、茶酒、薏仁酒、天门冬酒、茴香酒、芦荟酒、猕猴桃酒。韩国人还将切碎的当归根和当归叶子入酒，名为当归酒，以活血闻名。加入松果，为松铃酒；加入松树汁，为松液酒；加入松黄，为松黄酒。

韩式石锅拌饭：

石锅拌饭又称石碗拌饭，是韩国特有的米饭料理，发源地为韩国光州。历史上，石锅拌饭是闻名遐迩的进贡菜肴。

材料：白米饭 200 克、鸡蛋 1 个、黄豆芽 40、菠菜 50 克、胡萝卜 1/4 根、海苔丝 20 克、金针菇 50 克、干香菇 3 条、腌萝卜 10 克、白芝麻 15 克、姜丝 10 克、蒜茸 5 克、盐 5 克、香油 15 克、油 15 克、韩国甜辣酱 15 克。

做法：1.菠菜、黄豆芽、金针菇洗净，放入水中热，捞出。胡萝卜去皮切丝，香菇泡软后切丝，腌萝卜切丝；

2.将菠菜、金针菇分别加入适量白芝麻、盐拌匀。黄豆芽加入姜丝、蒜茸、适量盐和香油拌匀备用。

3.炒锅中加少许油，分别将胡萝卜丝和香菇丝炒熟盛出，再加入油打入鸡蛋，制成一面熟的煎蛋备用；

4.将石锅内壁均匀抹上香油后放在火上烧热，待香油起泡时加入白米饭，并在白米饭表面呈扇形铺上与之相伴的菠菜、黄豆芽、金针菇、香菇、胡萝卜丝、腌萝卜丝、海苔丝，最后将荷包蛋放在中心，待饭煮熟后，离火。

5.食用前，放上韩国甜辣酱，搅拌匀即可。

韩式烤牛肉：

主料：牛肉（里脊肉、牛肋间肉）500 克。

辅料：酱油 30 克、梨汁 30 克、白糖 15 克、葱 20 克、蒜 10 克、芝麻 10 克、香油 10 克、松子粉 5 克、胡椒粉 5 克。

做法：1.把里脊肉或肋肉切成薄片。将辅料拌成作料酱；

2.把作料酱放进肉中，并拌匀，放 30 分钟；

3.把肉放在烤架上烤热，最好在强火中烤熟；

4.盛在盘中撒上松子粉就可食用。

新加坡食谱

新加坡是由 63 个小岛组成的经济高度发达、风景秀丽的热带移民国家，亚洲"四小龙"之一。当地饮食习惯受我国广东、福建、海南和上海等地影响较深，口味偏淡，喜甜，大都喜欢饮茶。特色食品有咖喱鱼头、咖沙、米果汁、汽锅等。

咖喱鱼头：

材料：鱼头一个，咖喱种子 15 克，姜 10 克，蒜头 3 个，洋葱 2 个，咖喱酱 15 克，水一杯，羊角豆 300 克，番茄 3 个，红、青辣椒 6 个，咖喱叶 5 克，盐 5 克，糖 5 克，椰浆 1 杯，调和油 45 克。

做法：1.将鱼头洗净切块，蒸至初熟。

2.烧热油锅加油，倒入咖喱种子和姜以高温炒至种子爆开，再加入蒜头，咖喱酱炒出香味，再加入洋葱略炒，倒入椰浆一起煮。

3. 最后加入羊角豆，番茄，红、青辣椒，咖喱叶，水，盐和糖，再鱼头倒入锅里煨煮至煮熟。

咖喱鱼排：

材料：金枪鱼排 2 片，椰奶半杯，咖喱酱 15 克，糖 8 克，鱼露 5 克，红辣椒 10 条，酸橙叶 3 克。

做法：1 将平底锅放油加温，再倒入 45 克椰奶搅拌煮至沸腾。

2. 加入咖喱酱炒香。

3. 放入鱼排煎至快熟。

4. 用鱼露和糖调味。

5. 撒上酸橙叶与红辣椒，煮熟。

印度食谱

印度是四大文明古国之一。所有印度菜肴中，唯一的共同点是辣。70% 左右的印度人由于信仰因素是素食者，因此素菜在印度有着很高的地位。这也使素食者愿意花大量时间钻研素菜的学问，使得许多素菜比荤菜更为可口。在这个宗教气氛浓厚的国度里，饮食的精华在于素菜，只一道菜所用的调料就有几十种。将各种植物原料制成菜糊或酱，是印度菜的一大特色。就餐时，无论在外面餐馆或在家中，人们通常撒一块饼，蘸上菜糊，用豌豆、绿豆、红豆熬制成的酱食用。

印度的主食是膳饼，有烤和炸两种。炸成中空膨酥的麦饼再蘸上酸酸甜甜的芒果酱或咖喱泥入口，口感极佳。奶油煎饼揉入香奶油面团，涂各式口味泥末食之，外酥内软颇为可口。不喜喝汤的印度人，餐后来杯奶酪饮料。做法是将茶倒入牛奶，加上姜、糖、香料慢火煮两分钟，也可加炼乳。红茶是印度的一大特产，饮用时烧煮，并加入白糖和奶粉。

印度人对咖喱粉可谓情有独钟，在众多的印度菜肴中，用得最多、最普遍的调料还是咖喱粉。咖喱粉是用胡椒、黄姜、茴香等二十多种香料调制而成的一种香辣调料，呈黄色粉末状，分为重味、淡味两大类。黄咖喱、红咖喱和玛莎咖喱属重味，绿咖喱、白咖喱属淡味。

印度人通常一天吃两顿饭。第一餐是快到中午时，基本食品是米饭、家常饼，作料和两三碟菜用来蘸着食用。普通的佐餐品是青酸辣菜和香菜叶，先用饼，后用米饭。印度产有一种世界知名大米，米粒饱满纤长，质地松软，放多水煮不会黏糊，呈现出润泽的金黄色，味道浓香。

正餐以汤菜开始，稀薄咖喱，其余菜同时上，不分道上菜，正餐之外都有辅佐食物。最普通的是色拉和酸奶，正餐之后的甜食通常是冰淇淋、布丁和水果。

第二餐是在晚上9点以后。习惯西式生活的印度人，也开始一日三餐，每餐包括开胃菜、汤、主菜和甜点。

目前在正式场合，印度人开始用刀、叉吃饭，但是在私下，他们仍习惯用手抓饭。这是印度人长久以来的就餐习惯，饭前洗净手，进餐时用右手把菜卷在饼里，或用手把米饭和菜混在一起，然后拿起来送进嘴里。需注意，印度只用右手抓食物，左手绝对不用来触碰食物。用完餐，用小碗端来洗手水洗手。

印式咖喱饭：

印度可以说是咖喱的鼻祖，由于用料重，印度咖喱辣度强烈，口感浓郁。

材料：米饭300克、羊肉100克、葱1个、胡萝卜1个、土豆1个、青椒1个。

调料：姜末8克、咖喱粉8克、酱油5克、盐5克、鸡精3克；

做法：1. 在准备菜时，先将米饭煮上。将羊肉切成肉馅，洋葱、胡萝卜、土豆、青椒切成丁；

2. 炒锅倒入适量油，将羊肉馅倒入翻炒，加入适量酱油、盐；再将洋葱、胡萝卜、土豆入锅加适量咖喱粉，加水盖过菜煮至土豆与汤汁成糊状，放入适量味精，关火；

3. 根据人口数量，准备几个大盘子，将米饭盛入碗中，扣到盘子上，再将菜汁浇在米饭上就可食用。

澳大利亚食谱

澳大利亚是世界上唯一独占一个大陆的国家。它被社会学家比喻为"民族的拼盘"，已有来自120多个国家的移民到此谋生和发展，其中70%是英国与爱尔兰后裔。

澳大利亚盛产海鲜，乳类食品质量上乘，生产的葡萄酒享誉全球。饮食上以英式西菜为主，喜欢食用牛肉、羊肉、鸡、鸭、蛋、野味。菜要清淡，讲究花样，不食用辣味，注重菜品的质量、色彩。对中国菜颇感兴趣，许多澳洲居民都喜欢在周末邀上朋友和家人一起到中餐馆享用美食。

爱食用各种煎蛋、炒蛋、冷盘、火腿、虾、鱼、西红柿，西餐喜欢奶油烤鱼、炸大虾、什锦拼盘、烤西红柿，他们爱喝牛奶和啤酒，对咖啡很感兴趣。

杂果布丁：

材料：杂果（苹果、西瓜、甜瓜、杏、桃）250克、鸡蛋300克、鲜奶油50克、琼脂20克、白糖40克、葡萄酒10克。

做法：1. 将琼脂用凉水泡软、放入锅内、加适量清水，上火煮微沸后稍凉备用；

2. 将水果洗净，去皮切碎，加入白糖，再加入琼脂液与打成泡沫的蛋清，搅匀成布丁料；

3. 取盆，内侧抹上葡萄酒，内放布丁料，入冰箱冷冻；

4. 食用时，将鲜奶油打成泡沫，将布丁取出，奶油泡沫浇在上面即可。

木瓜椰奶

柠檬蟹肉汤：

材料：蟹肉200克、牛奶500克、葱头25克、芹菜25克、面粉15克、鲜奶油125克、黄油25克、砂糖15克、柠檬汁50克、雪利酒25克、红辣椒粉5克、精盐5克。

做法：1. 将葱头洗净切薄片，芹菜洗净切段备用；

2. 锅烧热后放入黄油，放入葱头，芹菜段炒到上色盛起；

3. 另起一锅，放入少许清水，撒入面粉调匀，加入砂糖、牛奶、红辣椒粉，用文火煮沸，放入葱丝、芹菜、蟹肉煮熟；

4. 加精盐、胡椒粉、柠檬汁、雪利酒调好口味煮沸即可。

行政总厨贺康铭、西餐厅总厨卡尔，以及营养师格瑞三人坐在飞往意大利首都罗马的飞机上。此行的目的，是学习意大利原汁原味的烹饪厨艺。

意大利位于欧洲南部地中海北岸，东、西、南三面临地中海的属海亚德里亚海、爱奥尼亚海和第勒尼安海，与突尼斯、马耳他、阿尔及利亚隔海相望。首都罗马是有着辉煌历史的文明古城，也是意大利的政治、经济、文化中心。下了飞机后，贺康铭等人入住位于奥日里亚路中心地带的公主酒店——客房宽敞，设施齐备，装饰简单但很舒适，餐厅提供各地美食和本地特产，距市中心只有三十分钟左右车程。

罗马有"三多"，雕塑多，教堂多，喷泉多。佛罗伦萨是意大利重要的旅游城市，市内的乌菲齐美术馆馆藏丰富，拥有达·芬奇、波提切利和米开朗琪罗的诸多作品。

贺康铭、卡尔、格瑞三人在空余时间，有幸到美术馆近距离欣赏文艺复兴时期的知名画作。如波提切利的《维纳斯的诞生》《春神》，达·芬奇的《天使报喜》。

在佛罗伦萨的一家餐馆，他们品尝到地道的意大利比萨饼。

贺康铭说："今天由卡尔来点比萨饼。"

格瑞说："对，这里是卡尔比较熟悉的欧式餐饮。"

卡尔说："那我就不客气了，我来为你们设计这道午餐。一个比萨看样子不够咱们吃，那就来两份比萨饼。先选一份四喜比萨，这个有各种不同的乳酪，让你们满口留香；再选个三文鱼比萨，色香味俱全，保你们食欲大开。喝什么饮料，酒还是果汁？不如少来点葡萄酒，你们看如何？"

贺康铭说："很好，我很满意，格瑞觉得呢？"

格瑞笑着说："好的，看样子味道不错，我们今天有口福了。"

不一会儿，服务生开始陆续上菜。

卡尔笑着说："你俩请慢用。"

意大利食谱

意大利被誉为"欧洲大陆烹饪之始祖"，影响着欧洲大部分地区的烹调技艺。意大利菜看注重原料本质、本色，成品力求保持原汁原味；调料多用番茄酱、酒类、柠檬、奶酪等。很多菜看烹制成六七成熟，比如，意式牛排有的要求鲜嫩带血，米饭、面条和通心粉也都要求有硬度。以米、面做菜，是意大利菜看最为显著的特点。

意大利菜按烹调方式的不同分成四个派系：北意大利菜系、中意大利菜系、南意大利菜系、小岛（西西里岛）菜系。

与大菜相比，意大利的面条、薄饼、米饭、肉肠和饮料，更加享誉世界。意大利面条又称通心粉，由铜造的模子压制而成。最著名的意大利通心粉有粗壳粉、蝴蝶结粉、鱼茸螺蛳粉、青豆汤粉、番茄酱粉，有白、红、黄、绿诸种颜色。由于外表凹凸不平，较容易沾上调味与酱料，食用起来味道更佳。

作为意大利面的法定原料，杜兰小麦是最硬质的小麦品种，具有高密度，高蛋白质，高筋度等特点，所以可以久煮不烂。

意大利面酱分为红酱、青酱、白酱和黑酱。

红酱主要是以番茄酱为主制成的酱汁，较为常见；

青酱以罗勒、松子、橄榄油制成，口味较为浓郁；白酱以无盐奶油为主料，主要用于海鲜类的意大利面；

黑酱是用墨鱼制成的酱汁。

比萨饼起源于意大利，却因美国人对其的钟爱，才得以风靡全球。1889 年，意大利国王昂伯托一世的妻子玛格丽塔王后到那不勒斯视察，要求餐馆老板拉斐尔·埃斯波西托为她准备一种特别的食品。

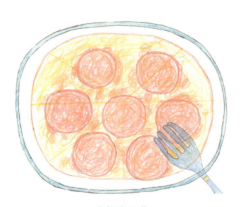

萨拉米比萨

茄子乳酪比萨

埃斯波西托用番茄作红色，用紫苏作绿色，并用一种以前从没用过的作料作白色——这就是用牛奶制成的莫扎里拉乳酪。事实证明，这种比萨饼深得王后的欢心，也受到埃斯波西托餐馆的常客们的欢迎。第二次世界大战后，比萨饼开始席卷美国。

意大利米饭也叫"沙利托"。一般将洋葱丁、牛油与大米同炒，边炒边加葡萄酒使之吸干入味，或是用豌豆、青菜、肉汤和大米同焖，口感香柔。意大利肉肠雅称"莎乐美"，外形类似擀面杖，切开以后香气四溢。

不管是在家里还是在餐厅，一顿正式的传统意大利式晚餐，会有四至五道菜式。

头盘有冷热两种，冷盘包括火腿香肠、色拉醋腌蔬菜。热盘大多是煎、炸菜式。

前菜是汤或意大利通心粉、烩饭，起开胃的作用；

主菜是海鲜或肉类，如玛格丽特比萨、什锦扒海鲜；

甜品通常在享用主菜后才点选；

通常最后一道是咖啡或茶。

冰激凌是意大利人发明的，并在 16 世纪由西西里岛的一位传教士改良，完善了制作技术。直到如今，西西里岛的冰激凌仍被认为是意大利最好的冰激凌。

番茄意大利面：

主料：意大利长面条 1 包 500 克、盐 6 克、橄榄油 15 克。

辅料(调味酱用料)：净芹菜叶 50 克、番茄 500 克、大蒜 5 瓣、洋葱 1/2 只、新鲜迷迭香叶 10 克、牛肉馅 500 克、干红葡萄酒 30 克、盐 5 克、牛肉精 15 克；

做法：1. 将番茄、芹菜、洋葱、大蒜切成粒；

2. 在锅中放橄榄油，将洋葱、迷迭香、大蒜加热，炒出香味后加入牛肉馅，调入干红酒和芹菜叶，番茄炒出汤后加入牛肉精。改用小火慢焖 2 小时后加入盐，即成调味酱。

3. 锅中加水煮开，放入长面条，煮 10 分钟后盛在盘中，浇上调味酱即可食用。

什锦海鲜比萨：

材料：本饼皮 1 份、番茄酱、乳酪、萨拉米（一种香肠）。

做法：1. 将饼皮撑开、压平；

2. 在上面均匀涂抹番茄酱；

3. 撒满乳酪丝；

4. 在比萨饼上铺上萨拉米；

5. 放入烤箱，10 分钟就可。

俄罗斯食谱

俄罗斯地跨亚欧大陆，是世界上面积最大的国家。在俄罗斯的餐桌上，最常见的就是各种肉类食品，几乎每餐都会有牛肉、羊肉、牛排、香肠等；主食以面包、馅饼为主。鱼子酱、罗宋汤是俄罗斯特色食品。欧洲人视鱼子酱为上等美食，其中又以俄罗斯产的为上品，分为灰（明太鱼）、红（鲑鱼）和黑（鲟鱼）3 种。灰的口味香，红的太腥、黑的最妙。

每逢节日和纪念日，馅饼作为一道重要的主食，都是俄罗斯人餐桌上必不可少的。

俄式三文鱼

俄式馅饼分为黄米类、荞麦米类和面类，形式多样。除常见的圆形，还有三角形、正方形、长方形，以及比萨式露馅形、半露馅形、封闭形等。馅饼的名字也很有趣，如古里耶夫斯基饼、卷心菜大馅饼、果酱大馅饼等。多数薄饼在食用时配以蜂蜜、草莓酱。

伏特加酒是俄罗斯民族性格的写照，伏特加词义是"可爱的水"，俄罗斯人对它情有独钟。伏特加与白兰地和威士忌，同称为世界三大烈酒。

俄罗斯人的早餐比较简单，主食一般是煎蛋、红肠、面包，饮料有红茶、咖啡、牛奶；午餐和晚餐喜爱食用肉饼、牛排、烤鸡等高脂肪的肉类食品，以及炸土豆，浓汤，冷菜丰富多样，有沙拉、香肠、奶酪、鱼冻等。此外，对中国菜十分欣赏，爱食用北京烤鸭。

午餐后，有一餐是喝茶或牛奶，食用各种类型的糕点。

酸奶和果子汁是妇女儿童喜爱的饮料。食用水果时，多不削皮，用餐时多用刀叉，用餐时只用盘子，而不用碗。俄罗斯在饮食习惯上讲究量大、实惠、油大味厚。

炸香蕉球：

材料：香蕉200克、鸡蛋1个、面粉50克、面包渣50克、盐1克、糖5克、橄榄油20克；

做法：1.将香蕉去皮切段，放入盐、糖入味，再蘸面粉、蛋液、面包渣备用。

2.煎盘中放入橄榄油烧热，放入香蕉煎至成熟就可装盘，蘸面包渣加茄汁沙司。

煎牛肉饼：

材料：牛肉馅 200 克、洋葱、西芹切碎各 5 克、面粉 50 克、面包渣 50 克、鸡蛋 2 个、盐 2 克、胡椒粉 2 克、橄榄油 20 克。

做法：1. 将牛肉馅加入洋葱、西芹、盐、胡椒粉、鸡蛋搅拌均匀；

2. 煎盘中放入橄榄油烧热，将拌好的牛肉馅做成饼，蘸面粉、蛋液、面包渣，放入煎盘中煎熟就可装盘食用。

英国食谱

英国在欧洲大陆西部，由大不列颠岛（包括英格兰、苏格兰、威尔士），爱尔兰东北部和一些小岛组成。"不列颠"在克尔特语中为"杂色多彩"之意。1066 年，法国的诺曼底公爵威廉继承英国王位，带来灿烂的法国和意大利饮食文化，为传统英国菜打下基础。

英国是绅士之国。讲究文明礼貌，注重修养，同时也要求别人对自己有礼貌。英国人的饮食式样简单，注重营养，但英式早餐却比较丰富，英式下午茶也是格外丰盛和精致。

早餐通常是麦片粥冲牛奶或一杯果汁，涂上黄油烤面包，香肠、火腿、鸡蛋外加一杯咖啡。

英国人的午餐较为简单，很多人会自带午饭上学或上班。通常就是一个三明治，附一包薯条，一份水果和一杯饮料。

典型的英式晚餐由肉和蔬菜组成，调料就是煮肉时的肉汤。

英国的畜牧业很发达，牛肉、羊肉较多。当地蔬菜主要有土豆、胡萝卜、豆类、卷心菜和洋葱。

正式的全套英国餐，上菜顺序是：餐前酒、前菜、汤、鱼、水果、肉类、乳酪、甜点、咖啡。

英国人普遍爱食用奶酪，煮过的，生的来者不拒。人们会在食用甜点以后，上一桌子咖啡、白兰地、波尔多葡萄酒等饮品。

英国普通家庭一日三餐，以午餐为正餐。阔绰人家则一日四餐：早餐、午餐、茶点和晚餐。

英国人普遍喜爱喝茶，"下午茶"几乎成为英国人的一种生活习惯。即使遇上开会，有时也会暂时休会而饮"下午茶"。英式下午茶也是格外丰盛，在杯里倒上冷牛奶或鲜柠檬汁，加点糖，再倒茶制成奶茶或柠檬茶，如果先倒茶后倒牛奶会被认为缺乏教养。他们还喜欢喝威士忌、苏打水、葡萄酒和香槟酒，有时也喝啤酒和烈性酒，彼此间不劝酒。

牛肉汉堡

在英国，"烤牛肉加约克郡布丁"被称为国菜。其主料是牛腰部的肉。先以鸡蛋加牛奶和面，再将面与牛肉、土豆一起放入烤箱中烤制而成。

英国传统的食品有派、布丁，都是由当时的撒克逊人传授下来的。现流行"牧羊人派"，是由牛肉、蔬菜、土豆加奶酪放进烤箱烤制而成，布丁是以蛋、面粉与牛奶制作而成。

炸鱼和土豆条是英国最传统的快餐，鱼主要有鳕鱼、鲽鱼，挂糊后再炸熟，配上同样炸好的土豆条，调料一般需自己加，在英国北部有人用一种加工好的豆子一起食用。

三明治是一种典型的由英国人发明的食品，将一些菜肴、鸡蛋和腊肠夹在两片面包之间食用。三明治从发源地传遍欧洲大陆，后来又传到了美国。如今的三明治，已开发了许多新品种，例如：夹牛肉、瑞士奶酪、泡菜，并用俄式浇头盖在黑面包上烤热食用的"劳本三明治"；夹鱼酱、黄瓜、水芹菜、番茄制成的"饮茶时专用的三明治"。

茄汁土豆牛扒：

材料：净牛外脊 500 克、葱头 100 克、胡萝卜 100 克、番茄 150 克、面粉 50 克、炸土豆条 500 克、食油 150 克、香叶 1 片、番茄酱 100 克、精盐 5 克、胡椒粉 5 克。

做法：1.将牛外脊洗净切成 10 片，抹上少许盐、胡椒粉，葱头洗净切丝，胡萝卜切片，番茄切块，备用；

2.把锅烧热倒入食油，放入沾过面粉的牛扒煎至黄色，捞出放入烤盘内；

3.用剩油将葱头、胡萝卜、香叶炒至黄色，加入番茄酱至呈红色，倒入牛肉清汤，番茄块用大火烧沸后，加入精盐调好口味浇在牛扒上，放入烤箱烤热；

    4.食用时配上炸土豆条即可。

英式炸鱼：

    材料：鱼肉350克、花生油80克、精盐5克、味精3克、料酒5克、发面（蒸馒头用）50克、面粉250克、碱水50克、葱5克、姜5克。

    做法:1.将鱼肉切成宽1厘米、长4厘米的条，用精盐、味精、料酒、葱、姜拌腌；

    2.将发面用少许温水匀开，再加清水，面粉拌成糊，静置发酵3小时。使用前加适量的花生油，碱水拌匀。将糊倒入鱼肉条中拌匀。

    3.锅中倒入花生油，烧至四五成熟，用筷子夹鱼条逐个放入锅内，待糊胀起，鱼条定型后捞出。再把油烧至八成熟，将炸过的鱼条全部再重炸一下，呈黄色捞出。

    4.可撒花椒盐食用，也可蘸番茄酱食用。

土豆松饼：

    材料：土豆400克、猪（或鸡、牛）肉馅200克、胡萝卜1根、香菜叶10克、鸡蛋2个、豆蔻2粒、白胡椒粉5克、盐10克、黄油15克、油300克。

    做法：1.将土豆、胡萝卜洗净，煮熟去皮，混合成泥糊状；

    2.将豆蔻磨成粉，香菜叶切碎；

    3.取稍大的汤盒，将土豆、胡萝卜泥、肉馅、黄油、香菜叶、豆蔻粉、白胡椒粉、盐放一起搅匀，做成饼状。

    4.把鸡蛋打散备用；

    5.油锅加热，将土豆饼裹一层蛋液，放入油锅炸熟，表面呈金黄色时，捞起沥干油。

    6.将炸好的土豆饼装盘，即可食用。

希腊食谱

希腊是欧洲文明古国。早在公元前 330 年，希腊美食家就写出了历史上第一部有关烹饪的书。希腊独特的地中海式风情，在各种美食中展露无遗，全麦面包、地中海蔬果、新鲜鱼类、羊肉、乳酪，具有浓郁香味的橄榄油、葡萄酒，以及外来香料，丰富了这个神话国度的饮食。

希腊饮食的特点，在于使用新鲜食材、调味料和橄榄油。温和的气候，孕育出味道鲜美的蔬果，如葡萄、桃子、草莓、西瓜。在地中海菜肴中常用的香料包括，百里香、紫苏、鼠尾草、荷兰薄荷。迷迭香可以泡在葡萄酒和橄榄油中，薄荷多用于色拉、奶酪、肉类菜肴的调味。

在希腊神话中，众神送给人类最宝贵的礼物是橄榄树。在古代的雅典奥运会上，获奖者的唯一奖品就是橄榄枝。由于橄榄树的生长受阳光、土壤以及气候条件的制约，世界上 95% 的橄榄树种植在地中海沿海国家。其中，希腊的名贵橄榄树最多，产出的橄榄油品质也更为优良。蔬菜生吃是当地一大特色，希腊人使用橄榄油、柠檬、香料和大蒜作调料，可以将蔬菜做成令人垂涎欲滴的美味。如番茄、茄子、洋葱、青椒、黄瓜、西洋芹、大蒜，都是入菜的好材料，可将营养和美味发挥到极致。

羊肉料理是希腊的特色美食。羊肉以各式香草、柠檬汁、橄榄油腌制而成，别具风味。

这里首推"羊肉派"，在烹调时，将碎羊肉、茄子、番茄层层叠上，加上派皮与羊奶酪烘烤而成，是一道令人胃口大开的主菜。

一顿典型的希腊大餐，包括一道热汤或葡萄酒，一道莴苣色拉，一道热的肉菜和海产品，加上一篮面包。上菜顺序为：前菜，色拉，主菜，甜点。

前菜相当丰富，有炸鱿鱼圈、葡萄叶卷肉、黄瓜优格、黄绿红彩椒、丝瓜塞肉丸子、炸淡菜、茄子泥、茄子镶肉、炸白鱼。在观光客菜式里，最常见的有茄子、碎肉脯、奶酪烤成的"慕莎卡"。

色拉中有新鲜的红番茄片、黄瓜片、青椒、叶菜、腌橄榄、羊奶酪，最后再淋上醋和橄榄油伴匀，用丁香末或荷兰芹充当香料。

希腊式的汉堡包"索瓦兰吉"一般是将薄肉片、生菜、番茄、洋葱和调味酱一同放在面饼里，再加黄瓜、酸奶酪、大蒜。

希腊人食用甜点的甜度令人叹为观止，很多甜点用油酥面皮，放入大量蜂蜜做成。饮后也会喝咖啡或冰激凌,有些希腊人,餐后食用核桃仁加着奶酪蜂蜜食用,被称作"奶酪蜂蜜核桃仁"。

希腊人生活在温暖的地中海沿海,传统健康的饮食方式在营养学界被称为"地中海式的饮食结构"。希腊重视蔬菜、全谷类、水果、豆类、坚果和鱼,每日摄入的热量又 40% 来自橄榄油和有利于健康的油脂。这种生活饮食习惯,不但可让人获得均衡的营养,还可以达到预防疾病的奇效。

煎茄子:

材料:圆茄子、牛肉馅、洋葱、番茄酱、芝士、奶油、香草、橄榄油;

做法:1.先将洋葱切成碎块与牛肉馅一同用橄榄油炒至半熟,加番茄酱、香草、调味料再炒八成熟;

2.将圆茄子切片用橄榄油煎到八成熟;

3.将已炒好的牛肉馅放在煎好的茄子片上,再铺一层茄子片和牛肉馅,在上面再铺一层奶油和芝士,然后放入烤箱中烤熟就可食用。

地中海蘑菇汤:

材料:新鲜白蘑菇 300 克、橄榄油 15 克、新鲜柠檬 1 只、熟白芝麻 5 克、葡萄 15 粒、香草 2 棵、味精 5 克、盐 5 克、白胡椒粉 5 克、意大利香草 5 克、白砂糖 10 克、白酒醋 15 克、番茄酱 30 克、白葡萄汁 15 克;

做法:1.蘑菇洗净,柠檬挤汁备用;

2.锅中放入橄榄油,柠檬汁和调味料,以小火煮开;

3.放入蘑菇、香菜、葡萄、以大火煮 8 分钟,

4.待凉后,放入冰箱冷藏;

5.食用时装盘,表面撒上熟白芝麻。

煎茄子

比利时食谱

比利时别称"西欧的十字路口"。首都是布鲁塞尔，有"欧洲首都"之称。典型的比利时菜肴：有炸牛排、海蚌和炸土豆条。

特产有奶油葡萄面包，以糖、米、奶酪为原料制成的馅饼，深受人们的喜爱。

早餐习惯喝牛奶、果汁用餐喜喝啤酒、白兰地，习惯餐前喝饮料，餐后喝咖啡。

有闻名世界的蛋糕，蛋奶、烤饼，品种多样。

比利时制作的巧克力，作为特产与瑞士巧克力齐名。

瑞士位于欧洲大陆中部，是一个内陆国家。瑞士人习惯欧式西餐，以面食为主，爱食用面包、烧卖，及香肠、牛肉等。讲究菜肴的色、香、味、形，注重菜肴的精烹细作，爱事用带甜味的食物，也喜欢米饭。瑞士人乐于食用类似于中国涮羊肉一样的菜肴，非常爱食用土豆，奶酪火锅是瑞士最具特色的。

伯尔尼是瑞士的首都。每年的 11 月第四个星期一举行"葱头节"，每到这一天，葱头摊遍布大街小巷，葱头摊上的造型都作精心的设计，葱头瓣、葱头项链深受女性的喜爱，葱头艺术品则是丰富多彩，各种葱头做成的动物，葱头少儿，葱头钟表各展风采。

伯尔尼是葱的世界，葱香弥漫在伯尔尼整个城市。

土耳其食谱

土耳其是一个横跨欧亚大陆的伊斯兰教国家，被称为"文明的摇篮"。有着悠久的历史，前后有 13 个不同文明的历史遗产，并在 15 至 16 世纪进入鼎盛时期。土耳其拥有变化万千的美食品种，菜肴以种类繁多、美味益寿而著称，与法国菜、中国菜同时并列为世界三大美食。土耳其同时也是清真菜系的代表之一。

肉类、蔬菜和豆类是土耳其菜系的主要原料，而肉类又以牛、羊、鸡肉为主。菜喜用番茄、青椒、酸奶和香料，并且大部菜都用蔬菜、肉末制成，味道浓郁鲜香。

在土耳其菜中，最先诚心推荐的一定是"卡八"（土耳其烤肉）。

梅泽是指前菜的意思，种类繁多，有鱼类、肉类和蔬菜，可以是冷菜，也可以是温菜品，共同点是多浇上香浓地道的橄榄油或番茄和茄子汁。蔬菜是代表性的季节色拉"萨拉特"用的都是新鲜的红薯、小黄瓜，在淋上土耳其自产的橄榄油，清香爽口，土耳其的番茄口感极佳，多汁又软硬适度，是首选的蔬果。

土耳其菜以清真菜为代表，被土耳其菜滋养的土耳其人体格强壮，身体略胖。

土耳其的正餐包括早餐，中餐和晚餐，有些地方为四餐。

早餐以奶酪、橄榄、面包、鸡蛋和果酱，饮料是茶。还有香肠、番茄、黄瓜。

午餐是顿菜、汤和色拉。

晚餐是唯一的一顿全家人都能坐在一起吃的饭。有汤、主菜、色拉和餐后甜点。是准备最精心，最丰盛的一顿饭。

什锦土豆：

材料：土豆 450 克，黄瓜一根，甜玉米粒 30 克，豌豆 30 克，黄油 15 克，色拉酱 30 克，生菜 15 克，红菜椒 2 个，洋葱 2 个，盐 5 克，胡椒粉 2 克。

做法：

1. 土豆去皮切块，黄瓜切丁与甜玉米粒和豌豆放在一起。

2. 红菜椒洗净切条，洋葱剥皮切成条。

3. 土豆切块蒸熟碾成土豆泥。

4. 黄油放入锅中加热融化，放入黄瓜，豌豆，甜玉米粒翻炒，再加入土豆泥，随后调入色拉酱，盐和胡椒粉搅拌均匀。

5. 将土豆泥做成可爱的小圆饼，放入盘中，最后撒上生菜,洋葱,红菜椒。

地中海色拉：

材料：番茄酱，金枪鱼罐头，洋葱，鸡蛋，橄榄油，苹果醋，胡萝卜，圆白菜，紫甘蓝，芥末酱，黑胡椒，盐。

做法：1. 洋葱洗净切块，鸡蛋煮熟切块。

2. 将番茄酱，金枪鱼，洋葱块，鸡蛋块，混合加入橄榄油，黑胡椒，苹果醋，盐调匀放在盘中间。

3. 将胡萝卜，圆白菜，紫甘蓝洗净切块，加入芥末酱，黑胡椒，盐调匀后放在盘边。

沙特阿拉伯，沙特在阿拉伯语中意为"幸福的沙漠"，别称"世界石油王国"，石油的储量与产量均居世界之首。饮食按穆斯林教的风格，以牛、羊肉为上品，忌食猪肉。

根据穆斯林的教规，在沙特阿拉伯严禁饮酒。

沙特阿拉伯多用手抓饭，招待客人多用西餐。

埃及食谱

埃及别称"金字塔之国"，也称"棉花之国"。主食面包、米饭，荤菜有牛、羊肉。素菜有洋葱、黄瓜。

埃及人都遵守伊斯兰教规,忌喝酒。

喜欢喝红茶,又爱喝一种加入薄荷、冰糖、柠檬的绿茶，认为是解渴提神的佳品。

埃及人对酸菜情有独钟,酸菜开胃,助消化,受到埃及人的重视。蚕豆是埃及人每天不可缺的食物,几乎成了埃及国菜。蚕豆通常有两种做法,炸蚕豆饼和焖蚕豆。

菠菜汤

南非别称"黄金之国",南非的当地人平时以西餐为主,经常食用牛肉，鸡肉和面包。爱喝咖啡与红茶,爱食用熟食。

主食是玉米、薯类、豆类。

鸵鸟肉是南非人家庭餐桌上常见的美味。

南非著名饮料是如宝茶。

加拿大食谱

加拿大在北美洲北部,素有"枫叶之国"的美誉。

加拿大海岸线很长,海产品很多,有鳕鱼、鲑鱼、鲭鱼、龙虾、扇贝,品种繁多。在这许多知名的海鲜中，三文鱼是深海鱼中的大牌,堪称"冰海之皇"。

加拿大有一道著名菜品"枫糖煎三文鱼"。三文鱼先用胡椒,肉桂粉腌制,煎熟,配上绵绵的薯蓉和蔬菜丝,再淋上枫糖而成。

一份菜里蛋白质、淀粉、维生素、纤维质一应俱全,而枫糖特有的树木清香也融入菜中。

加拿大的烹调主要为西餐,喜食牛肉、鱼、西红柿、洋葱、土豆、黄瓜,奶酪、黄油必不可少,调料爱用番茄酱，黄油。

他们有喝白兰地、香槟酒的嗜好。

加拿大人,一日三餐,早餐比较简单,主要有烤面包、鸡蛋、咸肉、牛奶、果汁、

麦片粥、玉米粥。

午餐带饭或用快餐，也比较简单。一般有三明治、饮料、水果。晚餐是正餐，比较丰盛。主食为鸡、牛肉、鱼、猪排、辅以土豆、胡萝卜、豆角、面包、牛奶、饮料、喜欢用青汤。

上午十时和下午三时，喝些咖啡和茶，点心，有苹果馅饼，香桃馅饼。

加拿大人喜欢食用中国的江苏菜、上海菜、山东菜。

加拿大人的生活习性，包含英、法、美三国人的特点。

有英国人的含蓄，法国人的明朗，美国人的无拘无束。他们热情好客，待人诚恳。

烩土豆：

材料：土豆 500 克、番茄 200 克、洋葱 100 克、鸡汤 400 克、蒜头 3 瓣、百里香 1 棵、月桂叶 1 片、黄油 50 克、精盐 6 克、胡椒粉 4 克；

做法：1. 土豆洗净削皮，切成 1.5 厘米长的块；

2. 洋葱切成薄片，蒜瓣去皮剁碎，番茄切开；

3. 在烤盘内刷上黄油，放入土豆、洋葱、蒜、番茄、精盐和胡椒粉，拌匀后加入鸡汤；

4. 将烤盘放进烤箱烘烧约 1 小时，直至土豆色泽金黄，鸡汤蒸浓稠，即可上桌食用。

柠檬鲑鱼：

材料：新鲜鲑鱼 300 克、新鲜柠檬 15 克、洋葱丝 5 克、酸豆 5 克、蘑菇 5 克、精盐 4 克、黑胡椒 4 克、橄榄油 15 克；

做法：1. 在鲑鱼上撒上少许盐和胡椒粉；

2. 将橄榄油倒入锅中；

3. 把洋葱丝及蘑菇片放入锅中炒匀；

4. 将炒好的洋葱，蘑菇片放在盘中，再将鲑鱼用油在锅中微煎放入盘中，放入烤箱烤熟，食用前挤上少许柠檬汁即可食用。

巴西食谱

巴西在葡萄牙语中，该词为"红木"之意。巴西是咖啡、甘蔗、柑橘产量居世界第一，可可产量居世界第二。巴西是欧、亚、非移民会集之地。饮食习惯深受移民国影响，所以各地习惯不一，极具地方特点。

巴西人以大米为主食，喜欢在油炒饭上撒上类似马铃薯的蓄芋粉，再加上豆子一起食用。

巴西有名的菜肴，豆子炖肉，烤肉是最为常见的风味菜。

巴西烧烤发源于巴西南部，相传当地以放牧为生的高卓人经常聚集在篝火旁，烘烤大块的牛肉分而食之。这种烧烤方法传播开来，烤肉就成为巴西独特的美食。

烤牛肉是巴西上层宴会的一品国菜，也是民间最受欢迎的一道菜。讲究菜肴量少而精，注重菜肴的营养成分，喜爱牛羊肉、猪肉、鸡肉和各种水产品。

喜欢番茄、白菜、黄瓜、辣椒、土豆、洋葱各种蔬菜。

调料喜用棕榈油、胡椒粉、辣椒粉。

巴西菜口味很重，传统菜以麻辣出名。

巴西人平常主要用欧式西餐。礼仪则没有欧洲那么严格，以热情礼貌著称的巴西人都喜欢开玩笑，就餐时气氛也很随意，他们用手拿食物时都用餐巾。

巴西是世界上最大的咖啡消费国之一，还有人爱喝马黛茶。

巴西烤肉：

主料：牛肉500克、橄榄油300克；

辅料：姜10克、蒜10克、洋葱汁200克、香粉15克（八角、桂皮、小茴香、丁香草果、香果、孜然）料酒5克、食盐8克、味精5克、胡椒5克、辣椒水50克、蜂糖10克、花椒5克；

做法：1.将牛肉切成50克左右的大块，放以上调料里腌制6小时；

2.把肉穿在烤肉棍上，放在明炉灶上架上烤制，烤的过程要多刷几次油，不断翻动，以保持肉的滋润和水分的过度蒸发；

3.在肉表面刷一些调稀的蜂蜜再烤一下就可。上桌前先用刀片将肉表面的酥香表皮切下来，然后再放在烤炉上继续烤制，一直重复这道工序，直到用完为止。

烧排骨：

材料：净排骨 500 克、马铃薯 300 克、茄汁 35 克、精盐 8 克、白糖 10 克、味精 5 克、糖醋汁 5 克、料酒 8 克、淀粉 8 克、高汤 2 杯、花生油 1000 克；

做法：1.将马铃薯去皮，切成菱形薯片，用七成热油炸成金黄色捞起待用；

2.将排骨切成段，沾上淀粉，放入锅内炸成金黄色；

3.锅里放少许油，放入蒜蓉、排骨、酒，加入高汤，调入精盐、味精、糖醋汁，煮至九成熟时，再加入炸过的马铃薯装盘即可。

饭店的西餐厅在各种油画、灯饰的装饰下尽显欧式格调，客人们都在安静地用餐。格瑞从此间穿过，来到西餐厨房——厨师们都在各自餐台前忙碌着，总厨卡尔先生也不例外。格瑞上前打招呼。

格瑞说："Hello，卡尔先生，很高兴又见到你。"

卡尔笑着说："你好，真高兴见到你。"

格瑞笑着说："你在做什么美味佳肴？"

卡尔说："我在准备总经理午餐，听说菜单是你最新设计的。"

格瑞说："是的。是行政总厨拿给您的？"

卡尔说："对，前几天给我的，安排在今天开始执行。"

格瑞说："总经理邀请你一起用餐了吗？"

卡尔说："是的，还有行政总厨。"

格瑞说："准备得怎么样，食品的原料都有吗？"

卡尔说："之前就准备好了。"

格瑞说："那好，一会儿尝尝你们的厨艺，我们待会儿见。"

稍后，总经理米洋邀请行政总厨贺康铭、西餐总厨卡尔，以及其他几位饭店高层在西餐厅用餐。服务员按照西餐的用餐习惯上菜。

冷盘：蔬菜色拉、水果色拉各一盘；

热汤：地中海蘑菇汤、中式甜汤、奶油芦笋汤；

主菜：德式白菜焖香肠、英式炸鱼、美式菠萝牛排、西式烧沙丁鱼、澳式杂果布丁、加式柠檬鲑鱼、俄式炸香蕉球、法式咖喱奶油虾卷；

主食：俄式煎牛肉饼五份、意式三文鱼比萨三份、意式茄子乳酪比萨四份；

水果：各种水果两盘；

果汁：香蕉柳橙汁、梨子柚汁、苹果蜂蜜汁、菠萝葡萄汁、橘子蜜桃汁、樱桃柠檬汁；

酒类：法国红、白葡萄酒；

甜点：香酥饼、小蛋糕、奶油蛋糕、印式咖喱角；

咖啡：美式咖啡。

大家边品尝美味的食物，边低声交谈。每个人都面带笑容，喜气洋洋。显然，这是一次成功的、团结了各部门的聚会。

康乐，顾名思义即健身与娱乐，指满足人们健康和娱乐需求的一系列活动。

周末，在饭店的康乐中心室内模拟高尔夫球场，总经理米洋、西餐总厨卡尔、康乐部经理邢彬、总经理助理小张、公关部经理沈艳几人在打球。卡尔技术超高，与米洋不相上下。他俩轮换着在球场上，展现各自的进球技能，沈艳和小张在一边笑着为他们喝彩。高尔夫球场的气氛热闹又轻松，人们在休闲、运动、娱乐时，精神总是最愉悦的。格瑞因饭店国庆、中秋双节活动的事，找沈艳谈有关事宜。

邢彬递给格瑞高尔夫球杆："格瑞来打两球，看看你的球打得如何。"

格瑞说："我平时很少打这类球，还是看你们打。"

沈艳说："既然来了，就打几球玩玩。"

米洋过来给她作个示范动作。

格瑞拿起球杆说："那好，我来试试。"

她打了几球后，对沈艳说："咱们还是继续说双节活动的事儿。"

国庆中秋假期即将来临，饭店准备推出一系列活动。格瑞谈了一些想法，主要工作需公关部负责。同时，她还为饭店员工专门设计了一份节日菜单。

她拿给中餐总厨方先生，对他说："辛苦你们了。"

方先生说："没关系，我们已经习惯了。"

格瑞说："那就由劳各位厨师。"

人类从饮食中摄取各类营养，维持人体各项功能的正常运转，从而使身体健康，达到延长生命的目的。膳食结构和营养状况反映了一个国家的综合国力水平，以及人们的生活习惯。营养学家指出，不合理的膳食结构和生活方式是导致某些慢性病的主要原因。人们应通过适当调整，使膳食结构向更健康的方向发展。

当今世界，膳食结构大体可分为四种类型。

1.动、植物性食物比较均衡的膳食结构。以日本为代表，膳食结构较为合理，能量、蛋白质、脂肪摄入量基本符合营养要求。来自于植物性食物的膳食纤维和来自于动物性食物的营养素如铁、钙等比较充足，海产品摄入量较大，动物脂肪不高，有利于避免营养缺乏或营养过剩性疾病。日本膳食结构的一大优势是，海产品提供的蛋白质占动物蛋白质摄入量的50%。

2.以动物性食物为主的膳食结构，又称高能量、高脂肪、高蛋白质的膳食结构。以欧美发达国家为代表，谷物摄入少，低膳食纤维，属于营养过剩的膳食。优点是某些矿物质和维生素丰富；缺点是容易引发营养过剩疾病。营养缺乏和营养过剩是人类面临的营养方面的双重问题。人们通常只注意营养缺乏，实际上营养过剩所引发的健康问题，同样需引起人们的重视。"三高人群"正是由于膳食结构的不合理而导致机体营养过剩造成的。

3.以植物性食物为主的膳食结构，是多数发展中国家的膳食模式。优点是膳食纤维充足，有利于预防高脂血症和冠心病；缺点是低脂肪、低蛋白质，来自于动物性的营养素如铁、钙、维生素摄入不足，导致人的体质较弱，易患营养缺乏性疾病。

4.地中海膳食结构，是地中海地区居民特有的膳食模式，以意大利、希腊为代表。该地区居民平均寿命长，世界三大疾病（心脑血管、肿瘤、老年痴呆症）发病率低。这一发现引起了各国营养学家对该地区饮食习惯的关注。

主要特点是膳食中植物性食物所占比例大，动物性食物消费量较少，食物呈多样化，包括水果、蔬菜、薯类、谷类、豆类食物的新鲜度较高。食用油以橄榄油为主，能量的摄入和膳食中各种营养所占比例较为合理，大部分成年人有饮用葡萄酒的习惯。

膳食结构类型与人类健康的关系十分密切，调整膳食结构，保持合理饮食是人类健康最基本的措施。

我国是以优质植物蛋白为主要膳食蛋白质的传统饮食文化，祖先们很早就提出了膳食平衡的概念：五谷为养、五果为助、五畜为益、五菜为充。可以概括为，膳食必须具有多种营养素，比例要适合，调配需合理，膳食要平衡。

目前，我国膳食结构的调整方针是，"稳定粮食、保证蔬菜、增加乳类、调整肉类"。目的是保持我国膳食以植物性食物为主，动物性食物为辅的基本特点，保证膳食的质量。

　　谷类是主食，是养生之本。适量摄入蔬菜，调解体内酸碱平衡。乳制品是膳食中营养最为丰富的食物种类之一，增加乳制品的摄入量，可提高全民族的体质。调整猪肉、禽肉、鱼肉的比例，对居民健康非常有利。

　　营养配餐，是根据食物中各种营养物质的含量，也就是按人身体的需要，设计一周或一个月的营养食谱，使人体摄入的蛋白质、脂肪、碳水化合物、维生素、矿物质等几大营养素比例合理，从而达到平衡膳食、合理营养、促进人体健康的目的。国外营养配餐发展较早，我国开始于20世纪90年代。十多年来，营养配餐越来越受到人们的重视，各种专业营养配餐公司应运而生。

清炖狮子头

　　人体健康指的是不仅是没有疾病的存在，还包括具有良好的工作状态和身心健康，以及对各种环境的适应能力。人体所需的能量主要来自食物。为了维持生命和从事各项脑力、体力活动，必须从各种食物中获取能量以满足机体运行，不仅体力活动需要能量，机体处于安静时，也需能量来维持体内各器官的正常生理活动。营养配餐时通过合理的营养，科学的饮食，使食物中的营养素，提供给人体一个恰到好处的量，而这个"量"既要避免某些营养素的缺乏，又不会使人体摄入过多而引起营养过剩。

　　通过编制设计营养食谱，可指导餐饮管理人员有计划地管理膳食，这也有助于家庭有计划地管理家庭膳食。

　　根据膳食营养学的原则，营养食谱设计需遵循膳食指南原则，对食物种类和数量进行合理选择，再用直观简单的方式表达出来。将各类平衡膳食的原则，转变成各类食物的量，便于人们理解和在日常生活中很好地运用。

　　食物的营养价值是指食物所包含各类营养素和能量，是否能满足人体营养需求的程度。营养价值的高低不仅取决于食物所含的营养素种类、数量和比例是否合适，还与人体中被消化、吸收和利用的程度有关。评价食物营养价值的指标很多，常见的指标有：营养质量的指数、能量的密度、食物的利用率、食物的血糖指数、食物抗氧化能力。

营养密度：是指食物中以单位能量为基础，所包含重要营养素的浓度。乳制品和肉类所提供的营养素既多又好，因而营养密度较高。

平衡膳食：是指膳食中所含营养素不仅种类齐全，数量充足，既能满足机体生理需要，又可避免因营养素比例不当，某种营养素缺乏或过剩所引起的营养失调。

传统的菜品，主料和配料比例是 4：1 或 3：1，最高为 2：1，由于主料都是动物性原料，属酸性食物，照此比例配食，酸碱性并不平衡。解决菜肴的酸碱平衡问题，必须搭配足量的蔬菜即碱性食物。

科学计算，恰当安排主料与配料的比例，以酸碱平衡为目的开发新菜品是营养设计师的重要任务。食物多样性是营养设计师设计菜肴时，需考虑的重点，核心内容是食必适量，养、防结合。

我国幅员辽阔，人口众多，饮食文化源远流长。人们的饮食习俗不同，了解这些饮食习俗，用以指导科学配餐，是营养设计师需具备的基本知识。

华北地区，以面食为主食，如馒头、面条、烙饼、饺子、馅饼等。居民口味较重，食盐摄入量较高。喜食葱、姜、蒜，是有利健康的好习惯。天津人喜微甜，山西人喜微酸、辣，内蒙古喜酸辣口味。内蒙古地区饮酒过量，是营养配餐中值得注意的问题。

东北地区相当一部分人来自山东，延续了"口重"的习惯，在营养配餐中应予高度重视，加大蔬菜的摄入量。

华东地区，爱食用大米，面食只作为点心和调剂早餐食用，多喜欢食用鱼虾和新鲜蔬菜。口味清淡，略甜，配餐时应掌握地域特点，予以适当调整。

华中地区，以大米为主食，早餐用面点，口味注重酸辣。蔬菜摄入量较高，基本符合平衡膳食。

两广地区，饮食讲究清鲜，喜食海鲜、甜品。口味微辣，重视早茶、消夜。

西南地区，以大米为主食，面食与各类糕点种类繁多，川菜注重调味，有百菜百味之美誉。

西北地区，居民习惯一天两餐，以面食为主，喜欢食用羊肉与拉面，饺子为节日佳品。蔬菜的摄入量较低，有饮用高度白酒的习惯。

再来说说营养配餐的十大平衡理论，平衡又分为生理平衡与食物平衡。

生理平衡包括：人体酸碱平衡，饥与饱的平衡，摄入与排出的平衡，动与静的平衡，情绪与食欲的平衡。

食物平衡包括：食物酸碱平衡，主食与副食平衡，粗与细的平衡，干与稀的平衡，荤与素的平衡，冷与热的平衡。

饮食文化讲究色、香、味俱全，其中"色"排在首位。这里所说的"色"指食物的色泽，如苹果的绿色、番茄的红色、南瓜的黄色。食物颜色与外观，不是食物最重要的衡量标准，却是主要的质量评价指标。消费者对食物最直接的感觉就是外观，即食物的"色与形"。食品的生产者可以根据食物色与形的特点，生产出最营养、最安全、最价廉的食品，同时又能引起人们的食欲，达到食疗同济，色、香、味、养齐全的目的。

人的一生可分不同阶段，不同年龄、性别、生理特点，营养需要也不同。在特定生理阶段，在膳食营养上需做出必要的补充与调整，以满足营养需要，促进健康，防止营养性疾病的发生。这就需做到营养配餐的科学合理，需要一系列营养理论为指导，同时这又是一项实践性很强的工作。

孕妇从妊娠开始到哺乳期结束，由于分娩及分泌乳汁的需要，对多种营养素的需要大幅提高，必须供给充足的蛋白质、脂肪、碳水化合物、矿物质、维生素食物。

每天可用五餐，最好持续到断乳为止。一般女性产后第一个月的饮食都很好，以后就按常规进食，这样会影响乳汁的质量。如条件许可，乳母应每天食用以下食物：牛乳 500 克、蛋类 200 克、肉类 200～300 克、新鲜蔬菜 400 克、烹调用油 20 克、谷类 450～500 克。我国北方产妇多食鸡蛋、红糖、小米和芝麻，南方提倡多食用猪蹄煮汤，都是符合营养原则的。

婴儿期是指人出生到满一周岁前这段时期。婴儿时期的喂养很重要，关系着婴儿的生长和发育。近年来世界各国都提倡母乳喂养，通常婴儿喂养分母乳喂养、混合喂养和人工喂养 3 种形式。

幼儿期指 1 岁至 3 岁这段时间，是人体生长发育和智力发育的重要时期。断乳以后的幼儿已能适应多种食物，但咀嚼力和消化力仍未完全成熟，按照幼儿营养需要，对其膳食仍需细心照顾。需特别注意富含蛋白质和维生素食物供养。

学龄前儿童指 3～6 岁的儿童。学龄前儿童仍处于生长发育阶段，单位体重的能量与营养素需求高于成年人。饮食要定时，除三顿主食外、上午 10 时，下

午 4 时可各加一餐。

　　小学学龄期儿童指 6～12 岁儿童。体重增长平稳，智力发育增快，体力活动增大，处于青春发育期。饮食要定时，除三顿主食外，上午 10 时、下午 4 时可各加餐。

　　中学学龄期指 13～18 岁青少年。这阶段正值青春期，女孩子体重增长高峰在 12～15 岁，男孩子一般在 15 岁时达到最高峰。这时期营养的供给必须根据青少年生理特点予以保证。

　　大学学期是脑力劳动的高峰期，学校的校院食堂，需注意饮食的多样性，经常调配食品的花样，以确保米、面、菜的色、香、味俱全。大学时期自由活动时间相对较多，学生应适量运动，这样可以调节因用脑过度引起的不适，从而圆满完成学业。

　　青年期，应根据个体性别、年龄、身体状况、劳动强度、所处工作环境的不同，来制定膳食摄入平衡的原则。

　　中年期，WHO 的年龄划分标准认为 45～70 岁称为中年，该年龄段人群担负着重要的社会劳动。合理营养对于他们来说是至关重要。随着年龄的增长，应适量减少能量的摄入，45～50 岁减少 5%，50～59 岁减少 10%，以维持标准体重为原则。

　　老年期以 70～80 岁为老年，80～89 岁为高龄，90 岁以上为长寿老人。衡量能量摄入是否合理，可以用测量体重的方法，如保持恒定理想的体重，就表示能量摄入较平衡。

小贴士

　　节假日期间，面对各种美食，很难控制自己食欲，这里介绍几个对抗脂肪过剩的妙招：

　　1. 餐前照照镜子。美国研究者发现，在就餐前喜欢照镜子的人，比不照镜子的人选择食物脂肪含量要低。结论是就餐时多想想自己的体型，人们就会比较容易放弃不良的饮食嗜好，达到减肥的目的。

　　2. 控制脂肪摄入量。节日的饮食，比平时更易摄入多余的脂肪。每天摄取脂肪超过 80 克容易发胖，应降至 40 ～ 50 克较为宜。

　　3. 允许零食。节日里佳人聚在一起看电视，解馋的最佳零食应该是含量较低脂肪和卡路里的食品。

　　4. 研究人员发现，身心高度负荷会让人更容易发胖，因此，节日也应注意休息。

　　5. 喝水可不要等到口渴时才喝，最好隔一小时喝一杯水。这样就促进新陈代谢，帮助人体燃烧掉更多脂肪。喝水最好喝冰镇水，为提高体温而消耗热量，节日期间应控制饮食的摄入量，这样的好习惯更应长久坚持。

　　6. 吃调配制成的燕麦糊。制作方法十分简单，将燕麦片加入低脂牛奶或酸奶，并加入水果丁、葡萄干、核桃仁，搅拌就可食用。

　　7. 含巧克力解馋，从一包巧克力中取出一小块，惬意躺在沙发上，将巧克力静静地含在口中，细细地品尝其中的美妙滋味，减缓进食的速度，也能起到节食的作用。

　　8. 边听音乐边就餐，进餐时，仔细品尝菜肴的美味，要细嚼慢咽。这样就可以用的少一些。最好是边就餐边听轻音乐，合着音乐的节拍，放慢咀嚼的"节奏"。

　　9. 改改习惯，用左手拿筷子夹菜，这样自然而然就会放慢进食速度了，想想看，全家人都换个手用餐，一定很有趣。

　　设计个性菜单是营养师的强项。

个性菜单 1

　　有人说：性格决定命运。很多人也许不知道，食用不同的食物可以改变人的性格。

　　内向的人，应多食用碱性食物，多喝果汁，少量饮一点酒。胆小的人，多补充维生素 A、B、C，主食多加粗粮。

　　粗心大意的人，应补充维生素 C、A，少食用酸性食物。

性子暴躁的人，应多食用素食，减少盐、酒的摄取，多食用乳制品、海产品，同时食用维生素B丰富的食物。

敏感多疑的人，饮食上往往缺锌，动物食品中锌含量丰富，多食用乳制品，多喝牛奶。

话多的人，多食用豆类、牛奶、蜂蜜。

固执的人，多食用鱼，绿色、黄色蔬菜，少碰过咸的食物，坚持定时用好早餐。

软弱的人，多食用维生素B丰富的食物，节制甜食，甜饮料。

花心的人，多食用蔬菜，水果，少食用肉类食物。

小贴士

人的性格由遗传基因决定，这是有科学根据的。食用不同的食物只是调整性格的方法之一。

个性菜单2

水果的甜美能给人们带来好的心情，而低热量又为我们的好身材做出了切实的保证。怎么在一周内用水果保持好身材与好美妙的心情呢？看看有心人士推荐的水果七彩心情：

周一：木瓜与热情洋溢的橙

带着激情工作了一天，来不及补充营养，但又不能亏待自己。那就用木瓜做一杯"橙色心情"吧。据说众多美女明星都是通过食用木瓜丰胸或减肥的。木瓜含有木瓜醇素，可分解蛋白质、糖类，还可分解脂肪除赘肉。

周二：蓝莓可成就婴儿般清澈的眼睛

很多人每天对着电脑，用眼过度，经常食用热量低、含丰富果酸的蓝莓，可有效缓解眼部疲劳，并且对减下半身肥胖很有帮助。

周三：番茄热烈而有丰富的红

一周的中间，来点儿振奋人心的红。番茄含丰富的维生素和矿物质，高维生素低热量，能促进体内脂肪代谢，丰富的果胶与食物纤维，会让人有饱足感。

周四：猕猴桃可成就环保的绿

猕猴桃酸甜可口，营养丰富，含水量大，热量低，美肤瘦身，一举两得。中医认为，猕猴桃有辅助治肥胖症的功效，利水润肺，健脾胃。浓浓的绿色，既养眼又养心。

周五：香蕉可让你打起精神的黄

休息后即将开始又一周的忙碌，用甜蜜的香蕉给自己补充能量。一根香蕉的热量约为 87 卡，还能调理肠胃。此外，香蕉对缓解便秘有很好的效果，配上果汁，效果更好。

周六：青红苹果可让你如少女般苗条又年轻

食用苹果能减少血液中的胆固醇含量，还能调理肠道运动。用富含果胶与食物纤维的苹果，给你的肠子洗洗澡吧！

周末：葡萄般华丽的紫

葡萄酒之所以能美容抗老，就是因为葡萄皮中的丹宁酸。用葡萄来对抗神经衰弱和过度疲劳有显著功效。医学专家研究发现，女性每天食用十来颗含有大量维生素的新鲜葡萄，既能达到减肥目的，又有利于心血管健康。

个性菜单 3

维生素 C 是人体所需微量元素中最重要的，需专门提出来说明。

维生素 C 是一种人体自身无法合成的水溶性维生素，只能从膳食中摄取。新鲜的蔬菜、水果是它的主要来源。作用主要有以下几点：

促进胶原合成：维生素 C 缺乏时，胶原合成障碍，从而导致坏血病。

促进类固醇羟化：高胆固醇患者，应补给足量的维生素 C。

促进有机物或毒物羟化解毒：维生素 C 能提升混合功能氧化酶的活性，增强药物或毒物的解毒（羟化）过程。

促进抗体形成：高浓度的维生素 C 有助于食物蛋白质中的胱氨酸还原为半胱氨酸，进而合成抗体。

促进铁的吸收：维生素 C 能使难以吸收的三价铁还原为易于吸收的二价铁，从而促进铁的吸收，是治疗贫血的重要辅助药物。

促进四氢叶酸形成：维生素 C 能促进叶酸还原为四氢叶酸后发挥作用，故对巨幼红细胞性贫血也有一定疗效。

维持巯基酶的活性。

解毒：体内补充大量的维生素 C 后，可以缓解铅、汞、镉、砷等重金属对机体的毒害作用。

预防癌症：许多研究证明维生素 C 可以阻断致癌物 N- 亚硝基化合物合成，预防癌症。

清除自由基：维生素C可清除体内超负氧离子、羟自由基、有机自由基和有机过氧基等自由基。

美国联邦政府主持的一项研究认为，每天最理想的维生素C摄入量是100毫克，成人每天需摄入50～100毫克。相当于半个石榴，或75克辣椒、2个猕猴桃、150克草莓、1个柚子、半个木瓜、150克菜花、200毫升橙汁。

表面上看，天然维生素C与合成维生素C结构和活性都是一样的，但是，富含维生素C的天然食物中，往往同时存在维生素P，能协助维生素C更好地被人体吸收并发挥作用。天然维生素C无副作用，而合成维生素C长期服用易在体内形成肾脏草酸盐结石。

小贴士

美容专家推荐的内服方法是，早晚饭后一粒维生素C，午饭后一粒维生素E。

个性菜单4

人体本来具有自洁、自愈的能力，充满生机的食物能最大限度地帮助身体发挥这种功能。优质的营养素不会产生任何消化负担，几乎全部转化为人体的能量，帮助人体排出毒素。有机饮食生活倡导的是低糖、低脂肪、低能量；减少农药、化肥和添加剂等化学品的危害。补充全面的营养素特别是微量元素与维生素的正确做法是，平常多食用应季、应时的蔬果。

俄罗斯著名生物学家弗拉基米尔·沃尔科夫提出的健康的食用法是，根据自然界的光谱将食物分门别类。如春天食用紫光的食物，夏天食用红光的食物，秋天食用绿光的食物，冬天食用蓝光的食物。按照这样的食用方法，人的平均寿命都不应低于280岁。

春天多食用甜菜、水果萝卜，少食用含油脂、动物蛋白之类的食物。

夏天多食用西红柿、草莓，适饮酸奶、西瓜汁。最好食用富含碳水化合物的食物。

秋天多食用柑橘、茄子、蘑菇，以及鱼、虾等海鲜类。

冬天多食用虾、鱼肉、鸡肉、黄瓜、西葫芦、蓝莓、各类粥。

小贴士

①酸奶代替冷饮，多喝酸奶，少喝饮料。

②全麦食品代替精细点心，全麦食品指用没有去掉麸皮的麦类磨成的面粉所做的食物。由于保留了麸皮中大量的维生素、矿物质、纤维素，因此营养价值更高。

③蔬菜水果片代替膨化食品。

④豆制品代替肉脯，豆腐有丰富的不饱和脂肪酸，蛋白质含量高。

⑤鲜榨果汁代替成品果汁，现榨新鲜果汁大多保留了蔬果原有的营养成分，是补充维生素的好方法。

个性菜单5

由于女性独特的生理特性，需要一些适合女性身体所需的食物。有些食物很常见，有明显的健身、美容作用。

肉类：

精牛肉：增强记忆力，缓解疲劳。

三文鱼：预防心脏病，抑郁症，促进婴幼儿脑部与视力发育。

主食类：

小麦胚芽：平衡心率，舒缓压力，强健骨骼，一杯小麦胚芽粉做成的土司，就能满足成年女性每天对镁的求量。

燕麦：控制体重，预防糖尿病、心脏病。

红薯：提供人体所需 β 胡萝卜素，增强抵抗力，保护皮肤免受阳光损害。

黑豆：降低胆固醇，有助于调节血糖，富含大量的镁、铁、锌。

蔬果类：

生姜：防暑，防晕车、晕船。特别是怀孕期间，有效减轻恶心和呕吐症状。

蓝莓果：能给身体提供抗氧化剂，从而减缓衰老的速度。

番茄酱：富含番茄红素，是一种强力抗氧化剂。对心脏起到很好的保护作用，维持血液中比较高的番茄红素水平，可使女性降低患心脏病的风险。

香料类：

咖喱：混合香料，含有大量抗氧化剂。

咖喱粉中的姜黄对肠炎、结肠、胰腺癌、乳腺癌、银屑病、关节炎也有一定疗效。

饮料类：

绿茶：每天饮用三杯绿茶，就能有效预防心脏病、乳腺癌、结肠癌、脑肿瘤的发生，又能控制体重。

黑巧克力：巧克力是"众神的食物"。放入口中时，有一种令人无比喜悦的口感。

可可粉含有大量的抗氧化剂，一份水果或蔬菜抗氧化含量为 2000 个单位，而一份巧克力中含 9000 个单位。可降低心脏病 20% 发病率，降低胆固醇，并保持动脉弹性。

小贴士

女孩子从发育期开始，就应注意养成好的饮食习惯。

个性菜单 6

人的心脏"扑通"跳一下，血液就开始从心脏出发，一部分经长长的血管流经全身；另一部分则经过心脏，到达肺部，交换二氧化碳和氧气后，又回到心脏。这样看似漫长的过程，其实只需要 1 分钟就能搞定。人全身上下的血管有九成都是微血管，印象中微血管像头发一样粗，其实有些可以细微到只有 $4 \sim 8\mu m$，只是头发的 1/20。人体所有细胞随时都需要新鲜血液运送养分，所以血管分布在全身上下各个角落。如果把动脉、静脉、微血管全部连成一条直线，居然有90000 公里长，相当于绕地球两周，可见血液流动的路途是多么漫长。

因而，我们需精选最有效的清血食材，让血液永远保持年轻：

1.沙丁鱼、秋刀鱼、鲭鱼都含有丰富的 DHA 和 EPA，可有效降低血液中胆固醇、中性脂肪，减少动脉硬化的危险。

2.洋葱、大蒜、青葱的辛辣味，可防止血小板凝聚，避免血栓。

3.橄榄油、葵花油含有丰富的不饱和脂肪酸，可降低胆固醇，两者都含维生素 E，又能增强身体的抗氧化力，促进血液循环。

4.香菇、海带、胡萝卜含丰富的膳食纤维，能刺激肠胃蠕动，促进排便。可预防高血压、糖尿病。

5.大豆制品皆含纳豆益菌，可溶解血栓，防止血液凝固，让血液流通更顺畅，溶解附着在血管壁上的恶性胆固醇，将多余胆固醇排出体外。

6.含柠檬酸的食物，如柠檬、食用醋、山楂、酸梅或者柑橘类水果，能净化血液，让血流更顺畅。柠檬酸也能抑制附着在血管壁上的血小板，减少血管堵塞，同时降低血糖。

7.黄绿色蔬菜，比如菠菜、青椒等富含 β 胡萝卜素、维生素 C 的食材，可抑制自由基、降血压、防动脉硬化。

8.香郁甘醇的茶，其成分能保护血液和血管健康，香郁的气息则能达到放松心情，消除压力的效果。

绿茶，所含的茶多酚可减少血中脂肪，预防动脉硬化，保护血管壁与红细胞；乌龙茶，在发酵过程中产生乌龙茶多酚，可促进血液中脂肪分解，预防动脉硬化，保护血管壁；大麦茶，用大麦烘、煎煮而成麦茶，可预防血栓形成，抑制血压上升。

再说说血型与饮食——

A 型血：适合消化植物性蛋白质，所以一定不要做"食肉动物"，加强对豆腐、谷物植物性蛋白质的摄取，经常喝一些木瓜汁、酸奶，及萝卜汁、菠菜汁、柠檬汁、桃子汁，少食肉类、鱼子酱、小龙虾、奶酪、香蕉、橘子。减肥食材有，橄榄油、大豆、绿叶蔬菜、水果。

B 型血：适合食用海鲜、奶酪、洋白菜、胡萝卜、花椰菜、香蕉、苹果。少量食用猪肉、鸡肉、龙虾、坚果、玉米、萝卜、椰子。减肥食材有，绿叶蔬菜、鸡蛋、酸奶。

O 型血：O 型血的人不易消化乳制品、豆类和谷物食品。多食用牛肉、羊肉、鳝鱼、鳕鱼、鸡蛋、萝卜、苹果、柚子、奇异果。少量食用五花肉、火腿、鱼子酱、奶酪、蘑菇、橄榄、土豆、椰子、芒果。减肥食材有，海生贝壳动物，卷心菜和菠菜。

AB 型血：胃酸少不易消化肉类，最好以豆腐、蔬菜和水果为主，稍加一些鲜鱼和鸡蛋，AB 型血拥有部分 A 型血和 B 型血的特征，既适应动物蛋白，又适应植物蛋白，其消化系统较为敏感，每次易少吃，但可以多餐。

个性菜单 7

身体不同部位，需要的营养素也不一样，身体会告诉你，我需要专属的营养素。让我们来聆听一下身体各部位究竟需要什么样的营养物质。

洁白的牙齿说：钙、磷、镁和氟是组成牙齿的基本成分。而氟可以增加牙齿的釉质，坚固牙齿，保护他们免受微生物的侵蚀。

食物来源：奶制品和矿泉水，奶制品含有丰富的钙、磷，天然矿泉水满足了人体对镁和氟的需求量。在茶叶、海鱼和某些蔬菜（菠菜）也含有氟，但需注意的是过量摄入（每日多于 2 毫克）可能会使牙齿变黄。

明亮的眼睛说：当维生素 A 缺乏时，角膜或结膜会干燥产生炎症，人对光的敏感度会降低，而人体缺乏核黄素（B12）时眼睛会怕光，容易视觉疲劳，所以核黄素是影响眼睛的另一种重要营养素。

食物来源：动物心、肝，蛋黄，鱼肝油，红肉，酵母等。

灵敏的耳朵说：德国研究人员发现，听力减退与血液中的 β 胡萝卜素和锌的含量有关，这些物质能给内耳的感觉细胞与中耳的上皮细胞提供营养。此外，镁元素的缺乏也可导致听力减退，噪音能使耳动脉中的镁减少，从而影响动脉的功能，所以经常接触噪音的人应常补充含镁的食物以提高听力。

食物来源：胡萝卜、南瓜、西葫芦、啤酒、酵母、花生、牡蛎、贝类、玉米、牛羊肉、深绿色叶菜、坚果等。

粉红色的指甲说：指甲可以说是身体的晴雨表。缺乏蛋白质会造成倒刺，并使指甲出现白色条纹。缺乏维生素 B12 会导致指甲粗糙，颜色变黑，缺锌会导致提早出现细小白点，高蛋白是健康指甲所必需的营养素。

食物来源：谷物、豆类、燕麦、坚果和植物籽。对于血中胆固醇含量正常者，蛋黄是蛋白质最好的来源，饮食中应有新鲜的水果、蔬菜，以提供必需的维生素，还须酸奶与适量的水。

柔顺的头发说：B 族维生素的功能是参与人体的物质代谢，如果缺乏会影响头发生长，碘是甲状腺激素的重要原料，对头发的亮泽，柔顺其很大作用，如果分泌不足则头发会枯黄无光。

食物来源:B 族维生素在各类绿叶蔬菜谷类外皮、胚芽、豆类、酵母中含量丰富，海带、紫菜、海鱼，黑芝麻是含碘较多的食品。

光泽的皮肤说：维生素对于美丽的皮肤来说至关重要。缺乏维生素 A 会加速皮肤的老化还容易长粉刺，维生素 A 对于皮肤的健康更加重要。脂肪能使皮肤丰满而没有皱纹，富于弹性，增加皮肤的光泽润滑。一些脂溶性维生素（A、D、E、K）胡萝卜素，需溶解在脂肪中才能被机体吸收利用。

食物来源：维生素 A 在动物肝、蛋黄、鱼肝油中含量丰富。此外，胡萝卜、西红柿、油菜、玉米、黄豆富含胡萝卜素。脂肪尽量摄入好的脂肪，不饱和脂肪酸，含有好脂肪的食物有，低脂奶制品、坚果、植物油、鱼、蜂蜜。

强壮的骨骼说：健康的骨骼需要钙，但是，如果没有摄入足够的维生素 D，我们身体很难将钙吸收到骨骼中。此外，身体还会用维生素 K 作为原料制造骨钙质。所以，维生素 D、维生素 K 对骨骼健康非常重要。

食物来源：牛奶是公认的补钙效果最佳的天然食品。牛奶中营养配比有利于骨骼的吸收，粗制的谷类也是维生素 D 的最佳食物来源。如想摄入足够的维生素 K，可以多吃绿叶蔬菜。

结实的肌肉说：蛋白质是构成肌肉的基本物质，血红蛋白是运载氧气的重要工具，对于肌肉的运动至关重要。维生素 B6 能帮助蛋白质代谢，构成血红蛋白，并促进血红细胞的生成，而铁能帮助血红蛋白构成。

食物来源：富含蛋白的食物，家禽肉类、鱼类、蛋类、奶类、豆类；富含维生素 B6 的食物，果仁、糙米、绿叶蔬菜。

个性菜单 8

人体真的很奇妙，因为它会自动选择需要的食物。有时人们看似按照自己的喜好选择食物，其实是在为自己开抗抑郁的营养药方。日常生活所需的食物，不仅仅是维系我们生存的能量源泉，所包含的各种营养素对我们的心情也有很大的影响。

烦躁、无精打采：找出使你心情变好的食物，如大蒜、南瓜、菠菜、香蕉、低脂牛奶、全麦面包、樱桃等。

失眠问题：食用土豆、小米、面条、麸皮面包、蜂蜜，蛋白质和碳水化合物在大脑中释放血清素，能够使神经系统得到平衡。

驱赶压力：香蕉。

放松神经：番茄，番茄中的镁和茄红素。

控制情绪波动：全麦面包，全麦面包中镁元素含量很高，对舒缓情绪有一定效果；坚果和绿叶蔬菜，有助于稳定心脏节律。

当你的世界陷入一片混乱，吃点辣味，青椒、黄椒、红椒，嘴里火辣辣的感觉刺激大脑分泌安多酚，可带给人幸福和快乐感。

想想有生以来最喜欢的食品是什么？能让男人和女人愉悦的食品截然不同：前者为高蛋白的肉类，而后者则为冰激凌和蛋糕。这样的高热量甜品，食用时味蕾感到快乐，人也会有快乐的心情，心情好才会全心做事，办事效率也高。

个性菜单 9

不同食材结合，会使做好的食物锦上添花，学会食物的加减法：

食物 1+1

西红柿 + 高温 = 保护心脏

番茄生着食用可补充维生素 C，但要补充番茄红素的话，则需加热熟食。加热可使番茄中的番茄红素发生转化，释放能量增加五倍，并提高人体对其的吸收率。

芝麻油 + 菠菜 = 润肠通便

芝麻油加菠菜，有养血滋阴、润肠通便的作用。做法很简单，菠菜在沸水中焯一下，放入盐和醋，再淋上芝麻油就可食用。

土豆 + 醋 = 分解毒素

土豆富含多种营养，但发芽的土豆会产生有毒物质，即使新鲜的土豆也含有少量毒素，在烧土豆时，加入适量的醋，可起到解毒作用。

食物 1-1

姜 − 腐烂 = 远离肝癌

海鲜 − 啤酒 = 远离结石、痛风

大蒜 − 高温 = 提高免疫力

个性菜单 10

皮肤最喜欢的十种食物：

肉皮——富含胶原蛋白和弹性蛋白，能使细胞变得丰满，减少细纹，增强皮肤弹性。

推荐做法：做成肉皮冻。

三文鱼——含有 Omega3 脂肪酸，能消除破坏皮肤胶原蛋白与保湿因子的生物活性物质，减少皱纹产生，避免皮肤变得粗糙。

推荐做法：三文鱼寿司。

西兰花——含有丰富的维生素 A、维生素 C 和胡萝卜素，能增强皮肤的弹性及抗损伤能力。

推荐做法：西兰花炒肉或炒猪肝。

大豆——含有丰富的维生素 E，不仅能破坏自由基的化学活性，抑制皮肤衰老，还能防止色素沉着。

推荐做法：麒麟豆腐等。

胡萝卜——有助于维持皮肤细胞组织正常机能，减少皮肤皱纹，保持皮肤润泽细嫩。

推荐做法：胡萝卜土豆炖牛肉。

番茄——有助于抚平皱纹，使皮肤细嫩光滑，常吃番茄还不易出现黑眼圈，不易被晒伤。

推荐做法：西红柿炒鸡蛋。

海带——含有丰富的矿物质，常食用能够调节血液中的酸碱度，防止皮肤过多分泌油脂。

推荐做法：凉拌海带、海带排骨汤。

奇异果——富含维生素 C，可干扰黑色素生成，并有助于消除雀斑。

推荐做法：直接食用。

牛奶——改善皮肤细胞活性，有延缓皮肤衰老、增强皮肤张力、消除皱纹的功效。

推荐做法：直接饮用。

蜂蜜——含有大量易被人体吸收的氨基酸、维生素、糖类，常喝可使皮肤红润细嫩，有光泽。

推荐做法：温水冲饮。

个性菜单 11

食用海鲜的七大安全对策：

一直以来，海鲜都是人们餐桌上不可或缺的美味佳肴，倍受青睐。但水产品有很多安全问题，在选购和烹调时须多加注意，才能充分享受到这些食材的美味及营养。

1. 选购。考虑到水产品容易被污染,在选购时,要把好安全关,选择来源可靠的、有产地说明的、有绿色食品认证的优质水产食品。

2. 搭配。一餐不超过两种，总量不高于 200 克。海鲜、河鲜味道鲜美，人们容易贪食过量而发生不适。因此，应控制一餐的食量和种类。

3. 食用方式。除少数深海鱼类，绝大部分海鲜都不适合生食，须彻底煮熟。在夏秋两季，食用贝类时，尤其要注意将贝类中黑黑的消化腺去除，以降低中毒的危险。

4. 烹饪方式。在烹制海鲜时，佐以姜、醋、料酒、白葡萄酒、胡椒粉、芥末，既能增鲜又能减腥、杀菌，还能缓解肠胃的冷凉感。吃过海鲜、河鲜后，不能喝冷饮、生水，不能吃水果。如果感觉胃冷痛，可喝些热姜汤、热粥、热汤面。

5. 食用禁忌。在食用海鲜前后，不能服用各种维生素 C 片及含有维生素 C 的天然草本提取物、复合营养素制剂，以避免发生砷中毒。

6. 小心过敏体质。在食用海鲜时，一定要注意是否过敏。过敏体质有遗传倾向性，假如家族中有血亲存在食物过敏史，就要高度警惕。

7.海鲜营养价值高,烹调前需密切关注新鲜度,避免长期储存,最好一次用完。吃剩的海鲜,也要多蒸煮一会儿,才能放心食用。

个性菜单 12

你喜欢吃鱼吗?鱼的味道鲜美,营养价值高,是进补珍品。其中,蛋白质含量为猪肉的 2 倍,且容易被人体吸收;脂肪酸,有降糖、护心、防癌的作用;维生素 D,能有效预防骨质疏松症。传统医学认为,吃鱼要对症。那么,怎样吃鱼医用价值才更高呢?

鲫鱼又名鲋鱼,味甘性温,有健脾开胃,利水消肿,止咳平喘,安胎通乳,清热解毒的作用。可用鲜鲫鱼煮汤服,也可用鲜活鲫鱼与猪蹄同煨。

滋润皮肤的带鱼,可补五脏、祛风,对脾胃虚弱、消化不良、皮肤干燥,最适合。常食用带鱼还可滋润肌肤,保持皮肤的润湿与弹性。

补充精力的青鱼,有补气养胃,祛湿利水,祛风解烦的功效,食用后,可改善气虚乏力,脚气,头痛,身体不适。

消肿通乳的鲤鱼,味甘性温,有利尿消肿,通脉下乳的功效,鲤鱼与冬瓜,葱白煮汤食用,可以清除身体浮肿。

抗菌消炎的泥鳅,泥鳅肉质细嫩,营养价值很高,其滑诞有抗菌消炎的作用。

修身益肾的鳗鱼,有益气养血,柔筋利骨的功效。

养血调经的黑鱼,女性一生不论经、孕、产、乳各期食用黑鱼皆有益,女性食用黑鱼有养血、明目、通经、安胎、利产、止血、催乳的功效。

暖胃养颜的鲢鱼,鲢鱼暖胃,滋润皮肤,是温中补气养生的佳品。

多食用鱼的三大好处:食用鱼可让人聪明,鱼类所含 DHA,可维持视网膜正常的功效,亦是神经系统成长不可或缺的养分。食用鱼保护心脏,鱼中的 π-3 脂肪酸,可降低血脂质,保护心脏。食用鱼使人快乐,π-3 脂肪酸还与人体大脑中的"开心激素有关"。

个性菜单 13

夏日光线照射时间长,人们需要注意防晒。而防晒不仅需要护肤品,也需要内在补养。这里推荐几种防晒食物,堪称防晒的秘密武器。

防晒食物

柠檬——含有丰富的维生素 C。维生素 C 是抑制黑色素的有效物质,堪称"美白之王"。能修复晒后的皮肤，降低皮肤癌的发病率。

番茄——是最好的防晒食物，富含抗氧化剂番茄红素，每天摄入 16 毫克番茄红素，可将晒伤的系数下降 40%，熟番茄比生番茄防晒效果好。

玉米——玉米中的胱胺酸含量之丰富是食物中少有的，也是阻挡紫外线的天然食品。

鱼类——科学家发现一周食用三次鱼，可以保护皮肤免受太阳光中紫外线的损害，长期食用鱼类，可以为人们提供一种类似于防晒霜的自然保护，并可以使皮肤增白。

腰果——含有不饱和脂肪和维生素 E，能够从内到外软化、滋养皮肤，减少皱纹，并可提高皮肤抵抗紫外线的能力。

核桃——含有丰富的蛋白质、脂肪、维生素 C、维生素 E，具有增强细胞活力的作用，在皮肤晒伤后，食用核桃有助于皮肤细胞的修复。

菠萝——含有丰富的维生素 C 和蛋白酶，有抗氧化和促进代谢、抑制黑色素的作用。

奇异果（猕猴桃）富含美白皮肤的维生素 C，果实内含的水分，能补充皮肤在晒后所失水分，恢复皮肤的弹性。

防晒防暑食谱

美白防晒果蔬汁：

促进新陈代谢、延缓衰老、防晒消斑。

原料：柠檬 1/4 个、胡萝卜 1 个、苹果 1 个、蜂蜜 10 毫升、矿泉水 200 毫升。

做法：将苹果、胡萝卜洗净，切块，加柠檬放绞汁机内，加矿泉水，绞成果蔬汁，加入蜂蜜充分混合，就可饮用。

防晒沙拉：

美肤防晒、提高抗氧化能力。

原料：番茄 4 个、橙子 2 个、柠檬 1 个、沙拉酱 30 克、橄榄油适量。

做法：番茄、橙子切块加柠檬汁，加沙拉酱，橄榄油调和搅拌就可食用。

方便、简单、营养、可口，适合男女老少享用。

番茄奇异果防暑饮料：

　　原料：番茄 1 个、猕猴桃 1 个、蜂蜜 20 毫升。

　　做法：将番茄和猕猴桃榨汁，加入蜂蜜即可饮用。

个性菜单 14

　　近年来，"益生菌"一词已成为时下酸奶的新卖点。走进超市你会发现，大型乳企纷纷推出益生菌酸奶。益生菌可产生 B 族维生素，促进乳品吸收，降低血清胆固醇，调整肠内运动，促进消化吸收，调节免疫系统，抑制可引起腹泻、霉菌感染、便秘等不适症状的有害物质并维持肠内菌数平衡，以及防止过敏等。对不同的人群来说，益生菌的好处也有所差异。

　　益生菌与成人疾病：对于成人，常喝益生菌的好处也是相当明显的。提高免疫力，尤其是乳酸菌可提高巨噬细胞与 NK 细胞活性，从而增强免疫力，抑制癌细胞的繁殖，降低胆固醇。

　　据研究显示，某些乳酸菌与牛奶共同发酵后，可抑制体内内生性胆固醇的合成。同时，恢复体内益生菌的含量，能够在不到 8 周内，使高胆固醇下降 5%。使动脉堵塞降低 19%。有利于控制糖尿病，肠内有害菌可以妨碍胰岛素的分泌，而增加益生菌可以降低这一危险。益生菌最重要的作用是保证人体内肠道的酸性环境，但这需要一定的数量，并长期坚持服用才可实现。

　　益生菌与宝宝：研究表明，婴儿在顺产通过产道时，从母亲健康的产道中获取有益菌，大约 60% 的婴儿在出生 4～6 天后，就可测出婴儿肠道有双歧杆菌。相对而言，剖腹产的婴儿这个比例只有 9%。

　　此外，婴儿补充有益菌，尤其是双歧杆菌，可以解决乳糖不耐受的问题。一些婴儿对牛奶的乳糖不适应，为提高对牛奶的营养吸收，补充益生菌能产生出维生素 B、维生素 K，这些维生素，对新生婴儿是非常重要的。

　　益生菌与女性：对女性来说，补充足量的益生菌有特别的好处——可改善皮肤问题。女性由于自然的生理改变和紧张无序的生活方式，会导致肠内细菌平衡遭到破坏。容易引起皮肤问题，如皮肤无光泽和粉刺，即腹泻与便秘交互出现。补充益生菌可以抵消有害菌的破坏，预防妇科疾病。有助于女性阴道健康，预防乳腺癌。活的益生菌在临床上证实，肠内细菌可将胆固醇转化成雌激素，可以预防乳癌的发生。

　　如何挑选益生菌酸奶？对于以上功效，温度有很大影响。产品中的活性乳酸菌在 2 ～ 10℃环境下存活期为 2 ～ 3 个月，最好冷藏保存产品。从营养学角度说，益生菌酸奶最好在生产后 3 周内喝完，最好选择出厂时间在一个星期之内的。

个性菜单 15

"食与色"之间，古往今来就存在密切相关的联系。两者均与人的五种感觉有关（视觉、听觉、触觉、味觉、嗅觉）。鱼水之欢犹如一顿性爱大餐。

甜点和美酒，都是助性爱的"兴奋剂"。比如，葡萄酒和果汁、香蕉甜品、巧克力、布丁、南瓜烧饼、香草冰激凌。

调料对人体性器官有特别的刺激作用。从亚洲到欧洲，调料都被用来激发性爱的激情，调料的芳香气味能刺激性功能，提供性爱的激情，生姜、香菜、肉豆蔻都具有刺激性功能的作用。

异国性爱大餐

早餐：法国夹心吐司面包加新鲜奶酪，含丰富维生素 B1、B2，能提高性敏感度，火腿面包加新鲜奶酪也有同样的功效。蜂蜜和果酱均能向人体提供热能，也是早餐的必备佳品。

材料：吐司面包、新鲜奶酪、果酱、核桃仁、牛奶、鸡蛋、蜂蜜、橄榄油少量

午餐：意大利芦笋土豆烧饼

材料：洋葱、芦笋、土豆、干酪、面粉、鸡蛋、盐、胡椒粉、低脂牛奶

晚餐：比利时浆果蛋奶烤饼

材料：蛋奶烤饼、新鲜浆果、柠檬汁、奶油

素食也助性

芹菜：具有令人放松和镇静的奇效，是性生活美满的前提，自古以来芹菜被誉为一种高效的性炽热剂，被奉为男性天然"伟哥"。

芹菜和胡萝卜榨成汁，加牛奶饮用，是最佳的助性饮料。

胡椒：富含碱，其辛辣味，能激起强烈的性欲和刺激生殖器黏膜。

红辣椒：辣椒富含稀释血液的辣椒素，能使身体暖和，从而促进性兴奋，令人精神振奋并产生性快感，又能刺激人体释放幸福激素，被誉为火热的做爱妙方。

胡萝卜：所含的紫菜碱能促进性激素分泌，促进循环系统高速运行，促使性器官的血液畅通。

荞麦：富含芸香苷，是治疗性冷淡、缺乏性欲和阳痿的妙方。

面条：是性晚餐的最佳主食之一。含丰富碳水化合物，为性能力提供耐力和持久力。

牡蛎和鱼子酱：被誉为经典的性食品。

芦笋：被称为最佳性食品。

肉豆蔻：含肉豆蔻醚，是"性爱入迷"的促进剂。欧洲人爱喝肉豆蔻与牛奶或葡萄酒混合而成的助性饮料。

香菜：能刺激子宫，从而引起性兴奋，香菜可作调料，是最常用又最实用的助性调料。

个性菜单 16

考生应怎样用餐才够营养呢？为此，营养专家列出了高考菜单。

考前，饮食不易过饱，不要食用过于油腻食物，要注意营养均衡，一日三餐讲究科学用餐。

早上切不可空腹，一顿营养而丰富早餐才可充分供给大脑所必需的能量；午餐是一天中的主餐，应荤素搭配合理，可喝一杯酸奶或果汁减轻疲劳；晚餐不可食用过多或过于油腻的食物，饭后可食用西红柿或水果，补充足够的维生素 C。

在饮料上可选用富含多种维生素的新鲜果汁，其他如汽水、冰水应少饮，以免影响食欲。

有些食品有特殊功能：

草莓、白菜可缓解紧张情绪，特别是草莓里的果胶能让人产生舒适感。

柠檬，能使人精力充沛，提高接受信息的能力。

洋葱，可消除过度紧张和焦虑情绪。

生姜，能增加大脑的供氧，使人思路开阔。

红枣、莲子、白木耳、牛奶、香蕉可以减轻压力，放松考生紧张的情绪。

专家指出，均衡营养是考前饮食行为的一个重要原则。大脑功能的强弱与食物的酸碱性质有关，当摄取食物酸碱平衡时，大脑处于最佳功能状态。酸碱过高时，大脑功能就会衰退。日常饮食中应注意营养均衡，需坚持适当性原则。

考前关键时期，要重点选择有利于发挥大脑功能的食物。如维生素 B 有助于加强记忆，钙元素有助于稳定情绪，胡萝卜和鱼能为大脑提供多种营养。在胃口不好时，可按个人习惯适当用些酸、辣味，注意菜的色、香、味。

个性菜单 17

巧克力糖抗衰老、嚼口香糖健脑变机灵、饮一碗豌豆汤抗抑郁、看电视时享用银杏片来美容健身……这些带有梦幻色彩，有着神奇功效的食品被称为"未来派"，正风行欧美及日本市场，引领了最新的食品风尚。

各种各样富含维生素、矿物质或其他添加剂的功能食品，包装丰富多彩，大多以"未来派"命名。并以其美容、健身、提神、健脑、强健骨骼、抗衰老、抗抑郁、减肥瘦身功能吸引了大量消费者购买。然而，功能食品是否真正像产品说明书上说得那么神乎其神，消费者是否真正因这些功能食品获益匪浅，至今尚未被科学所证明。尽管如此，这些神奇功能食物仍然以不可小觑的速度，日新月异地不断向前发展着。

抗衰老夹心巧克力糖

最近，德国开发了一种抗衰老夹心巧克力，可可粉含量高达 90%。这种巧克力富含多酚，具有保护身体免受自由基侵害的功能，有助于延缓衰老进程。

美容健身的银杏片

很多日本人喜欢晚上边看电视，边啃美容健身的银杏片。这是因为这中银杏片所含的高效物质具有消除身心高度紧张的奇效，从而能促进你的健康，并让你容光焕发，神采奕奕。

π-3 鸡蛋

被称为"胆固醇炸弹"的鸡蛋居然也成为一种具有疗效的功能食品！这种鸡蛋归功于一种绿藻混合的鸡饲料，食用这种饲料的母鸡所下的鸡蛋含有特别高的π-3 脂肪酸。

补钙壮骨的果汁

在美国，越来越多的女性爱喝一种具有抗骨质疏松症功效的女性饮料，含有非常丰富的铁和钙。

男性的"伟哥"奶酪

美国的某些食品公司，针对男人和女人不同需要，专门开发了能弥补男人或女人营养不足的功能食品。不论走到哪家超市，都能在冷藏架上找到针对女性或男性的功能食品。有一种干酪专供男性补锌食用，男人通常比女性更容易缺锌，从而影响到其性能力。

抗抑郁的豌豆汤

美国人爱喝抗抑郁豌豆汤，这种功能食品含有由茶籽所萃取的高效物质，具有良好的抗抑郁功效。

对抗更年期病痛的女性面包

一种取名为"Lads Bread"的面包，越来越受英国女性的青睐，这种荷尔蒙面包富含植物雌激素，有助于减少女性更年期病痛。

节食饮食的矿泉水

一种名为"Fiber sure"有抑制食欲功能的矿泉水，富含促进肠蠕动的物质，有利于减肥瘦身。为了更好地消化所食用的菜肴，人们可以边用餐边饮用。

健脑的口香糖

美国人一向爱嚼口香糖，并以此闻名于世。最近市面上新推出一种健脑口香糖，它所含的磷脂酰丝氨酸是一种由大豆萃取的脂肪，具有提高人脑积极性、活动性的功能，成为白领一族健脑的妙方。

有机食品是一种国际通称，指的是让农作物或者家禽保持最自然、最健康的生长方式。这样生产出来的食品就是有机食品。有机食品禁止使用农药、化肥、激素人工合成物质，不允许使用基因工程技术，有机食品比绿色食品和无公害食品更健康。

随着科学技术的迅猛发展，人类的食品工业面临新的革命。美国一些食品学家预言：调味汁、面条和奶酪饼中，充满专为遏制由基因决定的患病倾向配制的维生素、矿物质和植物化学物。麦克尼尔消费者保健品公司希望在市场上推出一种含有从木浆中提取的植物成分人造黄油，利普顿公司希望推出名为"控制"的黄油，它含有豆油制成的植物成分。

科学家预言，在20年之内，市场中将有专门的慢性病预防食品部。研究人员已经在改造蔬菜，让它们含有番茄红素、胡萝卜素等大量抗氧化复合物，能延缓衰老和预防慢性疾病。

未来可能出现这样一种情形，一种血液测试手段被开发出来。根据这种测试，每个人都将被归属于某种颜色：红色、蓝色或者黄色。这样，人们可以在互联网超市购买食品。在每个货架上，有10种或更多的食品可供挑选，这些食品味道和外观都差不多，价格也相同，但成分配制和颜色代码不同，可供人们根据血液测试的结果进行选择。

更久远的以后，人们可能根本不再进餐。专为人设计，含有满足每个人需要的适量脂肪、蛋白质、维生素、糖类、维生素、矿物质和草药的药片，将被开发出来。可能有一张夹在钱包里的信用卡，到用餐的时候，就来到一台自助售货机面前，这台机器将根据人的特点需要，配制发给一种好的可食用的药片。这是一种科学预测，不是不用进餐，而是在用餐外，再补充含有每个人不同需要的各类营养素药片，这就是未来的食品。

饭店 70 周年纪念日即将到来，总经理米洋与各部门经理、领班等开会讨论一系列活动事宜。会后大家分头准备，一切都在紧张有序地进行。

在行政总厨办公室，格瑞和贺康铭先生在商量饭店周年庆祝活动时用的餐饮。

行政总厨说："庆祝活动那天还是以中餐为主，按中国人的用餐习惯，中餐比较受欢迎，你看如何啊？格瑞。"

格瑞说："你说得很对，在大多数情况下，我们都喜欢用中餐，不过，早餐可在西餐厅，用丰盛多样的自助餐。饭店人的作息时间不同，用餐的时间和饮用食品可自己挑选，只需让厨房准备充足的食物就可以了。"

行政总厨说："早餐是比较适合用自助餐，重点是午餐，需知道用餐的人数，适当的多准备些。"

格瑞说："我可以到公关部问具体来多少人。"

行政总厨说："好的，这样我就可以根据来宾的人数，通知中西餐厅厨房准备饭菜。"

餐厅里的每张桌子安排 12 个人用餐，

冷、热各 10 个菜，两个汤，

2 瓶葡萄酒，2 瓶白酒，3 瓶饮料，

主食任选，糕点任选，水果 6 种，

白酒限量，菜和饮料可适量增加。

格瑞说："就这样很好，可以在每个桌上雕刻一个动物，花果，作为装饰。"

总厨说："这个想法很好，餐饮的事就怎么办"。

餐厅的事都商量好，格瑞和行政总厨坐下来闲聊饭店以外的事。

格瑞笑着说："你家人这次都来吗？"

行政总厨笑着说："是的，他们都来。"

格瑞问："你家里都有些什么人？"

行政总厨说："有儿子、媳妇，女儿、女婿，还有老伴。孩子们的孩子都在上学，可能不能来，老伴一定会来。"

格瑞说："那我可以见到她。"

行政总厨说："是的，到时我介绍她与你认识。"

格瑞笑着说："好的，很高兴与她相见。"

饭店上上下下都焕然一新，前厅的汉白玉，大理石上铺上鲜红的地毯。每个人的脸上都带着喜悦的笑容。

总经理助理小陈和格瑞、总经理米洋三个人走出大厅，坐上门前停好的商务车上，开往飞机场，欢迎远道而来的总经理夫人和孩子。汽车沿着平坦的高速公路行驶，车里播放着好听的音乐。在机场大厅许多人来回走动，他们三人站在出口处等待。不一会儿就看见，总经理夫人带着两个孩子走过来，夫人是一位长得很漂亮的美国人，她面带笑容走过来与总经理拥抱后，又转身与格瑞和小陈握手，并拉着两个孩子的手让他们打招呼。两个男孩长得都是大眼睛、高鼻梁，很帅，大男孩儿高高个子，白白的皮肤，在读大学，小男孩儿在上中学，他们都是特意来庆贺饭店周年庆典活动的。大人小孩前后坐上车，车顺着高速公路开回饭店。

饭店周年庆典活动如期举行，饭店内外部都装饰得富丽堂皇，早餐在饭店的西餐厅，鲜甜美味的各式餐饮，清香扑鼻，许多人站在长长的餐桌前挑选自己喜爱的食品。

上午在饭店外的草坪上举行饭店七十周年庆典活动，草坪上绿草如毯，讲台中间铺着一条鲜红的地毯。阳光照射在饭店前的草坪上，地毯两边的草坪上星罗棋布地放着圆桌，圆桌的中间有个小圆盘，圆盘上放着用食物雕刻的各种造型优美的动物、花果，工艺精巧、色彩艳丽、栩栩如生。桌边的人对雕刻得如此精美的动物花果造型都称赞有加，给庆祝活动增加了丰富多彩的喜庆气氛。

上午九时，副总经理宣布，庆祝活动正式开始。

总经理米洋讲话："女士们、先生们，欢迎光临饭店七十周年庆祝活动……谢谢大家光临饭店的庆祝活动，请享用我们饭店厨师精心烹调的美餐。"

总经理讲话后，表演文艺节目，随后宴会开始。服务员穿着鲜艳的服装，排着队上菜，场面非常壮观。桌面上放满各种菜肴，人们津津有味地品尝。格瑞和助理小张与总经理一家人，行政总厨夫人坐在一个桌子上。他们边吃，边说着话，总经理称赞这次宴会菜肴设计得很成功，看样子大家都很满意。

行政总厨说："这里面也有格瑞的功劳。"

格瑞说："这都是厨师们高超的手艺，才能制作成如此丰盛的美味佳肴。"

饭后，人们喝着咖啡，吃着甜点，轻松悠闲地说着话，庆祝活动进行得很顺利。

草坪上的场景：人们相互间交谈着，有的站着，有的坐着。

总经理米洋与行政总厨贺康铭说着话。

助理小陈与总经理的孩子们谈笑着说着话。

格瑞与总经理夫人、总厨夫人说着话。

宽阔的街道上车来人往，路边绿树成荫。在这秋高气爽、风景如画的城市里，坐落在路边的这家饭店，犹如园林里的宫殿，古朴、典雅，充满喜庆，到处散发着幽静迷人的田园景色。

这家饭店延续着祖辈的传统，在特定的环境条件下，运用新观念、新思想与科学的管理理念。饭店的工作人员都遵守相互尊重，相互关心的和谐人际关系，从而使饭店拥有持久的稳定性收益，饭店灵活性的经营理念，随时充实新鲜的管理模式，开发新特性的产品，才能使饭店保持如此长久的生命力。

希尔顿的母亲曾在希尔顿开创饭店经营大业时告诫他，"除了对顾客诚实之外，还要想办法使每一个住过希尔顿饭店的人，还想再来住。你要想出一个简单、容易，而行之有效的办法来吸引顾客。这样的饭店才有前途。"星级饭店或许就是传承了这个简而易行的管理办法，才得以长久发展，并取得可喜的成果。

住

垂直的艺术

人类最早的住所，是妈妈的肚子里。住在里面的孩子可能会这样想，只有这一间房子也没得挑，看着四周纵横交错的"漫画"，看得人眼花缭乱，只好闭上眼睛用耳朵来听。经常听到妈妈的说话声，偶尔也会听到爸爸的声音，有时也会感觉到他用大手摸着我，用耳朵贴着妈妈的肚皮亲切地说，宝贝我是爸爸，你快点儿长大，爸爸就能抱着你。我也想快点儿长大，等到这里放不下我，我就会从这里出去，可是从哪里出去呢？看看周围好像没有什么地方可以轻松地出去，到时可能真的要冲出一条血路。人类最初的住所，就是从轰轰烈烈的瞬间转变成永存的宝贵记忆。

居住是人类存在与生活的基本活动之一，包含着时间维度与空间维度。随着时间的推移、物质条件的丰富，人们开始想要把自己的住所建得更加舒适、宽敞、美观。所以，人类住所的演变过程，就是一部建筑学的发展史。

近代西方伦理学家海德格尔说："人类的生存关照着存在，定居是存在的基本特征。"值得注意的是，居住的内涵与形态的演变，在空间与时间上的变化是多彩纷呈的。

中国古代建筑文化，是中华文明的重要组成部分，城市、宫殿、寺庙、石窟、佛塔、衙署、园林、民间住宅等，这些都是从功能性质上对中国古建筑的分类。

中国从古至今，有过数以百计的都城，主要聚住在黄河、长江流域，这些都城已成为建筑发展史上鲜明的记载。

　　在城市规划设计院会议室里，正在召开有关在城郊建立示范型社区住宅一事的讨论会。规划设计院院长宣布设计方案为：

　　住宅楼36幢；幼儿园是幢围楼；学校2幢楼；医院分中医与西医两个门诊部，住院部3幢楼，综合楼2幢（一幢内设菜市、超市，另一幢作为室内运动场所）；室外是绿地运动场。主要设计人员是徐明生、朱工程师、童工程师三名主设计师与其余5名设计师负责全部设计工作，院长宣布后，大家讨论方案，并提出修改意见。

　　在办公大楼的资料室，董青与罗玉正在翻阅有关中国历代建筑的资料。

　　董青看着夏代的宫室图画对罗玉说："你看当时的宫室已非常规正，有主殿、台阶、围墙，已构成后来皇宫的雏形。"

　　罗玉说："你说得很对。夏商时期的建筑对后世一些建筑形式影响很大。周代都城对各代都城也有所影响。你看，周王城的九经九轨（指城市里主要街道的布置），城门，城楼，与紫禁城都很相像。"

　　董青说："古建筑的保留，为我们提供了欣赏先辈们聪明与智慧的见证。"

　　雕栏玉砌是形容古代建筑中，用木质雕刻出的画廊、门窗、家具。或用玉石雕刻出的柱栏、亭院、台阶。古色古香的木雕给人以纯朴厚重的古典美感。白玉石雕砌的玉柱、围栏、台阶、亭院给人以洁净、坚固的纯净美感。

　　当人们漫步木质游廊，踏上玉砌台阶，轻抚白玉扶栏，欣赏眼前的古建筑群，能够感受到古代的能工巧匠们，是怎样为人类的居所呕心沥血地劳作。

　　古建筑在色彩运用上，显得充分而生动，完美而协调。热情奔放的红色，充满活力的绿色，尊贵庄严的黄色，这些明快的色彩运用到建筑的门窗、屋顶、柱栏、檐架上，把整座建筑修饰得五彩缤纷、艳丽异常，构成了一幅幅金碧辉煌的立体画卷。

　　周五下班时间，设计院的班车停在大门口，徐明生和董青坐上车，缓缓驶向宿舍大院。

　　宿舍大院是一个比较完善的社区，体现了城市规划设计院以人为本的设计理念，是城市社区规划的典范。社区里的人们足不出院就可买到日常所需用品。

　　总算到了周末，可以休息两天。夫妻俩一到家，便放松地坐到沙发上。

　　董青对徐明生说："明天是周六，小亦可能回来。晚饭后，我俩到超市买些生活用品和食品。"

　　徐明生说："好的，我打个电话，看小亦什么时候回来。"

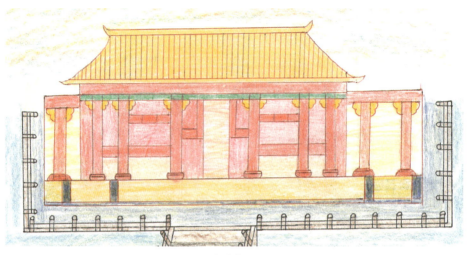

古代宫殿

在学院操场上，同学们正在踢足球，操场边的同学拿着手机对正在踢球的小亦喊："小亦，有你的电话。"

"谁的电话？"小亦跑过来问。

"可能是你家的电话。"

"爸，是我。什么事啊？"小亦拿过电话说。

"周末回家吗？"徐明生问道。

"我想和同学看足球赛，不一定有时间。"

"看球赛比回家还重要？"董青从徐明生手里拿过电话说。

"这可是世界杯，可好看了，回家的时间多着呐，请老妈多谅解，球赛完了我一定回家看你和爸，再见。"

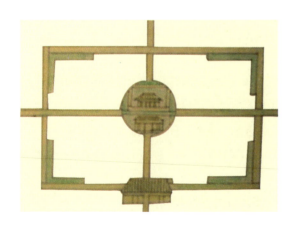

"孩子长大就不好管了。"徐明生在一旁说。

"我俩在家反而更清静。"董青说道。

小亦和同学们在学校看足球赛，快活得不亦乐乎，他们边喝可乐边大声喝彩，完全沉醉在足球的世界里。

在规划设计院的资料室

里，董青和罗玉坐在电脑前，边查阅资料边记录着什么。

董青说："这次有机会翻阅与欣赏从古至今各种类型的建筑，真是太有收获了。"

罗玉说："我喜欢古代的亭台楼阁、红墙绿瓦，每一种设计都匠心独具。"

中国建筑

我国长江、黄河流域，是自然条件较好，适合人类生存的地域。人们在这一地域搭建原始的、简陋的居所，为后来人类建造住宅，积累了丰富宝贵的经验，这就是人类住宅的起源。

随着人类的发展，经夏、商、周再到秦统一六国，这时古代建筑已发展到较先进的程度，最显著的建筑就是宫殿、园林。秦代时的宫殿建筑是中国建筑史上最有代表性、成就最高、规模最大的建筑类型。

秦代最有名的建筑咸阳宫、阿房宫，已形成可处理政务、可居住、可游览的规模雄伟的建筑群。

建筑材料以土木为主。如意瓦当、文字瓦当是秦代建筑材料与技术发展的标志，瓦类的产生在是建筑史上一大进步。除宫殿与园林以外，世人瞩目的兵马俑，被誉为世界八大奇迹，一经发现就震惊了世界。

汉代是中国传统建筑大发展的前奏，作为皇权、神权象征的国家祭祀建筑代表了这一时期建筑发展的最高成就。都城中心有主殿，外围有四面围墙。都城名称也被后世长期延续与引用。

与秦代一样，汉代供帝王田猎游弋的离宫园林非常盛行，相当于后来的皇家园林，相关建筑、景观的营造也非常多。比较著名的有上林园、甘泉园、宜春园、乐游园、黄山园。这些建筑汇聚秦汉两代园林

原始简易木房

的特点，真实地反映出当时的建筑技术与造型艺术的最高水平。

到南北朝时期，私家园林开始兴盛。人们利用自然优美的环境，加上人工的巧妙设计，建造有山、有水、有树、有花，还有亭台、轩榭的园林，形成可游、可居的清雅之境。从而使这些建筑园林超凡脱俗，为后人建造住宅与园林，产生较为深远的影响。

从南北朝开始，人们由早期的席地而坐，逐渐向垂足而坐过渡。坐具的升高，带来了室内建筑空间的提升，使得整个房屋的建筑加高加宽，改变了原来的建筑形式。

这一时期的另一类建筑类型，就是石窟。它是建筑、雕刻、壁画艺术的综合体，反映当时建筑形态发展和装饰艺术的特色与水平，最著名的就是敦煌莫高窟。

隋唐都城是我国古代城市发展进入强盛时期的标志之一。城市布局规范严格，街道纵横对称，房屋的设置井然有序。这一时期的建筑，除本身高度之外，下部还设有高大台基，使建筑更显宏伟高大。台基分双层和多层，边上有重台围栏，装饰华丽而又美观。

唐代政治稳定，经济、文化发达。因而宫殿与园林的发展也很繁盛，成为古代建筑史上又一高峰。大明宫是诸宫中利用地势最成功的一例，同时也是保存最好的唐代宫殿群。

含元殿是大明宫内一座重要殿宇，主体树立在高耸的城台之上，左右各有阁楼，大殿前部是长长的龙尾道。它在宫殿中是最具特色的部分。

经济的发达造就园林建筑与园林文化的辉煌。唐代的皇家园林最大特点就是规模雄伟，还具有狩猎场的功能。相对于大型园林来说，唐代的内廷小院，则更富有生活气息，它偏重于游赏功能，布局也相对自由随意，一些文人的园林清雅幽朴，体现出文人的清高俊雅的性情，对我国后来园林发展有着重要影响。尤其是文人亲自设计造园，促进了私家园林的文化意韵的发展。很多文人名士都在自然山林之间选择一方清幽之地，既

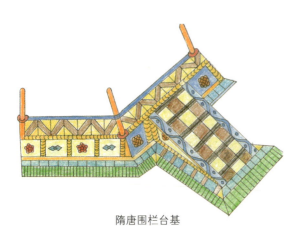

隋唐围栏台基

是住宅，又是园林。并以"草堂"名之，
所以取名为"文人草堂"。

　　在规划院办公大楼里，设计师们围绕
正在规划的社区幼儿园的围楼进行论证。
整个社区分东西两侧，西侧为学园区，东
侧为生活区。中间一条宽阔的马路，使东
西两侧功能分明，互不干扰。

　　幼儿园主楼外形类似福建土楼，内部
采用最先进的设施，环绕一周的大小房间
功能各异，有孩子们的起居室、音乐室、
学习室、舞蹈室、餐厅等；中间的圆形空
地则是孩子们进行室外活动的最佳场地，
有跷跷板、滑滑梯、小型球场等。

敦煌莫高窟

　　围楼顶篷采用全透明设计，晴天可采自然光，节能又环保，符合现代住宅的
设计理念，并且解决了旧围楼室内光线不足的问题。改造后的围楼既明亮又时尚。

　　在路的西侧，是两栋三层高的教学楼。一楼、二楼是教学区，三楼是办公区。
楼前有多功能操场，可供同学们进行各项常规体育活动。

　　操场被高高的杨树与冬青树环绕，内侧再栽一排开粉红花的芙蓉树。用树做
围墙，是天然的氧吧，使同学们能够在清洁、舒适的环境里锻炼身体。

　　住宅楼、幼儿园、医院都建在东侧与学校相对的路对面，为的是减少嘈杂的
声音，以免影响学生上课。

　　董青和罗玉负责翻阅与查找历代典型建筑，以便为设计师们提供详细而全面
的信息。

宋代

　　宋代是我国古建筑进一步规范化的时期，也是古建筑发展的高峰期。宋代又
是一个以文安邦的时代，和平的条件有利于各方面的发展，也包括建筑行业。宋
代建筑发展最重要的特点：是规范化与定型化，不但表现在建筑总体布局与规模
上，更表现在个体建筑上，不同等级的建筑，其材料的大小、材质、装饰的色彩，
也各不相同。主要宫殿建筑布局，都有统一的形式，既前殿后寝，也就是工字殿

形式。

宋代的城楼，作为宫殿建筑的围墙，体量自然高大，其质量优为坚固，而作为出入口的城门，有高大的墙体与城楼，可以作瞭望台，又可以加强出入口防卫，楼体四面还带有回廊，更有利于防御。

南宋宫园

沧凉亭

宋代园林主要分大内御园、行宫御园，代表作是艮岳皇家园林。宋徽宗亲自参与设计建造，是最具划时代意义的古典园林作品。"岳"代表山或园子，而"艮"代表方位。园内的景致以自然山水为主，而不以建筑为主。有亭台、楼阁，有花草、树木，也有山石、溪水，是自然气息浓郁的人工建造的山水园林。这种美是充满诗情画意的美，是清雅淡泊的美，具有皇家园林该有的气势，但又不会过于盛气凌人、华丽辉煌。造园艺术与技术水平之高超，代表着宋代皇家园林的风格特征和宫廷造园艺术的最高水平。

宋徽宗是一位琴棋书画样样精通的才子，艮岳园林所富有浓郁的诗情画意，自然与这位才情非凡的帝王有密切关系。宋代重文之风当然不仅表现在帝王身上，也在很多文人士大夫身上。他们建造的私家园林同样具有浓厚的文化气息。文人大多追求清高淡雅的情致，宋代文人园林的主要特色是天然、文雅、疏朗、简约、悠远、宁静。

金代宫殿

金代

金代都城以宋代京城为模版，有大城、皇城、宫城内外三重结构。金代园林有记载的主要是皇家御园，包括大内御园与行宫御园。根据有关文献资料记载，皇家御园主要有南园、北园、东园、西园，以及建春宫、长春宫、大宁宫、玉泉山行宫。

当时的卢沟桥处，就有桥下流水、水岸垂柳的美景。在人们经常来这儿游赏以后，这儿就成为可游览的有山有水的园林景观。

从总体上看来，金代园林人工建造的痕迹很少，大多都是利用自然环境的山水景观，有的经人工整理，有的则完全保留原始的自然山水景观。

这些自然的山水景观与建春宫、长春宫、大宁宫、玉泉山行宫交相辉映，形成金代御园特有的景致。

元代

元代是我国第一个由少数民族统治的朝代，也是我国封建社会时期统治疆域最大的朝代。元代在北京新建的都城被称为元大都。元大都完全依照皇家都城的理想模式，显示了少数民族统治的霸气和雄心。元大都有内外三重城，即外城、皇城与宫城。大内主殿为大明殿，布局形式成工字形，是对宋代宫殿形式的继承，同时又对以后明清宫殿的形成产生了一定影响。这就是说，元大都宫殿的布局，在宫殿发展的历史中，起到了承上启下的作用，继承传统而又有所发展，保留特色又不妨碍传统。

元代的园林分皇家园林与私家园林。皇家御园有后园与西御园，后园为金殿。御园外种植的牡丹树有百余棵，高达五尺。御园的门上建有高阁，在东边百步建有观台，观台的旁边有雪柳万株。

什刹海也就是俗称的"海子"，是元代北海园林景观。

元代皇家园林北海处的琼华岛，在辽金时期就已是皇家主要游赏的园林。这一时期皇家大量修筑亭台殿阁，在北海琼华岛上，修建的最高建筑"白塔"，是那时最著名的建筑。

狮子林是元代保存下来的私家园林，真趣亭是苏州狮子林建筑景观中比较著名的一处。真趣亭内外装饰得金碧辉煌，可谓是雕梁画栋。有垂花柱、彩画、飞罩、万字花纹美人靠；三面临水不设窗，余下一面设隔扇。亭子既有私家园林的清雅，又有皇家园林的气派。

元代留存至今最闻名的建筑之一是永乐宫，原建于山西芮城县永乐镇，因而得名"永乐宫"，后迁至芮城县北龙泉村。永乐宫是为纪念八仙之一的吕洞宾而建，因吕洞宾号称纯阳子，所以宫观名为"大纯阳万寿宫"。永乐宫是元代道教宫观的最典型建筑，是我国传统建筑中重要的遗产，殿内的壁画展示出元代绘画艺术的高超水平。

听到有人敲门，罗玉打开门看。门外是小亦，他从学院回家，顺道来规划设计院看他妈妈。罗玉推开门，小亦看到妈妈正在电脑前，叫了一声："妈。"

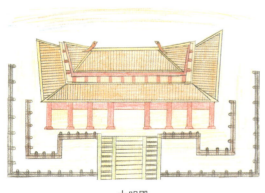

大明殿

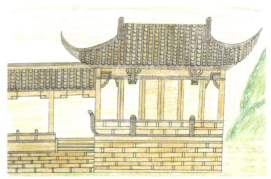

狮子林真趣亭

芮城永乐宫

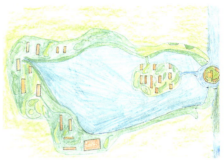
元代北海园林

董青回头看到儿子惊奇地说："你怎么到这儿来了？"

小亦说："我准备回家，顺路来看看妈是怎么工作的。"

"工作环境还不错，但是最近工作量很大，"董青对小亦说，"这是我同事罗玉，你们认识一下。"

罗玉说："你好。"

小亦笑着说："很高兴见到你。"

董青说："我给你爸打电话，我们一起到饭店用餐。罗玉，你与我们吃吧。"

罗玉说："不用啦，你们一家人好好聚聚。"

明代

明代的都城有两处，一为江苏南京，一为北京。

明初，朱元璋建国后定都南京（古称金陵）。后朱元璋四子朱棣得到皇位，迁都北京。

南京都城根据地形与城池防御需要，整体规划一改传统的规整与对称，而改成不规则格局。全城分成三大城区，宫城区、市区与军营区。这种不规则的布局成为南京城与其他都城布局的最大区别。每座城门上都建有城楼，另设瓮城，以增强对外防御能力，这样的设计成为南京城门的重要特点。

明南京城聚宝门

明代的北京皇城，创建于永乐五年。当时的皇帝命工匠们对都城进行全面改造。永乐十八年，北京宫殿建成，初期是内外三重城（宫城、皇城、外城）的规划格局。总体布局采用中轴对称的形式，这是由地处平原地区的北京的地形、地势所决定的。北京的皇城与南京的都城，在布局上差别很大，但继承性很明显，宫殿都建成前朝后寝的规格。

紫禁城角楼

北京皇城，有两次较大的改造。

一是在明末时，将城墙的内侧全部用砖瓦砌筑，建成九门城楼与都城的四角城楼。角楼是北京宫城内的紫禁城城角上的重要防御建筑。角楼造型奇特，为四面带抱厦的三重檐十字脊形式，顶部的十字脊中心有镏金宝顶，它体现了明代宫殿建造技术的高超水平与不凡的造型艺术美。

二是在嘉靖年间，首先在城南增建外廓，使原有的外城变为内城，形成品字形平面。其次，就是改造了很多殿门。自明嘉靖之后，直至清朝的末年，北京紫禁城总体格局与主要殿堂，一直没有大的改变。

明代的北京都城是继承传统、建置完备的皇城，是我国古代都城建造的真正成熟的标志。其中的紫禁城更是我国现存最大，建筑保存最完好的宫城。

在规划设计院的资料室里，董青与罗玉继续查阅有关古代建筑的信息资料。

罗玉说："昨晚我翻阅了有关明代都城建造的前半部分，就是朱元璋在南京建都的特点与后迁往北京，对北京都城两次改造的全过程。"

董青说："好啊，我俩今天继续翻阅有关北京都城内的建筑。"

我国古代信奉万物有灵，朱元璋说："天生英物，必有神司之。"祭天在古代是皇帝的特权，历代皇帝都自诩为天帝之子，登上帝位是天意，所以大凡皇帝登基大典，都要举行祭天之礼以告天帝。"凡祀分阴阳者，以天地则天阳地阴，以日月则日阳月阴，以宗庙则昭阳而穆阴。"

礼制建筑又称坛庙建筑，是祭祀天地与先贤的场所，但是坛和庙的功能并不完全相同。坛主要用于祭祀天地、日月、山川河湖、风雨雷电等各种神祇，如明清北京的天坛、地坛、日坛、月坛、社稷坛；庙宇主要用于祭祀祖宗先贤等，如太庙、孔庙、关帝庙。

天坛的主体部分都是呈圆形平面，而它的外围墙都是方形的，这样的设计是对应"天圆地方"的古制。天坛为圆，地坛为方。在嘉靖时期，增建了日坛与月坛，也是遵循古制而为之。日出东方，所以日坛建在东，月出西方，所以月坛建在西。

按古代礼制，正祭日坛的时间，是在春分之日的上午。而月坛的正祭，则是在秋分之日的晚上。日坛位于北京的城东，坛面铺设的是红琉璃，象征太阳。月坛位于北京的城西，与日坛方位相对。月坛的坛面以白石铺砌，以象征月亮皎洁而清冷。日坛面向西而建，月坛面向东而建。

太庙是帝王祖庙，是古代帝王按一定的制度建造而成，为都城不可缺少的礼制建筑。北京的太庙定制于明代嘉靖时期，与社稷坛的位置东西相对。

明代的社稷坛，坛面为露天的方坛形式。上下两层，上铺黄、青、红、白、黑五色土，象征全国的土地。在坛的四面还有围墙，墙体颜色与坛面上的铺土一致，分为四色居四方，并使用琉璃砖砌筑。

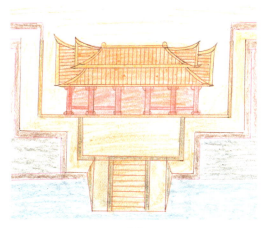

太庙

如遇到风雨，皇帝在拜殿与祭殿举行祭礼。"社"为五土之神，"稷"为五谷之神，"社稷"合称代表国家。所以祭社稷是为保国家安定，人民富足。

明代所建的这些建筑至今仍存，已成为当代人欣赏古建筑与游览的好地方。

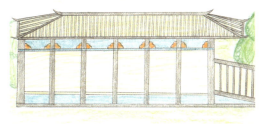

双塔长廊

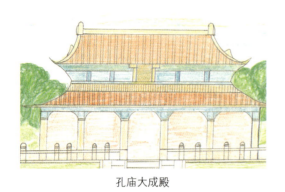

孔庙大成殿

孔庙是祭祀先贤的重要庙宇，山东曲阜的孔庙最具代表性，规模也最大。两千年来，孔庙不断地增修扩建，尤其是在宋、元、明三代修筑最盛。

山东曲阜孔庙的主殿为大成殿，大成殿前廊石柱，是非同一般的方柱或圆柱，而柱体雕刻的全部都是飞龙戏珠图案的深浮雕石柱。浮雕清晰，线条流畅，显示出雕刻匠师非凡的技艺。因此，它们不仅是廊柱，更是精美的石雕艺术品。大成殿造型雄伟，装饰精致而华丽，风格稳重，等同于皇家的宫殿，是我国现存古建筑中难得的大型殿堂之一。

中国古代宗教建筑艺术具有强烈的民族特点。四大佛教名山中，以山西的五台山最为著名。台怀镇的显通寺是五台山规模最大的一座寺院。显通寺的历史非常悠久，始建于东汉永平年间，现存的建筑基本都是明代所建。显通寺显著表现了明代建筑的时代特征。首先是砖材料的大量使用，其次是无梁无柱的构造形式，正是明代砖砌建筑技术高度发展的产物。

山西省太原市的双塔寺，不但有玲珑精美的凌霄双塔，还有彩画精美的围廊。廊体是双面空廊形式，朱柱、绿栏杆、廊的内梁柱上布满色彩明丽而又简洁大方的苏式彩画，廊子多变的色彩与廊体起伏的态势，表现出围廊无与伦比的艺术美。

寺院分为上下两院。上院为塔院，以双塔为主，周边以长廊围合。下院以轴线串联的五进院落的形式布局。上院的双塔，一为峰塔，一为舍利塔。两者体量高大，而高度相仿，合称"凌霄双塔"。双塔的平面都是八角形，各有 13 层，高度近 55 米。塔内设有阶梯，因而可以登临观看。下院建筑是青砖墙体，二门后为花园院，园内种满牡丹花，

香炉

国色天香，在双塔寺最负盛名，是最有特色的花卉。花园院后入门即为主院，院后坐落大雄宝殿，是寺院现存最高达的殿堂，大雄宝殿上层三间殿为三圣阁，三圣阁最令人惊叹的内顶的砖砌藻井，外圈八角形，内心为圆形，以层层的砖仿木斗拱堆叠而成。其朴素大方，工艺之精湛，使之成为独具匠心的、少见的藻井保存精品。

　　北京著名的寺院戒台寺，是一座香火鼎盛的寺庙。庙内设有众多香炉以供信众焚香用。这种带重檐小亭顶的香炉，造型别致精巧，实体为三足两耳的形式，炉身雕有优美的浮雕，法螺、华盖、佛八宝图案与卷草纹，用以增加香炉整体的艺术性。

　　董青看着香炉图片对罗玉说："这样的香炉的确很少见到。"

　　罗玉说："有时间咱们去趟戒台寺，在那儿烧香、许愿，看看是否灵验，你说如何啊？"

　　董青说："你想许什么愿啊？"

　　罗玉笑着说："保密。"

　　福建泉州的开元寺是岭南地区的著名寺庙。大殿内中央有五间各设一佛的房间，为东、西、南、北、中五方佛像。

　　董青说："这五尊佛像就表示可保佑五个方向的地域与人们平安。"

　　罗玉说："我想可能就是这个意思。可惜离我们这儿太远了，不然，咱们也可以去游览一番。"

泉州开元寺

　　董青说："我觉得佛长得都差不多，都是慈眉善眼的，我想这样的造型，是让看到他们的人，得到心理上的宽慰。"

　　罗玉看着董青说："听你这么说，我觉得很有道理。"

　　明代的园林是我国园林发展史上的成熟期，风格大气，气势圆满，雅而不俗。明代建造的园林，是在前几代建造园林的基础上发展起来的，前期园林造型简易，而后期园林的建造逐渐频繁，这一点在皇家园林的建造上，尤为明显。明代北京城的御园，为加强对外的防御功能，而增强御园的安全性。这时的园林多建在皇城以内，这是明代皇家园林的重要特点之一。

西园是明代最大的一座园林，它是在元代太液池的基础上改建而成，包括现今的北海与中南海，因地处皇城内的西部，所以统称"西园"。西园的自然条件好，风景优美。经过几代帝王的修建，特别是明代中后期的大肆修建，成为人工与天然完美结合的大型皇家园林。

皇家宫殿与园林中，常有琉璃影壁与其他类型的琉璃墙，表面即为琉璃贴饰的琉璃壁画，画中飞鹤流云琉璃壁，是明代御花园内的琉璃壁画。画中的六只飞鹤造型各异，象征皇室伟业长久永存。

在办公室的电脑屏幕上，罗玉看着明代的飞鹤琉璃壁，对董青说："这样的图案在我们多功能社区的围墙与走廊上，都可以加上作为装饰。"

董青说："你说得对，我们可以提些建议，把这张图复印下来。"

"好的。"罗玉说。

她来到复印机前，复印好一张彩色图拿给董青看。

董青看着说："很好，就这样，待会儿拿给设计师们看。"

北京的三海包括北海、南海与中海。这三海是明代重要的皇家御园，也被清代继续使用。园中山水相映，风景非常优美。体现出皇家园林规模的雄伟与开阔，高贵与华丽。

西园建筑群的景观精彩之处比比皆是，经典建筑也有很多。堆云积翠桥是连接北海景区内两座主要岛屿——琼华岛与团城的长桥，也是北海最大的桥。桥头

飞鹤流云琉璃壁

桥尾各建牌坊一座，一名堆云，一名积翠，因而名为"堆云积翠桥"。这条颇具皇家气势的长桥，远观侧面如一条直直的玉带，而平面却是略呈"之"字形，由此产生一种园林曲桥的意味与美感。

元明时，建筑技术已有提高，以坚固的石材代替原有的木材，重新改建了这座桥。堆云积翠桥的两侧，设有汉白玉石栏杆，作为围护与装饰。栏杆由栏板、净瓶、望柱几部分组成。几个部分中以望柱上部的柱头最为引人注目，它们全部是莲瓣合抱式的莲花柱头。富有园林气息的装饰，与夏日池水中真实的荷花相映成趣，这是园林造景设计上，巧用心思的一处景观。

北海的碧荷白桥，夏日里北海水面的碧荷丰茂，倒映着洁白的堆云积翠桥。四季变换的四时之景与精巧的人工建筑相结合，呈现出独特的美感。

碧荷白桥

五龙亭于明嘉靖年间初建，清乾隆年间再次改造，调整了五亭的排列顺序，这才是我们今天所看见的五龙亭的景观。五龙亭的五座亭子，因形体连绵有如游龙，而统称为"五龙亭"。但五龙亭又各有其名，中间主亭为龙泽亭，东侧为澄祥亭、滋香亭，西侧则为湧瑞亭、浮翠亭。五龙亭是遵循古代建筑左右对称的原则建造的。

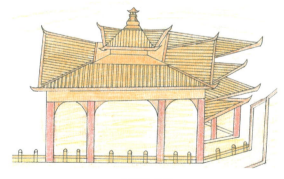

北海五龙亭

董青说："你看，乾隆年间改建的五龙亭，样子好看又取了好听名字。我们在绿地运动场可修一两个，供大人与孩子们休息玩乐。古色古香的亭子与现代的楼房形成鲜明的对比，我在别处也看到过，效果不错，我们设计的新社区也可尝试一下，一定很受欢迎。"

罗玉说："对，我再把它复印出来，让工程师们稍加改造，就是个古为今用的休闲亭。"

董青笑着说："你说得真好，形容得也很贴切，古代的造型，现代的工艺，是古典美与现代美完美结合的休闲亭。"

规划设计学院，毕业学生的实习，有学院安排与学生自愿选择两种方式。小亦为实习的事，回家与爸妈商量。

徐明生想让小亦到他们设计院，规范实验社区的设计室实习，因为这个社区是全市一项多功能的示范社区，有多项不同功能的建筑，可学到多种形式，不同结构的建筑风格。

董青觉得徐明生说得有道理，但是以小亦的意见为主，看他有什么想法。

小亦说："工作上的事还是听爸爸的，谁叫我跟他学的是相同的专业，毕业后找工作可得听我的。"

董青笑着对徐明生说："你有个聪明听话的好儿子。"

徐明生拍拍小亦笑着说："我的好儿子，我们就怎么办。"

在城市规划设计院的设计室里，朱工程师向大家介绍新来的两名实习生。

他对大家说："这是学院来的两名实习生，从今天开始在我们这里实习，大家欢迎。"大家都拍手欢迎。

朱工又指着两张电脑桌对他俩说："这是你俩的工作台，今后你俩就在这儿工作。"

小亦与同学康铂说："谢谢朱工。"

"别客气，好好工作，我们这里有大量的工作需要你们来做。你俩打开电脑，先了解一下多功能实验社区工程的大概内容。再看看古代与现代建筑的类型，对你俩会有启发。"

他俩坐在电脑桌前说："好的，朱工。"

小亦与康铂开始查看相关资料。

明代的御花园、东园、慈宁宫花园都不再是继承元代御园，而是新创的。御花园紧连在紫禁城之后，是紫禁城的后园，南始坤宁宫，北至顺贞门，平面为长方形，面积 11000 平方米。御花园布局与一般皇家御园大不相同。

御花园充分体现了明清皇家园林内廷宫园的规整，对称的布局特点。

紫禁城的布局，是以轴线为中心而左右对称的，讲究规整严谨与向心性。因而它的后园御花园的布局，也设计得相应严谨，左右即使不完全对称也相对的均衡，御花园的中部成南北轴线与宫殿的轴线重合，主殿钦安殿在轴线上略偏北

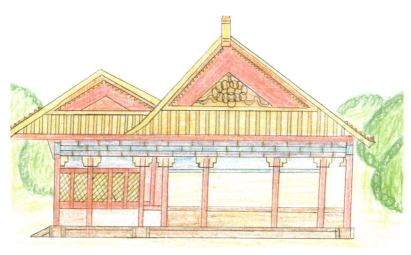

慈宁宫花园咸若馆

处，以突出其主殿中心与主体的地位。此外，御花园还有一个与众不同的特点，即建筑密度比一般皇家园林要大，是对前部宫殿气势的一个延续。

慈宁宫花园是明代嘉靖时建造，是太后居住的内花园，花园的主要建筑有，临溪亭、延寿堂、含清斋、咸若馆、吉云楼、宝相楼、慈荫楼，花园的布局规整，建筑左右对称，与御花园一样，表现出显著的内廷宫园的特色。

东园在明代是富有天然野趣的园林，是帝王与臣子观看击球骑射的地方，园内的设置重在演武而非赏景。在明代的园林中，前期作用大多为游猎，而不是赏景之地。因而表明了明代前期帝王重政务，轻游艺，这也是明代园林疏朗，淡雅风格的重要原因。

经过明代后期的大力发展与营造，私家园林数量超过前代，总体看南方胜于北方。具体说，全国私家园林最突出的是苏州、北京与南京三地，以苏州园林最具代表性。

著名的古典私家园林大多在苏州，拙政园是明代正德初年建成，是古典园林中的佼佼者，园子分为东、中、西三区。东部有蓝雪堂、芙蓉榭、天泉亭、秋香馆。西区主体为鸳鸯厅式的三十六馆与十八曼陀罗花馆。拙政园浓郁的文化气息，让文人雅士们倾慕不已。

冠云峰庭院之妙之美，在苏州古典园林中当为第一，形体高峻，如翔如舞。

留园建于明代万历二十一年，古典园林建筑景观的设计都非常讲究意境与美感。景观与建筑本身有独立存在的美感，又能与园林其他景观形成对景、衬景、

苏州冠云峰庭院

补景，起到相互映衬与对比的作用。

私家园林发展成熟的特点：首先是文人为园主，由文人设计建造，由文人题名、书文、作记。同时又有强烈的自然山林意境，虽由人工设计，但能与自然景观相结合，使人觉得不着人工痕迹。园内建筑渐多，分类又细，功能各异，或为观景，或是景观，或为居室，或作书房，还有琴室、棋轩。有临水而建的，有倚山而建的，有平地而建的，都各具特色与功用。这足以表明，明代园林功能的齐全与完备。

利用双休日，规划院组织设计师和他们的家属，到长城与颐和园游玩。他们一路走来，有的在拍照，有的指着远处景观在说着什么。

我国历史上，先后有 8 个诸侯国和 10 多个王朝构筑、修缮过长城。其中，秦、汉、明三代构筑和修缮的长城均超过 5000 公里。现今保存最好的长城是明长城，也就是人们所说的万里长城。

明长城，东起山海关，西至嘉峪关，犹如一条曲折的长线，具有很好的防御作用。长城每隔一定距离就设有城防关隘、烽火台，使这道坚固的防御工事的功能更完善。明长城作为当时重要的国家防御工程，有着不同于秦、汉长城的自身特点。不但使用砖石材料以增强坚固度与防御性，还与周边其他防御工事、政权机构相结合，形成一个完整的防御体系。

山海关历来是兵家必争之地，被誉为"两京锁钥无双地，万里长城第一关"，对于地形、地势的利用非常充分，防御体系完备，因而稳固度与防御性不言自明。

嘉峪关城楼

山海关城为四方形，周长八里多，外围有护城河，四面都开有城门，目前仅存东门（亦名镇东楼）。东门面向关外，最为重要，由外至内设有卫城、罗城、瓮城和城门四道防护。城门为巨大的砖砌拱门，位于长方形城台的中部。城台为砖木结构的二层楼重檐歇山顶建筑。城楼上层西侧有门，其余三面设箭窗68个。城楼檐下悬有巨大的"天下第一关"匾额，显示出城楼非凡的气势。

嘉峪关是万里长城西端最重要的关隘，临近河西走廊，也是古时人们来往于西域的重要通道。

嘉峪关城内外有城郭三重，城内有城，城外有护城河，是目前长城上保存相对较为完整的一处关隘。

在万里长城之上，除东、西两座重关之外，最闻名的当属北京的八达岭。自建成之日

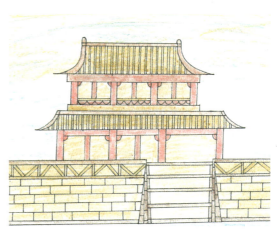

澄海楼

起，就以险要著称。因保存相对完好，而成为人们最爱攀登的长城段。八达岭是长城的一个非常险要的关口，因此有"居庸关之险不在关而在八达岭"之说，被称为天下九塞之一。

八达岭关城坐落在岭口上，平面呈梯形。关城有东、西两门，砖石砌筑，西门称"北门锁钥"，东门是"居庸外镇"。居庸关是夹峙于崖壁间的天险奇关，自身已是长城关隘中的"天险"，具有万夫莫开之势。加之又有地势险要的八达岭作为关口，可谓是险中之险，防中之防。因而，居庸关与八达岭相连，成为长城上最具防御性的地段之一，也是明长城关隘中重中之重，正因其险要而闻名遐迩。

清代

清代是我国最后一个封建王朝，也是由少数民族统治的王朝。因而清代的建筑，特别是清代的都城与宫殿就兼备了多种特色，尤其明显的是，处于中国古建筑成熟期的与来自少数民族建筑的特色。

清代的都城主要有两处，一是早期所建的沈阳盛京，一是入主中原之后继承的北京城。这是自清代的第三代帝王顺治开始至清末一直使用的都城。

清代入主中原以后，基本没有破坏与改变明代原有都城与宫殿建筑，只是在原有基础上进行恢复、调整与充实。因此，清代北京城基本保持了明代时的格调。

紫禁城作为皇家宫城，防御性极强是毋庸置疑的。太和门是北京紫禁城前三殿的大门，是歇山顶的门殿，殿前有平面半圆形的金水河，河面建有三座小桥，称为金水桥。宫殿群外围砌有一圈高大的带雉堞的砖墙，墙的四角各建有十字脊的角楼一座，用以瞭望。在城墙的外围还挖有一条护城河，也就是俗称的筒子河。城池结合的防御体系牢牢护卫着里面的宫殿。

盛京是清代的早期都城，是满族统治君主自己设计建造的。受汉族影响较小，因而具有较为浓郁的满族特色。盛京宫殿也就是今天的沈阳故宫，建筑分三个时期由三位帝王建造。

三个时期分三路建置：东路是努尔哈赤所建，中路是皇太极所建，西路是乾隆所建，是清代早期宫殿中最精彩，最具特色的宫殿。在建筑细部的装饰上，具有原始的粗犷美。

盛京城有内外两重城墙，外城圆形，内城方形。清代皇帝入主北京紫禁城之后，以北京为国都，便将盛京改为留都，盛京宫殿便称为"留都宫殿"。

顺治以后的康熙，特别是乾隆，对紫禁城宫殿进行了较大规模的改造。

一是将顺治时建的部分宫殿重建，使之更有气势。

二是增建新宫殿或宫园区。如太和殿、乾清宫、坤宁宫，在康熙时都进行重建，使宫殿更具皇家盛世的风貌与气势。

到乾隆时期，增建的建筑，主要有在宁寿宫内建养性殿、皇极殿、宁寿殿、乐寿堂主要殿堂，以及主戏台、花园、文渊阁、雨华阁、寿康宫。进一步加强了

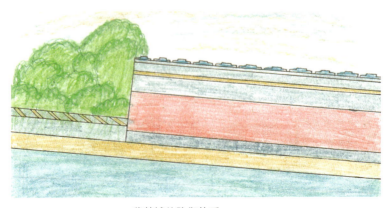

紫禁城的防御体系

紫禁城的轴线布局与空间艺术的效果。宁寿宫是紫禁城的城中之城，乾隆改造后的宁寿宫建筑群，宛如紫禁城的缩影，也分前朝、后寝两部分。

经过清代几代帝王的不断改建，紫禁城建筑更加丰富，功能更加完善，成为我国封建史上现存最为伟大的宫殿群。

国子监在北京东城区安定门内，是元、明、清三代的太学，也就是当时的最高学府。

乾隆年间，乾隆皇帝曾亲临国子监。当他在园内转了一圈后认为，"太学之有辟雍，古之制也，有国学而无辟雍，名实不符"。因而，他决定建造辟雍。

辟雍在乾隆四十九年建成，是一座重檐四角攒尖顶的方形大殿。五开间，周围是一圈回廊，廊下建有朱红隔扇与

沈阳故宫

廊柱、栏杆，重檐顶则覆盖着黄色琉璃瓦，顶部是镏金宝顶。大殿造型稳重，结构合理，屋角上翘，屋腰下沉，顶面线条优美，而又能较好地防止下雨时，雨水滴入回廊内，殿内使用磨制光润的金砖铺地。

按照古建制，建辟雍离不开水，在建辟雍殿的四周还修了一圈圆形水池，简称"圆池"。圆池与方形大殿的形态，正符合"天圆地方"的古制。圆池上建桥，池岸上桥的两侧都设有汉白玉的石栏杆。辟雍殿向四面开门，与圆池上的四座桥相通，连着外围的池岸。

同学康铭看到这儿对小亦说："古代学府的建造挺讲究，我们现在的学院可没这么多的说法。"

小亦说："国子监在古代是太学，因而有所不同。"

按古代制度，左建庙右建太学的建置，太学与孔庙二者合称"国子监"。清代乾隆时期，就将庙内建筑的屋顶，都改为黄色琉璃瓦覆盖，等同予皇宫的建筑。这样的建制，既顺应古制，又可看出乾隆皇帝对国子监这座最高学府的重视程度。

清代除在都城建坛庙之外，在各个地方也有很多圣贤庙宇建筑。山西运城的解州关帝庙，就是一座富有代表性的清代圣贤庙宇。

关帝庙是祭祀关羽的庙宇。关羽原本是三国时蜀国大将，宋代时被封为王，明代时被封为帝，清代则晋升为圣人，所以有"关帝、关圣"之称。

关帝庙

解州关帝庙采用最常见的中轴对称布局，庙门为端门，第二道门为雉门，第三道门为午门，后门为厚载门，从这四道门的名称来看，等同于皇家宫殿建筑群的名称。显然，这座关庙是被当作帝王庙宇来建的，所以称为"关帝庙"。这也恰好对应被历代帝王逐渐加封而成为帝王、圣人的关羽的身份。

御书楼是康熙皇帝时建造的，构思精巧，造型别致。御书楼的四面带四廊，廊柱间设有栏板望柱，栏板上浮雕着龙、狮、麒麟与花朵等吉祥纹饰。而望柱头则为猴、鹤、狮与儿童等形象，造型丰富，情态动人。

主殿崇宁殿面阔五开间，四周带四廊，26根廊柱浮雕云龙。大殿檐下悬有乾隆皇帝手书"神勇"与咸丰皇帝手书"万事人报"，是对关羽的赞誉，也表明这是纪念关羽的庙宇。

春秋楼建在全庙的后部，是庙宇后部的主体建筑，也是全庙最高的建筑。《春秋》是孔子所作，是古代五经之一。传说关羽爱读《春秋》，所以在其庙内建造了春秋楼，表示对关羽的纪念。春秋楼面阔五开间，进深四间，楼体造型稳重，装饰精致华美。楼内供有关羽侧首静读《春秋》塑像，暖阁内壁上刻有《春秋》全文，正与"春秋楼"其名相对应，这是解州关羽庙独有的特色。其实，从名称、喻义多方面来看，解州关帝庙都具有清晰浓郁的关帝庙特色，突出对关羽的赞扬与崇敬。

藏传佛教建筑在清朝颇为兴盛，无论从数量上还是质量上都创造了历史最高水平。佛寺造型多样，打破了原有寺庙仿古青瓦建筑传统单一的程式化处理，创造了丰富多彩的建筑形式。布达拉宫是其中质量最佳者，也是规模气势最为宏伟者，是藏传佛教建筑的代表，因而举世闻名。

　　位于西藏拉萨红山之上的布达拉宫，初建于唐代，重建于清代顺治二年。其主体部分是建在山巅的宫堡群，山前是一座方城式建筑群，是僧俗、官员的住所，山后则是龙王潭花园。

　　宫堡群从外观上看，有红、白两部分。红色墙体部分被称为"红宫"，白色墙体部分则为"白宫"。红宫居中，是主体中的主体，内部殿宇重重，功能各具。不论红宫、白宫，墙体上都有梯形窗，建在上部的都是真窗。

　　红宫总高九层，由主楼、楼前庭院与围廊组成。

　　白宫分布在红宫的两侧，西白宫主要为僧舍；东白宫高七层，顶层有东西日光殿，是达赖喇嘛冬季时的起居宫，所以又称为"冬宫"。

　　依山叠砌、楼宇重重的布达拉宫，不但是藏式建筑的重要典范，还是珍贵文物与典籍的宝库。宫堡内除了几千平方米的壁画之外，还有4座佛塔，万尊佛像与万幅唐卡，及大量的金银玉器与经文典籍。直到现今，布达拉宫仍旧保存完好，使中外游人旅游观赏的佛教圣地。

　　负责设计工作的工程师和实习生，到热河行宫承德避暑山庄，进行实地考察，为的是设计工作顺利进行。人员有徐总工、朱工、童工和两位实习生。避暑山庄又被称为"热河行宫"，是清代康熙与乾隆年间建筑的大型皇家行宫。山庄以自然山水为基础，略施人工设计改造，形成了传统的一池三山式的宫殿园林布局。山庄的主体与景色，最动人之处非湖区莫属，而湖区也最能体现整个公园一池三山区域的布局特征。

　　在康熙、乾隆年间，陆续在避暑山庄东北两面建了12座藏传佛教寺庙。这12座寺庙规模庞大、辉煌壮丽，与朴素清雅的避暑山庄形成鲜明的对比。当时可以领国库饷银的寺庙中，有8座建在承德避暑山庄，所以习惯统称"外八庙"。外八庙是清代汉地藏传佛教的代表建筑，其中普宁寺、普乐寺、普陀宗乘之庙、须弥福寿之庙比较突出，基本上可以代表外八庙的建筑布局与特色。

　　在承德避暑山庄的宾馆咖啡厅里，设计工程师们围坐在一起，喝咖啡说着话。

　　朱工程师说："领国库饷银建的外八庙，用现代的话说，就是财政拨款，可见当时的皇帝乾隆，是多么重视寺庙的作用。"

　　童工程师笑着说："避暑山庄是皇室度假用的，在这里既可避暑，又可游山玩水，当然受重视，所以才会动用国库饷银修建。"

小亦说："这儿的寺庙盖得一个比一个雄伟精美，真的是金碧辉煌。"

康铂笑着说："这儿跟北京城皇宫的建筑，有许多的相似之处。"

总设计师徐明生说："盖这些寺庙，用的都是能工巧匠，当然是不同凡响。我们来考查的主要目的，是看看避暑山庄的整体规划布局，从而提高与开阔我们的思维模式，使规范社区的设计工作顺利进行。"

朱工程师说："这样的游览可以多长见识，能使我们设计出新颖独特的住宅，从而使社区成为集住宅、休闲、娱乐、学习、运动为一体的多功能规范社区。"

普宁寺建于清代乾隆二十年，寺庙坐北朝南依山而建，是一座汉藏合一的大型藏传佛教寺庙。既具有藏式寺庙的建筑特征，吸收了藏式建筑的精华，又继承了汉族寺庙建筑的优良传统，是汉藏建筑特色的巧妙融合，也是外八庙汉藏佛教寺庙建筑的代表。

寺庙的前半部分，为传统的"伽蓝七堂"汉式建筑布局。七堂内主供佛像，山门供哼哈二将。天王殿供大肚弥勒佛与四大天王，大雄宝殿主供释迦牟尼佛，这表明清代汉式佛教寺庙的定型与定制。

普宁寺后部为藏式建筑群，是仿照曼陀罗的形制而建造。曼陀罗就是坛城、道场，中心是主体建筑大乘之阁，通高近 40 米，突耸于全庙建筑之上，是一座极具佛教喻义的建筑。象征着佛教的须弥山，体现出浓郁的藏地佛教建筑的色彩。

大乘之阁内主供一尊千手千眼的观世音菩萨像，高约 23 米，重达 1000 吨，是世界现存最大的金漆木雕佛像。雕刻手法纯熟，雕像精美，因而有"大佛"之名，也被习惯称为"大佛寺"。大乘之阁外围有日月殿、四大部洲、四小部洲、四色塔等众多附属建筑。如拱月众星般与大乘之阁一起组成极富气势的建筑群。

普乐寺建于清代乾隆三十一年，是这里四座寺庙中布局最为严整、规矩的一处。全寺分为前后两部分，前部为中轴对称的伽蓝七堂布局的汉式建筑群，后部是以旭光阁为中心的藏式庙宇，总体布局与普宁寺最为相近，区别在与一是布局更为规矩，二是后部不是方形的楼阁，而是圆形的重檐亭，取名旭光阁。由此普乐寺因主体建筑旭光阁为圆亭子的形式，而俗称"圆亭子"。在圆亭子前，总设计师徐明生提议，大家在这儿拍照留念。朱工、童工、小亦与康铂都在这儿，分别选好地方拍照。

普陀宗乘之庙，是外八庙中规模最大的一座，仿照西藏布达拉宫而建，所以也称"小布达拉宫"。

普陀宗乘之庙建于清代乾隆三十二年，它的建造一是为庆祝乾隆皇帝六十大寿，乾隆母亲的八十大寿，二是为少数民族首领前来祝寿礼佛的需要。普陀宗乘之庙的主体建筑集中建在最后部的大红台处，大红台体量高大，气势壮观，分为红台与白台两部分。红台居中，白台左右相拥，同时大红台的基座也是白台。大红台内与台上，集中了众多的建筑，主体为台中心雄伟的万法归一殿，这里是举行重大佛事活动的场所。殿的面阔与进深都是七开间。殿体周围带回廊，殿的平面为方形，上为重檐攒尖顶，殿顶覆盖金光闪耀的镏金鱼鳞瓦，金碧辉煌。普陀宗乘之庙前部没有普宁寺前部的汉式伽蓝七堂，这也是两座庙在布局风格上最大的区别。

须弥福寿之庙建于清代乾隆四十五年，是专为来京庆贺乾隆七十大寿的六世班禅而建的行宫，所以俗称"班禅行宫"。建筑以藏式为主，主殿称妙高庄严殿，殿的顶部装饰非常有特色，四条脊上分别置有八条金龙，四条向上，四条向下，势欲腾飞，每条重在一吨以上，堪称精彩绝伦、举世无双。

在须弥福寿之庙的最后，矗立着一座八角形的琉璃宝塔，这是全庙的最高点，称为"万寿塔"。壁面全部用绿色琉璃砖砌成，高达七层，对应着乾隆皇帝的七十寿辰。它是须弥福寿之庙，在建筑设置上的重要特色。工程师们一边观赏精妙的建筑奇观，一边用摄像机拍着照。

普宁寺、普陀宗乘之庙、普乐寺、须弥福寿之庙各有各的布局与建筑特点，可分为三种，藏式庙宇、汉式庙宇、汉藏结合式庙宇；共同之处在于，都依山顺势而建，前低后高，建筑层层叠起，前部则都面对着避暑山庄，并对山庄形成包围、护卫之势。

外八庙是清代宗教与民族政策的主要体现，建造时处于清代最鼎盛的乾隆时期，是当时建造的最精美辉煌的藏式佛教寺庙建筑群。无论在建筑规模布局、体量，还是在艺术表现上，都堪称清代寺庙的经典。

工程师们从承德避暑山庄回到研究院就开始规范社区的规划设计工作。

清代所建的白塔，在景观上具有非凡的意义，这主要取决于它高大的体量。尤其是它所处的至高地势，成为北海的标志性建筑。而意义的真正实现，则在于前方琉璃小殿，善因殿。

善因殿的整体造型为方形，与平面呈圆形的白塔相互映衬，善因殿的黄绿琉璃在色彩上与洁白的白塔产生对比，一洁净高雅，一华丽耀目。善因殿表面贴满琉璃砖，精美异常。在规模如此大的园林中，仅一处小面积的白塔景观的设计，都如此讲究对比性与映衬性，可见园林的设计者们多么细致而又用心。这无疑是在园林发展极度成熟的情形下才能产生的现象，同时也突出了白塔的中心地位。在北海白塔的塔肚的正面，开有一个小龛，内刻梵文佛字，龛内底色全部用明亮的大红，小龛的外边雕有线条柔顺，形象美丽的卷草云纹，嵌着黄蓝相同的琉璃珠，装饰得异常华美，这就是眼光门，象征着佛的眼睛在注视着众生。

小亦对康铂说："这座佛塔设计得最精彩的地方就是善因殿，你说呢？"

康铂说："你说得对，眼光门在这儿有着画龙点睛的作用。"

清代的园林建筑发展最盛，素有"三山五园"之说。三山五园是清代最大、最主要的皇家园林，包括香山、玉泉山、万寿山，静宜园、静明园、颐和园、畅春园、圆明园。除三山五园之外，清代皇家园林还有很多。比如，西园三海、内廷御花园、乾隆花园、承德避暑山庄。

三山五园中，真正完好留存至今的只有万寿山的清漪园，也就是如今的颐和园。

清漪园位于北京西北部，靠近圆明园，亦是三山五园中最后建成的。乾隆帝多次游历江南，深爱其美景，想到翁山与西湖，便借瓮山景致为基础，建造了后来闻名遐迩的皇家园林——清漪园。瓮山在元明两代时就是风景幽胜之地，常被文人名士吟咏歌颂。改建主要是增加建筑，扩大山湖的面积，在湖中筑堤、堆岛，在山上筑宫殿、梵宇，最终形成了气势磅礴的皇家建筑群与园林景观。同时将瓮山改为"万寿山"，将西湖改为"昆明湖"。

颐和园是一座传统的大型自然山水园，在造园艺术上有许多的发展与创造，极好地反映了清代皇家园林鼎盛时期的园林特点：

一是规模宏大，气势非凡，富有皇家气派，体现了君临天下、皇权至上的思想。

二是构图规整，采用轴线对称式，突破常规，大胆创新，一反自然山水园林惯用的自由式布局。

三是主体建筑中轴对称，赋予园林唯我独尊的气势。同时在园林中又点缀花木、山石、亭榭、溪流、小径，使山水园林景观与严整的总体格局自然融合，在肃穆庄重的皇家建筑气氛中，又体现悠然灵动的山水风情与精彩细致的气韵，令游人为之倾倒。

在昆明湖最大的岛屿南湖岛上，建筑基本呈南北对称，有祠、庙与观景殿，若隐若现于叠石树丛之间。南湖岛虽为湖中岛，但又不完全与湖岸隔绝，而是以长虹般的十七孔桥连着湖东岸，桥头东岸上又建一巨大的八角廊如亭，形成了多变的景观。

颐和园有"颐和养性"之意。景观处处精彩，无处不佳妙。如万寿山前的排云阁、佛香阁、长廊、东宫门内的宫殿区；万寿山后山的须弥灵境、谐趣园、买卖街、十七孔桥、南湖岛与西堤六桥等。每一处景观都让游览者流连忘返，让未见者无限向往。

圆明园是清代规模最大的园林，有"万园之园"的美誉，后被赐给皇四子胤禛（即后来的雍正帝）。胤禛继帝位后，将之扩建为一座大型的离宫御园，形成著名的二十八景；乾隆扩建后增至四十景，景观多样，多以组群划分，并有西欧建筑元素的引进，实为清代皇家园林中的唯一。

其实，三山五园所包括的内容，并不仅仅是三山五园本身，实际还包括穿插其间的众多私家园林、府邸与赐园，它们共同组成规模庞大的园林集群。

与此相对的是，清代私家园林的发展也达到鼎盛期，所存的建筑，在我国私家园林史上也最多。如网师园的历史最早可追溯到南宋，现存为清代时的格局。穿畅圆则是明代留下来的一座私园，在康熙乾隆时期也得到整修，比明代园林特色浓郁一些。这当中清代创建的私家园林，个园与何园是其中的代表。

个园是清代嘉庆年间，扬州盐商黄至筠的私园，坐落于扬州著名的古街，东关街北侧。个园的最大特色在"个"字。"个"是竹的形象代称，清代著名文人袁枚就曾有诗，"月映竹成千个字，霜高梅孕一身花"。园内有唐竹、方竹、晏竹、芽竹、斑竹、紫竹、小琴丝竹等多个品种，静心品尝，含有独创韵味。

从承德避暑山庄回到规划设计院，实习生小亦与康铂用很多的时间，花费很多的精力，坐在图书馆的电脑前，查找与翻阅这些资料、图片，了解古民居的建筑特点与风格。董青、罗玉与实习生，由童工带领，前往江南一带收集现存清代民居的资料。

清代是封建社会的末期，也是一个带有总结性的历史阶段，各类建筑均有所发展，进入成熟期的民居也形成丰富多彩的面貌，产生了不同地域有不同特色的多类民居。南北方都各不相同，东西部各有差异。特别是清末，一些沿海地区的居民，逐渐受到西方建筑的影响，形成了中西结合式特色民居种类。

清代古民居的主要类别有，庭院式民居、干栏式民居、窑洞式民居、防御性民居。如北京四合院、山西晋中合院民居、南方民居。

北京四合院多按轴线对称布局、正面向南，大门开在东南角。比较常见的北京四合院多有前、中、后三进院落。多者可以前后有四进院落，五进院落。两旁可以横向并列院落，最少会有两进院落。

晋中宅院民居的中心院多为狭长形，外围筑高墙以挡风。如极具代表性的乔家大院，以建筑格局的精巧、民俗文化的传承、晋商精神的魅力，凸现大院特色。大门对面的砖雕影壁上，有一幅由一百个不同样式的寿字组成的"一寿变百寿"图，字体古拙遒劲，是乔家建筑与装饰艺术代表的精品。

南方的空气潮湿多雨，宅院民居多是四面高墙，房屋围成的小天井院，这样既节约土地，又有安全的内向性，有利于排水又可吸纳阳光，房屋山墙多为马头墙的形式，有利于防火。

干栏式民居，是脱胎于原始社会巢居的一种民居形式。在清代乃至现代主要是在南方一些少数民族地区的人居住。干栏居民大多以木料做成整体构架，顶部铺瓦或覆草，最大的特征是底部空架，这样有利于通风、防潮，非常适用于南方地区炎热、多雨、潮湿、林木多的自然条件。干栏式民居大多数为三层，底层可以拴养牲畜，也可以存放物品；第二层是最重要的使用空间，一般由堂屋、卧室、晒台、前廊几个部分组成。

堂屋是会客与家人日常起居用餐之处，堂屋中心可以生火做饭。最上层多作为储藏间使用，也有部分居室的顶部为卧室。

窑洞式民居大多分布于干旱的黄土高原地区，主要材料是"土"。土、木、石是我国古建筑民居最常用的材料。

窑洞民居主要有三种类型：靠崖式窑洞、独立式窑洞、沉式窑洞。三种类型至今都有留存。

我国现存窑洞民居中，河南康百万窑洞庄园，是具有代表性的一座。庄园巧妙利用山坡的自然地形，总体以大小院落区分空间，建筑墙面多使用青砖砌筑，色调素雅，坚固稳重。窑洞细部的雕刻装饰，在深沉中又显华丽，与庄园的宏大规模相结合，显示出庄园的气派与庄重。

防御性民居主要有：福建土楼、开平碉楼、赣南围子、藏族碉房，分布在我国不同地区，具有不同的特色与建筑风格。

福建土楼具有极强的防御性，造型既简单又完美。土楼有方楼、圆楼几种平面形式，以圆楼造型最美，最成熟。圆楼为圆形平面，大多由内外几圈环形楼体组成；环楼分为多个小单元，分别住着不同的小家庭。一幢土楼中住有数百户人家，大多是同姓聚居。

董青与罗玉正在翻阅闽南极具特色的围楼资料，看着圆圆的围楼，罗玉对董青说："你看这些围楼与我们院设计的幼儿园围楼很相似，区别是两者使用的建筑材料不同。"

董青笑着说："你说得很对，幼儿园围楼的原形就是福建的土楼，很巧妙吧？造型安全又美观。这主要是为孩子们的安全考虑，而特意设计建造的。"

罗玉说："早期福建土楼的建造是为防御，而今幼儿园围楼则是为孩子们的安全。这可以说是防御性转安全性，或者说是两者都有。"

开平碉楼，是一种土洋结合的防御性民居。它是台山与开平人，结合本地建筑与西洋建筑，两者的风格与材料，而创建的民居形式。楼体大多高耸，高达数层，便于瞭望与防御。众人楼是开平雕楼中的一种类型，它的体量相对较大，由众人共同出资与出力建造而成，并由建造者共同使用。

赣南的围子，是我国江西南部的一种民居形式，集祠、家、堡于一体，具有坚固的防御功能及宗族群居的亲和性。围屋外墙厚 1 米（燕翼围墙厚 1.45 米），高三四层，四角构筑有朝外和往上凸出的碉堡，顶层设置排排枪眼炮孔。

藏族的碉房，是藏族人使用的民居形式。墙内多用石块砌筑，也有少部土筑墙，墙内有排列的柱子，顶部为常见的密助顶，碉房一般是 2～5 层。

纵观各地防御性民居，有一个共同的特点是墙体厚实坚固，布局内向外围都有高耸的体形，外观朴素，而内部结构装饰却细致而精美。

各个时期不同民族的建筑，都表达着一种理念，代表着一种社会精神。金碧辉煌的宫殿建筑，朴素厚道的民间住宅，精致灵动的园林建筑，所追求的都是诗情画意般的意境，用形式多样的建筑实体，可以诠释出中国传统建筑与文明发展的内涵。

示范社区的建筑工地上，工人们正在紧张施工。总设计师徐明生与诸位工程师及有关同事，亲临现场指导施工。

住宅楼已基本完工，就剩下内部装饰。住宅楼采用统一精装修，以避免装修污染，方便住户入住；小区周围路面正在紧张铺设中；运动场也已施工完毕，正在搬运设备。

徐明生问朱工程师："室内的装饰材料都运到了吗？没什么问题吧？"

朱工程师说："大部分都已经运到，主要是施工进度，可能需适当调整。"

徐明生说："好的，我知道了。我们到那边看看。"

他们来到学校与幼儿园的工地。

徐总对童设计师说："这边的情况怎么样啊？"

童设计师说："学校与幼儿园的几幢楼刚刚开工，因楼层不高，施工的速度较快，预计工期不会太长。但内部装饰与外部绿化，需多用些心思。"

徐明生颔首，然后问道："幼儿园的圆形屋顶，施工时有什么问题吗？"

童工程师说："没什么问题，但是因施工难度较大，工期可能会延长。"

工地上，工人们正在砌幼儿园围楼的砖墙，他们来到围墙边看着。

朱工程师说："看样子这样的圆形围墙，整体的效果还可以。"

徐总设计师笑着说："实体比画得还好看，真有些出人意料之外。"

童工程师说："既坚固又安全，孩子们在里面大人们应很放心。"

周围的同事们都笑起来，他们又转身来到教学大楼的工地。

徐明生边看边说："学校的多功能操场是施工的重点，要规划好，操场与周围的绿树需谐调。"

规范社区的工程以照预期的设计按时完工，与预先设想的一样，

楼房设计精美，施工质优，内部装饰简洁实用，外部环境如同花园，绿荫荫的树林，五彩斑斓的花卉，青幽幽的草坪，圆圆的喷水池，尖尖的休闲亭，宽阔的马路边一排排的冬青树四季常青。

在学校的多功能操场上，竣工典礼正在举行，台上台下都坐满了开会的人，规划设计院院长站在台上讲话。

他说："我们的规范社区工程能按时完成，都是大家努力的结果。我祝贺大家，谢谢你们。"

众人都拍手祝贺。会后，院长带着工程师们到处走走看看，探讨工程后续事宜。

小亦对康铂说："这下我们有时间准备毕业论文啦。"

康铂说："是的，论文的题目想好了吗？"

小亦说："想好啦，《砖瓦与石头的交响乐——未来城市规划的设想》怎么样？"

康铂说："好啊，中西建筑结合的内容，一定很有趣，我喜欢。未来的城市

在你的眼里会是什么样子的？"

小亦神秘地说："你会看到的……"

回到住所，他们打开电脑，为准备毕业论文，他俩租了套一室一厅一卫的房子。

小亦说："我们先去填饱肚子，再继续讨论吧。"

他们在住所附近找了一家餐厅，两人面对面坐着。

康铂问："你想与我讨论什么问题？与饮食有关吗？"

小亦说："是的，不然怎么会在用餐时讨论呢，是我们论文的一部分。"

康铂说："在未来城市里，你想让人们怎么解决用餐问题？"

小亦说："我先问你一个问题，你认为人们的日常生活当中，最麻烦但又不可缺少的事是什么？"

同学说："让我来想想，当然就是眼前我们正在进行的事，用口语说是吃饭，正式说法就是饮食。这问题说起来的确是有些麻烦，你有什么好办法，可以解决这个问题？"

小亦说："我想是否可以这样，在每个住宅区都建一个设备齐全的餐厅，有经过培训的专业厨师，住户可以点自己喜欢的饭菜，由厨师来烹调，从婴幼儿到长者的用餐都有。人们日常在家里只需准备适当的水果、饮料、点心就可以。"

康铂说："你这个想法，应该最受女士们欢迎，她们是最大的受益者。"

小亦说："厨师们的手艺，应该会得到大多数人的欢迎。"

康铂说："人们想吃什么点什么，省时省力又美味可口。这个餐厅规模有多大？"

小亦说："整座楼都是餐厅，顶楼是露天餐厅，室内有多功能餐厅，休闲餐厅（咖啡、饮料、水果、甜点）环境优雅，品种多样，食品新鲜，卫生达标，一应俱全。经过监管部门审查，并定期检查，还要有条例明文规定。当你在这用完餐走出门时，定是饭饱喝足，让你满心欢喜。"

康铂说："用餐的问题解决了，住的问题呢？"

小亦笑着说："一个一个来，今天先谈用餐问题，住的问题以后再说。"

康铂笑着说："那今天的餐饮如何啊？未来的城市规划探索者。"

"到我的标准还差得远哪，只是达到最基本的填饱肚子而已。"

他俩说着话走出饭店，回到住所。

小亦说："有关未来住宅的设想，这次我们在参与规范社区的设计施工过程中，接触过古今中国的各类建筑，对木、砖、瓦结构有个大概的了解。现在需要翻阅一下，国外的一些建筑形式，看他们怎么用石头创造奇迹。"

康铂说："那就先从埃及的金字塔开始，看看他们是怎么用巨大的石块垒叠出最早的人间奇迹。"

建筑受着不同国家、不同民族、不同社会制度因素的影响，从而形成各种不同的风格。

建筑美是设计艺术与制造技术结合，而创造出来形式各异的建筑形象美。建筑师运用多种艺术手法，使建筑在特定历史时期，在各个国家呈现出不同的形式。这使得各个国家的建筑所体现出的外观形象美、社会效应美、内外装饰美、人工与自然结合的环境美各不相同、丰富多彩。

埃及是世界四大文明古国之一，而"金字塔"是埃及最古老的纪念性建筑。古埃及的金字塔给人们的提示是这样的，有时人类出于某种信念与理想，就能突破常规创造奇迹。金字塔的存在，正是人类实现信念与理想，而创造出奇迹的证明。

在尼罗河西岸的沙漠边缘，高大威严的金字塔高耸挺立。金字塔对人们的视觉有着强大冲击力。阔大雄伟、朴实坚固的外形，使金字塔与周围的沙漠、高地形成十分和谐的画面。而历经千年不倒塌、不变形，显示出古代人不可思议的、高度精湛的建筑水平。金字塔外部的表现力与内部的秘密，更加重了金字塔的神秘感。

金字塔用浅黄色石块砌筑，经过仔细打磨，石块之间至今严丝无缝。考古学家曾描述，用剃须刀片都插不进缝隙。古时的埃及人并没有精良的测量工具，也没有大型的运输设备，他们是如何建造金字塔的呢？是天外来客帮埃及人建造了巨型建筑？事实当然不是。

考古学家发现，埃及人是运用轮轴原理，利用斜坡将这些石块运到建筑地点，然后一层一层往上垒。建造一座金字塔，工人们得花10年时间搭建运送建材的斜坡，再用20年的光阴将金字塔建成。

在开罗西南部，古城孟

阿斯旺高坝

菲斯一带的沙漠中，有举世闻名的吉萨金字塔群，由第四王朝的3位皇帝建造，是古埃及金字塔最成熟的代表。其中，胡夫金字塔体积最大，高146.5米，相当于40层高的大厦；由230万块重约2.5吨的大石块叠成，占地53900米；塔内有走廊与阶梯，厅室有各种贵重的装饰品，全部工程历时30余年。

埃及的另一知名建筑，是在尼罗河上所筑的"阿斯旺高坝"，它是世界七大水坝之一。1960年动工，1971年建成，耗资10亿美元。是一项灌溉、航运、发电、综合利用的工程。坝的主体长3600米，高110米，使用的建材量是吉萨金字塔的17倍，高坝在黏土心墙内布置灌浆和观测廊道是大胆创新之举。高坝廊道为钢筋混凝土结构，净宽

吉萨金字塔

3.5米，高5米，厚1.2米。建成后，形成一个群山环抱的人工湖——阿斯旺水库。面积6500千米，是世界第二大人工湖，蓄水量居世界第一。

小亦看到这儿，对康铂说："我设想未来在城市的外围，可修筑蓄水河坝，这样可以防旱防涝，确保城市在汛期或遇到干旱时，都能安然无恙。河坝需功能齐全，可自动调解，河坝外围的边上，可栽上绿树，使绿树成荫，形成天然的防护林。内存的河水清澈透明，坝边的绿化与水质，都能达到城市人群所需的优质环保标准。"

康铂说："这是论文的一部分吗？这可是项大工程，河坝的选址、储量、高度、调解功能都需考虑周全，设计合理，才能起到保护城市的作用。"

小亦说："随着科学技术的发展，实现这些都不成问题。咱们再来看有关埃及神庙的资料。"

神庙是埃及继金字塔、高坝之后，又一雄伟神秘的建筑。埃及是个多神信仰国家，各地崇拜不同的神。底比斯人信奉太阳神阿蒙，当底比斯成为整个埃及的行政与宗教中心后，阿蒙成为埃及当时至高无上的神明，他的妻子谬特与儿子孔述被奉为埃及的"三神"。阿蒙神庙是在其鼎盛时期，拉美西斯统治时建造的。

神庙有一南一北两座，被称作阿蒙的南北后宫。两座神庙之间由一条羊头狮身的神道相连，公羊是阿蒙的象征，也是底比斯的图腾。

在北面的卡尔纳克阿蒙神庙，则以宏大的规模称雄。神庙在一条直线上展开，排列着6个高大的牌楼，穿插着围住式的院落，而后是圣殿与一连串的密室。事实上，卡尔纳克神庙的总体规划，如同一个完整的日晷。早上，第一个小时太阳停留在最东边的小神庙，经过大厅到达圣殿的时间，恰好是太阳升起后的第9个小时，经过第四个牌楼之后，太阳在白天的12个小时刚好落下。

大阿蒙神庙最壮观的地方，是三面被巨柱围绕的"百柱大厅"。从西面进入大厅，内部净宽103米，深53米，内有134根巨柱，中央两排柱子，柱头为盛开的纸草花型，高12.8米，直径2.74米，形成侧高窗，从侧高窗射进来的光线，随着时间的转移而缓慢移动，从而增强了大厅的神秘氛围。

整个神庙都刻有深凹的浮雕或圆雕，并涂抹鲜艳的颜色，浮雕的内容多称颂法老武功神力。除神庙主体建筑之外，还有一个圣湖，与圣湖平行的是石雕圣甲虫，圣甲虫被看作是太阳神的化身。在埃及人的眼中，圣甲虫始终是驱除邪恶，并协助人们摆脱困境的善神。直到今天，埃及人仍然坚信圣甲虫能够给人带来幸运。

当人们站在远处，就可看到神庙高大雄伟的石柱竖立在神庙大门的两边。古代神庙都以柱厅闻名于世，巨大的石柱营造出神庙的威严与神秘感。古埃及人为世界建筑做出的重大贡献，就是柱子形制理论。

小亦说："你看这些石头交响乐的主角，已开始进入我们的眼帘，在神庙的建筑上，柱子形制理论，可是埃及人的经典之作。"

康铂说："他们的高楼大厦全凭这些柱子支撑着，才能长久地保存下来，欧美国家至今延续着这种建筑理论。"

小亦说："柱子的高度与柱径的比例，柱径与柱间距离的比例，是古埃及人首先尝试并确定下来的，为后来的古希腊神庙的柱式建筑，提供了启示。"

此后，一些著名的世界建筑都频繁地使用柱子形制理论，以增加建筑雄伟高大的氛围，并使建筑坚固而又美观。门柱与柱廊在欧美地区的一些著名建筑上，都使用圆柱作支撑，并起到装饰建筑的作用。

希腊是欧洲文明的发祥地。古希腊人建筑神庙的灵感来源于埃及。

康铂看着这些神庙神秘地说："小亦你是否觉得我们已来到爱琴海边的希腊，正在这神庙里漫游。"

"哎，你是在梦里还是在看电脑？"小亦说。

"看着电脑里的画面，不像是在梦境里吗？你一点幽默感都没有。"

"我正在调整现实与梦之间的事宜，让你头脑清醒一点回到现实中来。"

希腊神庙体现出人与神之间、生活和理想之间、艺术性和自然质朴之间的和谐。在古希腊建筑发展史中，帕提农神庙无疑是最有影响力、最伟大的建筑之一。

希腊人将神庙的内部翻转为外，不像埃及人那样用墙壁作为建筑物的支撑，这就形成了希腊特有的柱廊风格。由于所有的柱子都在建筑之外，因而爱美的希腊人设计出体系完备的柱式结构，并形成多样风格，这些柱廊被总称为希腊的柱式结构。

帕提农神庙　在雅典卫城正中偏南的高地上，是全城的制高点。神庙是为尊奉雅典的守护神雅典娜而建，这也是神庙原名为"处女宫"的原因。帕提农神庙坐西向东，是一个长方形的庙宇，形体简洁。分主厅与后室，后室用于存放国家档案与财务，东边的主厅则是圣堂，用于供奉神像。圣堂中央是菲迪亚斯雕刻的雅典娜神像，神像高 12 米，披盔带

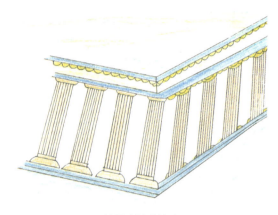

帕提农神庙柱廊

甲，左手执矛，神像的骨架为木材，裸露的身体部分用象牙，披的战袍用黄金。圣堂内部都有陶立克柱，柱径与高度比殿外略小，反衬出神像的高大与内部空间的宽阔。

这座神庙最激动人心的部分，是围绕长方形内殿的 46 根圆柱，帕提农神庙所有的柱子，都采用陶立克柱，并称这种柱子是柱式结构的最高成就。柱子的精髓，是建筑师把大理石特点发挥到极致，柱子与柱子之间靠本身结合，就能使建筑达到最稳固的效果，柱子与建筑之间的协调比例关系，可以使柱廊获得最理想的视觉效果。装饰性的柱头则作为一种象征，成为人们识别不同柱子最简捷的方法。

帕提农神庙，所有边线与立柱都近乎完美的用直线构成，并十分规则。初次看到帕提农神庙的人，仿佛一眼就能看懂。事实上，神庙所有线条并非笔直，柱子也不等距。

　　早期的希腊建筑师已经认识到，真正的垂直线，由于视觉误差会变得倾斜，而真正的水平线，也会因视觉的关系显得中部下垂。因而，希腊建筑师引用"视觉矫正"来弥补不协调的视觉效果。建筑师们把神庙中部的柱子向上微微凸起，使所有的柱子都向内倾斜约 7 厘米，为的是弥补人们在观看时，柱子的上下大小不一致的错觉；所有柱子都以收放的方法来造型，在柱身由下向上约五分之二处微微鼓胀，从而造成柱廊整体平直的效果。

　　有人做过测算，这些柱子向上的延长线，将在上空 2400 米处相交于一点。从视觉上观看，各个柱子之间的距离似乎相等，实际上柱廊里的每一角落的那三根柱子，都比其他柱子的距离近，正面、后面与中间的六根柱子，则比侧面的柱子之间距离大，使得在明亮天空背景下显得较暗，因而看起来似乎较细的角柱，也获得了视觉上的"矫正"。这种视觉矫正法，对此后西方建筑发展有着深远影响。

　　而这种视觉矫正法，对中国古代建筑师来说并不陌生，与中国古建筑的"生起""侧脚""绫柱"有着异曲同工之妙。中国建筑水平线的"生起"是中低两侧高，这显示了中国人不但不纠正水平线中间下凹的视觉错觉，反而给予加强，以减少屋顶的承重感，这正好反映中西建筑美学的差异。

　　神庙山墙与饰带上的雕塑出自菲迪亚斯之手，这都是希腊古典时期最优美的雕刻。浮雕采用高浮雕的形式，使雕刻在柱廊上的浮雕能取得足够的光线，让远处的人也能看清雕刻在柱子上的内容。

　　古希腊是个泛神论国家，宗教具有重要地位，神庙建筑代表了古希腊建筑艺术的最高成就。传说雅典人的始祖是伊瑞克忒翁，因而，伊瑞克忒翁神庙，在希腊雅典卫城的重建计划中，是最后完成的建筑。

　　伊瑞克忒翁神庙南面的西端，有一个小型的柱廊向外突出，这就是著名的少女门廊，建筑师别出心裁地用 6 尊 2.1 米高的少女雕像作为承重柱。她们长裙束胸，亭亭玉立，是全庙最引人注目的杰作。

　　这些雕像面向南，在身后纯白色大理石墙面的衬托下，显得格外清爽悦目。由于少女头部支撑沉重的殿顶，所以颈部不能太细，设计者在少女颈部垂下头发，使其增强承重力而又不影响美观。同时用精致的花篮置于头顶，作为柱头与柱檐，综合这些因素，使她们看上去虽在负重之中，神态却轻松自如，雕像的各个细部都雕刻得精致而又华丽，但并不着色，显得朴素清雅。

伊瑞克忒翁神庙的柱廊是古典盛兴时期爱奥尼克柱式的代表。爱奥尼克柱这个名称，则来自迈锡尼文明的爱奥尼克城。柱廊之间产生的阴影比较浓重，阴影与反光的棱线形成反差，给观赏者以鲜明活泼的印象。

人们常说，雅典卫城有一半的美，属于伊瑞克忒翁神庙。在遥远的古代，在雅典卫城的山顶上，帕提农与伊瑞克忒翁这两座伟大而完美的神庙相互映衬着。一个充满着男人的阳刚，一个洋溢着女人的俊美。

看到这儿小亦若有所思地说："在这高高的山顶上，坐落着两个标志性的建筑，象征男性阳刚与女性柔美的神庙，的确是很有意思。看样子神有时也是怕寂寞的，两个人都站在那儿，闲下来时，相互之间还可以说说话。"

康铂笑着说："神也是人啊。"

除神庙之外，柱廊与戏剧场在古希腊建筑中也很有名。戏剧在古希腊人的文化生活中起着非常重要的作用，演出时用的剧场是戏剧的载体，又是建筑的表现形式。

在雅典卫城的西南山坡，有一个圆形的露天剧场，该剧场依山而建，观众的座位全都安排在逐渐上斜的山坡上。当演员在平地上表演时，观众可在山坡上观看，山上的斜坡角度保证了多数观众可以不受干扰地观看节目。如今，剧场仍分为舞台与观众两部分。

圆形剧场

圆形舞台以彩色大理石铺地，舞台的正中央有一个小小的石柱，标志出舞台的圆心。舞台的后面建有一座高墙，能起到反射声音的效果，还能作为舞台的背景，两侧的小石屋用于演员换衣物与进出场地。观众席围绕舞台呈扇形展开，扇形呈216度角，从舞台圆形处起点，用12条射线将观众席，纵向划分为12份。保证所有的座位都以圆弧形的纵过道为主，横过道为辅，这样的划分，既便于观众的疏散，也不会遮挡其他人观看。整个剧场能够容纳15000人同时观看，为了保证剧场中，每个观众都能听清表演对白，观众席每隔一段距离就放置一个大铜瓮，通过共鸣作用，把声音从舞台传播到剧院的最后一排。几百年以来，这个剧场一直是希腊最大最完美的剧场。

> 从神秘的埃及金字塔，到雄伟的希腊神庙；从雕刻精致华丽的柱廊，到大气恢宏的圆形剧场，你是否有一睹奇迹的想法？

新天鹅城堡

有书中说，有一种多功能建筑可以兼顾军事防御、艺术珍藏、宗教传播，甚至儿女情长之事，那么它非城堡莫属。

德国巴伐利亚国王路德维希二世，为实现自己的梦想，花费 17 年时间与才华，筑造了举世无双的白色新天鹅城堡。

当人们来到这座城堡，如同来到童话般的梦幻世界，无不为它的美丽所迷倒。新天鹅城堡，无疑是有史以来最优美的城堡之一。这座城堡的外形，在各类旅游风光杂志、明信片与挂历中都过扮演主角。同时它也是从事舞台设计与艺术创作者们的灵感源泉，著名的芭蕾舞剧《天鹅湖》的创作灵感就来自这座城堡。世界著名的迪斯尼游乐场中《睡美人》的王宫也是以此城堡为原形而修建的。这座坐落在崇山峻岭上的新天鹅城堡，完全不同于其他城堡，它不是为了向公众显示荣华富贵或国家实力而建，而完全是为创造者路德维希二世的梦想而筑造。

新天鹅城堡的前身，是德皇路德维希二世父亲麦西朱利安二世的夏宫，路德维希在这里度过了他的童年。13 岁时，他读到德国剧作家瓦格纳的歌剧《洛恩格林》，被歌剧中天鹅骑士与布拉班特公主爱尔莎的爱情故事深深吸引。从此疯狂地喜欢瓦格纳的歌剧，铸成了他一生的"天鹅情结"。

1864 年，路德维希继承王位之后，就着手将瓦格纳的歌剧描写的剧情变为现实，并按照自己的想法改造天鹅城堡。1868 年，他在给瓦格纳的信中说："我打算在这里重建一座城堡，具有真正的古日耳曼骑士风格的城堡……上帝会来这里，与我们一起住在险峻的山顶，享受来自天国的凉爽洁风，城堡要成为一座私宅。瓦格纳音乐剧中的主人公在演出中栩栩如生，在生活中而要与我们同在。"

路德维希二世研究过中世纪城堡的模式，但主宰他心灵的只有"梦想"二字，因而城堡的样式不是历史的复原，而是梦想的实现。最终慕尼黑宫廷剧院布景设计师克里斯蒂安·杨克得到他的信任，城堡采用瓦格纳三部著名歌剧的舞台布景为原形，最终以13世纪日耳曼罗马式的建筑风格为主，路德维希认为这样才与传说的故事相符。整个城堡的外部除不加修饰的灰白大理石外，再没有任何装饰，但在群山的衬托下，依然具有梦幻般的效果。灰色的尖顶冷峻地指向深邃的长天，白色的墙面在青山翠谷间显得美丽而挺拔，如梦似幻，美不胜收。

城堡的内部富丽堂皇，令人称赞，所有的表面都以图画或浮雕进行装饰。天鹅则是最显眼的装饰主题，有关天鹅的壁画随处可见，装饰着天鹅图案的日常用品比比皆是。木雕、瓷器、帷帐上都有，就连盥洗室的水龙头也做成天鹅的形状。

城堡最壮观的演唱厅，则来自歌剧《塔恩霍伊泽》，歌剧讲述德国13世纪的诗人塔恩霍伊泽，在进入有爱神维纳斯掌管的维纳斯山中的种种奇遇。路德维希非常喜欢这个歌剧，因而在城堡中为自己仿造出一个这样的演唱厅。歌手厅装饰豪华，天花板被抬高，上面镶嵌着版画，是以黄道十二宫为蓝本的装饰图案，在这些房间路德维希营造出了舞台气氛，让人来这儿，就会令人时刻置身于戏剧的氛围之中。

新天鹅城堡经过17年的建造，终于在1886年竣工。在城堡尚未完工时，茜茜公主送了一只瓷制的天鹅祝贺，于是路德维希二世就将此城堡命名为天鹅城堡。为了建造这座梦想中的城堡，路德维希花费巨资。据估算，在修建城堡期间，每天开销约为90万马克。尽管耗费巨大，但所有工程的开销都来自国王的财政补贴，并没有动用分毫国有资金。也许正因为如此，他的国民才会视他为可爱而古怪的国王。

新天鹅城堡像只忧郁而高贵的天鹅。当你真正踏进城堡才会发现，童话般美丽的风景，闲散地弥漫在每一个不经意的地方，你会在瞬间爱上这种仿佛置身于人间仙境的感觉。

清晨，一道金黄的阳光从窗外射进屋内，康铂睁开眼睛看看正在熟睡的小亦，起身来到小亦床边，推推他说："懒猫该起床啦，你不是说早上起来跑步的吗？"

小亦睁开眼问："什么时间啦？"

"人间时间早晨六点，快起来。"

在住宅楼边的路上，两人边跑步边说着话。

"昨晚作什么美梦？在天鹅城堡遇见谁啦？"

"还能遇见谁，当然是爱尔莎啊。"小亦笑着说。

"那你这位骑士有何感想？"

"我梦见我拉着爱尔莎的手在城堡里上下跑，跑啊跑，你说那城堡里，怎么那么大又有那么多房间。"

"我看你是把城堡当成运动场了，你到底是天鹅骑士还是运动员？都串在一起了。"

"我也搞不清，反正是累得想睡觉。"

"看样子当骑士或运动员都不容易，还是当学生写论文吧。"康铂说。

在建筑史上，存在着古典主义与浪漫主义两种建筑风格。天鹅城堡是浪漫主义的杰作，路德维希二世用建筑的形式，使梦想变成现实。罗马人用武力的形式征服了希腊，而希腊人却用艺术的形式驯服了罗马。

罗马人讲求实际，早在公元前 1 世纪，著名政治家兼诗人西塞罗就向凯撒大帝提出，为了罗马共和国的利益，不应将大量的公共资金再用于建筑神庙与塑像，而应投资在城市建筑、港口、引水道或其他对社会有利的设施上。这个说法强调建筑的实用性，为城市建筑业的发展开创了新纪元。

午饭后，小亦与康铂小憩片刻后，继续写论文。小亦说："我们再来看古罗马拱券建筑技术，这与我们前面看到的柱廊建筑结构可是完全不同。"

康铂笑着说："什么拱啊、券啊，不明白的人还以为是猪在圈里拱啊拱。"

小亦看着同学笑着说："这是建筑学上的专用名词，你这个学建筑的大学生，一听就最应该明白的。"

同学说："我是开个玩笑，活跃一下紧张的气氛。"

拱券结构是古罗马推出的崭新的建筑艺术形象，拱顶与拱券把罗马建筑与希腊建筑的柱廊与柱栏体系，完全区分开来，是罗马对欧洲建筑的最大贡献。拱顶技术并非是罗马人的发明，罗马人从伊特鲁里亚人那儿，继承了石头砌筑技术，又与希腊建筑的柱式结合，形成富有特色的连续拱券与券柱式的结构，用于建筑桥梁与水道。

在法国尼姆，为解决
城内用水问题，罗马工程
师决定建一座水道，将城
外加尔河谷的水引入城内。
水道由罗马皇帝奥古斯都
的部将阿格里巴，在公元
前1世纪亲自督造，总长
269米，由上下三层连续拱
洞构成，离地面最高处达

尼姆水道

49米。外形上富有节奏感，上下拱洞的数量大小不同，三层都使用拱券，但宽度
不同，使得水道在穿越河面时，分支顺利地将水从水源处送到城市中。

使用拱券技术的输水道，改变了罗马城市的面貌，城市的规模也不再受到供
水的限制。事实上，在罗马众多建筑中，水道是罗马人最自豪的创造，当时罗马
城内有许多条输水道，长度达2000多公里。每天可以向罗马城输送160万立方
的清水，这些水道直到17世纪仍继续使用。罗马教皇也在罗马城内，建起大大
小小的喷泉。

瑞典女王克里斯蒂娜曾经到过路易十四的凡尔赛宫，由于水源有限，园中的
喷泉只有在特殊的场合才能使用。当克里斯蒂娜访问罗马时，以为圣彼得堡大教
堂前的大喷泉是专为她放的水，还传话说不必浪费，后来才知罗马的喷泉不分四
季，昼夜不息地奔流，这都归功于古罗马人修筑的输水道，这也体现出瑞典女王
是个善解民意的女王。

康铂看到这儿对小亦说："古罗马人不仅运用了拱券，又创造了更实用的简拱、
富有新意的十字拱。"

小亦说："你说得对，实际上，这种十字拱，就是两个简拱垂直交叉，交叉
部分叫作'棱'。简拱与十字拱的发明，及大规模运用，是欧洲建筑史上的一大
进步。罗马人的建筑喜好用曲线，在平面、立面、空间上都是如此，而拱券与拱
顶正好可以满足这样的喜好。"

在欧洲各大城市，到处都可看到大道中的凯旋门，这是欧洲人的一大喜好，
也是城市中的标志性建筑。

罗马的斯特提乌斯是第一个建造凯旋门的人。公元前196年，在波里乌姆

广场建立了第一个凯旋门。初期的凯旋门被用来记录皇帝的战功，以后就用来纪念一些重要的事件与活动。古罗马时期，建有 21 座凯旋门，保留至今的有 5 个，以提图凯旋门与君士坦丁凯旋门最为著名。

提图于公元 70 年继承皇位。他在位不到 3 年，却实现了其父征服西亚的夙愿。提图凯旋门正是为纪念这次胜利而建，凯旋门坐落在罗马广场的最东边，是古罗马圣道的最高点。

整个凯旋门用混凝土塑造，门面上贴白色大理石，上面用罗马字写着："罗马元老院与人民敬献给令人尊敬的维斯帕先的儿子提图·维斯帕大帝。"这些文字如今看来好像是刻画成凹线，而事实上，这些文字都是用青铜铸成之后再镶嵌进大理石中的。这些题字制作精良，文字内容也经过合理安排，题字通常作为凯旋门的最后一部分内容，在最后阶段完成。

提图凯旋门上，精美的浮雕作品，有其深刻的政治内涵。提图被雕刻成半身像，但他被一只鹰引导着飞翔于天空之上。南北两侧浮雕作品保存完好，堪称罗马雕塑的杰作。这些雕刻在建成时都经过精美的设计，涂有鲜艳的色彩。艺术家在雕刻这些人物时，采用不同雕刻技巧，有的被表现得立体生动，刻画仔细，而有的则刚刚略高于墙面，刻画简略。这样的对比，使得墙面可以获得不同的光线，从而形成强烈的光影对比，雕塑效果正是弗拉维视觉的风格。

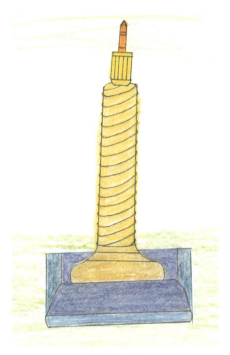

图拉真纪功柱

康铂对小亦说："咱们再来看看这圆柱形的纪功柱，纪功柱是凯旋门之外，罗马人的又一种纪念性的建筑。这种纪功柱的代表，是为罗马最伟大的皇帝之一图拉真，而修建的纪功柱。"

图拉真是古罗马继奥古斯都之后最英明的国家元首，图拉真执政时，被西方史学家称为"开明专制的典型"。他注意利用自己的威信而不是使用"绝对统治权"，不但深得元老会的信任，又深受罗马人的喜爱。

小亦说："听说他的性格单纯简朴、

刚毅勇决、胆大心细、公正无私、赏罚分明、不贪钱财、不好阴谋，这位皇帝唯一的爱好是田猎骑马，皇帝的尚武遗风使得罗马公民对他敬爱有佳。"

图拉真纪功柱，模仿希腊陶立克柱的形式，分底座、柱身与柱顶三部分，皆用大理石砌雕而成，分18段，柱子是中空的，建有183级楼梯通往柱子最上端，柱身有23匝随着柱身旋转而上的浮雕带，这座纪功柱，在图拉真建的两座图书馆中间，让人联想到，书籍卷轴的样式。

看到这儿，康铂不由得说："纪功柱采用环绕柱身的螺旋状雕刻，可能是受到当时书籍都采用卷轴式的启发，而设计雕刻出来的。"

这个纪功柱的图案盘旋而上，若是完全展开成横向卷画，长度将超过183米，包括2500多个人像，150个场景，每一个场景又都融入下一个场景，构图连贯的事件序述，看起来像不间断的连环叙事画。雕刻者以精致多彩的细节，来记述这一历史时刻。

在欧洲众多建筑中，教堂建筑是从厅堂的改造过程中形成的又一建筑形式。

在公元2世纪，图拉真皇帝建造的厅堂，是厅堂建筑中最为有名的一个，也是现存两个最大的厅堂之一。厅堂的主体是一个长方形的大厅，内部由两排柱子，把厅堂的纵向分为三部分，厅堂的主体宽而高，内部空间非常宽阔。最早的基督教堂，就是在厅堂的基础上改建而成，改建或模仿厅堂修建的早期教堂被称为厅堂或教堂。

基督教的教堂有集中式与十字式两种形式。十字式教堂的布局不是方形，也不是圆形而是十字形的，这可能与基督教徒对十字架的崇拜有关。在罗马时期的西部，则分别称"希腊十字与拉丁十字"。

小亦说："拜占庭帝国的希腊十字与罗马巴西利卡式的拉丁十字，可是欧洲教堂建筑运用最广泛的形式，特点是整体高而宽，内部的空间非常宽阔，走进去会觉得宽敞，明亮，舒适。"

康铂打趣道："就好像欧美人那样，长得又高又大，大鼻子大眼睛的。"

小亦不由附和："对，你形容得很贴切，大个子当然要住高大的房子。何况是教堂，里面要进好多人。我们的人民大会堂，无论规模，还是体量，都可称得上是雄伟高大，欧美的大个子也可进出自如。"

康铂笑着说："那人民大会堂采用的是什么十字？"

小亦莞尔："开什么玩笑，我也搞不清，可能是n个十字。"

康铂回答说：“用的是中国式的十字。”

小亦说：“教堂是欧洲人生活中最重要的一个活动场所，因而倍受历代君王的关注。”

康铂点点头说：“他们都喜欢到教堂做礼拜。”

历史上有的变革确实来自某个伟大的个人，公元 4 世纪的君士坦丁大帝就是最好的例证。他在公元 312 年通过米兰教会，在欧洲与亚洲相连的博斯普鲁斯海峡之滨，建立基督教国家，首都以创建者的名字命名为君士坦丁堡。君士坦丁堡的圣索菲亚大教堂，代表了整个拜占庭帝国建筑的最高成就，也是教堂历史上的第一次重大改制。

圣索菲亚教堂由查士丁尼大帝主持重建的。他聘请了两位来自小亚细亚的知名建筑师——安提米乌斯与伊西多鲁斯，主持设计和施工。博学多才的查士丁尼也亲自参与教堂的设计，他决心要建一座举世无双的教堂。

他与他的设计师创造了一种新的教堂形制，就是把巨大的中央圆形的圆顶与方形平面结合起来，球面的半径正好等于方形平面外圆的半径，里边三角形的弧面有如兜满风的船帆，因而称作帆拱。帆拱可以说是整个教堂的精髓之一，四个角上的帆拱连起来就形成一个水平的环。在这个环上加上鼓座，就把巨大的圆顶支撑起来，从高空鸟瞰教堂，所有部分都围绕烘托着中央圆顶，圆顶本身好像浮在空中一般。无怪于当时的皇家历史学家普罗可比，将圆顶形容成“用金链悬在天上”。从室内看，整个建筑将纵向空间与集中式空间完美地结合起来，从大量的柱廊与窗户透进来的朦胧光线，共同造成一种缥缈的幻觉。前后左右仿佛都可以无限扩展出去，令人敬畏的效果特别强烈。

圣索菲亚教堂的建筑总面积达到 7500 平方米，是当时世界上最大的教堂。教堂建成后成为拜占庭帝国的枢机主教堂，同时也是皇家加冕用的皇家教堂。

在此后的 900 年中，圣索菲亚教堂集中式的建筑形制，对后来东正教国家的建筑有着深远的影响。在西方，除帕提农神殿与万神庙之外，恐怕没有一座建筑的影响力，可以像圣索菲亚教堂这么持久。

在俄罗斯、罗马尼亚、保加利亚与塞尔维亚等国家，都流行这种教堂。这种建筑形式对西欧也产生影响。建于 11 世纪的威尼斯圣马可教堂，就是效仿这种建筑形式而建造的。

圣马可教堂的设计是在建筑平面上做了必要的修改，呈现出标准的“希腊十字式"。圣马可教堂为城市的守护者圣马可而建，教堂里相等的四臂组成了中殿、耳堂与圣坛三部分。里面的弧度平缓，外面的则有意拔高，加强了雄伟的效果，圆顶下环绕中殿与耳堂的是走廊，圣马可教堂秉承拜占庭教堂内部装饰的传统，并达到新的境界。

教堂室内全部用彩色大理石板镶嵌，圆顶与壁面都布满镶嵌画。由于整个教堂的马赛克以金箔打底，使教堂呈现出夺目的金色，因而人们又把它称作"黄金大教堂"。教堂的装饰画，从西大门开始，沿着门廊一直到圣殿的画，讲述的是从《创世纪》到《出埃及记》一系列《旧约全书》，教堂圣殿的内部，描绘的是《新约全书》。对教堂的守护者圣马可的事迹，又做出生动的描绘。这些镶嵌画中大部分出自文艺复兴绘画大师丁托列托之手，人物形象饱满生动，对于人物个性的描绘，已经取代拜占庭镶嵌画中对人物精神的关注。

因而整个教堂的立面都呈现出一种混合风格，宛如一个美轮美奂的混血儿，把所有的血统渊源都写在脸上。

小亦开玩笑说："欧洲的混血儿长得都差不多，在亚洲人的眼里，他们长得都是一个样儿，就像是一个模子刻出来的。"

康铂说："他们建的教堂就不同了，有希腊十字式与拉丁十字式，你能区别出来吗？"

小亦笑着说："对于我这个专业人士来说容易，其他人不好说。"

康铂追问："那你是怎么看出来的，是用混血人的眼光，还是用亚洲人的眼光？"

小亦戏谑地说："两种眼光都有，遗传眼光与自然眼光两者并用。"

康铂笑着说："两种眼光交替使用，又可能产生误差哦。"

"那产生的误差就由你来矫正。"

"那是矫正心理还是矫正眼光？"

"油嘴滑舌，没想到你挺能狡辩，那你就看着办。"

欧洲教堂建筑的发展遵循两条路。一条是拜占庭帝国的"希腊十字式"教堂；一条则是从罗马的巴西利卡式发展而成的"拉丁十字式"教堂。公元10世纪，希腊十字式的教堂，在东方拜占庭帝国已趋于成熟，而西方的拉丁十字式教堂的探索之路才刚刚开始。

欧洲各地艺术家们的共同特点之一是利用罗马人的拱券结构，因而后来人把这些建筑称作"罗马式风格"。

达勒姆教堂建于1093年，设计基本沿用传统的"拉丁十字式"。平面如常见的十字架，由较长的东西向的纵臂与较短的南北向的横壁交叉而成，横臂构成教堂的南北两个耳堂，而长臂被短臂分为圣坛与中殿。

当时常见的是在教堂的纵臂上，搭建木制的拱顶或"人"字形顶。达勒姆的建筑师们则开始完全不同的实验，诀窍是只需要用一些坚固的横跨拱架，再用较轻的材料，填充这些拱架的空隙，原理就好像支撑身体的骨架，撑起通达全身的筋脉。建筑师把这些结构称作肋，彼此相加的肋构成"肋拱"。这些肋拱为哥特式飞拱的出现奠定了基础，当时的英格兰建筑师，并没看到肋拱蕴含的这种潜力，肋拱本身的巨大成功，已经令当时的英格兰非常自豪，因为肋拱使得教堂的高度与跨度创造了新的纪录，达勒姆教堂的正殿高达22.2米，拱顶跨度11.8米。达勒姆教堂因杰出的建筑技巧，成为罗马式建筑的杰出代表，被誉为欧洲最漂亮的教堂之一。

教堂所有的内部空间，都以中殿与侧廊之间的巨大柱墩与圆柱为主，圆柱与柱墩交替排列成行，充满了阳刚之气。在圆柱上刻着形式丰富多样的装饰纹样，有的是锯齿状的凹槽，有的刻画成漩涡纹，有的则刻成网格纹与折线，这些纹饰与折线，让肃穆的教堂多了几分柔和的意蕴，也缓和了柱子与柱墩本身的厚重感，使教堂显得更加轻盈。

威尔河边的达勒姆大教堂，在建筑上取得成功的同时，又具有政治上的意义。达勒姆教堂的建成表明，诺曼人继1066年之后，又一次向世人展示自己的力量，诺曼人是英勇善战的勇士，同时他们也是优美文化的创造者。

康铂对同学说："会打仗的人也会建教堂吗？"

小亦笑着说："这只是个比喻，说明诺曼人不但勇敢，而且头脑聪明。"

哥特式建筑是中世纪的一个国际性建筑运动，从罗马式风格发展而来。罗马式风格注重感情上的抽象表达，而哥特式建筑变得自由与人性化。特征是尖角拱门、肋形拱与飞拱的使用。

11世纪下半叶，哥特式建筑起源于法国，13～15世纪流行于欧洲。哥特式建筑以高超的技术与艺术成就，在建筑史上有着重要的地位。由于采用尖券与飞扶壁，哥特式教堂的内部空间高旷、单纯、统一。

小亦说："你注意到没有，国外的石头建筑特征是空间多用拱，帆拱、尖角拱、肋拱、飞拱、十字拱、飞扶壁。而国内的砖瓦木质建筑空间则多用横梁与无梁，这是两种建筑结构最显著的区别。"

康铂又开玩笑地说："小猪又来拱啊拱，这么多的拱。"

小亦哭笑不得："这都是石拱而不是猪拱，请你听清楚。"

康铂笑着说："我知道，这都是使用材料的不同，石头的重量与形状，不可能用来搭建横梁，只能采用各种类型的拱式结构。而砖瓦与木材可用作多种形式，拱梁与横梁都可使用，只是高度上有所不同，两种材料建筑的工艺也不同。"

小亦笑着说："你说得完全正确，看来你不但可以当个出色的设计师，也可以当个称职的建筑师。"

康铂说："彼此，彼此。"

小亦说："当代高楼使用最多的是中西通用的钢架结构，让我们再来看一看法国的哥特式教堂。"

高贵而美丽的夏特尔教堂，是法国早期哥特式教堂的经典之作。夏特尔教堂内珍藏着圣母玛利亚在受胎告知时所披的长袍。1194年一场大火烧掉了大部分夏特尔城，但玛利亚长袍却奇迹般保存下来，当时人们把这当作一种神示，于是他们开始修建一座全新的教堂。

新的夏特尔教堂长130米，宽46米，主塔高115米，是世界上最大的哥特式教堂之一，这在当时开创了新的高度纪录。教堂内首次使用十字肋拱的技术，拱顶上那些交叉成十字形的细长线条称作"肋券"，每一个拱由两条肋券相交，它们形成的对角区域是"尖拱"。

夏特尔与其他哥特式教堂不同的地方，还表现在它设计理念中体现的数学逻辑，最典型是对黄金分割的熟练运用。黄金分割是造型艺术的比例原则，从古希腊开始，人们认为就是最完美，最和谐的比例。

在夏特尔教堂中，黄金分割的法则无处不在。例如决定教堂基本尺寸的四聚方形的长度各是16.44米与13.99米，这个比例只有在黄金分割体里才能找到。此外柱墩的长度是8.62米，肋拱延伸下来的壁柱长是13.85米，两者的距离是5.35米。5.35、8.62、13.85的比例非常接近黄金分割线。

除此之外，还有许多饶有趣味的数字，比如中厅的宽度、侧厅的高度，以及中厅的肋拱延伸臂的长度都是13.85米。中厅中每两个方形面的单元构成一个正方形，而这个正方形又出现在纵截面上，边长也是 13.85 米。正是因为数学在建筑设计上巧妙的运用，夏特尔教堂向来被看作是最美丽的教堂。

> 希腊十字、拉丁十字、肋券、尖拱、帆拱等生疏名词，看起来有点儿晕，但这些都是欧洲教堂建筑的特点。当你真正踏进这些教堂，就会发现，那些生疏的名词所创造的，是纯种的欧洲建筑风格，完全不同于亚洲建筑，高大宽阔、美轮美奂。

小亦说："黄金分割法用到哪儿，都会产生美的境界，你说是吗？"

康铂说："那是，不然怎么能称得上是黄金分割法。"

在欧洲所有教堂中，可能没有一座教堂的名气比得上巴黎圣母院，这得归功于与它同名的那部小说，法国文豪雨果的杰作《巴黎圣母院》。这不仅给教堂带来了巨大的声誉，还给它一次新生的机会。随着小说闻名世界，巴黎圣母院激起世界各国人们的热烈向往。于是，人们发起了一次规模巨大的募捐，不久，这座古老的建筑整修一新，重新焕发生机。

如今，当人们再次站在它面前时，就会发现它是巴黎最古老的天主教堂。又是世界上哥特式建筑中最庄严、最完美、最富丽堂皇的建筑典范。

巴黎圣母院位于巴黎市中心、塞纳河西岱岛的中央。无论在巴黎市区的哪个位置，一抬头就能看见它高耸的钟楼，从外观就能一眼识别。多数哥特式教堂都在西面的设计上别出心裁，巴黎圣母院近乎古典的对称式设计，反倒显得独树一帜。中央大门正对着教堂的中堂，正上方是直径达十几米的圆形窗户，这就是通常所说的"玫瑰花窗"。据说花窗的得名缘于玫瑰高洁清雅的气质，会让人想起圣母玛利亚。在玫瑰窗上镶嵌着五彩斑斓的染色玻璃，阳光从这透射到教堂里时，会给人一种亦真亦幻的奇妙感觉。

巴黎圣母院不仅是宗教场所，还是历代国王举行登基盛典的圣地。壁龛供奉着象征受主祝福的历代国王的 28 座雕像，大门上方是主要雕刻带，内容多取自圣经。南北两侧雕刻着圣母玛利亚与圣祖母安娜的生平事迹。巴黎圣母院在所有可能的地方，都采用了尖拱或尖塔。使得室内的空间异常开阔，达到 5670 平方米，比许多教堂都大，可容纳近万人。

人们走进教堂，就一定会觉得宽敞、通透、明亮。当人们的目光随着柱廊，从下往上到达尖顶时，会不由自主地产生一种向上腾越的轻快之感。雨果与歌德曾经用树木生长的形态，来比喻这种向上升腾的动势。讲台两旁放着路易十三、路易十四的雕像。整座教堂的柱子墙壁、窗、门雕刻与装饰都由石头构成，是一座名副其实的石造宫殿。一如雨果在小说中用过的那句精彩比喻，"简直就是石头制造出的波澜壮阔的交响乐"。

用石头建筑演奏的"宫廷交响乐"，又与雨果的小说同名，值得人们观赏。教堂是欧美地区的特产，庄严肃穆、精致完美、而又金碧辉煌。

11 世纪末期，大学在欧洲出现，在存留至今的欧洲早期大学中，以巴黎大学、牛津大学、剑桥大学最为著名。剑桥大学的历史可追溯到 1209 年，当时受到私人的资助而形成最初的剑桥大学。

14 世纪，法国出现了华丽装饰效果的辐射式风格，花窗被尽可能扩大到整个墙面。这种风格很快传入英国。英国的建筑师们将这种辐射式风格，

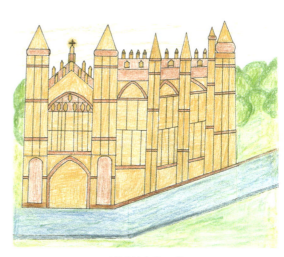

剑桥学院礼拜堂

发展成具有高度创造性的另一种变体即"垂直式"风格。

15 世纪，英王亨利六世资助修建的剑桥大学学院礼拜堂，长 124.4 米，宽 12.2 米，侧面是巨大的垂直式玻璃窗。随着花窗的增加，其他结构也随之发生变化。伸向礼堂上方的支肋拱，汇聚而成天顶，给人的独特感觉，就好像穿行在满是棕榈树的林荫大道之上。礼拜堂将哥特式教堂玻璃殿堂的理念发挥到极致，墙面除起到支撑作用的如藤蔓一般的巨柱外，几乎全是巨型窗户，纤细爽劲的花窗格，布满整个墙面。礼拜堂的彩色玻璃是亨利八世以来，保存最完好的彩色玻璃画，在这些玻璃窗上，从基督的神迹到圣母的事迹都刻画细腻。

法国是横向扩大花窗的面积，英国人则是纵向来拓展花窗的面积。

肋拱的新发明——扇形拱，为扩大花窗提供了条件。扇形拱顶最早出现在格罗斯特大教堂中。

康铂说："英王资助建造的大学礼拜堂，一定是富丽堂皇。"

小亦说："这种宽敞的落地窗户，在过去、现在、未来都是值得推崇的形式，写字楼、住宅都可使用。当你拉开窗帘，站在窗边向外看，窗外的一切，就是一幅天然的风景画。"

康铂说："我与你有同感，也喜欢这种窗户，想必未来定会大为盛行。看样子皇帝不光能修筑城堡，也会出资建大学。"

小亦说："明智的皇帝，都会重视教学。"

到13世纪，高耸入云的哥特式教堂已遍布欧洲各地。法国是哥特式教堂的故乡。德国的教堂则在尖塔的高度上大做文章，最高的尖塔是德国的科隆大教堂。

科隆大教堂位于德国莱茵河畔的科隆市正中心，由科隆大主教希尔迪包德为纪念圣彼得而建。因为在教堂钟楼悬挂的5口大钟中，其中一口被称作"圣彼得钟"，所以科隆大教堂最初被称为"圣彼得大教堂"。

新教堂于1248年动工，科隆教堂的双塔完成于1880年，尖顶高度152米，是世界上最高的教堂双塔。双塔之上各有一尊紫铜铸成的圣母像，圣母双手高高举起小耶稣，圣母子共同构成十字架状。科隆大教堂内部连绵的飞拱令置身其中的人们眩晕。

小亦看到这儿说："哥特式教堂的特点就是有尖尖的塔顶，高而尖，一眼就能分辨。这是欧洲教堂的又一建筑形式，在未来城市规划中可建在风景区。"

康铂说："听说在二战时，飞行员飞经这座教堂上空，都不忍心扔炸弹。"

接下来，我们去游览阿拉伯地区的宫殿。由于阿拉伯地区的地形特点，建筑形式风格与欧洲的教堂完全不同。

阿尔罕布拉宫意思是"红宫"，建在地势险峻的山上，从外观上看，阿尔罕布拉宫像是一个严密防守的城堡。宫殿由多个院落构成，其中最主要的是，南北向的清漪院与东西向的狮子院。其余院落都是围绕它们修建的。

清漪院的中央有一条水池纵贯全院，院落的南北端都有纤秀的七间券廊，北廊后面是一间18米见方的正殿。高度也刚好18米，这个方方正正的大殿主要用来接见外交使节，所以被称为"觐见厅"。正殿上耸立着一座的方塔，方塔与券廊倒映在水池里，喷泉落下的水珠敲碎了水面，雄伟的方塔建筑与纤秀的水池涟漪交织在一起，无定的变幻给人难以琢磨的感觉。

　　狮子院长 28 米，宽 16 米，是内院。周边有两座姐妹厅，闺房院，充满了轻柔温馨的气息。院中心有一个喷泉，由 12 个狮头驮着，向四方引出小渠，分别取名水河、乳河、汤河、蜜河。

　　在《古兰经》中，真主应许给虔诚者的永远居住的"天国"里，最诱人的便是这四条河。它们是生活在沙漠的阿拉伯人想象世界中最重要的生命之源。

　　有关天国的描绘，在阿拉伯世界的庭院与园林里，用十字形的水渠来代表它们，而所有水源的源头都来自庭院中央的喷泉。在阿尔罕布拉宫，从山上引来泉水流经厅堂，厅堂也有喷泉，它们不但缓解了当地的炎热，还给后宫平添了些柔媚。

　　狮子院北侧与南侧中央都有水泉，泉水从这里流向院心的喷泉。狮子院周边有灵巧的柱廊，用金线勾勒，染彩色，柔媚的脂粉气弥漫在整个院落。

　　14 世纪的宫廷诗人伊本·扎姆拉，把狮子院与四周的厅堂，比作一个星座。他写道："星星宁愿留在灿灿的穆克纳斯厅，而不愿留在天穹。"

　　阿尔罕布拉宫建成后，光彩四射。在国王才华的影响下，格拉纳达到处都建起了优美文雅的府邸，装饰精巧，色彩轻巧而明艳，花木茂盛。

　　从古希腊到中世纪的一千多年的建筑发展史，可以说是一部建筑技术不断发展的历史。随着新技术的运用，建筑风格也随之改变，哥特式教堂所取得的巨大成就，完全在于尖形圆顶，这项工程技术的发展与运用，并确定了建筑美的新标准。

　　文艺复兴时期，最显著的建筑特征是扬弃了中世纪哥特式建筑的伟大创新——肋拱和尖形穹顶技术，恢复古典建筑的单纯性及美学理想；在宗教和普通建筑上重新采用古希腊和罗马时期的柱式构图和桶形拱顶要素。这场建筑复兴运动，是从佛罗伦萨大教堂的圆顶开始的。

　　佛罗伦萨大教堂的原名是圣母百花大教堂，这个名称来源于教堂的守护者圣母玛利亚，加之整个教堂布满彩色大理石，镶嵌而成的优雅图案，有如百花盛开，因而得名。这座由佛罗伦萨 5 万市民出资修建的教堂，肩负着展现一个新城市风貌的重大责任。教堂由教堂、钟楼、洗礼堂三部分构成。教堂的设计者，由市民委员会的成员与八位建筑艺术大师共同敲定，使教堂的设计具有鲜明的时代特色。教堂平面是拉丁十字形，长 153 米，宽 38 米，体量之大，已赶上圣索菲亚大教堂。

　　教堂特别之处在于教堂有两个横厅，横厅的两翼都是八角形。总体看来就好像一片三叶的苜蓿叶子，又如盛开的花朵，十分优美。这是把美学原理运用到建筑设计中的结果。

佛罗伦萨大教堂

小亦说："你看，如果把美学原理恰到好处地运用，理论与实际结合就能开出最美丽的花、结出最丰硕的果实。"

康铂说："那就是说学建筑设计的人，也要学一点儿美学原理，又说，要学的东西可真多。"

小亦看看他说："想当好的设计师，设计出可流传百世的精品，就像我俩看到的这些建筑，得多用功夫才行。"

设计师菲利普·布鲁内莱斯基在设计佛罗伦萨圣母院时，就拿出造圆顶的方案，但他采用的是双层圆顶设计。双层圆顶之间有横肋相连，作用就像是建筑内圆顶的飞拱墙一样，将力量传达到建筑的外壳再传送至建筑的角落。圆顶的最上方像罗马的万神殿一样，开一个圆形的口，上面建有一个灯笼形的塔顶，目的是让尽可能多的光线射进教堂的内部。这样佛罗伦萨教堂的圆顶，就具有古典艺术的特点。正是这个巨大的圆顶，唤起人们对于古代建筑艺术的兴趣，使得很多的建筑艺术家，投身到古典建筑艺术领域中来。

在建筑圆顶的过程中，布鲁内莱斯基发现，建筑各种要素之间有着必然联系与某种特定的关系，这些关系可通过数学计算表达出来。因而建筑师完全可按比例绘出可供施工的设计图，也就说设计工程师，可以从工地上被解放出来，从事更多的创造。

这种通过数学关系与施工建筑各部分，联系起来的理念，正好与古希腊设计神庙的思想一致，这可以说是真正的文艺复兴时建筑设计的原理。在建筑设计中强调比例与数学计算的传统，来自希腊与罗马。所说的建筑比例，就是建筑各部分之间的尺寸，都应按固定比例而设计。到文艺复兴时期，建筑设计师们意识到数字的重要性，开始考虑设计建筑的精确尺寸，可以通过计算来达到和谐。

对数字的探索，始于布鲁内莱斯基，到阿尔贝蒂这样真正人文学者的出现，和谐比例的理论才得以系统地证实。在《论建筑》一书中，阿尔贝蒂把柏拉图关

佛罗伦萨圣母院

于音乐上的比例关系，引入到建筑中来。

在《蒂迈篇》中，柏拉图用协音与和音的规律推断出，世间万物的内在的和谐，建立在2的倍数（1∶2∶4∶8）或3的倍数（1∶3∶9∶27）这样的几何级数之上，表明建筑可以用"可公度性"原则为基础。根据这一原则，建筑物为了达到视觉上的和谐，建筑各部分的尺寸须是一个基本模数的倍数，这一原则在佛罗伦萨圣母院中得到证明。

通过精确的数学计算而设计出的教堂，一定精致、和谐、美丽。即是路途遥远，也值得光顾。

小亦对同学说："这是从音律推测出世间万物内在的和谐，都出之2或3的倍数，明白吗？"

康铂笑着说："明白，3的倍数是你，2的倍数是我，我俩加起来就是和谐，这样解释你满意吗？"

小亦笑着说："简明易懂，你是个有前途的设计师。"

同学笑着说："名师出高徒，我们的导师都是世界顶级的建筑设计大师。"

在阿诺河左岸有一座圣母院，建于13世纪，这是运用数学规则改造的教堂，阿尔贝蒂所做的重点改造是教堂的主正面。正面就像是数学分析版，充满熟悉的几何图形，圆形、钜形、方形。这又以阿尔贝蒂设计建筑时喜欢用的 $1:1$、$1:2$、$1:3$ 和 $2:3$ 简单的数学比例而组织起来。

事实上，当时的建筑师并不全能理解这些复杂的数学计算，更别说是运用到建筑中。在阿尔贝蒂之后，尽管人们敬仰这项成绩，却也只有帕拉迪奥这类建筑天才，才可以将这一传统继续下去。

尽管把不同高度的柱式放到同一个平面，在一定程度上是为数学规则服务的，但这却是阿尔贝蒂的独创。这么灵活的运用柱式在历史上还是第一次，这项发明受到后来建筑家的欢迎，特别是米开朗琪罗的青睐。在他设计的建筑中很容易找到这一特点。尤其是罗马市政广场博物馆，是对这种建筑形式的最佳展现。

众所周知，米开朗琪罗是三大"天才画家"之一。但他在雕刻、建筑方面所取得的成就，并不亚于绘画。米开朗琪罗之所以能成为创造奇迹的天才，在于他掌握古代经典之后，创造出真正属于自己的经典。

米开朗琪罗为佛罗伦萨首富米蒂奇家族设计的劳伦狄图书馆，是他建筑方面才能的初次崭露。他没有像古希腊人那样遵循平衡的法则，而是利用透视法，突出建筑上下部分的不对称。从而营造出一种楼梯通向隧道的感觉，这种感觉又恰恰适合图书馆安静的需要，这就是天才的设计。

康铂向往地说："天才画家建的房子，住在里面是否会像住在画里一样好看？"

小亦说："房间内墙用壁画作装饰，不就像住在画中一样吗？"

康铂说："我俩再来看看欧洲人，是怎样把彩色玻璃运用到教堂建筑中来的，这在当时也是一种创举。"

小亦看着图画说："从此人们在教堂里可以看到彩色的房顶与窗户，这又是一种新的装饰风格。"

13 世纪，欧洲社会出现重大变革，法国巴黎郊外的圣丹尼教堂，就是一种新的建筑风格。它于 1136 年重建，变革来自中厅两排柱廊中那根长而细的柱子。柱子伸到天花板，在水平方向上，将室内空间分为三个水平带。下面是柱廊，高度与侧厅相同。上面是一个与底层相同的巨大拱窗，窗中用精美的雕花图案，达成了非常轻盈明亮的效果。这种三分的布局，成为后法国哥特式的一种标准形式。此外，纤细得不带柱头的壁柱，也是新风格的一部分。同时也对应着平面上的十字肋拱，这种空间的多形，后成为哥特式建筑的重要特征之一。

法国人圣丹尼革新的这种建筑，正是他萌发了建造这样一座教堂的想法，他认为把教堂建成奇异的宇宙空间，悬浮在天地之间是可能的。光线在宗教信仰中扮演着神秘的角色，对光线的重新强调是哥特式教堂在美学与神学上，突出于罗马建筑的最主要的原因，彩色玻璃无疑最能表现奇妙的光线。

根据有关记载，彩色玻璃的使用始于 7 世纪。从现存实物来看，在教堂使用彩色玻璃，目的也是为叙述传说。彩色玻璃那丰富多样的美使人着迷，如同宝石般的色彩，是来自融入玻璃中的金属氧化物——钴、铜与锰，这使得彩色玻璃上，布满形状各异的格子。

至今保存最完好的彩色玻璃人物图案，是在德国南部的奥格斯堡大教堂，但最精美的彩色玻璃制作技术非法国莫属。保存最早的正是圣丹尼教堂的玻璃窗，整个教堂色彩丰富，使得教堂看起来如同沐浴在奇妙的仙境里。在教堂里布满镶有金子与珠宝的物体，因为金子与珠宝同样可以反射光线。在此后 300 年中，欧洲教堂显然都受到圣丹尼教堂的影响。

从西欧转到东欧，让我们再来欣赏东欧建筑的新风格——洋葱头。

富有创造性的俄罗斯人在本国的土地上，发展出最具特点的新风格，这就是洋葱头形的尖顶。这种样式的建成最初是为抵御俄罗斯冬天厚厚的积雪，最震撼人心的是俄罗斯教堂建筑。从这些教堂开始，到最高统治者的府邸，它们最终成就了俄罗斯最大的宫殿群——克里姆林宫。随着沙皇的强大，只有在莫斯科河与涅格林纳河交汇处的皇宫可以称"克里姆林宫"，占地 26 公顷，包括 16 个重要建筑。

世界上很少有什么建筑，可以像克里姆林宫这样，拥有持久的政治影响力。它从 12 世纪开始就左右着世界上性格最坚毅民族的命运。因而，克里姆林宫才变身成历史博物馆，向人们讲述这个国家的历史。它的建筑历史几乎就是一部俄罗斯洋葱头建筑风格的发展史。

"克里姆林"在俄语中是城堡的意思，当俄罗斯没统一时，城堡是贵族的住地。

红场教堂

14 世纪，莫斯科公国的俄罗斯的君主伊凡三世大帝召集俄罗斯和意大利最优秀的建筑师和艺术家，在城墙上增建了 18 座钟楼，及多棱宫、大天使米哈伊尔大教堂，并用红石墙将宫殿围起。后来又多增、改建，但总体上的面貌始终得以保存。

伊凡三世对俄罗斯建筑艺术的发展，起到了巨大的推动作用。大天使米哈伊尔教堂沿用俄罗斯传统的雕花十字架建筑模式，在 15 世纪进行了大规模改建。由意大利建筑师费奥拉万蒂设计，融合了俄罗斯拜占庭建筑风格。中心筑有大型圆顶，在角落安置较小圆顶。在建筑施工时，为适应俄罗斯寒冷的气候，引入了不少创新。这种洋葱头形拱顶与拜占庭圆顶，乃至整个欧洲的教堂建筑区分开来。最初为了减少冬天的积雪，给教堂墙壁带来过重负担的实用设计，此后却成为俄罗斯教堂建筑最为显著的特色。

看着这些奇特而优美的洋葱头，小亦康铂二人惊叹不已。

小亦说："康铂你看，洋葱头的外形，艳丽的色彩，这就是最引人注目的俄罗斯城堡。"

康铂说："美丽动人，赏心悦目，这是世界上唯特别的城堡的标志。"

小亦说："我俩抱着洋葱头照张相，一定会美丽动人。"

康铂说："想抱着洋葱头可能有点儿费劲，抱你倒是挺容易的。"

"今天是个好日子。"小亦张开双臂，抢先抱住康铂问，"有没有闻到洋葱头的味道？"

"好像是妮维雅的味道。"康铂笑嘻嘻地说。

小亦说："什么妮维雅，是巴黎欧莱雅护发素加大宝 sod 蜜护肤霜。"

康铂说："还是双重香形，难道你有双重性格？"

小亦说："人不可能只有一种性格，那样生活才有乐趣。"

"那就是说人有时需严肃，有时需幽默打闹，就像我俩这样。"康铂顺手揪住小亦的两只耳朵。

"对，就这样。"小亦用手揪住康铂的耳朵，两人开始打闹起来。

在意大利罗马西北郊，梵蒂冈城的圣彼得教堂，是世界天主教会的中心，这是世界最大的教堂之一，集教堂建筑艺术精华于一身。教堂长约 200 米，最宽处约 130 余米，之所以著名，不仅因为它是世界上最大的教堂，还在于作为教皇的教堂，它集中了意大利最优秀的建筑师为之效力，前后主持工程者的名单，简直就是一本建筑名人录。

罗马教会借助建筑艺术家的才智，想让教堂创造得前所未有的华丽与壮观。所有的艺术形式，雕塑、绘画、建筑，都被空前调动起来。而重振圣彼得大教堂的任务，落到享誉欧洲的意大利建筑师贝尼尼肩上。

1629 年，罗马教皇亚历山大七世授予贝尼尼"教皇艺术家"的称号，并要求贝尼尼为圣彼得大教堂增设一个雄伟的广场。广场要既能增加教廷的威望，又不能夺走圣彼得大教堂的光彩。

贝尼尼的应对之道，堪称是形式美与功能强的完美结合。他把圣彼得大教堂广场分成两部分，一是教堂相连的梯形广场，一是椭圆形的柱廊广场，两个广场的形状如一个巨大的钥匙孔，之间以宽阔的阶梯相连，而南北两道柱廊与椭圆广场的柱廊相连，这样可提升教堂的高度，使得教堂高于整个广场。与梯形、柱廊相连的是一对环形柱廊，这就形成一个横向的椭圆形广场。由于弧形的设计与柱廊本身巨大宽度，使人观看时，有异常深远宏大的感受。

贝尼尼在广场上，用彩色大理石镶嵌出一个巨大的放射型的日晷盘，与正中的方尖碑起到日晷的作用，随着光线的变化，在广场上标示出时刻。为了给朝拜的信徒提供饮水，贝尼尼在喷泉的另一侧又建了一座喷泉。喷泉样式别致，在欧洲很多地方都能见到仿造品。

路易十四是历史上最慷慨的建筑艺术家赞助人之一。他不仅大大提高了建筑艺术家的经济收入与社会地位，还赐予优秀艺术家爵位，难得的是他与艺术家们建立了亲密而真诚的朋友关系。建筑师勒·诺特尔甚至是廷臣中唯一能与路易十四拥抱的人，艺术家们都感谢路易十四的知遇之恩，凡尔赛宫就是这些艺术家通力协作的精品。

巴黎郊区的凡尔赛宫，是路易十三在 1624 年兴建的狩猎小屋，后由菲利勃特·勒·罗伊扩建为一个小宫殿；路易十四最喜欢的建筑师孟萨特，为原来的宫殿增加两翼，并改造了整个宫殿正面的风格。

孟萨特本人的建筑风格介于巴洛克与古典主义之间。他为凡尔赛宫设计的南北两翼采用了古典主义风格。正面的柱式相当严谨，节奏却富于变化，显示出主观随意性，这两个侧翼大大增加了凡尔赛宫的空间。南北两翼被分为若干独立大厅，由不同建筑师负责内部装饰。其中较为重要的是在北翼的帝后会客厅、皇帝用的战争厅与皇后用的和平厅。

孟萨特与勒·布朗设计的镜厅，将两个会客厅连为一体。镜厅是世界上最精美的宫殿之一。长约 73 米，宽 10 米，高 12.6 米，厅中花园的一面开有 17 座拱形窗户。在相对的一面墙上，则相应地镶有 17 面与窗户等大的镜子，它们把花园的美景都挪移到室内，造成富有动感的幻觉与无限的空间。

天花板上是勒·布朗创作的 30 幅刻画有路易十四功绩的浅浮雕。其余墙壁上悬挂着大型的油画，描绘的是古罗马的神话传说。目的当然是想把国王与象征着光明、赐予人类生命的太阳神阿波罗联系起来。

事实上，凡尔赛宫最具代表性的成就，不是建筑而是园林。路易十四时代的特点是"伟大风格"，凡尔赛宫正是这种风格最鲜明的代表。园林的设计者就是那位可以与路易十四拥抱的勒诺特尔与画家勒·布朗。在他们的努力之下，这片巴黎郊外的普通庄园，变成西方世界最大的园林——南北长 400 米的凡尔赛宫。

尽管诺特尔的设计似乎很简单，但是身临其境，就能领略其中蕴含的繁杂结构与妙趣横生的细节结合得多么巧妙，以至于路易十四本人还为这座园林编写了游览指南。

整个花园给人印象最深刻的就是大规模的水道、水池与喷泉。水从塞纳河的马尔丽河运送过来，面积约 23 公顷的大运河与水池就像镜厅中的反光镜一样。将空间的界限打破，把天空与周围的美景统统收到水中，错综复杂的交织着，成为美轮美奂的装饰品。

水池中建有雕像，再次突出了太阳王路易十四与太阳神阿波罗的联系。花坛的大水池中央是阿波罗的母亲拉东纳的雕像，她一手护着幼小的阿波罗，一手遮挡着从蛤蟆嘴里喷出的水柱。

拉东纳雕像往西的另一个水池中央则是架着车马开始一天巡游的阿波罗塑像。这时的阿波罗已长大成人，他掌管着日升日落。每当日出日落，红霞满天，水面如同铺上一层金箔。19 世纪，雨果看到这一幕时写下一首诗："见一双太阳，相亲又相爱，像两位君主，前后走过来。"一双太阳就是太阳神与路易十四的隐喻，这种隐喻贯穿在整个园林与宫殿之中。凡尔赛宫入口的大门上就高悬着燃烧的金色太阳。凡尔赛宫的设计理念传播到整个欧美，美国早期的城市都模仿凡尔赛宫的几何学布局，华盛顿特区最值得骄傲的国家广场也继承了这种传统。

"太阳神阿波罗与国王路易十四住在凡间的这座宫殿，一定是最豪华、最宽阔的，甚至需用游览指南来引导。"康铂情不自禁地说。

"如果路易十四坐在阿波罗的马车里游览这座宫殿,不知有何感想？"小亦说。

"是否像坐皇家专机一样，在地上飞而不是在天上飞。下车后路易十四一定会说，还是在花园里漫步比较爽，显得悠闲自在。"康铂说。

"阿波罗会笑着对路易十四说，能坐在我的马车里在地上飞的人不多，就陛下一人。"小亦说。

就在巴洛克建筑风格形成后不久，反其道而行之的风格，在法国出现了，这就是新古典主义。路易十四对艺术的热衷，才使得一批艺术家投身于新风格的创造。为了区别于古希腊罗马的古典艺术，罗浮宫向我们展示了这两种风格的历史。

罗浮宫作为路易十四在巴黎的皇宫，在16世纪60年代已基本建成，这是一座文艺复兴式的四合院建筑。建筑师路易·勒伏、查理·勒·布朗兄弟及克劳德·波洛说服路易十四，让这座建筑采用古典主义的方案来建造。

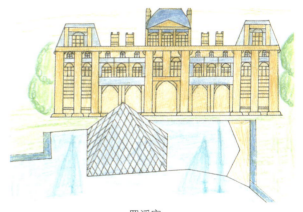

罗浮宫

罗浮宫长172米，高28米，按照水平线划分三个部分。底层是一个高9.9米的基座,中间部分是两层高13.3米的巨柱构成的柱廊。最上面一部分则是为檐口线与女儿墙，建筑主体是由双柱构成的柱廊空间，简洁历练，层次丰富。

罗浮宫正面的构图运用简洁的几何结构，中央部分凸起的柱廊宽28米，因此形成了正方形，两端凸出部分是整个柱廊宽度的一半，双柱与柱间的中线距离是6.69米，正好是双柱长度的一半，从而获得了阿尔贝蒂所赞赏的对称比例结构。柱廊的空间相当开朗，双柱具有力量感，开间虽然很大，但强壮有力，它成为法国古典风格的标志。

美国华裔建筑师贝聿铭设计的、具有现代风格的"玻璃金字塔"获得赞誉，成为改建作品中的经典，罗浮宫喷泉边的玻璃金字塔再次因建筑奇特，而成为人们关注的焦点。

"罗浮宫与凡尔赛宫都是经法王路易十三路易十四改造的皇宫。"小亦说。

"再加上贝聿铭的玻璃金字塔，古代的皇宫、现代的金字塔，完美指数百分之一百二十。"康铂说。

前面已经介绍过多种建筑风格。风格之间的差异或者表现在建筑的空间上，或者表现在建筑的技术上。18世纪初，一种被后人称为"洛可可"的新风格出现了。洛可可本身不像是建筑风格，而像是一种室内装饰艺术，这种风格盛行时，建筑师的创造力不是用在构造新的空间模式，也不是为了解决一个新的建筑技术问题，而是如何才能创造出更为华丽繁多的装饰。洛可可把装饰推向极致，为的是能够创造出一种超越真实的，梦幻般的空间。可以说，洛可可风格的装饰，就像是奶油般甜蜜的巴洛克艺术。

洛可可，一词来源于法语，指"岩石状的装饰性风格"。用来形容一种流行于法国的用拱形石膏扇贝与海贝作装饰的趋势。它最早出现在路易十四为13岁的未来孙媳妇建造的动物园别墅中的一个房间。画家克劳迪·安德伦，用变形夸张的手法，给这个房间画满了各式各样的鸟类、缎带、植物的卷须图案。在此之前，它们几乎没有出现在欧洲任何的建筑中，这些装饰轻松有趣，充满了女性的甜美与可爱，在沙龙盛行的法国很受欢迎。

就在法国人还在犹豫，洛可可是否可以用在教堂屋顶装饰时，德国南部地区的建筑师们已经付诸行动。令人难以想象，那些洁白得宛如瓷器般细腻的墙壁，出现在一个新教国家的教堂中。不过，洛可可艺术的最佳作品，还是在德国的宫廷，其中不得不提的是慕尼黑宁芬堡的狩猎厅，它是洛可可建筑中最完美的建筑之一。

狩猎厅在宁芬堡的一侧，由建筑师弗朗索瓦·卡维勒设计，是一个单体圆顶的建筑，此时的建筑手法已完全改变为装饰。室内与宫殿相连的一端开一扇门，在圆厅相对的一端有另一扇门，与宁芬堡的花园相通。这扇门上装有大面积的玻璃，户外的光线可以直射进室内，两扇门之间的墙壁上共挖出12扇大型圆拱形窗。但这些并不是真正的窗，它们是用镜子镶嵌而成。门、窗、墙壁与天花板上，充满了用金色的石膏做成的繁密的植物与动物纹样。

狩猎厅开窗很大，白天室内光线充足，加之12扇大镜子的反光作用，在欧洲历史上，这是室内第一次显得这么明亮，结构这么单纯。而当夜幕降临，烛光亮起，这些大面积镜面会让室内变得明亮、华丽，那些金色的装饰也会在烛光之中闪烁光辉。

这样的建筑并不用于白天待客，而是用于贵族们在游猎期间的夜间沙龙。美丽的淑女与优雅的绅士结伴从大厅进入室内，人人都穿着光彩照人的绫罗绸缎，男士戴着金色的假发，女士穿着优雅的礼服，他们在优美的音乐声中跳着小步舞曲。或许你会觉得这种生活过分

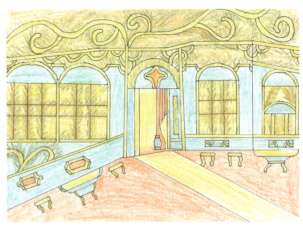

宁芬堡狩猎厅

精美而不自然，但这种对优美色彩与精巧生活的偏爱，正是促成洛可可艺术的原因之一。

看到这儿，小亦与康铂起身即兴表演。

小亦漫步前行，轻柔地说："走进这充满奶油香味的宫廷，啊，好香啊！"

康铂跟上前说："这样才能体会到洛可可艺术的精品，哇，好好闻啊！"

小亦笑着说："啊，好酸啊！"

说完他俩对笑着相互拍手。

其实，洛可可艺术的精神实质，可以追溯到公元1世纪古罗马皇帝尼禄与卡利古拉皇帝时代。在他们的宫殿中，装饰已成为主角。为了让自己的宫殿看起来富丽堂皇又与众不同，皇帝甚至用黄金制成装饰物，用来装饰墙壁。就像有的学者说的那样，这是由于中国瓷器的传入，使得欧洲人又重新认识装饰与美的关系。他们变得比以往任何时候都更加喜爱细腻、优美而显得有些奢华的艺术风格，这就是洛可可装饰艺术的完美杰作。

洛可可艺术的精髓，就是装饰艺术的代名词，来到宁芬堡你就能体会到，什么是洛可可装饰艺术的奢华与精美，迷人用到这儿最恰当。

18世纪是历史上变动剧烈的时期。在美洲，一个新的国家——美利坚合众国诞生。那时的他们恪守简单而严格的生活态度，使得这个国家的建筑风格也受到讲究理性与遵循严格法则的古典主义的影响。将这种风格带入美国的是美国开国

元勋之一托马斯·杰斐逊。这位起草《独立宣言》的伟大人物，也是美国历史上第一位享有大名的建筑家。他不仅用新古典主义风格建造自己在弗吉尼亚的别墅，还通过自己的影响力，将这种建筑风格推广为美国公共建筑的主体风格。直到如今，这种影响依然存在。

作为政治家的杰斐逊是 18 世纪末到 19 世纪中叶，美国本土最杰出的建筑师。当时的美国没有建筑学校，他的建筑知识完全是自学而来。他拥有可观的图书，其中包括数个版本的帕拉迪奥的《建筑四书》。作为美国第一任驻法大使，使他有机会接受法国新古典主义的建筑理念，这使他的建筑趣味从英国转向法国。

1787 年建的弗吉尼亚州的议会厅，是美国独立战争的象征性的建筑。杰斐逊亲自上阵设计完成，成为美国历史上第一座按照古典神庙样式建筑的大型公共建筑。其原型源于杰斐逊在法国尼姆所见的古罗马时期的麦松·卡雷神庙。它成为美国后来公共建筑的样板，特别是华盛顿特区建筑的蓝本。

18 世纪末，美国的首都最终定在华盛顿。建筑师拉恩方受命规划华盛顿特区的建筑，拉恩方采用新古典主义的建筑原则，将首都按中轴线分为两半，并把方格形与放射性的路网结合起来，构成城市道路，使城市的规划具有巴洛克式特点。道路的两个重点，就是美国政府的建筑：总统府与国会大厦。

国会大厦在东端，它的西面是一片宽阔的大草坪——陌区。总统府建在西北，前面同样有一片草坪，作为总统花园。花园向南延伸与陌区相连，在总统府与国会大厦两个建筑的交点上，矗立着高耸的方尖碑，这就是华盛顿纪念碑。

总统府白宫与国会大厦，最能体现杰斐逊的新古典主义原则。如果说白宫倾向于帕拉迪奥的风格，那么美国会大厦则倾向于罗马建筑风格。事实上，国会大厦的名称来自罗马朱庇特神庙的卡比多山。因他认为美国的政体是以罗马共和国作为样板，国会大厦是美国政治制度的象征。

1791 年，杰斐逊在给特区规划者拉恩方的信中，就曾表达他对国会建筑的期许："可以传之千年的古典原型。"在公开征集设计方案中，一位来自西印度群岛的美国全才式人物威廉·商顿的方案获得了评委会的青睐。这个设计于 1793 年开工，由华盛顿总统亲自奠基，从此开始美国会大厦漫长的建筑史。

商顿设计的国会大厦，以罗马万神殿为蓝本，中央是一个巨大的圆顶大厅。圆窿的南北两侧，分别是众议院与参议院的会议厅。在以后的重建过程中，商顿的设计被继任的建筑师查理·包芬奇部分修改，包芬奇给圆顶添加一个鼓座，大大提高了圆顶的高度，包芬奇又在正面增加了一些柱廊，使得原来平淡的设计变得非常壮观，工程最终于 1829 年竣工。

在建圆顶时，林肯总统坚持要把高 94 米，包含一个自由女神像的圆顶建好。他认为这是"联邦政府要坚持下去的一个象征"。1863 年 12 月 2 日夜晚，近 6 米高的自由女神像被送上国会大厦中央圆顶，这标志着国会大厦的最后建成，其外观一致保持到现在。

小亦说："总统亲自上阵，规划设计城市道路、总统府、国会大厦，这些建筑集大师的思想性、艺术性于一体。"

康铂说："白宫。"

两人同声说："帕拉迪奥风格。"

小亦说："国会大厦。"

两人又同声说："古罗马风格。"

两人相视而笑："英雄所见略同，我们游览的下一站，该是法国首都巴黎了。"

小亦与康铂两人写毕业论文，就好像穿越时空隧道，追寻历史足迹，边走边看有说有笑，像两个漫游世界的孩子，快活得不亦乐乎，这个过程完全可以写一部小说。

提到巴黎，人们就会想到埃菲尔铁塔。两者如影随形，就像纽约与自由女神那样难舍难分。有趣的是，上述两座建筑都与一位才华横溢的工程师、投资商、科学家与展示会老板古斯塔夫·埃菲尔有着密切的关系。正是由于他的杰出创造，人们才将这座高塔命名为"埃菲尔铁塔"，以此纪念他所做的贡献。

埃菲尔出生于 1823 年，毕业于巴黎中央工艺与制造学院。他学的专业是研究金属建筑，毕业以后，很快就投身到实际建造工作中。

19 世纪是铁路快速发展的大时代，他曾在许多国家搭建过铁路与桥梁，并设计过一些铁屋顶。他在 30 岁左右，就成为当时著名的钢铁工程师。正是在他的帮助下，雕塑家巴多尔蒂才得以将自由女神像顺利地竖立在美国纽约。或许很难想象，这样一位严谨的工程师怎么会有这样浪漫的情怀，想象出埃菲尔铁塔这样的建筑形象来，这是一个非常有趣的问题。

埃菲尔铁塔是法国为了迎接世界博览，及纪念法国大革命一百周年而建。早在 1884 年，法国政府就决定在法国巴黎举办一个大型世界博览会，需建一个前所未见的纪念物作为博览会的标志。组委会采用公开招标的形式，而最终埃菲尔铁塔以其高度取得委员会认可。事实上，埃菲尔向下属征求建议时，公司两位年轻人已画出铁塔最初的草图。而这个构思在 1876 年的费城百年博览会上，就有设计师提出，但没有付诸实施。用钢铁建造一座高 300 米的铁塔，真正是前无古人。委员会只给埃菲尔两年半的时间，但这并没有难倒精明能干工程师，埃菲尔没有像同代人那样先试验再动工，而是按照一张完整的工程图作为施工手册。30 名绘图员用 18 个月时间为 18038 个金属零件绘制出详细的图纸，标准化的设计为施工提供了很大的便利。

由于建造铁路与为自由女神像搭建钢柱的经历，他深知要克服的最大难题是高塔的抗风能力。埃菲尔提出别具一格的 4 个墩架的曲线构图，墩架的曲线从 4 个巨大的基座上长出来，越向顶端变得越窄小。出于抗风能力的考虑，面对香榭丽舍大街两侧的弧线大于另外两侧，尽管这样让墩架看起来似乎很单薄，但却经得起时速 180 千米的大风，这也是埃菲尔铁塔百年来能够稳固高耸的原因。

在展览会期间，就有 200 多万游客从塔顶俯瞰巴黎。在那个刚刚由电灯取代煤气灯的时代，在塔顶欣赏巴黎的夜景，真是令人心旷神怡。正如博览会的发起者所言："进步的法则是不朽的，正如进步本身的无限一样"。

小亦他们坐在房间里，边看资料边喝咖啡。

小亦说："你看埃菲尔铁塔，完全是钢架结构，历经百年仍坚固竖在天地之间。"

康铂说："想看钢铁巨人长得什么样儿，那你就到巴黎香榭丽舍大街上游览观看一番。"

古往今来，人们一直为梦想进行各种尝试。欧洲中世纪哥特式教堂是人类探索高层建筑史上一项了不起的成就。在中国，人们通过高台建筑、高耸的佛塔来实现对高楼建筑的向往。然而，实实在在的高楼，直到 19 世纪末，才在一些工业化国家出现。随着建筑材料的不断革新，人们能够建造出越来越高的高楼。

1520 年前后，意大利各城市艺术爱好者一致认为艺术已达到完美的巅峰，尤其在天才艺术家米开朗琪罗手中，建筑已达到美与和谐的统一。但有一些青年建筑师，认为建筑应追求出人意料、前所未闻的建造风格。于是，一种全新的建筑风格出现在各城市。另一些年轻的建筑师，则将希腊罗马风格进行到底，力争让建筑的每一细部都源自经典，从而在极致中得到新生，这就是手法主义。

从历史的眼光看来，他们代表文艺复兴时期建筑风格。但也为新古典主义的建筑师们，留下了丰富的资料。

帕拉迪奥正是他们其中的杰出代表。出生在帕都亚的安德烈·帕拉迪奥是阿尔贝蒂之后，意大利最博学的建筑大师。

他的成功之路与米开朗琪罗有几分相像，一样的石匠起家，一样幸运地得到贵族的资助。16 岁的帕拉迪奥来到威尼斯附近的维琴察，聪颖的天资让他得到当地人文学者特里西诺爵士的青睐，在后者的帮助下，帕拉迪奥系统学习人文知识，有机会到罗马考察古代艺术，最终成长为一位杰出的建筑大师。

帕拉迪奥的作品都以宅邸与别墅为主，他思考的问题是如何将古典神庙的门廊与教堂的圆顶应用到世俗建筑之中。1554 年之后，帕拉迪奥完成名著《建筑四书》与《古罗马遗迹》两本书。书中总结古罗马建筑的发展历程，还对民用建筑发展提出自己新的建筑风格。融合雅各布·圣索维诺的设计原

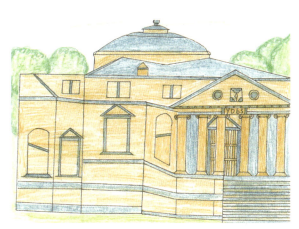

圆厅别墅

则，阿尔贝蒂的数理法则，以及古罗马建筑的严肃与庄严。这些原则与法则，都被运用到他设计的建筑作品中。圆顶别墅就是帕拉迪奥最优美的作品，在这个别墅中，帕拉迪奥度过了他的晚年。

在维琴察东南郊的圆厅别墅建于 1550—1559 年，与帕拉迪奥设计的其他别墅略有不同，是个休闲场所，业主社交生活的一部分。在造型上，别墅以希腊十字式教堂为蓝本，在一个方形的大厅上，架起一个拜占庭式的圆顶。就在方形别墅的四个正面上，都各加一个罗马万神庙正面的门廊，这种设计可以说相当的感性，却十分合乎建筑住宅的机能。因为每一个门廊就像是一个平台，可在其中观察到其下的景观，而圆顶大厅的作用就像一个旋转台，可以将人的视线转移到不同的方向。在文艺复兴盛期，圆顶一般来说都用于宗教建筑，以创造天堂的意象，像帕拉迪奥这样，将圆顶大胆地运用到民用建筑中，这在当时是一大创举。

帕拉迪奥不仅将古典主义形式引入到别墅设计中来，还讲究建筑合理的比例与符合逻辑配置，这也是帕拉迪奥设计建筑的一大特点。阿尔贝蒂致力通过数学计算来控制建筑的美感，而帕拉迪奥则是少数能够理解、贯彻，并发展阿尔贝蒂

理论的建筑师。

在圆顶别墅中，帕拉迪奥同样是通过数学结构，来获得建筑和谐比例的。比如，别墅中运用 1 ∶ 2 的比例，门廊的宽度正好是别墅中央正方体宽度的一半，每一面门廊的深度，加上阶梯的深度，正好是中央正方体深度的一半。这就是说，四面门廊与阶梯之间面积总和，刚好就是别墅中央正方体的面积。正是以这些"可共度性"的比例，作为他设计别墅的基础，圆顶别墅才能达到视觉上的和谐与美感。

救世主教堂

帕拉迪奥设计的建筑，看似相当简单，但不是简化到只有门廊加上巨大古典柱的应用而已。技能性的考量在他作品中，经常是与美学的考虑合而为一的。无怪乎几个世纪以来，帕拉迪奥的建筑作品一直被尊为文艺复兴建筑中，宁静与和谐的典范。人们至今仍可看见许多被称为帕拉迪奥风格（Palladianism）的建筑。

小亦看着别墅说："圆顶别墅是简洁与美观相结合的经典杰作，难怪设计者本人也住在里面度过晚年。帕拉迪奥设计的又一杰作救世主教堂，则又可以用圣洁两个字来形容。"

康铂说："如果让你设计别墅，你会设计成什么样子的？"

小亦说："可变换、可拆卸活动的变换别墅。"

康铂说："我说别墅还是固定的好，变换只是在内部的装饰与外墙的装饰。"

小亦说："我说的变换与可拆卸活动的，指的就是内部与外墙的装饰。"

康铂说："你这样变来变去，有一天回家时，看到变了的别墅会疑惑地问，这是我的家吗？"

小亦说："那我就站在门口大喊一声，屋里有人吗？请出来说话？一看出来的人就明白啦。"

"那我就乔装打扮一番，出来问，你是什么人，敢在我家门口大喊大叫？"康铂说。

"这个别墅就是我设计的，请问你是何许人也？"小亦说。

康铂说："我是这别墅里的主人。"

小亦说："那我就是这别墅当家的。"

康铂说："原来是当家的回来啦。"

小亦说："你怎么变成这样啦？"

康铂说："我与这别墅一起变的，你不是喜欢变吗？"

"那我俩就一起变。"小亦揪住康铂的耳朵，笑着说。

在小亦与康铂设计的未来城市里，规划出若干造型各异的别墅区，原则是可租可卖。人们可以根据自己的喜好，选择别墅类型。

一个有名的建筑设计师，就能让一所学校的美名远扬海外，这样的奇迹，就出现在苏格兰的格拉斯哥。

1845 年，格拉斯哥艺术学院为新教学大楼搞了一次设计比赛，年仅 28 岁的校友麦金托什获胜。随着第二年新大楼就建成，一种新的建筑风格震撼整个欧洲，格拉斯哥一跃成为欧洲名城。

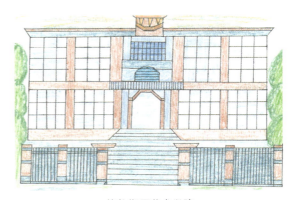

格拉斯哥艺术学院

格拉斯哥艺术学院，也因麦金托什与他的设计小组的设计，为学院奠定了国际声誉。

到 2002 年，伦敦皇家艺术学院的院长仍然说，格拉斯哥艺术学院是"世界上仅有的校园建筑与学科相配的艺术学院"。

准确地说，设计格拉斯哥新教学大楼时，麦金托什还不到 28 岁，他那个大胆的方案之所以能被选中，很大程度上应归功于独具慧眼的校长纽伯瑞。

1897—1899 年间建成的格拉斯哥教学大楼，体现了麦金托什提倡的理性化设计，硬朗的教学大楼正面带有建筑师强烈的个人特征，这种风格在很多方面，预示了 20 世纪最主要的建筑风格。

教学大楼的设计，在各个细部都表现得异常简练，开窗的方式大胆，使窗户宽阔，从而使教室内的光线充足。在大楼顶部，有少量设计较为轻巧而有趣的新艺术派的装饰纹样，纤细的线条衬托出整个建筑的庄严之感。这种柔媚与硬朗的对比，体现在窗户与窗户之间奇特的铁条装饰上，这些铁条还具有实际的考虑，可以在清洗窗户时，用作铺设木板的框架。事实上，这些铁条显示出麦金托什艺术思想的一个重要来源，那就是这些设计受到不列颠早期赛尔特人与维京人设计艺术的影响。

教学大楼本身形成强烈的空间感，又是设计师带给我们的惊喜。用观察者的眼睛观看大楼，首先必须通过铁架组成的第一空间，然后才能到达宛如中世纪城堡般坚固的、富有层次感大楼墙面。大楼的平面布置得简洁，但功能明确，对于空间的兴趣，在新艺术派设计师中是很难找到的。因为他们大多把建筑重点，放在具有绘画感的平面装饰上，而忽略对空间感的设计。

1909 年，格拉斯哥艺术学院教学大楼的校图书馆建成。图书馆同样具有庄严、方正与简朴的风格，内部设计延续建筑师对于空间的特别关注。室内是一个高大的独立空间，墙壁上的柱廊分成上下两层，大楼的主题因柱廊而变得丰富，轻巧的楼梯栏杆，保留了新艺术派注重细节处理的风格。这时的麦金托什，不再使用富有表现力的弧线，而用不同长度、不同宽窄的竖条与横条做出装饰效果，这样最终给人的印象就像是复调的音乐。教学大楼在麦金托什的手中，变成了音乐与数学的抽象艺术。正如柯布西耶通过建筑表现诗歌的优美，麦金托什通过建筑设计出音乐的美感。

在欣赏过这一传奇教学大楼之后，再来回顾一下麦金托什默默奋斗而又不平凡的经历。麦金托什出生在一个有 11 个孩子的家庭。14 岁就离开学校做学徒，后来当建筑绘图员来维持生活。21 岁才得到机会进入格拉斯哥艺术学院的夜校学习。在这里，麦金托什结识麦克奈尔以及天才的麦克唐纳姐妹。像美国著名的 ABBA 乐队一样，他们四人组成两个家庭，而外界则把他们称为"格拉斯哥四人组"。这个小组的设计，包含着复杂的凯尔特民族的硬朗风格，还有着强烈的神秘主义色彩。

小亦说："在麦金托什手中，音乐符号变成设计教学大楼的艺术，建成的教学大楼，顶部轻巧有趣，平面布置简洁，内部功能明确。"

康铂说："这是大户人家（指他家人口多）出来的年轻有为的新艺术派设计师。"

高科技派的建筑，强调使用最新的设计技术与先进材料，如今已成为城市主流的建筑风格。高科技派设计师的很多作品，在社会性与技术性两方面都带有新

颖的前瞻性气息，表现出一种无拘无束又不追赶时髦，而对未来拥有坚定信念的
气质。

高科技派设计建造的建筑，总能创造出令人叹为观止的作品。这个流派中最
主要的三杰——诺曼·福斯特、理查德·罗杰斯、伦佐·皮亚诺，是建筑界举足
轻重的大师级人物。福斯特成功地设计香港汇丰银行，奠定了国际顶级大师的
地位。

香港汇丰银行大楼，被誉为维多利
亚港湾上建造的一艘有着未来主义色彩
的"宇宙飞船"，是香港城市标志之一。

大楼脱离传统的支撑柱与水泥板，
完全采用钢柱结构的悬挂体系。整幢大
楼不是层层搭建上的，而是悬挂在 8 根
巨大的钢柱上，形成内部平台式开阔的
工作空间。钢柱用两层高的梁架连接于
建筑的 5 个节点上，巨大的钢架如同衣
架一般悬吊与两个主塔之间。福斯特从
耐久性与防火的目的出发，为建筑设计
了保护层，并对铝板进行特别的制作，
厚度是常规铝板 5 倍。

大楼外墙用外包铝板与透明玻璃组
合而成，展示出大楼内部复杂而又相当
灵活的空间。大楼内部的电梯、自动扶
梯与办公室，都可透过钢化玻璃幕墙一
览无余，这就是高科技派的特色。大厦

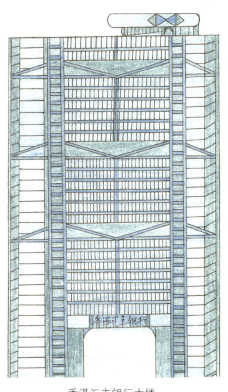

香港汇丰银行大楼

内部的楼层共分 3 段，分别为 28 层、35 层与 41 层。这使得室内的空间具有多种
宽度与高度，创造出富有变化的室内空间，层叠式花园平台与极具雕塑感的正面，
灵活而有逻辑的设计，把富有变化的外部形象与满足多种需要的内部空间紧密地
结合起来。

看似钢铁机器的建筑，难免给人冰冷的感觉，但大厦内部的设计，却处处令
人感受到人文的关怀。大楼底层完全敞开，一条 12 米高的公共步行街从大楼底

部穿越，与楼前的皇后广场连成一片。市民可以在此栖身，躲避烈日风雨。一对电动扶梯从楼上伸出来，供人们进出。

在大楼的顶层部分，则是一个完全的私密区域，那是特供银行首脑使用的办公室。三个属性不同的空间安排得当，功能齐全。

汇丰银行大楼虽然是典型的高科技建筑，但它与所在地的东方习俗相配合，尽力符合中国的风水原理。自古以来，中国就重视住宅的风水，汇丰银行在建筑的安排上，听从风水师的建议，将电梯设在大厦的西侧，在银行门前安置两个石狮子。

就在福斯特设计与督建汇丰银行的同时，贝聿铭主持设计的香港中国银行大厦也在进行，在同一地区，同时建造两座功能一样的大楼，不能不说是一场建筑盛会。最终，贝聿铭以节省三分之一的预算及优美的造型得到更多的欣赏。福斯特的大胆开拓也得到不少掌声，不久，福斯特再次受到香港人的关注，他设计的香港新国际机场，被誉为一条象征香港精神的"飞龙"。2008年，福斯特又为北京设计首都机场三号航站楼。

小亦说："你注意看，这又是一幢全钢架结构大楼，外墙用的是钢化玻璃墙，完全是高科技派的手法，这是现代最流行的写字楼。"

康铂说："大师手笔使这座地面上的'宇宙飞船'结构稳固、功能齐全，成为维多利亚港湾一艘耀眼的飞船。"

> 与法国罗浮宫、美国大都会博物馆一起并称世界三大博物馆的大英博物馆，我们一定不陌生。它从开始建造时就有明确的目的，就是建一座用于展览、收藏，又可供学者研究使用的博物馆。

19世纪，随着英国在海外扩张，收藏的古物越来越多，为安放这些精美的艺术品，扩建博物馆的任务，落到了罗伯特·史马克身上。

大英博物馆是按照古希腊建筑比例来设计的，整个建筑由中央部分的柱廊与对称的四翼组成，围成一个长方形的内庭。四翼都以挺拔俏丽的爱奥尼克式圆柱组成柱廊，柱廊之上是简洁的山墙，上面装饰着素雅的线条。正面是由8根爱奥尼克式圆柱构成的门廊。这种建筑样式最早的经典之作，是来自希腊的帕提农神庙，由于建筑师将神殿具有阳刚之气的陶立克柱，换成了带有涡卷花纹的柱头作为装饰，因而显得华美轻盈，鲜明活泼。

史马克设计的对称四翼，从而围成博物馆外围的区域，设计的绿地则都成为园林中的必要元素，这正是英国人对园林设计的贡献。大英博物馆的两翼部分，是重要的馆藏展览厅，展览以年代与地域为经纬进行安排。让来这儿的研究者与阅览者，都能够阅读展品的相关资料，同时又可保护那些来自古代的文本。 史马克在博物馆的内部建有 3 个圆形的阅览室，北翼为公众阅览室与图书馆，东翼为皇家图书馆。

大英博物馆的落成远比它在建筑史上的地位更有意义。它不仅表明希腊建筑在古典建筑中的重要意义，同时又宣告建造世界博物馆时代的到来。它的收藏打破欧洲的界限，具有世界范畴的意义。

自从哥伦布发现新大陆以来，欧洲各国都希望更多

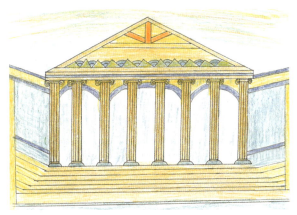

大英博物馆

地了解这个世界，而来自多个国家的艺术品，正是拥有世界权利的象征。于是欧美各国都纷纷建起自己的博物馆，以彰显国力的雄厚。

小亦看到这儿说："这座博物馆的收藏品，都是来自世界各国的精美艺术品。"

"来到博物馆，如同游览世界，各国的艺术精品这儿都有。"康铂说。

哥特建筑艺术是哥特小说关注的焦点之一。哥特文学的创造者通常会将中世纪的建筑与一个黑暗恐怖的时代相联系。一些著名文学作品都以中世纪的哥特式教堂或城堡作为作品背景。歌德的《浮士德》完全把浮士德的传说放在哥特时期的环境中。

英国哥特式运动的带头人，就是普金父子。旧英国议会大厦原是撒克逊亲王爱德华的西敏寺行宫的一部分。在英国王室决定对大厦进行重建时，普金与巴里设计的方案在竞赛中脱颖而出。巴里负责大厦空间的安排与组织，普金负责整个大厦的设计与室内装潢。在他们两人的努力下，才使得议会大厦具有令人振奋的力量。

巴里设计的方案组织严密，保证使用大厦的各类人士，无论是君主、两院议员、政府官员，还是公众，都有独立充足的活动空间。上议院和下议院分别置于中央大厅的两侧，在正中央的是呈八角形的尖塔，最北端则悬挂着著名的"大本钟"。

在世人眼中，大本钟不仅同议会紧密地联系在一起，也被看作是对英国皇家历史的一种追忆。普金的设计使整个大厦的内外装饰都充满了哥特式建筑的味道，那些垂直的尖拱形窗户，宽窄各异的装饰性线条与屋顶尖尖的小塔，都显示着议会大厦与哥特式的关系。议会大厦完全采用新的建造方法，使用的是新研制出的新型建筑材料。在电气化时代到来之前，室内照明通常使用蜡烛，议会大厦设计者采纳了迈克·法拉第的方案，广泛使用可燃气体，照明问题的解决，使得人们可以随心所欲地在任何时间办公，这项变革也随之改变了人们的工作时间。

作为公众聚会的场所，如何改善通风与取暖？约翰帕西博士创建出一个合理的综合性的通风系统，将新鲜的空气从泰晤士河，引入大厦的内部。这样大厦内部的通风问题，才最终得以全面改善。

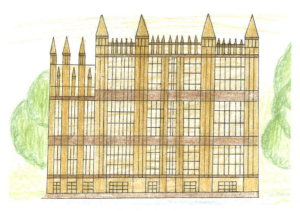

英国议会大厦

这是哥特式建筑的又一代表作，重点是解决了室内的照明与通风问题，改善了工作环境，使得人们可以灵活地掌握工作时间。

当歌剧艺术于 17 世纪初在欧洲发展时，与之相匹配的新型歌剧院也随之发展起来，代表作是意大利与法国这两个歌剧院，这是最早出现带有马蹄形包厢与观众厅的剧院。此后的 200 年中，在意大利、法国、德国得到不断地完善与改进。法国的波尔多歌剧院、德国的柏林歌剧院，是剧院转型时期的代表作。这种转型最终在 19 世纪形成完备的规模，其中最有意义的代表作是法国的巴黎歌剧院。

1852 年，拿破仑三世与奥斯曼男爵对巴黎进行重新规划，他们决定建一座新的歌剧院，作为巴黎的艺术中心。在为此举办的设计大赛中，年仅 34 岁的无名小辈夏尔·加尼尔意外取胜。初出茅庐的加尼尔毕业于法国美术学校与法兰西学院罗马分院，他创造出一种建筑学上的"帝政风格"。事实上，帝政风格就是当时刚在法国兴起的"折中主义"的变体。设计师可以随心所欲地调用任何已知的建筑风格的要素，无论是希腊的圆柱、埃及的金字塔，还是哥特式、巴洛克式、洛可可式等，只要他们愿意，都可以把这些建筑风格结合起来。

巴黎歌剧院以意大利巴洛克风格与洛可可风格为主。加尼尔采用当时不常用的大理石作装饰材料，说服雕塑家在制作雕像时，把古典艺术与巴洛克艺术的理念融汇起来。加尼尔认为，剧院应流畅地发挥多样的功能，既能满足表演的需要又能满足观众的需求。为了使演员拥有充分的表演空间，设置侧舞台与后舞台。舞台上设有可调配的布景架，剧院的马车道可从剧院外通往后台。后台设有华丽的大厅，可供演员们交际之用。同时，还要让观看歌剧的人们，在歌剧院里度过一个多彩、轻松、愉快的夜晚。随着歌剧演出成为公众喜闻乐见的事情，社交生活在欧洲兴起。宽敞的门厅，为人们在夜间休息提供充裕的活动空间。巴黎歌剧院至今仍是世界上最大的功能齐全的歌剧院。

巴黎歌剧院

无名小辈也能出流芳百世的精品杰作。

随着工业革命的发展，英国的工厂主与商人们努力经营，他们比以往任何时候都更富裕。于是，英国当仁不让地成为全世界的工厂及踌躇满志的工厂主的人间乐园。维多利亚女王与丈夫阿尔伯特公爵决定，在伦敦海德公园举行一次国际博览会。

博览会需有一个巨大的空间，来放置可供展览的各种物品，从瓷器到大型的机器，同时还能容纳成千上万的人观看。为此，英国向全世界公开征求设计方案，但各国建筑师都束缚于传统的建筑材料和构造方式，无法满足博览会的特定要求。

就在离博览会开展只剩下九个月时，英国风景建筑师约瑟夫·帕克斯顿提出应急方案，一个用铸铁骨架与平板玻璃组装而成的、像花房的大玻璃房间，被博览会采用。

帕克斯顿设计的博览会会馆，长 1851 英尺（546 米），隐喻 1851 年这个年份。

总宽 124 米，共有 3 层，每层逐渐向上收拢。在会馆顶端的中央，是一个凸起的半圆拱顶，拱顶下的中央大厅高 72 英尺（22 米），最高处达 108 英尺（33 米）。左右两翼大厅高 66 英尺（20 米），两侧是敞开的楼层。展览会的会馆占地 77.28 万平方英尺（约 7.18 万平米），总体积为 3300 万立方英尺（93.4 万立方米）。整个建筑不用砖石，只用铁和玻璃。用 3300 根铸铁柱子与 2224 根铸铁和锻铁的架梁组成。这样可以轻松将柱头、梁头与上层柱子底部连接为一个整体，既牢固又能加快组装速度。整个会馆使用的玻璃尺寸全是 124 厘米 ×25 厘米，这也是当时英国能够生产出的最大尺寸的玻璃板。

事实上，大规模使用标准件的历史，在中国已经有两千余年。当时在建造屋顶时，只要把预制好的斗、拱、升三个部件组合起来，高大的屋顶不仅建得快，而且结构牢固，可以抵制 7 级以下的地震。

帕克斯顿使用标准件，不仅让工厂生产速度快，工地安装的速度更是呈几何倍数加快。按照帕克斯顿的计算，80 名安装工人一周内就能安装好 18.9 万块玻璃，总重量达 400 吨，占英国当年玻璃总产量的三分之一，就连施工也动用最先进的蒸汽动力机械。最终，这个博览会的会馆只用 8 个月的时间，就全部竣工。

此前，欧洲建造同样体量的建筑，通常需数年或数十年的时间。而博览会会馆之所以能够如此迅速地建成，与建筑师帕克斯顿对新材料与新技术使用有密切的关系。由于帕克斯特是园艺师出身，虽没受过正式的教育，但在工作中，他学会建造花房的本事。铁与玻璃产量增加后，花房的建筑材料也从最初的木材转向钢材与玻璃。这正是他对新技术的熟练使用，才使得帕克斯顿脱颖而出。

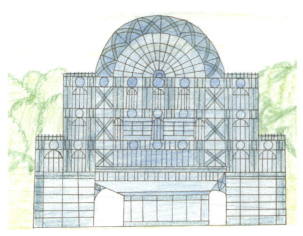

水晶宫

1851 年 5 月 1 日，博览会按时开幕，人们从来没有见过如此高大宽阔，如此透亮的大厅。展览馆内飘扬着各国国旗，喷泉吐射出晶莹水花，透明的玻璃被衬托得熠熠生辉。人们不由得想起莎士比亚笔下《仲夏夜之梦》中的情景，于是博览会的会馆很快就有个别名"水晶宫"。

小亦说："咱们无缘第一次世界博览会，但现今在上海召开的世博会，一定要去游览一番。那里全世界的建筑都有，我们俩可一饱眼福，对我们写论文也有好处。"

康铂说："第一次世博会，我们还不知在哪儿，这次是机不可失，当然得游览一番，什么时间出发？"

小亦说："我俩轻装上阵，明天就出发。"

在上海世博园里，小亦与康铂头戴遮阳帽太阳镜，身上背着包，手上拿着可乐瓶，出现在各个展馆中。

工艺美术运动又称手工艺运动，是19世纪后期英国出现的建筑设计改革的运动。这项运动提出，用手工艺的建筑，建造与改革传统建筑形式。他们主张建造"田园式"住宅。根据功能的需要自由设计平面与造型，代表人物是拉斯金与莫里斯，代表作品是菲利普韦伯设计的"红屋"。

1857年，英国一位名叫威廉·莫里斯的年轻画家，准备为自己设计工作室，以从事艺术创作。在他看来，舒适的工作环境必须有一座像样的房子、像样的桌子和椅子，可市面上找不到他满意的。如果不能买到结实而朴素的家具，不如自己来做。就是这样一个契机，造就了西方建筑史上一座著名建筑

红屋

"红屋"。同时又预示着建筑艺术新纪元"工艺美术运动"的到来。红屋是威廉·莫里斯同夫人珍妮·伯顿在乡间的别墅，由他与同事菲利普·韦伯共同设计。他们两人是志同道合的好友，拥有着共同的美学理想，从而完成了"红屋"这一杰作。

韦伯有意呈现出别墅主人莫里斯的情趣，最让人惊喜的是结实宽敞的红屋外观。外墙上不加任何粉饰，直接用红色的砖块。外观采用具有哥特式的细部，尖顶拱，高坡度屋顶，用垂直、平行的直线造型，将中世纪的威廉式设计与17世

纪安妮皇后式的框格窗设计熔于一炉。

韦伯与莫里斯都认为，房子里应该"没有一样东西，是你不知道用途的，或是你不相信它是美丽的"。无论是图案优美的壁纸，还是雕刻着植物纹样的桌椅，无不经过韦伯与莫里斯仔细挑选。红屋是韦伯的第一件作品，由此确立他毕生都坚持的建筑原则，对结构完整性的考虑，并与当地文化的密切结合。韦伯的原则很快在英国建筑师同辈作品中得到体现。韦伯与莫里斯的作品，往往被称为住宅的复兴运动。在这场运动中，韦伯即使不算是最卓越的代表人物，也称得上是最坚实、最正确的倡导者。

"你看，乡间别墅的又一别名——红屋。"康铂看着红屋对小亦说。

"这对应中国的一句俗语，自己动手，丰衣足食。"小亦开玩笑地说，"我怎么看又像是威廉王子与灰姑娘的乡间别墅。"

1923 年，一本在法国出版的有关建筑的书，在全球引起轰动。它有如一本小小的宣言，让那些正在建筑之路上寻找方向的学生，找到了出路。这本书就是《走向新建筑》。

《走向新建筑》最吸引人处，就在它鲜明的主张，"建筑这个古老的艺术，到现代必须推陈出新。"至于如何推陈出新，作者柯布西耶则用自己的建筑做出了回答，这座建筑就是萨伏伊别墅。事实上，在作者柯布西耶看来，他讲的是自己对建筑本质的认识，并不分新旧。

1928 年，一名非常知名的建筑师柯布西耶受业主皮埃尔和艾梅里·萨伏伊的委托，在法国巴黎近郊普瓦西建造一栋"乡村住宅"，即萨伏伊别墅。

别墅宅基成矩形状，长约 22.5 米，宽 20 米，一共 3 层。底层架空，由几根洁白的圆柱架起，三面透空，内有门厅、车库和仆人用房，是由弧形玻璃窗所包围的开敞结构。二层外形如方盒子，向外挑出，显得轻盈灵巧，有起居室、卧室、厨房、餐室、屋顶花园和一个半开敞的休息空间。在没有任何装饰的外墙上，带状玻璃长窗占据了 1/3 的位置。三层为主人的卧室与屋顶花园。

与简单的外表相反，萨伏伊别墅的内部空间出人意料的丰富，好像是一个精巧细致的复杂机器。

别墅采用钢筋混凝土的框架结构，平面与空间自由舒展，相互穿插贯通，简洁明快。别墅利用楼梯与坡道，创造性地将各层空间连通起来，室内室外联系方便，每个角落都能享受到阳光。柯布西耶采用纯粹的建筑元素及材料，来组织与塑造丰富的动态空间。

萨伏伊别墅不仅外部与内部空间的设计独树一帜，在其装修上也体现出柯布西耶的创造性与现代思想。卫生间的浴缸边缘都做成具有人体曲线的宽边，使用时非常舒服惬意；在设计屋顶花园时，使用绘画与雕塑的表现技巧，使花园显得更为美

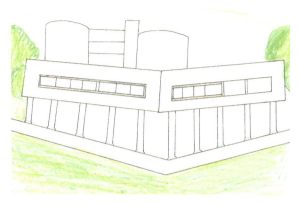

萨伏伊别墅

丽别致；车库采用的是特殊的组织交通流线方法，将车库与建筑完美结合，使汽车易于停放。

歌德说过建筑是凝固的音乐。柯布西耶说，他把建筑当诗歌。这个精致的萨伏伊别墅像一个音乐小品，室内与室外，空间与实体，构想与细部，理性与感性都以一个完美的整体，展现在我们面前，给人以强烈的感染力，体现出设计师的人文精神，深厚的艺术修养与旺盛的创造活力。

这座别墅的价值，远远超过它作为独立住宅自身的价值。它那超然于绿野之上的精致与质朴，与背景的环境产生惊人的脱离，犹如一艘来自太空的飞船，自由地舒展着，飘落在绿色的草地上，从而使萨伏伊别墅呈现出一份出世的宁静。

精美、质朴、洁白、纯净的萨伏伊别墅，体现出设计师别出心裁的设计与创造理念。

小亦说："你看这个别墅简洁得宛如一个白色的瓷器，轻盈、洒脱、别致，好似一个洁白的星体落在绿草地上。"

康铂说："住在里面随时有可能飞起来，一觉醒来不知会落在哪儿。"

小亦说："落在大海上，似一艘海轮，可以周游世界。"

康铂说："美得你，遇到大风把你吹到孤岛上，看你怎么办？"

"美人鱼会与我做伴。"小亦坐在椅子上，闭上眼睛笑眯眯地又说，"一条美人鱼游啊游，游到小岛上，看见一座漂亮的房子，就走进来与我共进晚餐，给我讲奇妙的海底世界。"

康铂笑着拉起他的手说："对，她还与你跳舞，转啊转把你给转晕啦。"

　　第二天，又是一个阳光明媚的好日子。他们俩来到户外，呼吸着新鲜的空气，在林荫小道上跑步。

　　20 世纪 50 年代，柯布西耶创作了一批被称为"新雕塑风格"的建筑。其中最著名的是位于法国孚日山区的一个天主教堂——朗香教堂，它标志着柯布西耶在建筑创作上的深刻转变。

　　教堂建在山顶上，周围是群山与河谷，离柯布西耶的家乡瑞士汝拉省不远。从远处眺望教堂，让人觉得它好像是从山顶拔地而起，如雕塑一样，令人惊叹。之所以有这样的效果，在于教堂在各个纬度上都体现出和谐的比例。建筑师对凸面与凹面，粗糙纹理与平滑纹理的协调性，进行了细致处理。这种完美的模式，正是源于柯布西耶自创的，以人体适应性与黄金分割理论为依据的"比例测量模块系统"。

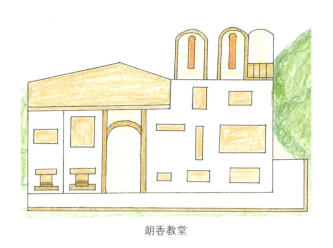

朗香教堂

　　朗香教堂的三面墙，都具有双重功能：

　　一是它们营造出如雕塑表现形式那样的外部与内部空间；二是与此同时，教堂的各部都能稳固地支撑整座教堂。

　　由于教堂外墙表面纹理各不相同，从而一天中，光线照在教堂上，会产生千变万化的效果。不论从里到外都能看见一个神龛，供奉圣母玛利亚的雕像。砖石墙的厚度为 1.5 米至 4.5 米，在平面图上呈弧形，墙上涂抹了泥子，开有模块式的窗户，窗户上安装了柯布西耶设计的彩色玻璃，一扇用镶烧制成的珐琅钢门，这同样是由柯布西耶亲自装饰的。

　　当游客们进入教堂，就能发现这座教堂，实际上还是一座硕大无棚的日晷，其各种各样的纹理，多彩的边线，形态各异的外观与众多的开口，精确地记载着时光的变换。

　　从黎明到黄昏，教堂不断地变换着外观与特征，在教堂的内部同样继续着光与影的交响乐。装有百叶窗的教堂顶部，平坦光滑的地面，流光溢彩的玻璃窗户，如同五彩斑斓的调色板。这座小天主教堂的落成，轰动了西方的建筑界。有人称它是"世界基督教历史上最重要的教堂之一，创造了前所未有的建筑空间理念、奇特的、激动的，无限流动的空间印象"。可以这样说，整个教堂从平面布置到立体造型，从整体到细部，从室内到外观，都能给人以不可名状的视觉刺激。

尽管全世界有语言、文化与政治制度的差异，但造型简练如同方盒子的大楼遍布世界各地。幸而还有建筑师能够保持着平静、自如的创作心态，开拓富有个性的建筑风格。芬兰艺术家阿尔凡·阿尔托就是这样一位建筑师，他将国际主义风格、地方特色与人本主义结合起来，为斯堪的那维亚风格奠定了基础。

小亦看着电脑，对康铂说："我们转眼间又来到北欧这个清爽的世界，欣赏阿尔凡·阿尔托的杰作——玛利亚别墅。"

斯堪的那维亚风格，是指 20 世纪 30 年代，斯堪的那维亚地区（包括北欧的大部分地区，芬兰、瑞典、丹麦）的设计思想变革。在提倡简洁设计的国际风格的同时，还注重保持地区手工艺的传统，体现出乡村生活的简单与质朴，注重人在住宅与设计中心的主体地位。

1938 年，阿尔托为商人古利克森家建造的玛利亚别墅，就是建筑风格转折时的代表作。建在诺尔马库郊外的玛利亚郊外别墅，是一个平面 L 型的二层别墅。L 型的凸出部分做成壮观的门面，而凹进部分，自然形成比较私密的后院。入口的一面用白墙，木制阳台栏板，建成的防雨罩呈曲线形。这些做法都显示出乡村别墅拥有的休闲特质。

别墅底层分两部分，一个矩形服务区和一个正方形的大空间。其中有高度不同的楼梯平台、接待区，及由活动书橱分隔开的书房和花房。楼梯直达二层的过厅，过厅将二层的游戏区、卧室、画室分开。画室如同一个从底层升起的塔楼，外表覆盖深褐色的木条，立面的其他部分是白色砂浆抹灰。花园是一个用围墙围住的庭院，其中有桑拿室和自由曲线式游泳池。来到这个角落，人们可以享受到温暖的桑拿浴，果真如投入到自然的怀抱中。

玛利亚别墅周围是一片茂密的森林，在阿尔托的设计中，阳光、树木、空气都受到同等重视，和谐与平滑起到相当重要的作用。既具有乡下住宅的野趣，又有现代建筑的气韵。吸取传统又超越传统，舒适而不奢侈，考究而不卖弄。这座别墅表明，阿尔托已经走出自己创作的路径。

阿尔托在设计别墅时，是像画家那样信手画来，获得灵感再绘制成精确的图纸。在建造过程中，阿尔托又会根据现场的感受，进行设计上的调整。因而他的作品，就像那些伟大的音乐家那样，演奏不是为表达音符的准确，而是充满激情地即兴发挥。这是阿尔贝阿尔托人文主义的杰作，也是其建筑充满个性的原因。

小亦看着别墅对同学说："你说圣母玛利亚看到这样的别墅，是不是也很喜欢，在夜深人静时，偷偷地降临到别墅里，游览一番。"

康铂笑着说："陪我出去散散步吧，说不定会碰上玛利亚。"

小亦调侃地说："好啊，那我可要睁大眼睛，别让她与我擦肩而过。都怪那个建筑设计师阿尔托，谁让他设计出什么玛利亚别墅，让我浮想联翩。"

康铂指着远处笑着说："你快看，玛利亚来啦。"

小亦顺着康铂指的方向看去："在哪儿？"随即又反应过来，追打康铂。

小亦边跑边问："你在哪儿？"

康铂笑着说："我在大溪地别墅。"

小亦笑着说："够远的，你等着，我会千米冲刺，出现在你面前。"

康铂笑着说："你悠着点儿，博尔特还只是百米冲刺，你可别累趴下。"

"谁叫你跑那么远，那我只好说我俩傍晚再见！"小亦边跑边说。

康铂笑着说："又是共进晚餐？"

小亦笑着说："那只好如此。"

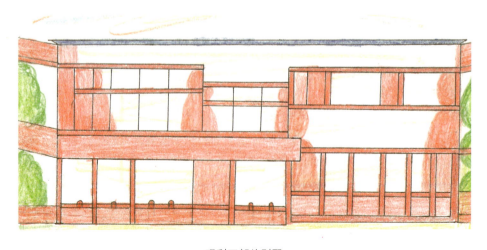

玛利亚郊外别墅

"请问有几个人共进晚餐？"康铂笑着说。

"你饶了我吧，就我们两个。"小亦憨笑着说。

"那我可得好好宰你一顿，你等着。"康铂笑着说。

弗朗索瓦一世，是当时法国学识渊博、抱负伟大的新国王。这位博学皇帝聘请意大利建筑师来打造气派的城堡，这些城堡中，对法国各时期建筑都有着深远影响的是枫丹白露宫。

枫丹白露宫位于巴黎远郊的一片浩大而苍翠的森林中，因有一湾八角形的小泉而得名。枫丹白露的法文原意就是"好泉"。这个浪漫的名字，来自诗人徐志摩的翻译。枫丹白露宫始建于 12 世纪，原是国王打猎所用的别墅。直到弗朗索瓦一世时，才对宫殿进行全面整

枫丹白露宫

修。来自佛罗伦萨的手法主义艺术家，为枫丹白露宫的改建做出了贡献。

他们引入手法主义特有的华丽与典雅风格，使枫丹白露宫给人以淡雅舒适，温馨的感受。

经过历代君王整修的庭院、花园、小湖、树林，让人心旷神怡，很适合君王休息。厅内整个墙壁天花板，都是用红、黄、绿三种色调的金叶粉饰。一盏镀金水晶大吊灯晶莹夺目，宫内的装潢集数百年建筑之大成，尽显富丽豪华的皇家气派。

枫丹白露宫采用方正几何体设计，坐北向南，由一个横向长廊与五座纵向庭院组成。一个庭院在中央长廊的正中，其余四个庭院则以它为中心，对称地分布在两侧。宫殿的横向大厅为两层，而五个突出的纵向庭院则为三层。隐居在枫丹白露宫的建筑艺术家塞利奥在《第六书》中，将这些建筑要素记录下来，随着书籍的传播与枫丹白露宫本身的影响力，这些建筑原则被此后的法国宫廷建筑继承。

主体宫殿由一座马蹄状的楼梯台阶，直通到二楼的正门，这样的造型是受米

开朗琪罗广场设计的启发。庭院的东侧，是弗朗索瓦一世时修建的长廊，这个长廊由意大利名家罗索与普拉马蒂乔共同指导，再由一群来自意大利与法国建筑师共同完成。

整个长廊由十多根柱墩支撑起来，它们的表面，充满多样装饰。在这里，绘画与雕塑被放在一起，作为装饰的手段。每个墩柱上都镶嵌好几幅油画，墙壁的下半部分，贴着一圈高2米的金色木雕刻作为护壁，护壁的上方是表现神话故事的大理石浮雕的装饰带，富丽堂皇中又带有几分优雅。这一特点，在随后兴起的巴洛克艺术中得到充分发展。正因如此，弗朗索瓦一世长廊，才被看作是矫式主义建筑的代表作。

小亦看着白露宫对同学说："如果我们坐在这个台阶上，说说话、欣赏欣赏眼前的一切，一定很惬意。"

康铂说："我看还是到花园里赏赏花，在长廊里坐坐，再到湖边散散步，这些可都是有氧运动。与其坐在台阶上，还不如在台阶上比赛跑步。"

小亦笑着说："就像是龟兔赛跑吗？那你当乌龟还是兔子呢？"

康铂说："让我想想看，乌龟跑得慢，但它很有耐性，兔子很骄傲，但它确实跑得很快，你像那只骄傲的兔子，我像那只乌龟，对吧？不过这回我要当一次兔子，把你甩在后面，你就当那只乌龟在后面慢慢爬吧。"

小亦笑着说："可以，你可想好了，最后的胜利者是乌龟哦。"

康铂说："你说的是寓言里的龟兔赛跑，今天可不一定。"

贝聿铭是20世纪建筑界的大师之一。他曾就读于美国哈佛大学，是格罗皮乌斯与密斯的学生。贝聿铭以东方人特有的细腻与精致，创造出一种优雅，具有雕塑感的建筑风格。他为罗浮宫所建造的空间工程，使他饱受赞誉。

事实上，贝聿铭可能是世界上少数几个精于改造工程的建筑师。华盛顿国家美术馆东馆，是他众多改建作品中最卓越的一件，是东西方智慧的结晶。他巧妙运用几何造型、立体结构，使美术馆新馆的外形凹凸有致、简洁美观。从中我们可以看到贝聿铭是如何通过建筑，同以往的建筑师来对话的。

华盛顿国家美术馆的新馆，在东西向的林荫道上与斜向的宾夕法尼亚大街之间的一块梯形地段上。对一个建筑师而言，东馆设计既是荣耀的任务，又是严峻的挑战。贝聿铭的做法是在梯形地段上，画出一条对角线，左右对称，中线正好是它的延长线。旁边的直角三角形与主体用作艺术研究的中心。

华盛顿国家美术馆东馆

　　东馆采用怎样的风格？贝聿铭准备让新馆去掉装饰，表现纯粹的形体。贝聿铭这个灵感，来自于塞尚的绘画。正如他所分析的，当建筑表面变得简洁时，形体就变得重要起来，各种形体是人们评价建筑的尺度。

　　从外观上来看，东馆是一个有高有低，有凸有凹，有锐角有钝角的体块组合。东馆的室内形象比室外显得更加鲜活，引人入胜。贝聿铭说："当你走进东馆时，我想你绝对想象不到那是个古典的空间。"当人们站在东馆内，目睹丰富多变的空间，可能有迷幻之感，但绝不会感到杂乱无章。

　　东馆内部的细部处理非常考究，设计精良；外部的直角三角形部分，有一个19度的尖角，尖角的表面是大理石板，内部是钢架结构，超小的角度使得这面墙仿佛是一把剑刃，这样的造型是建筑历史上前所未见的。

　　贝聿铭在东馆的设计中，注重与周围环境的完美协调，丰富发展了几何形体的建筑构图，显示出简洁明快的当代建筑特征。他多样化的处理，充分体现出东方人特有的细腻精致的审美情趣。

　　小亦说："你说哈佛大学毕业的学生，是不是都很自信？"

　　康铂说："当然啰，他们会认为，我是名牌大学毕业的学生，我怕谁，所以工作起来就自信满满，贝聿铭就是这样。你怎么理解他的那个理论，当建筑表面变得简洁时，形体就变得重要起来。"

小亦说："看样子东方人的细腻也表现在你的身上。其实，这很好理解。比如说，当你穿素色衣服时，人们的注意力就会集中在你的形体上，而不在你的衣服上。反过来，如果你穿花色的衣服，人们就会注意你衣服上的花色，而不注意你的形体，明白吗？"

他又说："当一幢楼表面的装饰少时，人们就注意这幢楼的形状是个什么样子的，楼表面的色彩多，人们就会注意那些色彩，而忽视楼的形体。所以说，体形长得不好看的人，尽量避免穿素色的衣服。而穿花色的衣服，就会转移人们的注意力。"

康铂说："你的这种观点对女人比较有效，对男人来说，好像作用不大。男人们常常是素色裹身，很难掩饰形体的不足。"

小亦说："所以说男人应多注意自己的形体，看起来会比较帅。"

康铂说："接下来我们看看，把形体与色彩运用得既得体又完美的私人住宅。"

著名私人住宅

兼顾建筑实用性与外观造型美，是建筑师所追寻的原则。到浪漫主义时期，德国诗人歌德，把建筑比作音乐，说出那句"建筑是凝固的音乐"的名言。

一些旅游胜地的名宅，完美地诠释了这句话所蕴含的哲理。

爱琴海边的白色房子

古希腊神庙是欧洲文明的摇篮，人类智慧的结晶。在爱琴海海边，依山傍海而建的白色房屋及蓝色屋顶上的白色十字架，衬托着蔚蓝的大海，能使人融入这蓝与白的浪漫情怀之中。

白房子多为二层小楼，楼梯建在外面，门窗、阳台都涂有明亮的油彩。多是蓝白二色，也有红、绿、黄等鲜艳的色彩，与雪

爱琴海海边白色房子

白墙壁一起构成耀人眼目的美丽景致。

小亦看着这海边的白房子对同学说："从这儿能看到阿波罗、维纳斯的足迹吗？"

康铂笑着说："不太可能，得到雅典神殿有可能看到，你是否被丘比特的神箭射中了，怎么会提出这样的问题？"

小亦笑着说："这叫触景生情。"

康铂笑着说："原来如此！"

百水温泉

从维也纳圆舞曲到华尔兹，从《蓝色多瑙河》到《雪绒花》，曼妙的旋律，悠悠地飘扬在阿尔卑斯山间，奥地利宛如一把小提琴，横卧在欧陆中央。在这里，风光美丽的群山与湖泊，孕育着 100 多处温泉区，这使得奥地利成为欧洲著名的温泉之国。才华横溢的音乐家们在奥地利传颂着经典的乐曲，而激发他们灵感的，多是奥地利温泉的滋润。其中，最负盛名的是有着"童话王国"之称的布鲁茂百水温泉山庄。

"百水温泉"的名字出自山庄的设计者、享誉世界的著名画家、有"奥地利高第"之称的百水先生。这位大师在设计中，加入浓重的梦幻色彩与童话意境，

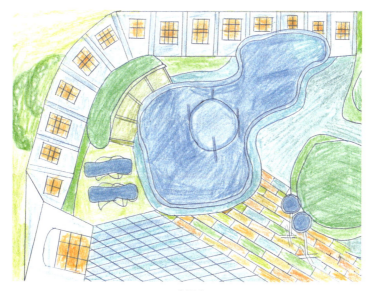

百水温泉

让每个来这里的游人，都得以"找回最纯真的自己"。这里共有3座温泉，使用的都是47.2° C 的碱性碳酸氢钠泉，泉水有着十分柔细滑嫩的肌肤触感，被喻为"优质的美人汤"。你可以在冰天雪地的室外温泉池欣赏雪景，又可以在豪华典雅的室内池中，细细品味百水先生的艺术灵感。百水温泉山庄还采用特别的音乐疗法，根据游客的健康情况，精选类似月光奏鸣曲这样的名曲，让游客一边泡温泉，一边陶醉在乐曲优美的旋律中。百水温泉山庄巨大的室外浴池，四周童话般色彩斑斓的房间，有着百水先生典型的艺术风格。

看到这儿，小亦笑着说："如果泡在美人汤里，听那首《野蜂飞舞》，不知有何感受？"

康铂看着小亦笑着说："你可以在美人汤里，像野蜂似的手舞足蹈地跳舞。"

索马湾高尔夫度假村

埃及人将红海比喻成一盆净水，因它是未受过污染的绿色大海，而胡尔加达就是非洲大陆在红海之滨的一把摇椅。当人们身心疲惫时，可以到这把摇椅上坐一坐，将人世间的功名利禄暂时抛到脑后，自由自在地放飞心情。

胡尔加达是个宁静的海边小镇。乘坐一艘小艇驶入深海，一头扎进红海的怀抱，展现在眼前的将是一幅绚烂的画面，艳丽的珊瑚礁，五光十色的鱼群，难怪有人将红海比作第1001夜的神话，因世界上只有这里，才有如此不可思议的海底世界。

在红海之底，你能看到比陆上更多的色彩，五彩斑斓的鱼群，就是天然的调色板。红海边金字塔风格的索马湾高尔夫度假村，当人们置身其内，仿佛在与法老打高尔夫球。

红海边金字塔索马湾高尔夫度假村

白天打高尔夫球，晚上坐在摇椅上听神话故事，真的是自由自在。

施罗德住宅

施罗德住宅是里特维尔德与住宅的主人施罗德夫人共同设计的。住宅建在荷兰乌得勒支市郊的一片开阔的空地中，周围景色优美，充满乡间的静谧。正如里特维尔德所言，住宅选在此地，就是因为这儿的光线、空间与自由。

这座施罗德住宅由简洁的几何体块、光滑的墙面与形状简单的大片玻璃组成。住宅的整体设计由水平线与垂直线组成，表面涂抹着以白色为主的朴素色彩，加上不同深度的棕色，鲜明地反映，出住宅以几何形体与纯粹色块组合而成的建筑特征。

整个住宅的构图充满大小、方向、形状的巧妙穿插与对比，并不对称，却因共同简洁纯净，而显得十分统一与和谐。就像是蒙德里安式绘画中，不同色块的对立与统一，都充满相似的意趣。

住宅的另一设计者施罗德夫人提出，是否可以不用墙，但仍可分割室内空间的要求。里特维尔德便产生使用"活动隔断墙"的想法。将楼梯放在中央，而不是像通常的做法那样，放在室内的角落。围绕楼梯，房屋内部可根据不同的功能需求，利用异常灵活的隔断墙，来自由地区分室内的空间。与流动的墙壁相反，室内除椅子外，所有家具都是固定的，式样简洁明快，体现出建筑师里特维尔德在家具设计上的独特风格，这对北欧后来的家具设计，产生过巨大影响。

施罗德住宅

小亦看着施罗德住宅说："你看，这座公寓把形体与色彩运用得很好，黑、白、灰作底色，红、黄、蓝作点缀，简洁、鲜艳，很有个性，这就是风格派的作品。"

康铂说："看样子，建筑设计师也需懂得一些色彩学。"

施罗德住宅在色彩的运用上，受到风格派领袖画家蒙德里安的影响，追求色彩的纯洁性、必然性与规律性。对里特维尔德来说，色彩只有红、黄、蓝与黑、白、灰两大色系。

里特维尔德像蒙德里安那样认为：

黄色代表着强烈的光线，是垂直的，充满力度的。

蓝色则象征着平展的大海，是水平的，柔和的。

他把这种色彩构成的观念，反映在住宅的外观与室内的设计上，注意到色彩给人的视觉差异。

住宅主体是白色，穿插着彩色的支架，室内的色彩与外部形体相互关联。在黑、白、灰的主调中，点缀着红、黄、蓝三原色，分布巧妙，从而使住宅色彩显得多而不乱、艳而不俗。

施罗德住宅在建造之初，设计者与使用者之间就不断进行着交流与合作，从而使方案得以进一步完善与改进。整个设计从室内到室外，从体型到色彩，都体现出风格派的特质。

看到这样的住宅，你是否想走进去小憩片刻，亲身体会宽敞又明亮，简洁又舒适的民用住宅。

流水别墅

国外有些住宅，从设计到建筑的确让人刮目相看。建筑师弗兰克莱特的建筑作品就是这样。

莱特的职业生涯长达 70 年，年过七旬才进入创作的黄金时期。美国建筑百科全书评价他是"那个时代甚至是任何时代，都最富创造力的建筑师之一"。莱特生在美国，在威斯康星经短期的工程师训练后，凭借过人的天赋，进入芝加哥最著名的路易斯·沙利文建筑事务所。

19 世纪末，芝加哥一些年轻建筑师在路易斯·沙利文的带领下，创造了高层金属框架结构，这个专门从事高层建筑的建筑师群体，就是后来的芝加哥学派。

在芝加哥，莱特学会建摩天大楼的建筑技术与建筑新材料的运用，他与沙利文并肩设计的一批摩天大楼都堪称经典。但在农庄长大的莱特认为，建筑不应像摩天大楼那样，显出人类对自然环境的征服，而应像植物一样和谐地、从容地融入自然，这样才能达到真正的建筑美。莱特在家乡成立了自己的事务所，主攻民居、别墅、博物馆、有机建筑（环保建筑）。流水别墅就是他设计的有史以来，最成功的有机建筑。

流水别墅，是在1934—1939年间，莱特为匹兹堡百货公司的老板考夫曼设计的别墅，又被称作考夫曼别墅。别墅建在宾夕法尼亚州匹兹堡市南郊的熊跑溪附近，那里景色幽静，溪水在小峡谷中穿流，树木茂密，考夫曼原来只想采用传统的做法，把别墅建在山林间，远观晶莹流泻的瀑布。可莱特对他说："你不仅仅是欣赏那瀑布，而是伴着瀑布而生活，让它成为你生活中不可分离的一部分。"

在莱特设计的图纸上，别墅被架在小瀑布的上面，从一定的角度看，水就像是从建筑下面流出来的，形成跳跃的小瀑布。别墅如同溪水间的一块巨岩，与周围的景物自然而然融在一起，这样的奇思妙想打动了考夫曼。这种思想类似于中国"智者乐水，仁者乐山"的儒家哲学思想。因西方石质建筑缺乏中国木构建筑的灵活性，莱特如何依山势，把别墅悬在溪流瀑布之上呢？

莱特设计的这个别墅，总面积约为400平方米。他把建摩天大楼时，用的钢

流水别墅

筋混凝土悬臂的悬挑能力，巧妙地挪用到这里。悬臂只用一端固定，另一端悬空，就像人体伸平手臂提东西一样，露天平台与部分房屋悬在半空中。

别墅300平米的平台，左伸右突，宛如敞开的手臂，热情地拥抱大自然。别墅共分三层，逐层缩小。第一层最宽大，分起居室、读书室、餐室与厨房。由于设计上的巧妙，尽可能少地使用墙面，整个一层简直就像是一个完整的大房间，起居室南面的左右都有橘黄色的平台与围栏，室内还特地设计小梯与瀑布下面的水池相连，让人能随意地下到溪流中戏水。

第二层以第一层屋顶为平台，向后收缩面积减小，是主人的卧室。

第三层面积更小，宛如一个小阁楼。

别墅的外部用长短、厚薄不一的灰褐色石片砌筑而成，这是整个建筑中，为数不多的竖向元素。在结构上，将别墅与山体紧紧地铆在一起；在视觉上，两道垂直的石墙，就像主心骨一样，把周围的平台、屋顶团结聚合在一起，起着统领全局的轴心作用。

别墅的每层都采用硕大的落地玻璃窗，把室内室外有机地连在一起，仿佛悬挂在墙壁上的巨幅装饰照片，不断地变化着四季，这不禁让人联想到欧阳修《醉翁亭记》中的诗句：水落石出，山间之四时也。

> 流水别墅的启示，就是外国也有乐山乐水者，而且是非同寻常的大手笔。

小亦说："你看到过悬挂在山间瀑布之上，伸出双臂拥抱大自然的别墅吗？山林、别墅、溪水交融在一起，如同一幅精美的山水画。"

康铂说："这别墅好是好，可让我住在山野之间的别墅里，可有点受不了。"

小亦说："那是因为你还年轻，喜欢热闹繁华的城市。我是佩服这座别墅的设计师，构思巧妙，别出心裁。"

康铂说："住在这儿一定会长命百岁吧，有很多百岁老人都是住在乡间。"

小亦说："未来住在城市里的人，也会有许多百岁老人，因为城乡差别缩小了。不管怎么说，流水别墅都是用石头与钢筋筑造出的'乐山乐水'的人间乐园。"

康铂说："外国的乐山乐水者，的确有惊人之处。别墅建在山林之间、溪水之上，既坚固又漂亮。最富创造力的建筑设计师弗兰克·莱特，我们得记住他的名字与作品。"

全球地标建筑

巴西议会大厦

巴西建筑师奥斯卡·尼迈耶，以拉丁民族、特有的激情，为建筑注入宽阔的光影与活力，创造专属于南美洲巴西的建筑风格。

尼迈耶的职业生涯开始于 20 世纪 30 年代的一场改变。新任教育部长决定，将教育大厦设计任务，交给年轻一代的建筑师完成。尼迈耶与他的同伴科斯塔受到了委任，他们邀请当时西方赫赫有名的建筑大师勒·柯布西耶当顾问，新的教育大厦最终在 1945 年完工。年轻的尼迈耶认为，巴西就是巴西，得让建筑显得更加自由，这需要改变现代主义建筑强调的直线，多用自由流畅的曲线，建筑的结构跨度也需增大。总之，他想开发出一种新的建筑风格，体现当地习俗与情感的与众不同，此后的几项设计，为尼迈耶提供了实现理想的平台。

1939 年，为纽约世界博览会巴西馆设计的，有许多曲线与曲面的别致建筑，使尼迈耶开始受到世界建筑家的关注。但真正让他大展宏图的机会，直到十几年后才出现。

20 世纪五六十年代，巴西决定重建首都。当时的总统库比斯切克，将首都的地点，选在人迹稀少的巴西利亚。他的梦想是在热带雨林中，创造出一个新的高度现代化的首都。

新首都的总平面图，近似一架巨型喷气式飞机：

机身部分是城市未来的主轴；机头至机尾是国家政治中心、政府机构所在地、纪念性建筑用地；机翼部位则是居住区。

受命设计政府所在地与纪念性建筑区的尼迈耶，打算用建筑调和规划上的单调性，创造一种新的模式。

尼迈耶负责"机头"部分的设计，主要围绕宽阔的三权广场展开，包括行政大厦、司法大厦与立法大厦，远一点则是新教堂与机场。这些新建筑有惊人的力量感，当人们从远处眺望时，每一座大楼都宛如一座不朽的雕塑。而在"机头"

巴西议会大厦

部位的议会大厦不仅是新首都最大、最重要的标志性建筑，又是建筑师最具代表性的设计。出于实用的考虑，尼迈耶将楼层分为会议楼与秘书处两个主要部分，最醒目的是一对高耸的议会大厦。

令人惊奇的是，在议会大厦的屋面上，突出的两个白色宛如隐形眼睛一般的巨型弧面体，分别建在秘书楼的两侧，一个开口向上，一个倒扣向下，分别是下议院与上议院的屋顶。这样一来，建筑师在理性设计的基础上，给建筑注入浪漫与夸张的成分。

小亦看到这儿说："尼迈耶大胆地使用建筑高低的强烈对比，横竖的立体对比，球面与平面的上下对比，开放弧面与闭合弧面的对比，由此使建筑产生一种稳定与运动的冲突与对比。"

康铂说："正是这种超越常规的建筑尺度，才能在如此空旷的环境中，产生出超乎人们想象的震撼力。"

在热带雨林中，创造一个类似于喷气式飞机的首都，这种超越常规的想象，令人惊奇，而整体的建筑又非常成功。让我们把视线转入美国，看看最新的高楼在那里是怎样建成的。

帝国大厦

进入 20 世纪，在美国掀起建筑高楼的热潮。10 层以上的高楼如雨后春笋般，出现在美国芝加哥与纽约。到 1913 年，纽约曼哈顿 10 层以上的高楼超过 1100 座。20 年后，纽约 30 层以上的高楼超过 90 座，还出现了 30 层以上被称为"摩天大楼"超高建筑。

高层建筑不仅可以缓解都市用地紧张，带来的巨大名声也令投资者获得更大的利益回报，由此，美国进入摩天大楼建设的黄金时期。第二次世界大战之前，世界上最高的建筑帝国大厦，无疑是这一时期的代表作。

精明的商人们已认识到，高层建筑具有巨大的经济价值。楼越高，名越大，利也就越多。纽约第一高楼沃尔华斯公司的老板赞叹高楼是"不花一文钱的大广告牌"。所以，只要有可能，大公司就会争取把最高楼的桂冠戴到自己头上。帝国大厦投资者，杜邦家族的皮埃尔·S·杜邦，后来担任通用汽车公司总裁的约翰·雅各布·拉斯科布与后来成为纽约市市长的阿尔弗雷德·史密斯，决定在纽约建成一座世界第一高楼，并以纽约州的别名"帝国州"来命名大厦，后来他们觉得"帝国"一词气派，就改成帝国大厦。

帝国大厦建在纽约第五大道上，大厦底面长度130米，宽60米。从第6层开始，面积收缩至长79米、宽50米。30层以上的楼层再次缩小，到第85层，面积缩小为40米×24米。这样的设计不完全出之美学的考虑，而是纽约市规定，任何建筑物不得挡住光线与空气到达街面上。对于大楼而言，只有随着高度的增加而相应的缩小大厦面积才能保证阳光可照到大厦的每一层。在85层之上还有一个直径10米，高61米的圆塔，塔身的高度相当于17层楼高。因而人们常常认为帝国大厦有102层。

帝国大厦从动工到交付使用，仅用19个月时间。若按102层计算，大厦施工速度每5天多造一层。难怪大厦的建设者斯塔利特上校有句名言："和平时代最像打仗的事情，莫过于建造摩天大楼。"帝国大厦的建造之所以能达到惊人的速度，是由许多相关因素决定的。这其中之一是大厦简洁的立面设计。帝国大厦形体比先前的大多数高层建筑都显得简洁，内外装饰也极为朴素。大厦的一楼大厅大理石板上，用不锈钢制作的大厦图案，是整个大厦最奢华的装饰。简洁的设计让大多数的构件、部件、配件都可以提前预制，后送到工地组装，从而减少了工地上的工作量，缩短了大厦建造的时间。

另一个加快建造时间的秘诀，在于建筑设计师对人力与材料资源使用时，全部过程的周密筹划。施工的建筑公司有40多家，所有活动必须严格按照计划进行，否则就会延误工期。按规定，刚刚轧好的钢构件必须在80小时内安装到建筑物上，每天有500多辆货车来回运送货物。卡车司机都清楚，哪一辆车货，在什么时间送到哪个吊笼的跟前，否则就不许进入工地。正是通过这样严密的组织与规划，在20世纪30年代，机械化与自动化水平不高的情况下，帝国大厦实现了当时最快的建造速度，并大大节约了资金。大厦最初的预算是50000万美元，实际只用了40950万美元。

帝国大厦不但建设速度惊人，大厦的坚固性至今仍然堪称经典。根据当代专家的检测，帝国大厦的承重体系十分牢固，即使大厦再增高一倍，现有的建筑结构仍然能承受得住。

帝国大厦之所以闻名天下，还因为它的形象已出现在大约 100 部电影里。不仅如此，帝国大厦还不断成为文学与艺术作品描绘或讴歌的对象。随着这些艺术品的传播，帝国大厦被看作是纽约的地标性建筑。如今，帝国大厦作为纽约的第一高楼，继续着美国摩天大楼的传奇。

小亦看到这儿说："帝国大厦是以速度加高度，再加质量保证而盖起来的高楼，如果在帝国大厦上看彩虹，平视就可以看到。"

康铂笑着说："说不定还能伸手摸到彩虹。"

在小亦与康铂论文中，未来城市规划的公寓住宅区，就是一幢幢高耸的大楼，像是一片片彩色森林，以不同的地形分隔成形式各样的几何体，分布在城市的各个角落。社区内又分饮食区、生活区与住宅区，再有就是休闲娱乐区。

西尔斯大厦

1974 年，高 443 米号称当时世界第一高楼的西尔斯大厦，在芝加哥建成。

西尔斯大厦，这座 110 层的巨塔之所以能建成，首先得感谢大厦投资者与设计者：西尔斯雄獐邮购公司与国际知名的建筑工程公司斯基德摩尔·欧艾斯·美利尔（简称 SOM 公司）。他们利用最新的计算辅助方法，进行定量结构分析，这种新的设计方法，标志着摩天大楼新时代的到来。

小亦看着大厦笑着对同学说："你看这树在彩云间的西尔斯大厦，有点儿偏心啊？"

同学笑着说："这是大厦在向你表示，欢迎你的到来。"

高层建筑的风险总是随着高度的增加而增大。因而，必须在保证建筑安全的前提下，提出全新的建筑结构理念，使大厦尽可能地节约成本，又坚固耐用。而 SOM 公司推陈出新的过程，就是这些新理念发展的写照。

1971 年，在芝加哥设计师约翰·汉考克设计大厦时，法兹勒·卡恩提出一种叫"束筒"的结构理念，这就是从建筑框架的周边，进行对角的拉杆，以加固大楼，这种方法有效地帮助高层建筑获得了理想的稳定性。

在西尔斯大厦中运用新的"束筒"结构理念，就是将大厦建成中等大小的直立方筒。这样一来，大厦面积增加，重量却没增加。

西尔斯大厦的基座由9个方筒组成，每个方筒长与宽，都是22.9米，各自上升到不同的高度：两个升至50层，两个升至66层，三个升至90层，最后两个直达110层。

从材料上看，大厦采用的钢材，按照7.6米×4.6米的规格预制，这是卡车可以装运到工地的最大规格。大楼每个月可架8层，极大地节约了劳动力成本。

西尔斯大厦内有101部电梯，供工作人员使用，这是当时最具有个性意义的"束筒结构体系"的典范。

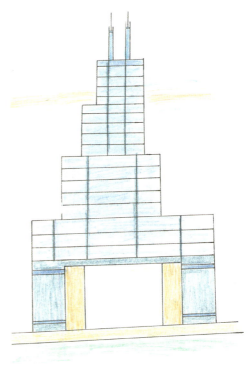

芝加哥西尔斯大厦

简洁的玻璃幕墙，体现出国际样式的风格，那些黑色的铝与青铜玻璃体现出大厦的冷峻含蓄，赋予大厦与众不同的建筑风格。

小亦说："这种束筒结构最适合高楼建筑，建造起来简单、稳固、抗风性强。"

康铂说："建高楼大厦最新的理念，就是从这时开始的，束筒结构、钢筋、水泥、玻璃幕墙，在阳光照射下，闪闪发光。未来的高楼大厦都可用玻璃幕墙，充当太阳能板，解决高楼用电、采暖问题。"

自由女神像

在历史上，从希腊的雅典娜、米诺的维纳斯，到法国大革命时期德拉克洛瓦笔下的自由女神，再到勃兰登堡门上象征德国强盛的胜利女神。女性都被看作是城市或某种精神力量的象征，在这些女神像中，美国的自由女神像，无疑是其中最著名的作品。

　　高耸在纽约湾自由岛上的自由女神像，是法国为庆祝美国独立100周年而赠送的礼物。创意来自法国政治家艾杜瓦尔·勒·拉布雷。而整个作品的制作费用，来自法国人自愿捐款。雕像的设计由法国建筑师奥古斯塔·巴多尔蒂完成，这个原名"自由之光照耀世界"的塑像，源自希腊帕提农神庙雅典娜女神像。

　　自由女神像身披古典长袍，头戴有七根长钉的皇冠，长钉象征着美国独立时，最初的七个联邦。女神右手举起巨大的火炬，左手握书，书上写着《独立宣言》颁布的时间——1796年7月4日。脚上有一段被挣脱的铁链，象征着暴政被推翻。雕像本身高46米，加上底座后高达93米，这是当时纽约最高大的建筑物。时至今日，这座雕塑的规模，仍可以与摩天大楼相比拟。

自由女神全貌

　　自由女神像并非传统意义上的雕塑，而被看作是一件具有纪念性的建筑。它不是被雕塑家雕刻或制作出来的，而是通过精妙的设计工程建成的，雕像是在法国设计建造完成后，所有铜块被分拆下来，装在214个柳条框中，于1885年运到纽约。

　　雕塑家巴多尔蒂将埃菲尔铁塔的建造者古斯塔夫·埃菲尔请到美国协助组装。埃菲尔将雕像内部的木制构架，改为内嵌式的铸铁框架，并专门为女神像设计出一种，由4根支柱组成的中心塔楼框架结构，4根立柱用平行对称的横梁连起来，这个由1350根肋材与竖杆，通过铆钉固定而成的中央塔楼，最终成为女神像的支撑柱，它使雕像在狂风大作与温度剧烈变化时，都能够禁得起高温与晃动。内嵌式的塔楼与雕像基座相连，进一步增强雕像的稳固性。埃菲尔为自由女神像所做的设计，至少有两项技术是创新的，它们对后来的美国的建筑有着重要的指导意义。

　　雕像内部的对角支架系统，为美国高层建筑的抗风系统提供成功的范例，这项技术被运用到除桥梁以外的所有建筑物中。在当时的纽约，除了桥梁以外，建筑物还是第一次使用钢材作为立柱材料。而自由女神像内部的钢架结构，同时又对以后美国民用建筑材料的改革有着启发意义。才使得一批年轻的建筑师，看到新的建筑材料所蕴含的巨大潜力。正是在巨大的自由女神像的启发下，建筑师才看到建筑摩天大楼的希望。而美国正是通过建筑摩天大楼，而创建出自己国家的建筑风格，这或许是雕像的策划者拉布雷未曾想到的。

法国人民如此慷慨，送这么高大贵重的礼物给美国人民，又是由著名雕塑家与设计师建造而成，值得近距离光顾，感受自由女神的荣耀。

AT&T 大楼

菲利普·约翰逊是美国建筑界的风云人物，1930 年毕业于哈佛大学。他的专业并非建筑，而是哲学与希腊文。从 20 世纪 30 年代进入建筑界开始，这位哲学学士就一直在建筑发展的前沿。可以说，约翰逊是美国建筑潮流的风向标。

1932 年，菲利普·约翰逊在主持一次现代建筑展览之后，与朋友希区柯克共同出版了一本介绍现代主义建筑的书《国际样式——1922 年以来的建筑》。从此，"国际样式"成为现代建筑的同义语。之后，33 岁的约翰逊再度进入哈佛，这才开始正式学习建筑。当时的哈佛建筑学院中，有格罗皮乌斯、密斯·凡·德·罗、布劳耶等赫赫有名的建筑师执教。

约翰逊增加建筑形式与元素的设计作品中，最有名的莫过于为美国电报电话公司设计的同名大厦——AT&T 大楼。

AT&T 大楼的设计于 1978 年在报纸上披露之后，就引起轰动。

在纽约，所有的 20 年代建筑物，都具有可爱的小尖顶：金字塔形、螺旋形等各式各样，有金色的、棕色的、蓝色的，它们有容易辨认的风格要素。但对这种传统的建筑，约翰逊认为这只是借鉴历史中的一个风格符号。AT&T 大楼的出现，在建筑界引

美国电报电话公司大楼

起各种评论，有人认为它是"自克莱斯勒大厦以来，纽约最有生气与最大胆的摩天大楼"。

AT&T 大楼于 1984 年建成，主体为 37 层，高 183 米。约翰逊是一个对风格变化十分敏锐的人。但约翰逊并不固守自己的成就，当他看到后现代建筑，具有的多种可能性后，就大胆地转向新的领域，成功地完成由现代主义大师向后现代主义大师的转变。

像纽约市这座最有生气、最大胆的现代化通讯中心电报电话大楼这样的通讯大楼，在每个城市都占有非常重要的地位，有线的、无线的，它像一张网，笼罩着整座城市，串联着千家万户，让人们的日常生活，变得便捷通畅。AT&T 大楼的建成，就肩负着这样的重任。

波特兰市政厅

20 世纪 70 年代初，格雷夫斯、埃森曼、理查德·迈耶、文丘里与 J·海杜克并称为"纽约五人组"。他们的建筑设计明显受到勒·柯布西耶的影响。多采用简单的几何体与白色外墙，明快亮丽，又被称作"白派"。格雷夫斯成为后现代建筑的重要人物，他将传统建筑中取来的片段，作为一种建筑符号使用，从而使得建筑获得某种历史的象征或隐喻。波特兰市政厅，就是迈克尔·格雷夫斯最具代表性的作品，同时也是后现代建筑的代表作。

美国西北部的俄勒冈州的波特兰市，于 1979 年开始设计市政厅，1982 年建成。这是一座高 15 层的方墩形的建筑物，下部做成基座，有明显凸出的列柱，外表贴有灰绿色陶瓷面砖，往上就是用深色面砖做的倒梯形。象征着石拱券正中的"拱心石"图案。整个大楼与密斯风格相比，显著的特色就在于大楼鲜亮的色彩与丰富的装饰。上面运用的建筑符号富有古典意味，显得活泼而有生气，它又将不同尺寸、不同比例的毗邻元素，以非传统的方式拼贴出来，这样的建筑设计编码不易被破译。它多少有些像用儿童用积木搭起来的房子，许多人看到后，都认为它是座好玩的建筑。

开创性的作品总会存在这样或那样的不足，正如贡布里希所说的，风格的递变不是因为艺术家做了什么，而是因为他们没做什么。大楼顶部突出的装饰，是用 GRP 材料做成的蛋杯。GRP 是一种强化玻璃塑料，因为塑造形体的便利，很快成为后现代主义建筑设计的标志。

小亦看着这样的大楼说："这儿说的不易破解，与新发明的一种装饰材料有关，这种 GRP 材料，轻、软，易于塑造多变的形体，因而成为后现代主义设计的标志。"

康铂笑着说："大楼丰富的色彩装饰，使它显得活泼、鲜艳。"

维特拉博物馆

近些年以来，有一位美国建筑师，不断受到世界各地博物馆馆长们、大学校长们、企业巨头们邀请，来设计各类建筑。而大学与学会也纷纷请他演讲，到处都有人请他签名，但只有少数人与机构能如愿以偿。人们说，他是莱特之后，在美国被人谈论最多的一位建筑师。

他与莱特一样特立独行，在建筑界横扫传统建筑的清规戒律。他们的建筑一样石破天惊，引来世人无数的争议。他们设计的建筑都对世界建筑理论与实践产生过重大影响。他俩的名字，都被刻在美国建筑师协会总部大厅的花岗岩墙面上，并都叫"弗兰克"。这位弗兰克虽然红得发紫，却没有架子，不喜张

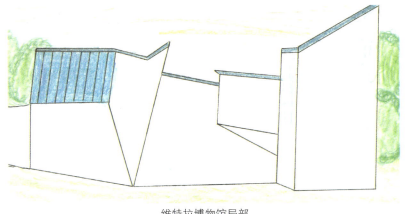

维特拉博物馆局部

扬，甚至有点儿不修边幅。此人就是美国建筑师弗兰克·盖里。

生于加拿大多伦多的盖里，1947 年随家人迁居美国加州洛杉矶。1954 年大学毕业后，盖里又在哈佛大学获得硕士学位。1961 年开始经营建筑事务所。

在 20 世纪 60 年代与 70 年代前期，他的作品没能逃脱勒·柯布西耶的影响。但从 70 年代后期开始，他渐渐形成了个人的建筑风格。通过非传统意义上设计的建筑几何形体，开创出一种别具特色的建筑风格。维特拉博物馆，就是这种创新风格的代表作品。

维特拉博物馆的设计灵感，来自盖里对于加利福尼亚州的圣莫尼卡私人住宅的改造。正是在这个住宅的设计理念上，盖里完成这座维特拉博物馆的设计与建造。

维特拉博物馆在德国魏尔市，是维特拉家具厂的家具陈列馆。盖里把传统的立方体、圆锥、圆柱、球体，像搭积木一样组合起来，由此形成一种独特的博物馆外貌。

为保证整个建筑的正面，观赏起来流畅与完美，所有的采光窗口都设置在博物馆顶端的光塔与屋顶上。室内设计也充满创意，采用曲面与斜面的穿插，使博物馆既美观又实用。就是这么一个小的改建，使维特拉博物馆登上现代建筑与制造业的史册。

对于这样的建筑，人们总是有着不同的评论。有人觉得造型奇怪，有时连盖里的业主，都认为他们之所以请盖里，就是因为他设计的建筑太丑了，可以让人们提神。盖里自己则说："事物在变化，改变带来差别。不论好坏，世界是一个发展的过程，我们同世界不可分，又处在发展过程之中。有人不喜欢发展，而我喜欢，我走在前面。有人说我的作品是紊乱的嬉戏，太不严肃，但时间将表明不是这样。虽然我比别的建筑师更多地与业主争议，我质疑他们的需求，怀疑他们的意图，但最后是共同协作，而得到积极的成果。我是乐观的，到一定的时候，我作得东西总会得到理解，这需要时间。"

时间的确证明盖里所言非虚。1999 年，盖里获得建筑界的最高奖——普利策奖。

小亦看着维特拉博物馆笑着说："你看，丑得让人提神的博物馆，可这只有获得建筑界最高奖项普利策奖的人才能设计出。"

康铂笑着说："弗兰克·盖里的设计风格是有个性，也许在别人眼里不可思议，但他的确是个乐观主义者，看到照片上他本人开朗的笑容你就会明白。"

纽约古根海姆博物馆

古根海姆博物馆在纽约最繁华的第五大街上，与周围林立的高楼大厦相比，这个白色的螺旋建筑显得格外抢眼。那上大下小的螺旋体，不显眼的入口与异常的尺度，都使这座博物馆看起来像是神话中的彩色房子。

古根海姆博物馆，由陈列空间、办公大楼与地下报告厅三部分组成。它是由螺旋形的坡道环绕圆柱形而形成倒立的螺旋体圆形大厅。开敞的中厅一通到顶，高达 30 米。站在博物馆大厅中央，抬眼就能看见各层展厅，犹如一条白色的带子盘旋而上，直通天顶。大厅的顶部，是一个花瓣形的玻璃顶。阳光由此射入，使得大厅里能获得充沛的自然光线。

螺旋形博物馆的设计，是莱特的得意之笔，他非常自豪地宣称"建筑第一次表现为雕塑性"。莱特设计斜坡的目的，是让到博物馆游览的人们，乘电梯到顶层，再沿着斜坡往下走。但多数的观光者，一进入大厅，立即就会被大厅内盘旋而上的坡道所吸引，游客通常选择爬坡来欣赏艺术品。这种登山式的游览，有一个巨大好处，就是整个建筑以及展品不会被楼梯隔断，而是一种连续的流动。

观众可在展出小间里，相对安闲宁静地欣赏艺术品；又可在宽阔的中厅，感受壮阔的视觉空间。在博物馆建成数年后，一个名为特曼的建筑师，从莱特这个中空大厅得到启发，提出"共享空间"的理论。

如今这个理论被多数建筑师运用到自己作品中，成为公共建筑设计的指导性原则。在建成 31 年后，古根海姆博物馆正式被列为纽约最年轻的古迹。

看到这儿小亦说："螺旋体造型的博物馆，内部的斜坡犹如白色的带子盘旋而上，形成流动的展览厅，使观众可在宽阔的展厅里欣赏艺术品。"

康铂说："你有没有注意到，这个纽约最年轻的古迹、

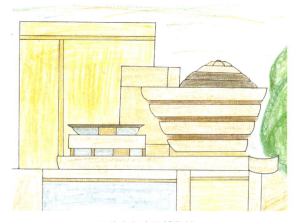

纽约古根海姆博物馆

古根海姆博物馆，也是流水别墅的设计者莱特的又一得意之作。"

小亦说："我就知道这是莱特的又一杰作。你说从美国到澳大利亚坐飞机好还是坐游轮好？"

康铂笑着说："你想看悉尼歌剧院，还是坐大游轮从太平洋穿过比较浪漫。"

悉尼歌剧院

在澳大利亚悉尼湾，贝尼朗海岬上的悉尼歌剧院，是整个大洋洲最著名的建筑，又是 20 世纪最富有象征意义的建筑。只要一提起它的名字，人们就会联想到，它那新颖的造型，带给人们的特殊感受。

1956 年，新南威尔州决定建一座别样的歌剧院，于是举行一场国际设计竞赛。丹麦建筑师约恩·伍重的设计，获得 4 人评委团的肯定，特别是美国建筑师沙里宁对这个方案更是推崇。伍重毕业于哥本哈根皇家美术学院，先后在莱特与阿尔托事务所工作过，受到这两位大师的影响。伍重设计歌剧院的灵感，源于他在世界各地的旅行。

20 世纪 50 年代的北京之行，使他对紫禁城高大台基与飘逸的曲面屋顶产生兴趣，有种说法认为，悉尼歌剧院的壳体设计，多少有中国"巨大屋顶"传统建筑的影子。

悉尼歌剧院的建筑理念，是在一座距海平面 4 米高的平台上，树起两个半圆的剧场。在两个音乐剧场与休息厅堂上，分别拱立三组镶有白色瓷砖的巨型壳片。

悉尼歌剧院

正如伍重所言，三组壳片就像扬起的风帆与云彩，这样造型有序的贝壳，必将给悉尼带来活泼与意外的惊奇。慧眼识伍重的美国建筑师沙里宁设计的纽约肯尼迪机场，就是运用壳体结构而成功的案例。

伍重设计的壳体具有独特大胆的一面，通常的建筑都必须具备地基、墙体与屋顶三个部分。但伍重让壳体既充当屋顶，又充当墙体。

正如阿基米德在沐浴时，发现浮力原理，伍重在剥橘子皮时，发现了制作壳体的方法。每一片橘皮，都是从一个球体上剥离出来。在实际操作中，将重量由7吨到12吨，长度不同的肋段拼成肋条，再将许多肋条沿横向，如折扇一般，拼联成一个三角形壳片，最高的壳片相当于20多层楼高，建造的难度可想而知。

当壳体用混凝土浇灌完成后，再在上面镶嵌釉瓷。瓷砖其实并不像看起来那么白润，而是印有彩色，边缘地方比较淡，中央部分则是彩色条纹。据伍重解释，这样的设计，是模仿指甲的天然纹理与色彩，使用彩色瓷砖的好处，在于当光线变化时，贝壳易表现出多样的光彩。悉尼歌剧院的建筑过程充满坎坷，但在建成之后，受到了广泛赞誉。

为歌剧院剪彩的英国女王伊丽莎白二世说道："远古之时，人们曾对金字塔言辞激烈，然而经历4000年沧桑之后，它被誉为世界七大奇迹之一，悉尼歌剧院将永垂青史。"

剥橘子皮的启示，造就白帆贝壳似的悉尼歌剧院，给悉尼这个城市带来意外的惊喜，从而吸引着全世界人们的目光。

小亦看着悉尼歌剧院说："它确实会让人眼前一亮，壳体的形状与彩色的瓷砖都起了很大的作用。坐在里面听歌剧，是否会听到海涛的声音？"

康铂开玩笑地说："是的，还能听到鱼儿的说话声。如今，当人们说起澳大利亚时，就会联想到悉尼歌剧院是肯定的。"

意大利万神殿

让我们再来欣赏一下，改变意大利城市轮廓线的全新的神殿——万神殿。

在神殿的形式上，罗马人创造一种新的样式——万神殿，用来供奉罗马全体神祇。这个神殿以精湛的结构技艺，简洁的轮廓，单纯的形体，成为罗马最辉煌的成就之一。

神殿建于奥古斯都大帝时代，我们现在所见的万神庙，是在118年由哈德良皇帝在原址上重建的。目前神殿分为两个部分，正面是巨大的希腊式矩形柱廊，宽34米，进深15.5米，共有16根柱子，正面8根，侧面两排各4根，都由整块灰色花岗石建成，高12.5米。用科林斯式柱，支起神殿巨大的三角形山墙。

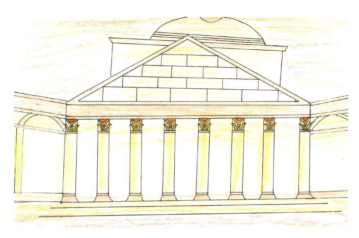

万神殿

柱廊的内部，有个巨大的铜门通向神殿，铜门两侧的壁龛里分别安放着屋大维与阿哥里巴的雕像。神殿的主体有个硕大的圆顶大厅，直径达 43.3 米，地面到圆顶的最高点也是 43.3 米。圆柱体的室内，正好可以容纳半圆的球体。这种简单明确的几何关系，令人想到希腊的建筑，对于几何数字有同样的追求，与雅典的帕提农神殿一样，这些数字结构，让神殿的空间既完整统一，又宽阔宏大。

在万神殿中，圆顶的建造技术达到前所未有的高度，突破了梁柱结构的局限，造就了不被立柱限制，又不被墙壁隔断的宽阔空间。而在圆顶笼罩下，形成的围合空间，与建筑整体相随的向心凝聚力，这样的设计与建造，大大增加了神殿空间的表现力，使得空间第一次成为神殿的主角。相比之下，殿内立柱的中间微微隆起，显得柔和饱满，充满生机。

用大理石拼镶而成的地面图案，从入口处看去，给人最终汇聚一点的感受。圆顶内有五层藻井，每层数量相同，随着穹顶向上收缩，所有藻井也随之逐渐收缩，呈现出穹顶向上升起的穹面，所有的藻井最后收拢在穹顶正中直径 8.9 米的圆形大洞。这是神庙唯一的采光口，光线从圆孔中倾泻而下，刺穿室内幽暗的空间，烟云弥漫出一种神圣气氛。整个大厅内镶嵌着从罗马各地运来的彩色大理石，在柔和的天光作用下，显得流光溢彩。奥古斯都曾经想把罗马建成大理石城市，但如今只有万神殿的大理石完整地保存下来。

当人们身临其境时，完全想象不出这个神殿是如何变得如此辉煌的。万神殿之所以能够支撑如此大的圆顶，与神殿运用混凝土工艺分不开，从地基到圆顶部，都是用混凝土浇筑而成。墙壁厚 5.9 米，从圆顶根部起，逐渐减薄，到圆顶端只有 1.5

米厚。墙壁下部选用的是比较厚重的火山凝灰作为主料，中部采用灰华石与碎砖，圆顶部分则采用轻巧多孔的火山岩与浮石。这样一来，圆顶像蛋壳一样轻盈稳固，万神殿成功地创造出完美的内部空间。从 16 世纪开始，高高隆起的圆顶几乎占据欧洲所有大城市的中心，从而彻底改变了城市的轮廓线。

小亦看到这儿对同学说："万神殿是供奉罗马全体神祇的神殿。"

康铂说："那你就是说，罗马所有的神仙都住在里面？"

小亦看着康铂笑着说："是神而不是神仙，这是两个不同的概念。中国人认为，神一般都住在山上的神庙里，所以称为神仙。外国人信奉的神，则都住在神殿里。"

康铂笑着说："那阿波罗与丘比特是不是也住在里面？"

小亦笑着说："那我们俩只好到神殿里一看究竟。"

英国圣保罗大教堂

15 世纪至 17 世纪的 200 年间，法国、意大利、德国等欧洲国家的建筑风格已经历两次重大转变，然而英国的建筑风格仍然是哥特式，直到克里斯多夫·雷恩将巴洛克风格引入英国。贵族出身的雷恩毕业于牛津大学，他就像是文艺复兴时代的全才，对数学、古典学、天文学，甚至对 17 世纪新兴的科学，解剖学、生理学、结构学与工程学都有深入研究。在投身建筑业之前，他还当过剧作家，雷恩的艺术建筑之旅，是从访问法国开始，他在那里学到法国式的巴洛克风格。最终雷恩创造出一种沉稳而优美巴洛克建筑，把有点夸张的巴洛克风格，演绎到最小尺度，这或许与英国是严谨的清教国家有关。英国皇家为表彰雷恩对英国艺术的贡献，授予他爵士称号，并将他与其最杰出的作品圣保罗大教堂，一起印在 50 英镑纸币的背面。

1666 年，作为伦敦市政工程负责人的雷恩，担负起重新设计建造圣保罗大教堂的重任，他决定采用古典又靠近巴洛克式的风格。在英王查理二世的调和之下，雷恩修改原先的设计，使教堂形成一个长长的内殿，中央保留具有古典精神的圆顶，建造一个罗马耶稣会堂式的教堂，并在圆顶之上，增加六层高高的哥特式尖塔。

教堂与 1675 年开始修建，教堂的整个外部非常均衡，西面是主面，又是装饰最少的一面。中间是双层的门廊，为优雅的双柱结构。下层为 6 对科林斯柱，上层为 4 对复合式柱。三角墙顶端，矗竖着圣保罗的雕像，左右两边分别是圣彼得与圣约翰雕像。充满古典意味的门廊两侧是一对塔楼，而上面竖起来高耸的亭

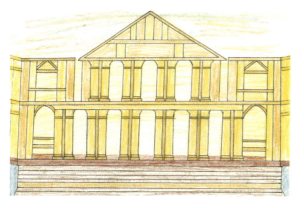

圣保罗大教堂

子，则是继承哥特式的传统。由于正面采用双柱，是教堂正面仍具有原初设计中辉煌、壮丽的效果。而白色波特兰石，也因雷恩在这一教堂中成功运用，受到后来英国建筑师的青睐，整个教堂最令雷恩满意的部分，是兼具沉稳与优美风格的圆顶，建筑界有一种观点认为，这座圆顶是世界建筑史上，最优美的圆顶。它平静、安详、清醒的令每一个见过它的人，都深深敬佩，就在这个优美圆顶背后，蕴藏着一项伟大的工程与结构成就。了解这一伟大成就，我们不得不打破教堂，整体分析的思路，采取内外兼顾的策略，否则将无法领略，掩藏在外观下的内部精妙的结构。

　　在设计之初，雷恩就想让圣保罗教堂成为伦敦的新地标，解决之道是设计半卵形而非半圆形圆顶。圆顶建在超常规尺度的鼓座之上。为了圆顶能更高，他在圆顶之上又加上一个石造的采光亭，从而使最高点达到 110 米。

　　事实上，如果没有圆锥体的支撑作用，外层圆顶根本无法独立支撑起巨大采光亭的重量。而圆锥体同样开着一个圆洞，与外层木制圆顶形成同心圆，从而保证光线顺利通过。光线透过采光亭，经过卵形外层圆顶，最后经过内部半圆的圆顶射进教堂，光线充沛而不刺眼。教堂与 1716 年竣工，基本实现了雷恩最初构想古典主义特征。它既雄伟又洋溢着理性光辉的圆顶与鼓座成为英国建筑史上的经典之作。

　　圣保罗教堂，是巴洛克与哥特式建筑风格，完美结合的杰作，设计者雷恩因而获得英国皇家授予的爵士称号。

　　小亦对同学说："我俩来分析一下，雷恩设计与建造圣保罗教堂，内外兼顾的策略在哪儿？"

　　同学康铂说："我看领略它内部结构的精妙，就是他设计教堂顶部的同心圆与采光亭。"

　　小亦笑着说："你好像领会了雷恩设计思想的精妙之处。"

同学笑着说："什么好像而是完全看懂了它的全部设计理念。"

小亦看着同学又开玩笑地说："那我给你颁个什么奖？"

康铂看着小亦笑着说："类似与普利策奖就行。"

德国勃兰登堡门

欧洲人将希腊与罗马视为西方建筑的源头。从文艺复兴开始，各种建筑风格都或多或少，是在与希腊、罗马建筑的对话中诞生的。到 18 世纪中期，希腊的古典建筑再一次被顶礼膜拜。希腊的柱式建筑，理所当然地成为欧洲建筑的源头，基于这一理论，在苏格兰、英格兰与德国，出现了一场复兴希腊建筑的运动。

事实上，希腊建筑的真正复兴是在德国。18 世纪末，新兴的普鲁士王国，开始显示出大国的气概，几个富有抱负的普鲁士皇帝决心将柏林建成雅典的模样，作为新强国的象征，在这些复兴中的建筑，最著名的莫过于腓特烈大帝时期，建成的勃兰登堡门。

1753 年，当时普鲁士国王腓特烈大帝定都柏林，是他下令修筑了 14 座柏林城堡门，而勃兰登堡门是其中之一。该门面向腓特烈家族的发祥地，因而，以发祥地勃兰登堡而命名。

勃兰登堡门

当时德国著名建筑学家，卡尔·歌德哈尔·阆汉斯，受命承担设计与建筑工作。勃兰登堡门的样式，源于雅典卫城入口处的"山门"，有希腊陶立克柱与列柱支撑起来的阁楼构成。

勃兰登堡门，有 6 根高达 14 米的陶立克柱，底部的直径为 1.7 米。阆汉斯在列柱之下加上柱础，使得建筑结构比较完整。整个城门高 20 米，宽 65.5 米，进深 11 米。门内有 5 条通道，中间的通道最宽。

在各通道内侧的石壁上，镶嵌着当时德国著名雕塑家，戈特弗里德·沙多创作的 20 幅，描绘古希腊神话中，大力神海格拉英雄事迹的大理石浮雕。使这座门显得辉煌壮丽，沙多又在门顶端，设计一套青铜装饰雕像。有四匹飞驰的骏马，拉着一辆双轮战车，战车上站着背插双翅的和平女神。

小亦说："有关希腊神话中，大力神海格拉的英雄事迹，你听说过吗？"

康铂说："我想听你说，你有时间吗？"

小亦看着同学说："好的，有时间我说给你听。"

1814 年，德皇将勃兰登堡门上女神像的样子，又改变成一手提箸，一手执权杖，一只展翅欲飞的普鲁士飞鹰，站在女神手执饰有月桂花环与铁十字勋章的权杖上，从此这个勃兰登堡门，就成为德国象征和平的城门。

西班牙萨格拉达圣家族教堂

萨格拉达圣家族教堂，是安东尼·高帝一生最重要的作品，同时又是世界上最富有神奇色彩的教堂之一。从 1883 年开始至今，教堂竣工之日遥不可期。圣家族教堂的雄伟计划，由一个规模不大的宗教组织率先提出，宣称要建造一座教堂来供奉"圣家族"——耶稣、圣母玛利亚与圣父约瑟，为所有信奉基督的家庭为榜样。

直到 20 世纪初，高帝才把全部精力投入到教堂建设中。圣家族教堂的造型非常独特，简直难以用语言描述，从本质上来讲，圣家族教堂是一座真正的哥特式建筑，高帝将哥特式建筑力量平衡的原则，发挥得淋漓尽致。教堂的四周矗竖着高度不同的尖塔，所有的尖塔，都具有宗教上的象征意义。

这座造型奇特的建筑，有 4 个空心塔高耸入云，每个塔尖上，都有一个围着球形花冠的十字架。据估计，教堂约在 2026 年全部竣工。其他哥特式教堂一样，圣家族教堂特别重视装饰。用各种图案与形象作为教堂的正面装饰，奇异的动物，植物的浮雕，散布在教堂的每个角落，人物的雕像，散落在这些装饰之中。当人们走进教堂，细细观察时，就会发现处处都是神来之笔。

受到伊斯兰艺术的影响，高帝特别喜爱在教堂中运用色彩，用彩色陶瓷，装点正面的三座拱门，使拱门显得非常亮丽夺目，不得不令人赞叹高帝的创造力。高帝的一生，跨越了两个世纪，他受现代新思潮的影响，但又保持着浓厚的前工业化社会的气质，因而形成高帝奇异的建筑模式。在 20 世纪后期，提倡亦后现代建筑的盛行之后，高帝又被后现代主义理论家詹克斯，视为后现代主义建筑的开创者。

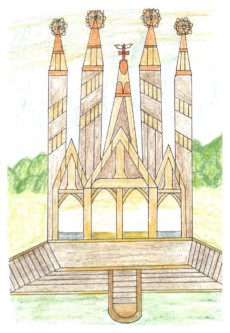

萨格拉达圣家族教堂

当你走近萨格拉达教堂，仔仔细细地观察时，才会发现繁多的浮雕与装饰，散布在教堂的每个角落，光彩夺目，而这些都需用时间来造就。看到这儿，你就会知道，为什么我们只好说，萨格拉达教堂 2026 年再见。

小亦看到这儿对同学说："到那时我俩再来游览一番，看这个萨格拉达教堂，建成什么样儿。"

同学康铂笑着说："好啊，到那时我俩都以旅游者的眼光，来审视这座教堂。那儿的工作人员，看到我俩就会说，请两位建筑师多提宝贵意见。"

小亦笑着说："他们怎么知道，我俩是建筑设计师出身。"

同学笑着说："在这座有繁多浮雕的教堂，工作时间长了，眼光自然就练得细腻，观察人时就有一双慧眼。"

西班牙毕尔巴鄂博物馆

古根海姆博物馆，是美国瑞士裔的富商，所罗门·R·古根海姆，创建于 1973 年。半个多世纪里，在众多的世界艺术大师与建筑大师的共同努力下，古根海姆博物馆，已成当今世界上，顶尖级的现代艺术博物馆。同时，由于他们创造性地将"文

毕尔巴鄂博物馆

化产业"的概念，引入博物馆业，因而获得巨大成功。

古根海姆集团，从 20 世纪 80 年代开始不断壮大，在纽约、拉斯维加斯、柏林、威尼斯与西班牙的小城毕尔巴鄂市，都先后成立分馆，成为博物馆业的全球知名品牌。其中，纽约古根海姆博物馆与毕尔巴鄂古根海姆博物馆，都是以别具一格的建筑造型而闻名于世的。

毕尔巴鄂博物馆，在布尔维翁河畔的一个三角地带，占地面积并不宽敞，周围环境非常复杂，四周是集装箱码头，铁路线，高架路桥，如何才能使博物馆与环境协调起来，这对设计者是个巨大的考验。

正当毕尔巴鄂市寻求发展之道时，古根海姆集团业也急欲向欧洲扩展，双方一拍即合，毕尔巴鄂古根海姆博物馆应运而生。投资者把设计与建造博物馆的这个重任，委任给弗兰克·盖里。盖里不负众望，博物馆于 1997 年建成，这座城市因博物馆的建成再度成为欧洲名城，产生的效应有如当年的悉尼歌剧院。

根据毕尔巴鄂市的特殊地理环境，盖里在设计博物馆时，最终采用嵌入式的设计理念，打破以往建筑只有一个正面的常规，结合博物馆周围的环境，设计出多个面，由多块不规则的双曲面板组合而成。盖里采用建筑尺寸过度的办法，把交叉的地势连起来。面对布尔维翁河的一面，盖里采用大尺寸的横向波动面来对应流动的河水。

那么，这些装饰面又是如何制造的呢？答案是混凝土，纽约古根海姆博物馆就得益于混凝土。但盖里却采用了新的材料，就是经过特别加工制成的钛板材。金属材质不仅有利于塑造外形，还具有特别的色彩。不但能避免玻璃面板常有的刺眼光线，还能够捕捉到光线细微的变换，根据金属表面反光程度的不同，呈现出梦幻般的色彩，令人联想到印象派的绘画。

这样一来，整个博物馆的外表充满奇妙的变换，没有雷同的表面。当人们看到博物馆时，不再会把观察的焦点，放在周围杂乱的景色中，而会被其奇特的造型所吸引。最为奇妙的是，盖里为了解决高架桥与博物馆相冲突的问题，出其不意地将博物馆的一个展厅延伸到桥下，并在桥的另一端，设计一座高 50 米的石灰岩塔，将高架桥纳入整体环境中来，而博物馆又将蓬勃的生命力，通过桥梁传向城市的深处。

　　毕尔巴鄂博物馆之所以能推陈出新，还有赖于计算机在设计与建筑过程中发挥的巨大作用。从设计师密斯开始，许多的建筑师开始在设计建筑中使用计算机。直到盖里设计毕尔巴鄂博物馆时，计算机真正成为主角，新软件为盖里设计建筑打开了一扇新的大门。他是首位使用法国航天部开发的 CATIA 软件（计算机三维互动辅助应用）的设计师。该软件与多数制图软件的差异在于，不是以点或线作为制图的基础，而是把平面作为绘图的基本单元。通过数码传感的设备，盖里把模型转换为数字，再输入到 CATIA 程序中，从而进行操作。在平面的基础上，盖里可以随心所欲地设计出一个结构区域，在结构区域之上，又能形成数字模型。这个数字模型可用于金属板材的设计与制作。这就是为什么在我们看来，毕尔巴鄂古根海姆博物馆的外形可以那样自如的原因。

　　毕尔巴鄂古根海姆博物馆向公众开放后，很快就成为博物馆业与旅游业的热点。计算机的使用，使建筑师的设计与制作变得轻松自如；钛板材的运用，使业主与设计师最终实现了他们共同的理想。

　　小亦说："钛板材大多是用来制造飞机的，弗兰克·盖里却用它来制造博物馆，有富商作后台，当然可以大胆地、随心地设计制造。"

　　康铂说："这就是为什么说，盖里是个敢于创新的设计师。"

　　如今计算机在建筑领域的应用已司空见惯，在很多城市，我们都可以看到那些刚刚走出校门年轻的建筑师，运用计算机设计新的办公楼。随着技术发展，计算机辅助作用会越来越强。但对于真正的建筑师而言，从根本上跳出结构空间、固有理念的束缚，或者才是真正的成功之路。

　　小亦与同学在他俩的毕业论文中这样写道：

　　《砖瓦与石头的交响乐》中的内容或许夸张，或许稚嫩，未来城市规划与设想也有待进一步完善。但我们有理由相信，在理想与现实之间取得平衡，将自然环境与文化、艺术有机结合的建筑在未来会逐渐成为主流。

　　人文主义者说，住宅可以承载与表达，实用性之外的人类情感与理性观念。住宅不再仅仅满足于居住与实用的功能，还能成为人文主义思想的象征，从而使建筑成为一门与绘画、音乐一样崇高的艺术。

意大利西班牙广场

西班牙广场位于罗马三一教堂所在的山丘下方。它介于艺术空间、历史空间与个人空间之间，因西班牙台阶而闻名于世。

西班牙台阶是电影《罗马假日》的外景地之一。当人们坐在宽阔的台阶上，欣赏眼前的喷泉时，就能体会到这里为何会成为众多影迷关注的圣地。每个来罗马的人，都会在这儿驻足，观赏周围的一切，脑海中回放格里高里派克绕过奥黛丽身后走到她眼前，使得手拿冰激凌的奥黛丽露出惊喜的目光，这精彩的一幕。

西班牙广场

小亦看着同学说："如果你来到罗马，站在许愿池边，会许什么愿？"

康铂说："当然是与心上人再来一次！"

小亦疑惑地说："你有心上人啦？"

康铂看着小亦笑着说："是啊，没想到吧？"

小亦笑着看看周围说："是吗，在哪儿？我怎么没见过？"

康铂笑着说："是眼见心不见吧？"

小亦笑着说："哪能呢。"

马来西亚石油大厦

从古至今，无论是希腊、罗马、巴比伦、古埃及，还是蓬勃发展的当代中国，作为人类最伟大发明之一的建筑，不仅是昔日辉煌的见证，还能为一座城市，一个新时代，提供一种可供人们辨识的符号。

总之，优秀的建筑能为一个城市的形象加分，这其中杰出建筑的代表，就是高451.9米的马来西亚石油大厦。这个将创新样式与伊斯兰教的象征完美结合起来的高楼，体现了马来西亚现代化与国际化的信心。

石油大厦的建造发起者，是马来西亚国家石油公司（大厦由此而得名）。后来被纳入马来西亚政府投资的吉隆坡开发项目之中，项目的组成部分，还包括一个 20 公顷的公园、清真寺及其他建筑。

马来西亚政府的用意是，这些建筑能够带动国家现代化建设的步伐，争取到 2020 年使马来西亚成为彻底的工业化国家，这就是大厦所肩负的重要历史使命。

该建筑由西萨·佩里建筑事务所设计，建筑师将创新的技术与伊斯兰教的象征图案，完美地结合在一起。最初的方案是以 12 角星平面为基础，当时的马来西亚总理达姆·穆罕默德建议设计师，将这个平面改为 8 角星，因为这个图案，是伊斯兰教的象征，星星的形状通过圆形与方形的转角，被表现在建筑物的正面上。吉隆坡距赤道只有 2 度，当地气候湿热，大厦很容易受腐蚀，因而在正面上装上了不锈钢遮阳板。这些因素大大丰富了大厦的建筑正面，但这种鲜亮的色彩与丰富的造型，又贴近伊斯兰教讲究装饰的传统。

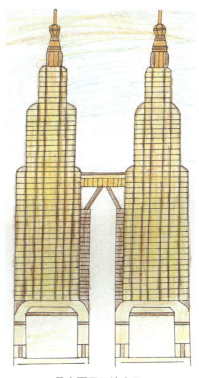

马来西亚石油大厦

另外，大厦的工程技术也具有本土特点。由于马来西亚本国缺少钢材，而进口钢材需花费巨资，所以政府最终决定大厦除结构使用钢梁之外，其他部分完全使用马来西亚出产的水泥，但这是对摩天大楼建造技术的巨大挑战。这样一来，开发强化水泥成为大厦建筑的首要任务。最终这项技术由美国麻省理工学院研发成功，强化水泥的秘密在于加入一定量的"硅"。

强化水泥的研制成功，使得一些建筑难题迎刃而解，大厦的建造实现了设计方案中纤细双塔的理想。每座大楼以 16 根直径 2.4 米的柱子为依托，每层由一道托臂梁把柱子连在一起。由于柱间距离都是 8～10 米，建筑物内部空间就加大了。每座塔的塔尖顶里面，都有一根调节好的巨型减摆器，这样可以将大厦在风中的摇摆减至最低程度，这样的设计，是摩天大楼安全的最大保障。

一条长 58.82 米、由 500 块构件组成的双层天桥，由两条细细的支架分别支撑在大厦第 29 层处，将双塔第 41、42 层会议中心连在一起，这是整体设计中的重要元素。在火灾发生时，人们可以经天桥从一座楼逃生到另一座楼，并且它还是一个壮观的路标。

如今这座双峰的石油大厦，是国际技术转让的体现、马来西亚国家的骄傲，又是当地宗教文化的展示。那充分考虑到伊斯兰教传统卓越设计、巧夺天工的精湛工艺，使双峰塔成为 20 世纪末最高建筑的典范。

正如建筑师西萨·佩里所言："这两座塔楼并非是纪念碑，而是有血有肉的建筑，他们扮演着具有象征意义的角色，我们努力使它们鲜活起来。"石油大厦的高度在 2001 年，已被台湾地区 101 大厦所打破。

小亦看着双子塔说："建造双子塔时研发的一种强化水泥，使双塔得以顺利完成。说明人类遇到高难度挑战时，将会开发智慧创造奇迹。"

康铂笑着说："你想见识双子塔吗？那就到马来西亚一睹尊容，包你大开眼界。"

俄罗斯圣彼得堡

涅瓦河畔的冬宫，从内到外都堪称建筑艺术的典范。到圣彼得堡，你只有看过收藏有 270 万件艺术品的冬宫，才是不虚此行。据说，若游客在每件展品前停顿一分钟，每天按 8 小时计算，看完整个冬宫要 11 年。这里最著名的收藏品是达·芬奇的油画《戴花的圣母》与《圣母丽达》。

圣彼得堡

享有"俄罗斯艺术之珠"美称的夏宫，坐落在芬兰湾的森林中，是与冬宫交相辉映的皇家行宫，最著名的还要数宫内的喷泉，你若不慎踩到有传感器的石子，水柱就会从四面八方喷射到你身上。还有花果树喷泉，泉水会从人工造的奇花异草中喷出，这儿的每棵花果树上，都有可能暗藏着喷水的机关。在这里，你完全可以像个小孩子似的玩得不亦乐乎。

夏宫曾经是彼得大帝的避暑行宫，这里拥有壮丽的宫殿、宽阔的草坪、

150 个喷泉、2000 多个喷柱，以及数目众多的镀金雕像。难怪这座避暑行宫，被人们喻为"俄罗斯的凡尔赛宫"。

坐落在叶卡捷琳娜运河旁的喋血大教堂，有着浓郁的俄罗斯风情与无限的宗教意味，这座教堂又称复活大教堂。太阳刚刚升起的早晨，是观看复活大教堂的最佳时间，教堂红色的墙壁，浑圆的屋顶，由周围 8 个"洋葱头"式的圆塔式教堂与一个中央塔楼组成，代表着基督教的最高信仰。据说在复活大教堂门前许愿分外灵验，游人们千万别错过在此颔首祈祷的好机会，记得许愿哦，说不定愿望真的会实现。

小亦问同学："你会许什么愿？"

康铂笑着说："梦想成真！你呢？"

小亦笑着说："那我就陪你实现梦想。"

墨尔本大洋路

墨尔本素有世界最宜居城市的美誉。宽阔的道路，满眼的绿意，扑面而来的艺术气息，让人心情舒展而开朗。普鲁士风格的红色街车，在轨道上缓缓行驶，窗外的景色，时而现代，时而古典，时而宁静，时而繁华。车厢内仍保留着 20 世纪初的典雅风情，高背座椅，挂着流苏的小台灯，精致的餐具，穿着燕尾服的服务生，在这儿的每一处，都贴着优雅生活的标签。

距墨尔本 75 公里，始于吉隆、止于波特兰，全程 260 公里的大洋路，沿途风景如画，是全球最为壮观的海岸公路之一。这条沿海公路，是海洋与陆地完美结合的杰作。沿着大洋路悬崖的公路行驶，每一个转角都是一处视觉震撼，有惊涛拍岸的悬崖，有鸟语充盈的雨林，有静谧的海边，有村庄，有草原。在你不经意间，天边会出现一弯淡淡的彩虹。乘坐

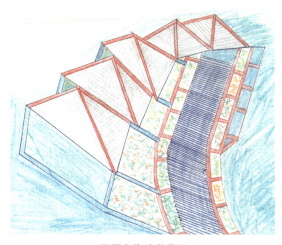

巴厘岛海边茅草屋

大洋路直升机，从高空俯瞰大洋路，感觉更加惊险刺激。

你若开车行驶在墨尔本市区或沿海的公路上，一路都是精彩的水粉画。

小亦说："在澳大利亚买幢别墅，每年冬季到这儿来度假，怎么样啊？"

康铂说："那你带谁住在那儿？"

小亦笑着说："带丘比特，这样我可以用他的神箭射个意中人，你看如何啊？"

康铂笑着说："你就不怕回到别墅时，看到美人鱼或维纳斯？"

小亦笑着说："我就会奇怪地问她俩，你俩一个坐飞机，一个坐轮船，怎么会同时到达？"

康铂笑着说："她俩会一人站一边，揪住你的耳朵说，把神箭交出来？"

小亦说："我就笑着对她俩说，神箭在丘比特那儿，不过他已经飞走了。"

康铂笑着说："看你怎么费劲，我还是学皮尔斯·布鲁斯南，一个人躺在海边，享受海边清凉美妙的海景。"

小亦笑着说："不要我陪你啦？"

"谁知道你想陪谁？"康铂说。

大溪地巴厘岛

在大溪地，巴厘岛海边的茅草屋与碧蓝的海水，形成梦幻似画的海边风景，统称为一片乐土。早在 1768 年，就有一位法国探险家，踏上过这块神秘之地，回到欧洲后，他把这里描述成有着高尚的野蛮人（住茅草屋）与维纳斯那样的女人（传说维纳斯是从贝壳中诞生的）的人间天堂。

如今经历百年风雨，巴厘岛被称作是"全球最佳蜜月圣地之一"。

婆罗洲

婆罗洲是世界第三大岛，它包括文莱，马来西亚的沙巴州，印尼与菲律宾，是个如繁星散布的群岛。当你乘坐的飞机，徐徐降落在婆罗洲岛时，就仿佛进入阿拉丁神话中的国度，金碧辉煌的皇家宫殿，彬彬有礼的伊斯兰教国民与富庶的百姓生活，这就是文莱，一个受到真神阿拉庇护的奇迹国度，一个 21 世纪的天方夜谭。文莱以丰富的石油与天然气资源，成为世界上最富有的国家之一。

有人甚至开玩笑地说，"在文莱，石油比可乐还便宜。"这样的说法一点也不夸张，到了文莱才知道什么叫富有。造价13亿文元的水晶公园，黄金堆砌的努罗伊曼皇宫，文莱是一个可以让你实现灰姑娘梦想的地方。在阳光下，放射着神奇金光的清真寺金顶，雪白的墙体，庄严肃穆的门柱长廊，不用专业相机，你就能拍到构图精美，色彩鲜艳的图片。

文莱皇家清真寺

在文莱任何一隅，都能看到世界上最美的日落，又以有29个金顶的博尔基亚清真寺的落日最为辉煌，谁到文莱，谁就能拥有。

文莱的生活平和内敛，沙巴的生活则热情而开放。沙巴洲的西巴丹岛，岛上的马布尔水上度假村，具备了星级水准的设备与服务，水上的30余间传统式度假屋，美的令人流连忘返。奥玛尔·阿里·赛福鼎的皇家清真寺是文莱的象征，又是东南亚最美丽的清真寺之一。

　　来到这神话般的国度，这儿又受到真神的保护，如想实现灰姑娘的梦想就到文莱。不知灰姑娘用可乐，换文莱王子的石油，是否成交，占便宜的文莱王子，又会有何奖赏？

小亦说："那我就空运可乐到文莱，不换石油。"

康铂问："那你换什么？"

小亦说："换一座小岛，在再岛上盖一个茅草屋。"

康铂笑着说："过野蛮人的生活。"

小亦笑着说："哪能呐，等灰姑娘来。"

"那文莱王子可饶不了你。"同学笑着说。

"那我就请他喝可乐，或需他会放手。"小亦笑着说。

康铂笑着说："或需能成交。"

意大利西西里岛

　　有人曾这样说，如果你没到西西里岛，就像是没到过意大利，因为只有在西西里，你才能找到意大利的美丽之源。从地图上看，西西里岛是意大利那只伸向地中海皮靴上的足球。它在地中海的中心，辽阔而富饶，到处是果实累累的橘林、柠檬园与大片的橄榄树林。这是一座比意大利本土历史更悠久的文化古都，拥有世界上最优美的海岬，据说凡见过这个城市的人，都会忍不住回头多看一眼。

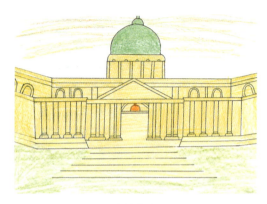

布达皇宫

　　小亦开玩笑地说："这颗富饶的意大利'足球上'，有果实、橄榄树，不知可有美女相伴？"

　　康铂笑着说："美女会像踢足球一样把你踢到大海里，让你与大鲨鱼做伴。"

　　小亦看着同学笑着说："听你这么说，那我还是悠着点儿。"

迷人岛波多黎各

　　夏日、花朵、绿树，波多黎各素有"迷人岛"的美称。美丽的加勒比海如珍

希尔顿酒店边游泳池

格勒特温泉

珠般散落在群岛中，它是最晶莹闪亮的一颗。好似上帝妙手撒下的极品，轻轻一转动，都能看到天堂的光彩，这儿是每对恋人必到之处。

波多黎各的岛上，最不稀奇的就是海景。波多黎各群岛由一个岛与一些小岛构成，来到岛上人们，可自由自在的行走，就像当地人推开家门，就能走进后花园，或游泳，或嬉水，或冲浪，或支一张吊床，在蓝天碧水间听海风长吟。

在这里，人们不像是游客，而像是回到故乡的游子，以最温柔的心情，等待爱情的开始。波多黎各的通用货币是美元，波多黎各享受美国政府免税优待，游客们到处吃饭买东西都不用交税，可以用回家的感觉真好来形容。

小亦笑着说："我俩在这颗'珍珠'上支个吊床，躺在上面享受一番。你说如何？"

康铂开玩笑地说："税可以不交，那谁来买单？总不能让上帝买单吧？"

小亦笑着说："上帝洒下的珍珠，当然得上帝买单。"

世界温泉之都布达佩斯

布达佩斯有"多瑙河明珠"之称，美丽的多瑙河穿城而过，将城市分成布达与佩斯两部分，有8座大桥横卧在河上。到过布达佩斯的人都说，这座城市最美丽的时刻，就是当夕阳落入多瑙河时，你可以搭乘河上的游船游多瑙河，在船上一边用晚餐，一边欣赏匈牙利民族歌舞。

匈牙利以丰富的温泉资源著称，拥有已开发的温泉1300多处，而仅在布达佩斯就有温泉500多处，堪称"世界温泉之都"。有欧洲最大的温泉中心塞切尼温泉。著名的渔人堡，用雪白的石灰岩筑成，七座尖塔式碉堡象征匈牙利七个部落，由南北两条拱形长廊相连。

在世界温泉之都泡温泉，耳边听蓝色多瑙河圆舞曲，来这儿的人，都会高兴得不亦乐乎。

香港迪斯尼乐园

现在，去迪斯尼乐园游玩，已是件非常容易的事。登上飞机，行程两小时，童年的梦想，就将在香港迪斯尼乐园里实现。让我们跟随米奇的脚步，去感受、体验世界上最快乐的童话世界。

如今，这儿已是大人与孩子们共享的梦幻乐园。

蒙古

蒙古国的首都乌兰巴托曾被称为"毡包之城"。就是在今天，也能在林立的高楼之间见到蒙古包。蒙古包又称"毡房"，是游牧民族为适应游牧生活而创造的居所。

蒙古包呈圆形，四周侧壁分成数块，帐顶四壁用毛毡围住，又用绳索固定。西南壁有一木框，用以安装门板，帐顶开一圆顶形天窗，以便采光通风。一般可容纳数百人。最大可容纳2000人。

用布制作的圆房子，现已成为绘画与摄影作品里的美景。

蒙古包

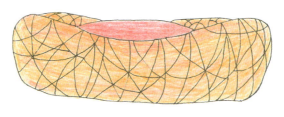

鸟巢

奥运会主会场鸟巢

鸟巢，2008 年北京奥运会主会场。由赫尔佐格·德梅隆与中国李兴刚等人合作设计完成，形态如同鸟类孕育生命的"巢"。长轴为 332.3 米，短轴为 296.4 米，顶面呈鞍形，阳光可穿过透明的屋顶，为场内的草坪生长，提供充足的光线。进出口的合理设计，完美地解决了人群流动的拥挤问题。鸟巢外观与内部的总体设计，是当代具有最先进的科学理念与开创性的人性化设计思维，使鸟巢成为永久纪念奥运会的标志性运动场馆。

当你来到这个鸟窝，您想到的定会是这样的，这鸟窝里孕育装载的生命可真多。

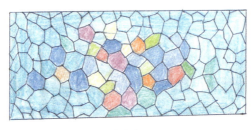

水立方

奥运会游泳馆水立方

水立方的外观，使用现代科学的 ETFE 透明膜建造，这种透明膜，可为游泳馆内带来充足的自然光。从外观看，好似由许多水泡组成，简洁纯净，加上光影的变幻，可呈现出各种不同的色彩。在冬天会变成温暖的海蓝色，就像风平浪静时温柔的大海。

当夏天来临时，可变成冰冷的白色，似巨大的冰块，带给人们清洁凉爽的感觉。

这座由水泡泡组成会变色的水房子，当鸟巢点起圣火时，这座水房子又可以变成红颜色，与鸟巢相互辉映，光彩夺目。

就像有人形容的那样，鸟巢是最佳男主角，水立方是最佳女主角。两个性格各异的男女主角，耸立在北京的奥林匹克中心。

国家大剧院

国家大剧院，建在北京市中心，长安街以南，总占地面积 11.89 万平方米。由南北两侧的水下长廊、地下停车场、人工湖、绿地组成。主体外部的护围是钢结构的壳体，呈半椭圆形，采用的钛金属来装饰表面，外观色调柔和，有光泽，具有传统与现代,浪漫与现实的格调。东西长轴为 212.20 米,南北短轴为 143.64 米，高度为 46.285 米。内部设有歌剧院，音乐厅与剧场。外部环绕人工湖，水池里的水有循环系统，使得池中的水常年洁净清澈，如同镜面似的如影随形。

小亦看着大剧院对同学说："这座大剧院好似银河系的一颗大星星落到人间，晶莹剔透，光彩照人。"

康铂指着这颗大星星，开玩笑地对小亦说："欢迎未来的城市住宅设计师的光临，请您随我进来游览一番。"

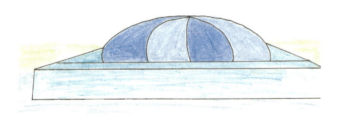

国家大剧院

央视总部大楼

央视总部大楼的设计理念，俗称"男孩儿的工装裤"。由荷兰设计师雷姆·库哈斯与德国设计师奥雷金人共同设计并督导施工。主楼高 234 米，呈不规则的几何图案，外部是用玻璃窗与菱形钢网格组合而成，呈浅灰色，能有效遮蔽日晒。央视总部大楼采用当代最先进的玻璃钢架结构，造型新颖而又美观。

看着这棱形网格的大楼，康铂对小亦说："你看这男孩儿的工装裤，看起来高大、宽阔、雄伟，像个男子汉。"

小亦笑着说："男子汉就得像这样，从他这里发出的声音，传遍世界的各个方向。"

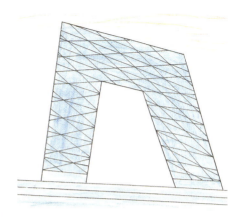

央视总部大楼

上海世博会中国馆

建在上海市世博会的中国馆，设计与施工都运用先进的科学成果。

主体馆中大厅内的四根立柱下，东、西、南、北皆有宽阔的空间。内外的装饰设计，都采用具有浓郁中国特色的十二生肖，九龙壁景观，外观用鲜艳的中国红，体现中国人热情、友好、开放、向上的民族精神，欢迎来自世界各地的朋友。

中国馆由国家馆、地区馆，及港澳台馆三部分组成。展馆的主题是"城市，让生活更美好"。

中国馆用鲜艳的中国红，热情欢迎来自世界各地的友好人士来中国游览。

从古至今，从国内到国外，看着展现在眼前，造型各异、华丽精美的宫殿、园林、教堂、神庙、别墅、名宅，不知人们会有何感想？

人类建筑的发展历程，就是人类文明发展的结晶与聪明智慧，创建出来的辉煌建筑成果。这些垂直的艺术成果，会感动着一代代后来人，再创造出许许多多超凡的建筑艺术精品。

上海世博会中国馆

行

旅行的乐趣

海边乘凉的男孩

记得从爸爸那儿没走多远，也没费什么劲儿，我就到了妈妈这儿。在妈妈子宫里的感觉真的很好，软软的暖暖的。

从此，妈妈不管到哪儿，都会带着我。用餐、睡觉、上街，就连上卫生间都会带着我，这时会感觉很不爽，可也没别的办法。等到孩子出生后，妈妈便会带着孩子骑车、坐汽车、坐火车、坐飞机，到处跑。这时的孩子们才开始领略到人类最初的行动乐趣。

在晨雾中慢跑，在夕阳下散步，春天到郊外踏青，冬天到雪国滑冰，这些都是非常浪漫、富有诗意的事，也是人类行动的乐趣。如果用高速摄影机拍下来，急速运动的画面，就会让人产生梦幻的感觉，这就是人类运动的快乐。

古代人外出时，都是徒步行走，日夜兼程，披星戴月都是常事。偶尔抬头看，就会有"月亮走，我也走"的乐趣。因而，古人曾有把月亮抱回家的想法，现代人则想到月球上旅行。后来，人们用骑马、坐马车代步，再后来又发明了自行车、汽车、火车、轮船、飞机、人造卫星，甚至可以到太空飞行。这些创造发明，把人类的梦想变成现实，现在的人们想到哪儿，都可以随时出行。

说到外出旅行，很多人都喜欢。但外出旅游需精心策划，时间、地点都需做适当选择。最简易可行的是跟随旅行社的旅游团外出，这又需在时间、金钱，以及心理上做准备。想在国内转转就比较简单，待到一切准备就绪，在春暖花开的时节，邀上三五一群或十来个人即可实地游览一番。

　　当代人不管是工作，还是闲暇之余，都会有出去转转的念头。"转转"近的可以是上街，远的就是外出旅游。孔子曰："智者乐水，仁者乐山。"人们用口头语则会说——游山玩水。可见，外出游玩旅行离不开山水，那我们就先游山水，再游城市与乡村。

　　与声名显赫的名山大川相比，游海湖、海岛则会另有一番情趣。中国是个传统的大陆国家，人们往往会忽略长长的海岸线和江湖岛屿。随着休闲旅游、个性旅游的开发，海水浴场、水上运动成为旅游爱好者的首选之地。人们常会说："让我们到海边看海，光着脚在海水里嬉戏，或在柔软的沙滩上漫步，清爽的海风扑面而来，呼吸着新鲜的空气，看着波涛起伏海水，这就是海与湖带来的最美丽的景观，海与湖都是水的世界。"

　　两辆越野吉普车在公路上急速行驶。这是一个小型野外旅行车队，几个轻装上阵的人一致决定，车开到哪儿，大家就住到哪儿，并在此处用餐。一路上几人可以轮流开车，避免因疲劳驾驶而出现意外。他们根据个人的职业和特长，选出了队长，姓周，以及向导，另外三个男人分别以山川、海湖、绿地自称；两名女性中，一个是医生邱文洁，一个是小陶助理。

　　他们的第一站是青海湖，到那儿领略高原湖泊的绮丽与神奇。

　　青海湖古称"西海"。东西长106公里，南北宽63公里，周长360余公里，湖水面积4500公里，是最大的内陆湖泊。四周高山环抱，湖内鱼戏鸟飞，尤盛产湟鱼，是丰饶的海湖渔场，青海湖原是一片汪洋大海，由于地壳运动，大陆板块挤压，形成这个巨大的青海湖泊。湖水的颜色，在早中晚都会发生变换，神秘莫测，别具一格。

　　湖中有蛋岛、海西皮、海心山、沙岛、三块石岛，共五座小岛，形成各不相同的形状。

　　每年春天，大批海鸟千里迢迢地来到青海湖的鸟岛繁衍生息。鸟岛由蛋岛、海西皮两个岛组成。高出湖面7.6米的蛋岛，每年一到3～4月份，几十万只、多达十多种鸟类陆续到来。每到产卵季鸟蛋遍布海岛，故而称为蛋岛。

青海湖四季的风光各不相同，同伴们开车沿湖旅行，360 千米的海湖有很多美景值得观赏。沙岛，151 风景区，仙女湾、金银滩草原、原子城、日月山、倒淌河、龙羊峡水电站，文成公主纪念馆以及举办自行车赛的青海湖国际公路。他们一路开着车看到多处形色各异的景观，这让同伴们大开眼界。

青海湖

沙岛长约 20 千米，宽约 3 千米。著名的景点有月牙湖、沙岛湖、芦苇湖、金沙湾、孕海，还有丰富多彩的娱乐设施。

151 风景区，在 109 国道以北，青海湖南岸，是青海湖旅游区、帐房宾馆的中心，是最具民族风格的建筑物。景区内还有藏民族部落的村庄——民族帐房城。游览时，可乘坐游船，环保车游玩。

在仙女湾可以观赏到蔚蓝的青海湖，天鹅、黑颈鹤等美丽的鸟类，这是青海湖最具特色的旅游观光景区。

在金银滩草原，每到夏季，金鹿梅开黄花，银鹿梅开白花，浮云般的羊群，棕黑相间的牦牛，不时有藏民穿着藏族的服装，骑着骏马在草原上放牧。

青海湖海北的原子城，是中国原子弹，氢弹的诞生地，城内设有研制基地展览馆。

日月山历来有"草原门户"之称。海拔最高点是 4877 米，山顶有日亭和月亭，山下有文成公主纪念馆和独特流向的倒淌河。

倒淌河是注入青海湖最小的一支河流，河水长年不断，清澈见底，倒淌河原是外流河向东流入黄河。日月山隆起后，河水向西注入青海湖畔的措果又称耳海。因大多河流皆向东流，唯有此河向西流淌，因而取名倒淌河。

他们开车来到龙羊峡水电站，电站大坝高 178 米，是黄河上游的第一座大型水电站。这儿的水库总容积 247 亿立方米，巨大的库容量可调节黄河的水量，被誉为万里黄河第一坝。龙羊峡长 40 千米，是黄河流经青海大草原后，黄河峡谷的第一峡口，年发电量达 60 亿千瓦时。

　　文成公主纪念馆，是一座既有唐代艺术风格，又有藏式平顶建筑特点的古代庙宇。相传当年文成公主远嫁吐蕃，曾驻驿于日月山，她站在山峰顶上翘首长安，不禁取出临行时，皇帝所赐日月宝镜观看，镜中顿时出现长安的迷人景色，公主又联想到她有联姻通好的重任，决然将日月宝镜甩下山岭，宝镜就变成了碧波荡漾的青海湖，而公主的泪水则汇成滔滔的倒淌河，这就是文成公主远嫁西域的美丽传说。

　　来到文成公主纪念馆必须脱鞋，八大佛塔和周围玛尼堆需按顺时针的方向走，玛尼堆上刻着"六字真言"的彩色石刻。

　　同伴们把车停在纪念馆门前下车，边看边说着话。

　　山川说："文成公主如果生活在现在，有飞机、火车、汽车坐就不会有思乡之苦，也不用甩宝镜。"

　　海湖说："那我们也看不到青海湖。"说着大家都笑起来。

　　圣洁宽博的青海湖，受到国际友人的青睐，国际公路自行车赛，在青海湖举办以来，自行车运动爱好者，选择骑车环游青海湖，感受高山湖泊的美丽风光，这里有最专业的自行车运动俱乐部。

　　同伴们来到自行车俱乐部，周队长对队员们说："你们一人挑选一辆自行车，我们骑车绕青海湖一周，你们说如何？"

　　同伴们都说："好主意！"他们各自挑选自己喜欢的车骑上，先后骑出俱乐部，骑上青海湖环湖的公路。

　　清晨的阳光照射着周围山脉与湖面，同伴们骑着车在宽阔的公路上有说有笑。正午时选在一块平缓的草地上休息，同伴们坐在草地上相谈甚欢，直到傍晚时分，才回到宾馆。

　　在高速公路上，来回穿梭着各式各样的汽车，他们一会儿前后行驶，一会儿并排行驶，兴致勃勃地开往另一个旅游地——黄果树瀑布，想亲自领略我国最大最著名的瀑布的风采。

　　黄果树大瀑布瀑布宽 101 米，实际高度 77.8 米，是我国最大的瀑布，也是世界上最壮观最著名的大瀑布之一。在黄果树大瀑布的右岸有一棵"黄桷树"，当地土语"桷"与"果"是谐音，本地又盛产黄果，因而就称"黄果树瀑布"。瀑布从山崖上飞流直下，落入到犀牛潭中，发出轰隆的巨响。临近的寨子与街道，常被瀑布的水雾所笼罩，由此这儿又被称作"水云山庄"，有"银雨撒金街"的美赞。在瀑布的对面建有观瀑亭，亭上刻有清代人撰写的楹联。同伴们坐在观瀑亭上，观看着水雾笼罩的街道与山庄。水雾在阳光的照射下形成了七彩长虹，美丽而又壮观。以主瀑布为中心的20多公里的范围内，还分布着风格不一、大小各异的瀑布，被吉尼斯总部评为，世界上最大的瀑布群：

　　有落差最大的滴水滩瀑布；

　　瀑顶最宽的陡坡塘瀑布；

　　形态最美的银练坠潭瀑布；

　　滩面最长的螺丝滩瀑布；

　　气势磅礴、水流量最大的关脚峡瀑布……

黄果树瀑布

这儿是世界上唯一可以从上、下、左、右、前、后多个方位与角度观赏的瀑布群。此外还有50余处飞泉、20余处岩泊深潭、水上石林及众多溶洞组成的溶洞群。瀑布半腰上有一个长达134米的水帘洞，由6个洞窗，5个洞厅组成，在洞内观赏飞腾而下的瀑布，别有一番景致。

除自然风景之外，黄果树区域的民俗风情浓郁。黄果树特产黄果，果实金黄，略带酸甜味，水分充足。附近的石头寨是著名的蜡染之乡，绿水缠绕，风光美丽。两个女伴在这儿挑选了带有蜡染流苏的沙发垫，围巾，提包等各自喜爱的蜡染装饰品。

黄河壶口瀑布

　　黄果树漂流全程大约 6 千米，总落差 30 多米，险滩激流达 12 处之多。在下雨时，沿途峰林倒垂下，条条大小瀑布，似玉带环绕在绿水青山之间，景色壮观迷人。穿雨衣坐象皮艇漂流是最刺激的旅游项目，许多人都不会错过，同伴们也不例外，但这需要一点儿勇气，才能尝试到其中的乐趣。

　　游历了黄果树瀑布，他们来观赏这世界上最罕见的"江水并流而不交汇"的奇特景观，"三江并流"发源于青藏高原云南境内。由金沙江、澜沧江和怒江组成的这三江自北向南并行，流经 170 多公里，穿越担当力卡山、高黎贡山和云岭的崇山峻岭之间。三条江最近处的直线距离 66.3 公里，澜伦江与怒江最近处相距 18.6 公里。三座大山、三条大江面积很大，游览时须坐在飞机上，才能全部看到三江并流的奇特地理景观。同伴们坐在飞机上欣赏这壮观的美景，如果不是亲眼看到，很难相信这高山峻岭之间，三条江河能在这一段并流，再流向不同的方向。

　　春季和秋季是游览三江并流的最好季节。景区内有 60 多个风景点，8 个中心景区，总面积 3500 多公里。景观有：三江并流、高山雪峰、峡谷险滩、林海雪原、壮丽的白水台、丰富的珍稀动植物。景色最丰富壮观，民族风情最多彩。被誉为"世界生物基因库"。联合国教科文组织已将我国云南西北部的"三江并流"自然景观列入《世界遗产名录》。

　　同伴们开车从云南界内，去往陕、晋交界处的黄河壶口瀑布。

　　黄河壶口瀑布是黄河上第一大瀑布，又是世界上第一大黄色水流瀑布。黄河一路奔腾，在晋陕交界处，从 300 米宽骤然收拢到 30 米宽，如同巨壶倒悬倾注。因而称为"壶口"，形成"千里黄河一壶收"的奇特景观。

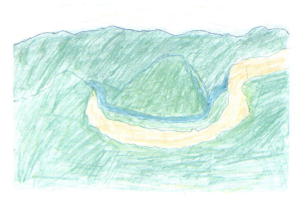

三江并流

这儿也传颂着"九十九道水来九十九层浪，九十九层浪花九转一壶收"这样的顺口溜，生动地概括了壶口瀑布的壮观景象。然而只有亲自来到壶口瀑布前，才能真正感受到，那被视为中华民族象征的母亲河，流淌时的心跳。

壶口嘴正中，有一块油光闪亮的奇石，人称"龟石"。它能随水位涨落而起伏，不论水量大小，总是会露出一点点。这样的景观，为壶口瀑布增加几分独特的色彩。同伴们纷纷用相机拍下这瀑布中神秘的"龟石"。

黄河水以排山倒海之势奔涌而来，掀起十米多高的浪花，远看就像水里在冒烟，雾蒙蒙一片，在阳光下观看，又可见七色彩虹的美景。壶口瀑布流量相当可观，夏秋之季，秒流量可达到 3000 立方米以上，瀑布激湍翻腾，声如响雷，水浪声在数里以外都可耳闻。

钢琴曲《黄河协奏曲》生动地形容了壶口瀑布似由天而来的雄伟气势。

每年 7～8 月丰水期是观赏壶口瀑布最好时节。可在黄河东岸（山西）黄河西岸（陕西）拍照观赏，这又是拍摄爱好者的最佳拍摄地。瀑布上有座桥，两岸可自由来往。

黄河水从壶口奔涌下泻后，以每秒数千立方米的巨大流量归入十里龙壕，传说此处由龙身穿凿，因而取名十里龙壕。黄河的河床中有两块棱形的巨石，形成两个河心岛，传说古时孟家兄弟的后代被河水冲走，曾在这里获救，因而称为孟门山。

周队长把车停在河岸边，拿出照相机找到最佳位置，拍下黄河瀑布壶口中龟石，同伴们分别与龟石合影，后又在河边相互拍照，最后沿路乘车寻找宾馆，想休整一下，看看再开往哪个方向。

在宾馆里他们洗过澡换好衣服，坐在餐厅里一边用餐一边商量着前进的方向，然而一筹莫展，于是他们的目光不约而同地转向导游。

导游不自在地看着大家说："你们别盯着我，这事还得大家商量，我只能说说我的想法。"

山川说："那你就把你的想法说出来让大家听听。"

同伴们都说："对啊，你说出来，让我们听听你是怎么想的。"

导游说："好的，我说给你们听。"他拿起筷子在桌子上划着，"你们看这里是四川，想到峨眉山看乐山大佛就得往这边走，想到鸣沙山滑沙就得北上，你们可看好这是两个方向，先到哪儿你们定。"说完他看着大家。

大家都坐好，周队长说："你们先用餐，让我考虑一下。"说着拿起酒杯喝了口葡萄酒，"我们时间充裕，经费充足，体力充沛，剩下的就是你们高兴往哪儿，我们就往哪儿开，你们说怎么样啊？"

海湖说："好啊，可是到哪儿呢？"

听他这样说，大家都笑起来，这等于没说。吃完饭各自回到房间，临走时队长说："回房后男生女生都好好考虑一下，看我们先到哪儿，明天向我汇报。"说完他笑着与两女伴打过招呼，回到了自己住的房间。

两女伴回到房间，坐在床边说着话。邱文洁说："我看我们还是先到四川看乐山大佛，再到北边去滑沙，你看怎么样啊？"

小陶说："可以，我们从北边一路南下，这样不绕路就能游好多风景区。"

邱文洁说："我们明天跟男伴们说说，听听他们的想法。"

小陶说："好的。"

早上，男伴们起床后，用完早餐都在院子里，边擦车边说着话。

邱文洁和小陶来到他们面前对他们说："你们可商量好我们出行的路线？"

绿地说："我们正在说这事，你们想好没有？"

小陶说："我们已想好最佳的行动路线。"

周队长说："那就说来听听。"

小陶说："那我们就先拜乐山大佛，再滑沙，如何啊？"

导游说："那有点儿绕路。"

邱文洁说："先绕点儿路，后面就可一路顺着到南边。"

周队长说："有道理，你们看怎么样？"他问男同伴。

"同意，绕点路有什么关系，还可以多看几处风景。"男伴们都说。

周队长说："好的，准备上车，我们继续前行。"

峨眉山因山势"如螓首峨眉，细而长，美而艳"而得名，与山西的五台山、浙江的普陀山、安徽的九华山并称为中国四大佛教名山，是国家级山岳型风景名区。它凭借秀美的自然风光、悠久的佛教文化，丰富的动植物资源和独特的地质地貌成为享誉世界的名山之一。1996 年 12 月被列入《世界自然与文化遗产名录》。景区有：报国寺、万年寺、优虎寺、洪墙坪、白水秋风、双桥清音、洗象池、清音阁、金顶佛光。其中包括大峨、二峨、三峨、四峨四座大山。人们称之为"仙山佛国"。

东方佛都——采用圆雕、浮雕、雕刻、壁画多种表现形式，仿制国内外的佛像 3000 多尊。有当今世界最大，体长 170 米的巨型卧佛，还有佛教艺术精品的陈列馆。

他们在山下停好车，来到高山区，这儿以金顶为最高代表的金佛是世界上最壮观的观景台，也是世界上最高的佛教朝拜中心。在这里可以看到日出、佛光、云海、圣灯四大自然景观。随后他们又来到低山区，这儿分为红珠休闲区、山文化长廊、现代人文景区、温泉养生康疗区、天颐温泉、异国风情长廊6个休闲区。同伴们在这些景区内，游玩泡温泉，兴奋的不亦乐乎。

乐山的睡佛由乌尤山、凌云山、东岩山三山连成。而乐山大佛正好端坐在睡佛胸口的部位，形成"佛（心）中有佛"的奇妙景观。乐山大佛依山雕刻而成，历经千年风霜，依然气势雄伟。

乐山大佛

大佛头顶上有螺髻1000余个，远看与头部浑然一体。大佛耳内可并放二人，脚背可坐百余人。大佛的头部与山并齐，双足踏在大江上。通体高71米，头高14.7米，头宽10米，耳长7米，鼻长5.6米，眉长5.6米，嘴和眼长3.3米，颈高3米，肩宽24米，手指长8.3米，膝盖到脚背28米，脚背宽8.5米，大佛的体形匀称，与山水交相辉映，是我国古代最大的石刻造像工程，又是世界上最大的石刻坐佛像。有"山是一尊佛，佛是一座山"的美誉。

大佛凿在三江交汇处（岷江、青衣江、大渡河），由于这是世界上唯一与山一样高的佛像，因此只有乘坐游船，开到大江的中心，才能见到大佛的全貌。几个男队员在大佛边，摸着大佛的脚丫，对俩女伴说："来给我们拍张照。"说着笑嘻嘻地做出架势。

女伴们说："准备好。"就此定格一幅值得珍藏的画面。

峨眉山和乐山大佛是两处相距不远的世界文化遗产，有很高的游览价值。两山四季皆可游览，以春季和秋季为最佳时间。

几人从峨眉山又来到庐山。庐山是中国名山，临近鄱阳湖和长江，自古命名的山峰便有171座。1996年冬，联合国将庐山列入《世界遗产名录》。庐山旅游资源丰富，其瀑布和别墅闻名全国。19世纪后，美、英、俄、法、日20多个国家在庐山修筑别墅，如今山内存有600余栋风格造型别致的别墅，因此庐山又有"万国别墅博览园"的雅称。

庐山白鹿书院号称古代四大书院之首，为宋代最高学府之一。书院现存的古迹沿惯道溪自西向东，以串联式而筑。有书院门楼、紫阳书院、白鹿书院、延宾馆等。书院中以《白鹿洞书歌》为艺术珍品。

来到白鹿书院内，山川说："古代的书院还挺像样的，听说在唐代有两兄弟曾在此读书，后又有不少名人来这儿求学，出现过不少名人雅士。"

含鄱口因地形凹陷、正对着鄱阳湖，似乎想一口吸尽鄱阳湖水之势而得名，是远眺鄱阳湖，观赏云海和日出的好地方。

仙人洞又称为佛手岩，相传"八仙"之一的吕洞宾就是在此修行得道。洞正中供奉吕洞宾神龛，石壁上刻有文字。

锦绣谷是长约1.5千米的秀丽山谷。这儿四季如春，花开犹如锦绣，物种丰富，相传还是采撷草药的好地方。阴雨天时，山谷内云雾缭绕，银浪翻滚，若此时登高观景，会看到非常壮丽的景观。

五老峰因横向排列五座峰，形似五位长者并肩坐而得名。其中，第三峰最险，第四峰最高。唐代诗人李白曾赞叹："庐山东南五老峰，青天削出金芙蓉。"

桃花源是东晋诗人陶渊明《桃花源记》中"世外桃源"的创作原地。每年3～4月，源内桃花盛开，非常美丽壮观，又适逢桃花节，正是观赏的好时令。

秀峰景区古有"庐山之美在山南，山南之美数秀峰"之美誉。景内风光秀美，山奇水秀，有碧波荡漾的龙潭和香炉诸峰。

黄岩景区现成为黄岩国家森林公园。西至双剑峰，东到迁莺谷，游程路线约4千米，北有神仙洞，东有四级泉、鹤鸣峰、鼓子寨、迁莺谷等著名景点。这里还因"飞流直下三千尺"的诗句而闻名。

庐山现开发出多个温泉度假村。如天沐温泉度假村，内有水上乐园、露天温泉浴池和大型室内温泉游泳馆。庐山龙湾温泉的温泉出水温度为72～78℃，是"温泉中的极品"，可同时容纳2000人沐浴。此外，阳光温泉、步红温泉、天地温泉都是有名的温泉。这些温泉都坐落在星子县的温泉镇。在温泉池里，男同伴们并排坐着，只露出头在上面，有的闭目养神，有的谈笑风生。

两女伴坐在离男伴们不远的温泉池里，她俩头上包着毛巾，闭上眼睛静静地坐在那儿，享受暖暖的泉水带来的舒适与温暖。

庐山西景区，包括东林寺、西林寺、剪刀峡、狮子洞、涌泉洞、聪明泉诸多景观。剪刀峡海拔1192米，峡谷成阶梯状上升。内设有龙师，佛灯，瀑布云三奇，还有双叠瀑，龙椅瀑等。

庐山的人文景观，集中在牯岭镇。自然景观，则分布在山南，自古就有庐山之美，在山南之说。最佳的旅游季节是7～8月，特产有鄱阳湖银鱼，江西珍珠。飞流直下三千尺，疑是银河落九天的诗句，说的就是庐山的人文景观。

结束了庐山之旅，他们一行六人又开车来到黄山脚下，在宾馆门前停好车，同伴们坐在宾馆里商量，是坐索道上山还是徒步上山，最后定下来，坐索道上山，徒步下山再到温泉泡澡。

黄山古有"天下第一奇山"的美誉。三大主峰，莲花峰、光明顶、天都峰，海拔都在1800米以上。其中，最高峰莲花峰海拔1864米。名峰有三十六大峰，七十二小峰。当中有十二座山峰被列入《世界遗产名录》。黄山拥有国家保护的野生动物有28种，原生植物1805种。原生植物已有173种被列入《世界遗产名录》。

黄山有特级和一级风景资源，有源、溪、池、泉、瀑28处。风景区的精华部分，有154平方千米，因而号称500里黄山。

6个游览景区分别是温泉、云谷、松谷、钓桥、玉屏、北海。

5个保护区是浮溪、箬箬、洋湖、福固寺、乌泥关。

被称为黄山"三奇"的是奇松、怪石和云海。32株奇松被列入特级风景资源，迎客松、送客松、陪客松、团结松、黑虎松、

黄山莲花峰

龙爪松、探海松、竖琴松等；黄山怪石星罗棋布，形态各异，众所周知的如梦笔生花、仙人指路、猴子观海等；云海古称"铺海"，散若飞碟，聚如巨幔，根据云层漂浮的部位，又分成南海（前海）、北海（后海）、东海、西海和天海等五海，以其美、胜、奇、幻享誉古今。而被称为"天下名泉"的南部的汤泉，开发利用已有 1300 多年的历史，特别如灵泉，曾是皇帝御用的温泉。

山上著名的景区还有 24 溪、16 泉、猴子观海、飞来石、十八罗汉、鲫鱼背。

迎客松破石而生，在玉屏峰东侧，年逾 1300 岁。在迎客松前照相，是每个到黄山的游人必做的事。到此处，大家会休息一下，喝水用餐，再到迎客松边照个相。周队长一行也不例外，用完餐后，在迎客松边拍照留念。

鲫鱼背在天都峰上，以奇险著称。从天都峰脚，沿"天梯"攀登 1564 级台阶，即至海拔 1770 米处的石矼。石矼长 10 余米，宽 1 米，两侧是悬崖峭壁，因其外形酷似波涛之中的鲫鱼背而得名"鲫鱼背"。此处也是攀登天都峰的必经之路。对于常年生活在城市里的人来说，爬山是个巨大考验，特别是下山后，走起路来腿会不听使唤，上下楼梯时更是如此，因而到温泉泡澡，就会缓解腿部的疲劳。有外出旅游经验的人，遇到温泉是不会错过的。这就是为什么但凡有温泉的地方，不是疗养院就是旅游地，温泉是大自然为人类提供的天然的、又是最宝贵自然资源，让人们在工作之余，可到温泉享受一段悠闲而放松的时光。

黄山旅游旺季是每年的 3～11 月。特产是黄山毛峰、灵芝草、猕猴桃、金橘、雪梨、琥珀枣、核桃。

鸣沙山与月牙泉在敦煌城南约五公里处。东起莫高窟崖顶，西至党和水库，沙泉共处，妙趣天成。鸣沙山峰，势如刀刃，人从山顶上往下滑时，沙随人落，会发出美妙声响，而得名鸣沙山。

鸣沙山整个山体由红、黄、绿、黑、白米粒形状的沙粒堆成，山间沙垄相连，"沙岭晴鸣"是此地著名景观，也是"敦煌八景"之一。即便晴天，也会雷声隆隆。鸣沙山东西长 40 公里，南北宽 20 公里，主峰海拔 1240 米，山势连绵起伏，如巨龙一般。

在四面沙丘环抱之中有一清泉，形似一轮弯月，这就是闻名遐迩的月牙泉。泉水虽被沙山环绕，但不为流沙所掩，终年碧波荡漾。月牙泉最神奇之处在于，经年不枯，流沙永远填埋不住清泉。泉内七星草丛生，铁背鱼畅游。因此当地有"铁背鱼、七星草、五色沙子三件宝"的说法。相传人食之此鱼，可长生不老。所以月牙泉又称"药泉"。

月牙泉，长218米，宽54米，虽四周环沙，但是"绵力古今，沙填不满"。沙山与清泉这两个本来难以共存的景观，在这里却巧妙地结合在一起，由此可见万物造化的神奇。轻细的黄沙环抱着一轮明月似的清泉，男女同伴们分别在这沙山清泉边拍照留念，记录大自然奇妙的造物景观。

他们开车来到高台地，这里在月牙泉的南岸，东西长100米左右，南北宽300米，原有古建筑群6组共100间。由西向东，有龙王宫、菩萨殿、药王洞、经堂、露神台、玉皇阁。官厅长廊临水而设，可供游人休息赏景。

雷音寺位于敦煌市到鸣沙山公路的左侧，始建于唐代开元年间，内有一尊白玉佛像，并有彩塑十八罗汉。同伴们都忙着在佛像前拍照。

之后他们又来到敦煌历史博览园，这个博览园占地16.4亩。有敦煌历史人物厅、西域性文化厅、丝路民族艺术厅、敦煌古玩收藏品厅及摄影厅五个部分组成。

从博物院出来，又进入敦煌民俗博物馆，这座博物馆采用的是民间传统的古堡式结构，分前院、中院、偏院、后院四大部分。前院为作坊区，中院是户主生活的区域，总共有各类仿古屋舍120余间。

阳关沙漠森林公园，在南胡林场，同伴们在公园的葡萄长廊里边走边说着话，这儿还有动物园、游泳池、沙生植物园和南湖度假别墅。晚上公园内，同伴们一起观看"敦煌之夏"文艺演出。

敦煌影视城又称敦煌古城。这儿由北宋时的高昌、敦煌、甘州三条街道组成，点缀以不同风格的货栈、佛庙、店铺、酒楼、饭馆、住宅，以再现唐代时期西北重镇敦煌的繁荣景观。

　　金黄鸣沙山环抱着青绿的清泉，可见这奇妙景观的神奇。到鸣沙山的游人，都喜欢装一小瓶沙子带回家，可以送人或自己收藏。因为这儿的沙子最细腻、最柔和、最干净，山顶上的沙子同时又见证人们的坚强与勇敢。

游鸣沙山、月牙泉的最美季节是每年5～10月，最美的看点是高台地，特产有鸣沙大枣和李广杏。

如想体会滑沙的乐趣，就来宁夏的沙坡头，它属于中国四大沙漠之一的腾格里大沙漠，是我国最大的天然滑沙场，总长有800米。沙漠隆起的高大沙丘有150米高，2000多米宽，因而取名"沙坡头"。

利用高大坡陡的大沙坡，沙坡头先后开发出西北最大的天然滑沙场，以供游客沙漠探险、沙漠冲浪。又在黄河上开发羊皮筏子漂流，游船观光，快艇冲浪多项旅游活动。还有沙坡鸣钟、沙海日出、沙岭笼翠、双狮相偎、白马拉缰、沙漠日落、长虹卧波、双龙飞架，洋人招手等多处景观。

鸣沙山月牙泉

2000 年以来，沙坡头每两年举办一次"黄河梨花节和大漠黄河国际旅游节"，吸引大量中外游客。平常的溜冰滑雪都是在平地上体验飞的感觉，滑沙也有这样的感觉，不同的是滑沙是坐在滑板上滑。同伴们坐在滑板上，从五彩的沙子上飞一样地滑下，那美妙的感受，很难用语言表达。坐在细滑柔软的沙子上，伴随着沙子的声响飞速滑下，兴奋的感觉让他们拥抱欢笑，在沙丘上翻滚打闹。

沙坡头风景，分为大漠景区、黄河景区和滑沙中心，是集沙、河、山、园，为一体的沙漠旅游景区。有横跨黄河的"天下黄河第一索"，也有中国第一条沙漠铁路。

大漠景区是腾格里沙漠中的一部分。有治沙科技馆，沙生植物园和科学实验园地。风景区内有沙漠探宝、赛马、滑沙、篝火等多种活动。

滑沙中心是我国唯一的一个落差大、面积大的国际滑沙场。沙场内宽 2000 米，高约 200 米，大沙坡倾斜度有 60，是西北滑沙中心的四大响沙之一。

黄河景区是展现黄河文

响沙坡

明、体验黄河水上活动的区域。比较著名的有"老两口""三兄弟"这两处，在这里漂流具有极大的刺激性。乘坐西北最古老的水上交通工具——羊皮筏子漂流黄河，可欣赏到黄河两岸的旖旎风光。

沙坡鸣钟是我国三大响沙之一。天气晴朗时，人坐在沙顶上往下滑，沙坡内会发出"嗡嗡"的轰鸣声，因而得名响沙坡。

大漠探险是在沙漠中，沿着设定的路线，徒步、乘车或骑骆驼探险。旅途中有沙漠草原、沙漠湖泊、沙漠长城、沙漠岩画，设有沙漠营地和沙漠探险。还有取得良好治沙成果的自然保护区以及沙漠生物资源"储存库"，这都具有重要的科学研究价值。

一百零八塔是依山势自上而下，按奇数排列而成 12 行，总计 108 座的佛塔，总体平面呈三角形的巨大塔群。除最上面第一座较大外，其余都是小塔。民间传说，一百零八塔是穆桂英的"点将台"，又传说是佛教的一百零八罗汉，他们各掌管一种烦恼。凡是来这里的游客，只要拜了塔，就可以消除烦恼，并结交好运。

周队长与同伴们站一排，双手举在胸前，低头闭目，虔诚地祈祷，愿一百零八个罗汉能驱除他们的烦恼，带来好运。

来到掌管烦恼的佛塔，一定要拜哦，会给你带来好运的。

在我国，如果你从没在海边度假游玩过，那就到海南的亚龙湾吧。亚龙湾是中国唯一具有热带风情的国家级旅游度假地，又是著名的海滨浴场，有"三亚归来不看海，除却亚龙湾不是湾"之称。

当一行人从北方来到这暖风徐徐、一望无际的海边时，才发现这个大海岛简直就是上苍对中国人最大的赏赐。亚龙湾平均温度在 25.5 度左右，冬季海水温度 22 度，非常适合水上运动。

亚龙湾

海湾有 66 平方公里，可容纳 10 万人嬉水畅游。洁白的沙子细腻柔软，在阳光照射下金黄闪亮，这绵延 7 公里的沙滩，是光脚漫步、享受日光浴的最佳地点。

如在海水里玩的是一个"泡"字，那么三亚的"可泡度"不输于任何海岛。亚龙湾具备海边游玩的一切条件，细软的沙滩，连成排的高档酒店，丰富多彩水上活动，被称为"天下第一湾"。

三亚湾东边起三亚港，沿 10 千米长的滨海街湾绵延至天亚湾，著名的"椰梦长廊"就在这里。这是一条海边风景优美的海滨风景大道，有"亚洲第一大道"之称，也是游泳、海水浴的理想之地。

傍晚时，同伴们来到滨海街，在这儿可看到很美的夕阳。在夕阳下漫步于椰梦长廊，感受一定非比寻常。柔和的海风、哗哗作响的椰树、上下起伏的波涛，男女同伴们都穿着宽松的休闲服，悠闲地在夕阳下漫步，好一幅人间美景。

大东海设有海滨浴场，嬉水乐园，可游海水浴，阳光浴，可坐观光潜艇观光和跳水。

三亚市凤凰镇的西瑁岛，又称玳瑁岛，全岛有 3000 多人。由于远离城市，海水污染少，海域生长着大量的美丽珊瑚。海上游乐汇集各种海上休闲运动，同伴们坐在游艇上在海上兜风，体验在水上飞的感觉，当水花清凉地洒在身上，你才能感受到在海上游玩，带来的水上乐趣。

同伴们开车来到日月湾，香水湾，两个湾分布在牛岭山的左右。日月湾是个半月形的海湾，全长大约有 7 千米，海湾沙滩有松软洁白的沙子。香水湾海水碧绿，椰林婀娜。在两湾交界处有一汪小湖，湖水中生长着珍贵的水椰林和青皮林，这些水中生长的水椰林和青皮林，都是在内地很少见到的景观。

从小湖出来他们又来到东寨港红树林，这是中国七个列入国际重要湿地名录的保护区之一，又有"海上绿洲""海上森林公园"之美称。红树林是热带、亚热带海滨特有的常绿灌木林，具有很多其他植物所不具备的旺盛生命力。东寨港红树林，生长茂密，最高可达 10 米，成为壮观的"海上森林"。红树的根有的如龙头猴首，活灵活现，有的像神话中的仙翁，颇有诗情画意。红树林如绿色海上长城，是热带海岸的重要标志之一。它的根深扎在泥土里，能有效保护海堤，农舍和田地。它的落叶掉入海中，可转为丰富食料，供鱼虾食用。红树林对生长环境要求非常高，海水是否污染决定是否成活。因此，它又是海水质量的天然监测器。

东郊的椰树成林，有红椰、青椰、矮椰、高椰，水椰各品种。男女同伴们来到这里，除随时可喝到最新鲜的椰子水，还有椰子糖、椰子糕、椰子饼一类的加工食品可供品尝。椰壳娃、椰雕、贝壳等工艺品也很有特色。村庄、海边和乡间小路，除了椰子树还是椰子树。因此东郊人都说："文昌椰子半海南，东郊椰林最风光。"

红色娘子军纪念园占地约200亩，由和平广场，红念广场，红色娘子军纪念馆，红色娘子军连部组成。来到这里的人们，可观看娘子军歌舞表演，再现娘子军当年生活，战斗的光辉历史。

万泉河，被誉为中国热带第一漂。集博鳌水城，融江、河、湖、海、温泉、山麓、岛屿于一体。有一条狭长的沙洲——"玉蒂滩"被列入吉尼斯世界纪录，被专家誉为世界河流的出海口，自然景观保持最完美的地方之一。有亚洲论坛永久会址，有高档别墅和高尔夫球场，众多高档酒店。

海南椰树　　　　　　　　　　　　鼓浪屿

海南的亚龙湾有海水、椰子、万泉河、五指山，是中国热带旅游的最佳圣地。

鼓浪屿是厦门最大的一个卫星岛，素有"海上花园"的美称。岛屿上蓝天白云，碧波清浪，路边绿树成荫，整洁幽静，小岛完好保存了许多中外各种风格的建筑物。岛上居民喜爱音乐，钢琴拥有密度居全国前列，被称赞为"钢琴之岛""音乐之乡"。

岛上禁行机动车辆，因此从厦门到鼓浪屿坐轮渡，只需10分钟，就可来到这个宁静幽雅的鼓浪屿小岛。岛上每一座建筑都有自己的颜色，自己的旋律。这里没有喧闹的人群，人们大多愿意待在家里弹钢琴。到这里，就连最爱热闹的人，都被熏染得安静下来，伴着琴声，进入梦乡。

来到小岛上，同伴们悠闲地在一条小路上散步。小路有2米多宽，弯弯曲曲的小路穿梭在郁郁葱葱的丛林之中，路两侧无论是名人的宅邸，还是普通住宅，都散发着悠闲与细致的生活气息。鼓浪屿曾有 14 个国家在此设领事馆，有殖民者盖的洋房，也有归国华侨从国外带进东南亚的样式，很多本地人还仿周围洋房造自己的房屋。房屋各个正面都有精雕细刻的罗马式大圆柱，多坡的屋顶。有的仿古代宫殿糅合西欧造型，形成外形线条奇异的建筑风格。

鼓浪屿岛上，拥有钢琴数量最多可达到 600 台，每百人拥有一架钢琴，这个比例全国第一。岛上有间音乐厅，一所音乐学校，一座钢琴码头，一架钢琴博物馆，还有刻满音符的音乐之路。在钢琴博物馆，同伴们边转边说着话。

周队长说："这儿是钢琴家的摇篮，听着音乐用餐，再踏着铺满音乐符号的小路，上音乐学校。"

山川说："是有可能，怎么好的环境，不出钢琴家才怪。"

日光岩又名晃岩，是鼓浪屿的最高点。山上树木葱郁，生机盎然。在日光岩南麓海滨，有台湾富商林尔嘉的菽庄花园，全园借山藏海，布局巧妙，称为厦门名园之最，有"园在海上，海在园中"的精巧设计。在菽庄园里，男女同伴们拍了许多风景照又合影留念，纷纷惊叹这庄园设计巧妙。海和陆地错落有致地分布在各个高低不同的平面上，海水、树荫、花园、亭台、楼阁形成海边花园少有的奇特景观，让人身临其境，他们都被这山光水色所牵引而融景于情。

郑成功纪念馆，为郑成功屯兵扎营和指挥水师操练的地方，至今存有水操台和大量名人提刻，是海内外最大郑成功文物文献收藏中心和研究基地。

鼓浪屿是拥有钢琴最多的岛屿，小岛是出钢琴家的摇篮。

人们悠闲地在铺满音符的音乐小路上散步，沿途都能聆听到优美的钢琴声。

他们一路开车来到四季如春的城市珠海，这座城里以浪漫的情侣路最为出名。这个海滨城市最大的特点就是清洁。在珠海，可沐浴海风，游览热带风情。漫步在城市的海边，到处鲜花盛开，绿树成荫。现在的珠海，正以新兴的花园式海滨旅游城市的风貌受到中外人士的青睐。早在 1999 年，珠海就获得联合国人居中心颁发的"国际改善居住环境最佳范例奖"，是中国第一个获得这个荣誉的城市。

同伴们开车行驶在情侣路上，这条路是沿海边的海滨大道，长约 12 千米，是珠海最著名的一条路。像白玉带萦绕着这南海之城，又似情人温暖的臂弯环绕在海边。路上是宽阔的草坪，路边绿树成荫。海风轻轻吹拂，这迷人的景色，确实让人感到海边的浪漫和沉醉。情侣路的中路围绕香炉湾、菱角咀海滨，著名的"珠海渔女像"就坐落在这里，渔女高举珍珠，神情喜悦而又含蓄，这雕像已成为珠海的标志。

情侣南路一直到水湾头，两侧一边是波涛拍岸的海水，一边是鲜花似锦的绿化带，让人仿佛走进美丽的海滨公园。在这里不仅可以欣赏大海的风光，还可享受阳光和海风。

金海滩在三灶镇的长沙湾，依山面海，风光美丽。海滩长 34 米，宽 800 米，平滑光亮，在阳光照射下金光闪闪，所以称为"金海滩"，这里也是珠海市最长最宽的沙滩。

圆明新园在珠海市九洲区，是仿照古代名园圆明园，而修筑的大型人工园林。园内分为古典皇家园林、江南园林、西洋古典园林三大类，来到这儿旅游，可感受昔日古代园林的辉煌。男女同伴们来到在三大园林游玩，边看边说着话。

邱文洁说："我们来到这新建的园林，就都能看到古代三座园林的旧模样儿展现在眼前，真是大饱眼福。"

周队长说："带你们到这儿来，就有此意，看到这三园的景观，你们可满意？"

小陶笑着说："队长高见，我们都很满意。"她说着看看周围的男伴们，他们都在不远处，用相机拍照。

周队长看看同伴们笑着说："看看他们到处拍照的兴奋样儿，就知道这三座园林对他们的吸引力。"

九洲城因南有九洲岛而得名，现为珠海市博物馆。主楼仿北宋古代城楼的风格，城区则仿苏州园林而设计，有澄泉绕石、谵泉、海角奇观、戏鸟廊著名景点。

九洲岛的自然景观有三大特点：

一是在海岸上各种石景天然成趣，妙若人雕。

二是郁郁葱葱的茂密林木。

三是沙滩海水，岛上有两个沙滩，可以随意漫步逐浪。

男女同伴们，穿着泳衣光着脚走在沙滩上，到海边后同伴们先后扑向海水里游玩。

在众多岛屿中，东澳岛是最迷人的，面积 4.62 平方米，岛上有三个沙滩，以南部的南沙湾最好，享有"钻石沙滩的美誉"。最高峰是海拔 135 米的斧头担山。清晨，同伴们沿着 1008 级台阶上到山顶，远山近海一览在眼前，这里还是岛上观赏日出的好地方。

东澳岛有绿色的山野，蔚蓝色的海水，袅袅的渔村，桂山岛是开发最完善，居住人口最多的岛屿。

桂山岛、中心洲、枕箱岛组成三连岛地处香港、深圳和澳门、珠海的陆地之间，距香港仅有 5.5 米。岛上港湾绮丽，空气清新，男女同伴们，站在岛上就可看见不远处的香港、深圳、珠海和澳门这些繁华的城市。海上大小船只来来往往，偶尔还有军舰。

同伴们来到荷包岛，这个岛在珠海西南端，总面积 13 平方千米，岛内有大南湾，藏宝湾，笼统湾八个海湾。大南湾沙滩，长度约有 4 千米，沙质柔软，有"十里银滩"之称。同伴们看到岛上神奇的景色，沙滩、海浪、森林、山涧，形成一幅巨大的海天画卷，都惊喜连连。

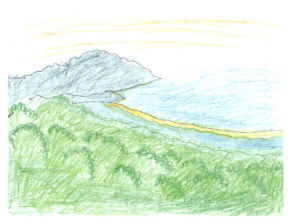

珠海荷包岛

来到上川岛这个风景迷人的小岛，男女同伴们看到岛上拥有 12 处总长 30 多千米的优质海滨沙滩。东海岸的金沙滩、飞沙滩、银沙滩都是度假的上乘之处。下川岛与东南诸岛共处大珠海的三角洲，岛上有沙质优良的海滩、茂密的原始次生森林以及品种齐全的海鲜珍品，又有"中国普吉岛"美称。中心是王府洲旅游区，周边有玉女乘龙、登高石、观音山、音响石。游人可前往，欣赏牛塘湾田园风光和大海湾风光。

阳江海陵岛，除了以沙细、水清、浪平驰名之外，又有"南方北戴河""东方威尼斯"的美称。海陵大堤是海陵岛上，陆路唯一进出口的通道，总长 4625 米，是广东最长的联陆海堤。"陵堤雪浪"是闻名遐迩的美景，在这里可以赏月看日出。对男女同伴们来说，在海边散步赏月，这都是头一次。

到宋城、十里银滩，内有移民村服饰器具展示馆和螺展馆。宋城后面为十里银滩，已作为我国最长海滩而载入吉尼斯纪录，在这里可观看渔民捕鱼，卖鱼。

珠海的神秘岛，是金湾区平沙镇的海泉湾度假城。这儿包括热情奔放的幸运大道区，惊险刺激的冒险丛林区，神秘海盗城堡区，梦幻童话的美人鱼湖区和激情四溢的神秘岛区。拥有世界先进的游乐设备,如亚洲第一台弹射式"云霄飞车",

中国第一台"垂直极限"等100多种游乐项目，10多种精彩的歌舞表演，是中国第一家主题式训练营。

珍珠乐园，在香洲区唐家湾镇，是一个现代花园式的游乐场。金鼎是珠海国际赛车场，是目前亚洲六个A级赛道中最新最好的赛道。

每年3～4月与10～12月是珠海最好的旅游季节。珠海盛产海鲜，水产品极为丰富，有黄金凤鳝、孔雀鲍鱼、龙虾、将军冒等。

城市的北线有——前山活力酒店，南线有——南湾酒店。

品尝海鲜，享受阳光，欣赏海景，珠海是最好的、不可多得的南海港湾城市。

从海边来到卧龙熊猫自然保护山区，眼前展现的是另一番景色。

卧龙熊猫自然保护区，在四川省阿坝藏族自治州，邛崃山脉的东南坡。保护区集山、水、林、洞、险、峻、奇、秀于一体，是第一个大熊猫野外生态观测站。景区内有大熊猫博物馆、高山草甸、原始森林、流泉飞瀑、红叶雪峰、诸多自然景观。

熊猫研究中心，长期从事大熊猫及野生动植物的研究保护工作，有大量科研成果。卧龙自然保护区以"宝贵生物基因库""熊猫之乡"享誉中外，有丰富动植物资源，保护区总面积2000平方公里。年温差较小，季节分明，降雨量集中。

他们开车来到这儿旅游参观。这儿的景观有很多，有核桃坪景点、大小熊猫繁殖场、白龙沟景点、卧龙大熊猫博物馆、银丁热水塘景点、巴郎山、原始珙桐林、西河区水崖、卧龙山、民间艺术、正河通天桥、新店子玄武岩。保护区是地球上仅存的几处大熊猫栖息地之一，包括大熊猫馆，小熊猫馆，英雄沟景观。这里存有150多只熊猫，是全世界唯一的大熊猫研究中心。同伴们与熊猫亲密接触，体现出人类本性的一面，熊猫憨态可掬的样子，能唤醒人们天然本能的童趣，男女同伴们都想抱着熊猫照相。

长坪沟，古柏苍松密布。双桥沟有三锅庄、阴阳谷、人参果坪景观。海子沟全长有19.24米，湖泊众多，湖水清澈，有大海子、花海子、犀牛海和夫妻海。

在卧龙自然保护区相距不远处的丹巴，是嘉绒藏族聚住地，碉是藏式楼房，散落在绿树丛中。因而丹巴有"千碉之国"的美誉。这里不仅村寨漂亮，还盛产美女，有美人谷之称。

在每年5月21至23日，都要举行一年一次的选美节，如这时前往，可大饱眼福。

丹巴是全国闻名产美女的县城，从这里出来的美女艳压群芳。党岭集雪山、草甸、群海、丛林、温泉为一体，有葫芦海、卓雍错，多个高山湖泊，特别是天然温泉，是丹巴全县最引以为豪的。

　　九寨沟有"童话世界，人间仙境"的美称。因沟内有9个寨子而得名。寨子呈"Y"字形，沟内呈串珠式，分布着108个海子。海子的水色各异，水质纯净，移步换景，妙趣横生。九寨沟包括五滩十二瀑，以十流数十泉水景为主景，还有九寨十二峰景观，有高峰、彩林、翠海，叠瀑和藏族风情。九寨沟还是全国唯一拥有"世界自然遗产和世界生物圈保护区"两项桂冠的景区。

　　到九寨沟这样的旅游地，最好是住下来细细地品味，因为它有太多的耐人寻味的景观，可用移步换景来形容，值得你静下心来慢慢地欣赏。

　　有一名多次到九寨沟游玩的旅行者说：

　　"二十年前，当九寨沟刚刚向世人掀开她神秘的面纱时，就以她的原始和清纯彻底地把我俘获。

　　"二十年来，我一次又一次地来到这个童话世界，感受她春的浪漫、夏的清凉以及秋的色彩。即便是在她饱受纷争的日子里，我依然坚定地告诉世人，她才是童话世界里最美丽的公主。"

　　听他这样叙说，就可以想象，九寨沟的确有让人仿若置身童话世界的独特美景。现在，让我们在这原始纯净的自然景观里游览一番，看是否能找到与城市不

九寨沟

同的别样感受。

九寨沟绵延 72000 多公顷，海拔超过 48 米，艳丽的景色和壮观的瀑布使之更加生趣盎然。

冬季的九寨沟就像是群雕，能把人带到超凡脱俗的纯净中。彩林海银装素裹，树木如玉树一般，还有冰清玉洁的湖泊，似乎都处于蓄势待发的坚韧状态，正经历着不同的生命阶段，静谧地享受着冬日暖阳。

第一次到九寨沟，最好选在春季，在这到处充满萌芽绿的季节播种梦想。春季的九寨沟是个怀春少女，连空气都弥漫着青草萌动的气味。随处可见的山花，绿、红、紫、黄、白，铺成一条如花似锦的景观带。湖水里的春天和岸上的春天，都真实地来到人间。

夏季的九寨沟，是个充满活力的舞者。翠绿的林木、溪流、瀑布都说明，夏天是个适合亲近水的季节。充沛水量使九寨沟的溪流、湖泊和飞瀑饱满丰盈，让这个季节的九寨沟，增加一种活力与豪迈。树正群瀑则如玉龙狂欢，五彩海子则敞开胸怀，欢迎来自世界各地的旅行者，景色蔚为奇观。若徜徉在这青山碧水间，剩下的就是如风一样的自由心情。

有人说秋天是九寨沟最好的旅游季节。对于九寨沟来说，四季皆是旅游的佳期，但秋季是色彩最为艳丽的。秋天的彩林最适合漫步，林涛都披上红黄相间的秋装，树林都如一幅色调丰满的油画，令人目眩神迷。

九寨沟有 108 块神奇的海子，传说在很久很久以前，神女沃诺色姆的情人达戈送给她一面镜子。沃诺或许是太高兴，竟不慎失手把镜子摔成了 108 块。这108 块碎片便成 108 个被称为"翠海"的彩色湖泊。传说与自然结合在一起，把固态生命融入液态生命，使这里的水，可从地上地下深入浅出，具有生命的灵性。

男女同伴们住在九寨沟的几天里，或在林间漫步或在溪流边嬉戏，都实地品尝到人与自然和睦相处带来的纯净与舒适，如果想写童话世界里的风景，这里就是最佳地。

春天刚刚萌发的青草；

夏季川流的清澈溪水；

秋季里红黄艳丽的彩林；

冬日冰清玉洁的湖泊；

都可成为作者笔下，童话里的世界。如想当童话里的王子与公主，不妨来这童话世界里亲身体验一番。

同伴中有人开玩笑地说："如果推选队长当王子，公主由谁来当不都是现成的？"

周队长笑着说："这里有没城堡，我当王子要在这里盖座城堡，才能带我的公主住在这里享受天伦之乐，你们说是吗？"

绿地说："那得盖座什么样的城堡，才能让你称心如意啊？"大家都笑了起来。

呈丫字形的九寨沟，春之妩媚、夏之清爽、秋之艳丽、冬之纯净。这样的景观，是否牵动你的思绪，想亲临此地游览一番？

九寨沟的最佳旺季是 5 ～ 11 月。特产:松贝、黄芪、当归、雪灵芝、藏红花、雪茶、延龄草。

香格里拉是个神奇而美丽的世外桃源。因为一个外国人的介绍，这里成为人们向往的地方。许多人涌向那里，寻找传说中的伊甸园。

香格里拉，在云南迪庆藏族自治州的首府，是举世闻名的"三江并流"景区，总面积 11613 平方公里。这里雪山环绕，土地肥沃，湖水清澈，大大小小的草甸和

香格里拉

坝子星罗棋布，一切如梦似幻，宛若人间仙境。香格里拉藏语意为"心中的日月"，有高山大花园的美称。

纳帕海在香格里拉城的西北，海拔 4000 多米。三面环山，湖泊由多条河流汇集而成。

周队长对同伴们开玩笑："如果亚当和夏娃住在这里，会觉得寂寞吗？这里好像连条蛇都没看见。"

山川说："怎么会，他俩成双成对可以满山遍野地找野果子有多爽，你想象不出来吗？"

绿地说："我们把他俩引诱到大城市，他俩会怎么样？"

小陶说："他俩会说，这城里的人怎么比我们那山里的树还多。那得有多少

果子才能养活他们啊？"

海湖说："我们除果子以外，还有好多好的食物，那我们还得教他们怎么用筷子和叉子。"

邱文洁说："他俩会说，这城里真喧闹，还不如我们那儿清静。怪不得有好多城里人都喜欢到我们那里玩，还是我们那儿好玩。"

周队长笑着说："那我们这些城里人，也来体会一下亚当夏娃的清静生活，找野果子看谁找得最多。"语毕大家就真的分头寻找，个个都像幼稚的孩子。

碧塔海是迪庆高原上有名的高山湖泊，被当地人誉为"高原上的明珠"，现已成为碧塔海自然保护区。

白水台是典型的泉华地貌，有折水泉、仙人造田、求子月、野炊塘景观，又有"仙人造田"的美称。在碧壤峡谷，有一名"喊泉"的泉水，泉眼深藏洞中，到洞前大喊数声，泉水便从洞中喷涌而出，是个特别奇妙的景观。同伴们走到洞前对着洞口大声喊，6个人的声音果然大，泉水喷涌而出，男女同伴们兴奋地跳跃起来，相互往身上洒泉水。

周队长笑着说："这下可好，吃野果子喝泉水，真像在过野人的生活。"

硕都湖在香格里拉城东35千米，高山、牧场、海子构成"硕都岗海"这美妙的图画。

梅里雪山是藏民心中八大神山之首，包含13座海拔6000米以上的山峰，主峰卡格博峰6740米，被誉为"世界上最美的雪山"。

飞来寺是观赏雪山的好地方。只要将窗户推开，雄伟壮观的雪山就会映入眼帘。

香格里拉是享誉世界的名字，有高山大花园的美称。

香格里拉最美的季节是每年5～7月和9～10月。

云南是普洱茶的故乡，特产是普洱茶、白雪茶、青稞。

神农架，相传是炎帝神农氏采药之地。这儿有完好的原始生态系统，丰富的物种资源，形成艳丽多彩的山水画。享有"绿色明珠""天然动植园""物种基因库""自然博物馆""清凉王国"等众多美誉。1990年被联合国教科文组织纳加入"人与生物圈"。

在神农架，同伴们仿佛来到了一个原始森林，在满目都是绿色的世界里，男

伴们好像都变成了采草药的
神农。

　　看着周围的绿草，周队
长对同伴们说："这哪个是草
药，我怎么一个也不认识，
不能说这都是草药吧？"

　　绿地说："不都是，但大
部分都是，只是名称不同，
对你来说就是你不认识它，
它也不认识你，不然你学神
农，拔颗草来尝尝？"

神农架

　　山川笑着说："刚才好像有声音问，哪儿来的这么多陌生人，怎么一个也不
认识？你没听见吗？"说着大家都笑起来。

　　海湖笑着对同伴们说："想当会采中药的神农，可不是那么容易的事。"

　　小陶说："我们不是有女医生吗，有问题请教她不就行了？"

　　邱文洁说："我可不是中医，虽然对草药的药性略知一二，但对采草药可是
一窍不通。治个感冒把个脉什么的还可以，我看你们这兴奋劲儿，不用把脉也知道，
心跳都超过常规值。"

　　神农架自然保护区，总面积 70467 公顷。原生和次生生物群落保存较为完好，
是研究生物多样性，典型性的理想场所。神农架是我国西南、华中、华南、华北
和西北的动植物汇聚地，涵盖了半个中国的植物种类，特有树种 100 种以上，药
用植物类 1800 种之多，100 多种药物被列入名录。神话故事中的千里驹——羚羊、
凌空飞鼠，都自由自在的生活在神农架。

　　神农尝百草。传说炎帝神农，曾在这里尝百草拯救众生，他搭起 36 架天梯，
才登上这百草遍地的地方。从此，这地方被称为神农架。神农顶则被称为华中第
一高峰。这个以人与自然和谐共存为主题的自然生态旅游区，最宜在夏秋两季观
赏，万千景观尽收眼前。

　　红坪画廊长达 15 公里，将三瀑、四桥、五潭、六洞、七塔、八寨、三十六
峰融为一体。如其中的刀笔峰、宝剑峰、层楼峰，相传是炎帝神农氏的文房四宝、
随身佩剑和居住的楼阁。莲花峰则传说为炎帝公主的化身。

　　玉泉河以高山湖泊，河川幽谷为特色，是以探险挑战为主题的综合旅游区。

有送郎山、玉泉河、自然博物馆、武山湖、神农溪许多景观。

香溪源风景区，包括神农坊、天生桥、香溪源、神农架滑雪场，相传是神农尝百草之地。植物园里有千年古杉，茶艺表演，风情歌舞，篝火烧烤晚会等六大部分。

燕天风景区，以奇树、奇花、奇洞为特色。有燕子洞、燕子飞度、会先桥、云海佛光、红坪画廊、紫竹河、红坪三十六峰、登云梯等多处景观。

当地人有句顺口溜：神农架每棵大树都是我们的安全岛，每棵草儿都是我们的护身宝。

神农架最美游览季节是6～8月。神农架中有一些中草药名很有特点，比如"头顶一颗珠""文王一支笔""江边一碗水""七叶一枝花"等。

想领略神农尝百草救众生的传说，就到人与自然和谐共存的神农架自然保护区游览一番吧。

台湾自古为我国领土，四周大海环绕，岛内山川美丽，到处是绿色森林，加上日照充足，四季如春，古往今来就有"美丽宝岛"的美称。台湾岛的风光，可用"山高、林密、瀑多、岸奇"几个特征来形容。来到这儿你可以根据自己的爱好，任意挑选喜爱的项目，纵情游玩。

西部海岸，笔直宽广，水清沙白，柳树成林，很适合游泳，充满浪漫情调。北部海岸是一幅幅海边奇境，具有"海上龙宫"的雅号。

阿里山，由尖山、大小塔山、祝山、万岁山等18座高度高出2000米的山峰组成。其中大塔山最高，海拔2663米。阿里山的日出、云海、铁路、晚霞、森林合称为"阿里山五奇"。

阿里山有两个宝，第一宝是樱花季。有山樱、吉野樱、八重樱等不同种类的樱花。每当春季到来，白色和粉色的樱花，舞满阿里山台十八线路，形成比偶像剧还浪漫的画面。

阿里山另一宝，是中外游人都抢着买的高山茶。阿里山是著名的高山茶乡之一。茶叶品种多，有金萱茶、青心乌龙茶、珠露茶、龙珠茶、约富霓夏茶。野生爱玉子也是台湾的特产，因此产量最高的嘉义县也有"爱玉王国"之美称。

男女同伴们来到台湾唯一的天然湖泊——闻名遐迩的日月潭。这里山峦环抱，北半部为前潭，形如日轮，被称为日潭；南半部为后潭，形似弯月，称为月

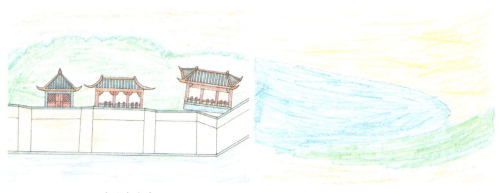

台北龙山寺　　　　　　　　　　　白沙湾沙白水清

潭，因而得名"日月潭"。湖面海拔 740 米，面积 7.73 平方千米，湖周长 35 千米，四周群山名胜古迹甚多，如文武庙、玄光寺、函碧楼、孔雀园。

到台湾旅游的人，日月潭是必到之处。北部前潭如日轮，南部后潭如弯月，上帝如此巧用心思，大概是想让凡间的人们也享受天上的乐趣吧。台湾被称为宝岛，台湾人说话的声调软绵，婉转隐约，仿佛怕惊扰宝岛这一方恬静。

男女同伴们在台湾最南端的垦丁国家公园里游览，这座公园的三面环海，东边是太平洋。奇特的海陆位置，孕育出丰富多彩的生态地貌，珊瑚景观尤为艳丽。接着同伴们又来到鹅銮鼻公园，园内有好汉石、沧海亭、又一村，还有有着"东亚之光"美称的鹅銮鼻灯塔。灯塔柱身雪白，光距二十，是轮船夜经南部海域的指路灯，也是最新的台湾十二景之一。

阳明山以火山地质景观而闻名，是台湾最大，景色最美的郊野公园。有大屯山、七星山、纱帽山多个大大小小的火山组成，动植物资源丰富。溪谷瀑布、温泉森林，应有尽有，人文景观密集。

太鲁阁是公认的"台湾八景之冠"。这里高山林立，有六分之一都是海拔3000 米以上的高峰。最著名的有南湖大山、奇莱连峰、合欢群峰、中央尖山。

龙山寺是台湾北部香火最盛的名寺，寺内规模宏伟，雕琢精致。大雄宝殿供奉着菩萨、妈祖、四海龙王、十八罗汉、注生娘娘、关圣帝君、山神、土地神。来到龙山寺，男女同伴们虔诚地烧香祈祷，保佑两地和平相处，祈佑自己人丁兴旺，多子多福。

白沙湾以长达千余米的白色沙滩闻名，沙质经海浪日月冲刷才形成洁白美丽的"贝壳沙"，白皙细腻。海湾内水呈浅蓝色，湾外则呈深蓝色，深浅相交的海水再配上细白的沙滩，呈现出一幅独特的景观。除此之外，风浪板的活动常在白沙湾展开，鲜艳的彩帆为蓝色的海面增加许多美丽色彩和乐趣。同伴们光着脚坐在柔软白细沙滩上，悠闲地欣赏着碧蓝的海水波涛，海面上五彩缤纷的彩帆。

周队长说："海岛的确让人心胸开阔，给人心旷神怡的感觉，真想躺下来美美地睡上一会儿。"

海湖笑说："你不如浮在海面上游泳，那多爽。"

山川笑着说："我们都坐在这儿干吗？来到海边就要到海里泡泡才有意思。"

周队长笑道："你说得对。"说着便和同伴们跑向大海。

富贵角在台湾最北端，富贵角灯塔则在岬角尽头，八角形外观，黑白条纹，格外显眼。在暗礁丛生的北部海岸，灯塔负责指引着海上往来的轮船。

东北角的陆城部分，河溪与河海相连，全境形成相互脉动的生态体系。全年水流稳定，水量充足，依山傍海，视野开阔，海岸景观资源丰硕。近岸处海水清澈，珊瑚繁盛，鱼类、贝类随处可见。陆上的山脉青翠，物种多样，生态资源极为丰富。

淡水湾，山海环绕，风景优雅，加上大大小小艺品店，显得古朴且韵味悠长。看海观山，逛逛古迹博物馆，游趣无穷。沙仑海水浴场，在淡水河口北岸，沙滩平坦辽阔，视野宽广，海水深浅适中，是一座天然的海水浴场。从沙仑海水浴场里出来，又到艺品店游览，同伴们饶有兴趣地挑选各自喜爱的工艺品准备带回家，或送亲朋好友。

鹿港原名鹿仔港，是有着三百年历史的一个重镇。北与线西乡，和美镇相临，南以福兴乡，福鹿溪为界。男女同伴们来到鹿港这个平静而朴实的小镇。这里景色优美，有诗为证："片片蒲帆齐出海，桃花艳卷三春浪，竹简轻随，闲情入画，斜阳倒照海门红。"只要一来到这儿，呼吸到这里的空气，就会深深地迷上它。

基隆三面环山，一面临海，取基地昌隆之意，是台湾四大国际港之一。白米翁炮台在太社区山顶上，又称为荷兰城，视野开阔，站在炮台的任何一个角落都可以观看到壮阔的海域，是游客赏景拍照的好地方。

台中港古称梧栖港，位于台中清水镇，与高雄港，花莲港，基隆港合为台湾省四大国际港。台中港分3个部分，餐厅、鱼货中心、渡船口。乘正宗号游船可游览海上风光，观看各国商船和大肚溪出海口。

澎湖列岛是由大小64个岛屿组成，在嘉义县与福建金门县之间，陆域的面积计126.86平方千米，是我国东海与南海的天然分界线。北上可联络马祖列岛、大陈岛、舟山群岛。南下至东沙群岛、南沙群岛，可到达南洋各国，是航海之重地、

台湾海峡之咽喉、中国沿海之外府，地位颇为重要，

天后宫主祀妈祖，典雅古朴，是澎湖居民的信仰中心。庙内雕梁画栋，刻工精细，古朴雅致。澎湖湾畔的观音亭正前方，就是著名海水浴场，夕阳西下时，可沿着海堤散步，享受一番悠闲的时光。

跨海大桥在白沙，渔翁两岛之间，全长 2478 米，路堤 319 米，桥长 2159 米，是远东第一深海大桥。在桥面漫步，观看壮阔的海景，听雄伟的涛声，实为人间乐事。在渔翁岛与小门屿之间有小门桥相衔，此桥今人称"跨海小桥"，桥两端的景观也别有一番趣味。

到台湾你要用慢的脚步品赏海岛台湾之美。欣赏的妙方就是在著名的旅游区找个好地方，放松心情，宠爱身心，用心拥抱这精致的山水风光。

台北的乌来，北投有精致的四季美汤，可滋补元气增加美丽。

乌来是青山绿水的风景区，由南势溪，温泉组成。乌来温泉清澈见底、无色无味。泉水含有丰富钠、钾、镁元素。适量吸入温泉蒸发出来的气味，可舒缓支气管炎，过敏性鼻炎，呼吸系统疾病。在紧邻溪水和山林处，已规划出六大主题泡汤，保证都是原汁原味的碳酸氢钠泉，让你越玩越美丽。乌来温泉是女性青睐的泡汤，两女伴自然不会错过，她俩坐在温泉池里，静静地享受滑爽的泉水带来的舒适与温暖。

北投温泉至今仍是台湾发现最早，最有名的温泉乡。温泉涌出的泉水有牛奶汤之称，是带有浓浓的硫黄味的白磺泉，对皮肤病、风湿病、神经痛都有帮助，还有促进血液循环和镇静神经的作用。附近居民盛赞此汤功效，说越泡精神越好。男伴们同样不会错过泡温泉的好时光，坐在温泉池里，他们显得异常安静，平日里活泼好动的性格，仿佛在温暖的泉水的洗刷下变得安闲平和，都坐在那儿闭目养神，优哉游哉，好似神仙。

阿里山、日月潭、温泉乡都是台湾宝岛最值得游玩的美丽风光。

黄龙洞在湖南张家界市，索溪山谷自然保护区的东部，现已探明总面积 10 万平方米，全长 7.5 公里。以高阔的洞天，幽深暗河，悬空瀑布而闻名，形成国内外世界溶洞的"全能冠军"。

黄龙洞规模之大，内容之全，几乎包揽洞学的全部内容。大约在 3.8 亿年前，黄龙洞地区是一片汪洋大海，经过漫长的岁月变迁，地壳抬升，直到 6500 年前，

形成如今地下奇观。同伴们走进洞穴，惊奇地看着高大宽阔的岩洞，造型各异的岩石。

周队长边看边说："这有点像地下宫殿，不过是天然形成的而不是人造的。"

海湖说："不用一砖一瓦，就能形成如此多的厅、潭、瀑布、廊、河、池、峰，真的是很神奇啊。"

黄龙洞

黄龙洞有立体而宽阔的龙宫厅，洞内有一库，两河、三潭、四瀑、十三大厅、九十八廊，几十座山峰，上千个白玉池和近万根石笋。是一条水陆兼备的游览线。

定海神针，高 19.2 米，发育至今已有近 20 万年历史，并且仍在生长之中。在黄龙洞入口 100 米处，有两扇并列洞门，宽为"长寿门"，窄是"幸福门"。周队长对大伙儿说："我们男的走长寿门，你们女的走幸福门，只有我们男的长寿，你们女的才幸福，对吧？"

同伴们都说："说得好，言之有理。"

天仙瀑布，南北宽 62 米，是世界上最为壮观的洞中瀑布。在宽洞顶处，有三股泉水从 30 米高倾泻而下，形成美轮美奂的天仙水瀑布奇观。

黄龙洞是世界溶洞奇观，龙宫内有陆水兼备的游览线。长寿门或是幸福门都是可以带来幸运的门。

周庄在浙江、青浦吴江、昆山三市交界处，有"中国第一水乡"之称。古镇内河道呈井字形，居民依河筑屋，沿水成街，河上横跨多座元、明、清代的古梁桥。2003 年，联合国教科文组织亚太部授予周庄"文化遗产保护奖"。

在周庄的古桥上，周队长对大伙儿说："我们来到这里，好像走进了清明上河图里，古色古香的，河上有桥，水边是街，杨柳成行，再加上来来往往的人，是不是有人在画中走的感觉？"

小陶笑着说："是啊，周队长说得对，不过，我们不是在清明上河图里，而是在江南水乡的小镇上。不过在这小镇上行走，的确有些人在画中游的乐趣。"

周庄有900多年的历史，春秋战国时期，是吴王少子摇的封地，后又称贞丰里。元代中叶，江南富豪沈万三父子迁徙周庄，由此造就了古镇的繁荣。

古镇有双桥两座，修筑在明代，由石拱桥和石梁桥

周庄

构成，横跨在南北市河和银子浜两条小河之上。桥面一横一竖，桥洞一圆一方，宛如大锁将两条小河紧紧锁住。

沈厅的主人，是明代巨富沈万三，沈厅是明、清江南宅厅的典范，共有七进气派的庭院。院子里九曲回肠，游人进来仿佛来到迷宫。此外还有各种各样的明清花窗，精雕细琢的门楼，做工精细的明清家具，连花园地面碎石子的铺法都十分讲究。男女同伴们来到这沈厅的七进院落内，边看边说着话。山川说："这儿真的好像个迷宫，初来乍到搞不好会迷路。"

海湖说："这时就看你辨别方向的能力如何。"

同伴们就这样说着话，继续往前走，随后又来到张厅。

张厅是明代中山王，徐达之弟的后裔所建，又称玉燕堂。后院有个当年典型的"轿从门前进，船在家中过"的景观。

小陶看着这厅院说："这厅院是院在水中，还是水在院中？"

周队长笑着说："反正你在这厅院里，坐轿坐船都行，明白吗？小姐。"

听队长说到这儿，大家都笑起来。就这样他们又来到贞丰桥畔的迷楼。20年代初，南社发起人柳亚子和周庄南社社员王大觉等人就是在迷楼里乘兴赋诗，慷慨吟唱。存有百余诗篇的《迷楼集》仍流传在世。

游周庄除白天外，还有一个最好的时间是傍晚以后，落日浑圆，余晖柔和，会另有一番情趣。

每年4～6月间，周庄都会举行盛大的"周庄国际旅游节"活动。

　　到周庄旅游可坐轿进前门，再乘船到七进院落的家中坐坐。现在恐怕已换成开车进前门，乘游艇游七进院落了。

　　同伴中有人开玩笑说："最近江南江北下大雨，解放军和武警战士都是坐冲锋艇进出大街小巷，比这七进院落可大多了。"

　　周队长看着他笑着说："这是不可比的两个概念，你小子乱说什么呢。"

　　海湖笑着对同伴们说："到周庄的沈厅旅游，可坐轿进前门，再乘帆船进七进院落的家中，坐会儿品品茶休息片刻，再继续游览。"

　　绿地笑着说："现在是否可换成开车进前门，再乘坐游艇游七进院落？"

　　周队长笑着说："好啊，那我们就乘游轮到香港玩，怎么样？"

　　同伴异口同声地说："赞成。"

　　维多利亚港是香港最负盛名的旅游风景线，来到尖沙咀的海滨漫步，维多利亚港湾就在身边。湾仔会展中心，坐落在临海广场，拥有全球最高的玻璃幕墙。

　　港湾海阔水深，因而维多利亚港被喻为"世界三大良港之一"，香港也因维港而有着"东方之珠"和"世界三大夜景"的美誉。入夜时的维多利亚港湾灯光璀璨，白天熟悉的一切，在夜晚灯光下却是另一种风情，庄严的高楼大厦换了衣妆，在光与色交相辉映下变得性感迷人。

　　男女同伴们乘坐天星小海轮，置身海湾中央，感受着香港旺盛的活力。

　　维多利亚港湾标志性节目"幻彩咏香江"，已列入吉尼斯世界纪录，成为全球"最大型灯光音乐会演"。会演时，港湾两岸的44座高楼逐一亮起璀璨灯光，照亮整个东方之珠，场面令人震撼。

　　夜晚，男女同伴们在灯火通明的维多利亚港湾漫步，感受这个富饶港湾带给他们的神奇与感动。香港所处的地理位置，使它成为联系东西方的海上交通要道，文化交流频繁，思想开放，经济发展速度也始终在世界经贸发展的

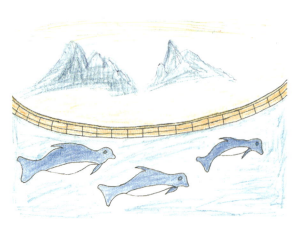

海洋公园

前列。

海湖看着港湾灯光闪烁的高楼说："高楼多也能说明这座城市文明发达的程度，你们看这座港湾不大，高楼确很多，这又是一个富有的标志吧。"

山川说："香港是寸土寸金，在有限的平地上，盖高楼是明智的选择。"

太平山又称维多利亚山峰，是香港岛的最高峰，海拔554米。登上太平山顶，可以360度俯瞰香港全貌。现今太平山与台北阳明山一样，是上流社会的代名词，附设私家游泳池的豪华住宅比比皆是。

当暮色降临，站在太平山顶，可观赏到香港最壮观动人的"世界三大夜景之一"。最佳观赏位置是缆车总站附近的古色古香的狮子亭和山顶公园。同伴们在山顶铺设的360度观光步道上行走了一圈。山顶广场设有娱乐休闲设施，还有名人蜡像馆，奇趣馆。山顶缆车修建于1888年，至今已有百年的安全行驶历史。坐在45度，堪称世界上最陡的缆车上看山周围的风景，可谓是游山顶的特色项目。

上下山有世界第二长的户外手扶电梯，全长300多米。男女同伴们站在电梯上，兴奋地看着周围的景色。邱文洁说："我最欣赏这儿，可以站在电梯上观看风景，这条电梯又适合各类人群在此观景，设计者想得很周到。"

在维多利亚公园，在铜锣湾东边的绿地，是香港最大的公园，现已成为香港市民休息场所，24小时都会有游人来此，热闹非凡。公园入口处放着维多利亚女王的铜像，公园的名称是以英国维多利亚女王名字而命名。

香港迪斯尼乐园，是全球第十一个主题乐园，是个绮丽梦幻的童话世界。乐园有四大主题，美国小镇大街、幻想世界、探险世界与明日世界。在迪斯尼乐园，同伴们看到了童话世界里的白雪公主和七个小矮人。

周队长笑着说："我们四个男子汉穿山越岭，就为保护俩公主。"

小陶笑着说："那我俩可真是受宠若惊，感谢你们英雄好汉。"

浅水湾是香港最受欢迎，交通最方便，最具代表性的美丽海湾。海床绵长宽阔，波平浪静。沙滩上有古典色彩的镇海楼公园，面向海边矗立着十多米高的天后圣母与观音菩萨神像。

香港海洋公园，在香港仔与浅水湾之间的南朗山上，是东南亚最大的海洋主题公园。公园拥有世界最大海洋水族馆，内有海洋馆、海涛馆、鲨鱼馆、呈现了大海的奥秘。在海洋公园，同伴们又兴致勃勃地看着海豚表演，又拍照留念。

尖沙咀在繁华的九龙亭半岛南端，繁盛的商业区吸引了大批游客。弥敦道上的大型购物商场，被称为"黄金一英里"。著名的星光大道便设于尖沙咀海滨长廊，是热爱电影艺术人不可错失的游览之地。

维多利亚港湾、维多利亚公园、迪斯尼乐园、浅水湾、海洋公园、户外手扶电梯、尖沙咀、黄金一英里，好玩的地方多的是。

丽江

丽江古城坐落在丽江坝子的中部，是有着800多年历史的古城。古城充分利用山川地形和周围自然环境，河水发源于象山脚下，玉泉河水入城后，分出众多支流，穿街绕巷，流遍全城，形成"家家门前绕水流，户户屋后垂杨柳"的诗情画意的街巷。

丽江古城与四川阆中、山西平遥、安徽歙县并称为"保存最完好的四大古城"。1997年12月，入选《世界文化遗产名录》。

周队长看着周围的环境说："这是个精致巧妙而又依山傍水的古城，西北边是山，东南边是平川，清澈的玉泉河从山上引入城里，穿城而过，形成家家有泉水，户户垂杨柳的江南水乡，这是人类利用自然而改造出的杰出成果。"

山川说："丽江古城的地理位置很有特点。同伴们看，古城的北边依着金虹山、象山。西枕狮子山，东南边是辽阔的平川，整座古城坐西北向东南。"

海湖又说："这清澈晶莹的玉泉河水，悠悠流至玉龙桥下，分成西河、中河、东河三岔河流，穿流于整座古城。"

小陶和同伴们在街上边游览边说："你们看这街道的布局，呈网格状，工整而自由。

山川又说："河道上有大石桥、万子桥、南门桥。古城的中心，以彩石铺地的方形广场，称为'四方街'。四条主街道通往四个方向，使小巷的街道如网，往来通畅。"

古城所有街道，都由五花石铺成，雨季不泥，冬季无尘，颇有些江南小镇的特色。男女同伴们走在像是用水清洗过的石子铺成的街道上游览，街上干净清爽，路边的垂柳花草秀丽多姿。如同走在雨后晴朗的小城，给人以朴实、恬静的感觉。

城中的民居以土木结构为主，多为三坊一照壁，亦有四合院。院内种植花木、盆景，素有"丽郡从来喜植树，山城无处不养花"的美称。古城保存完好，至今仍保留着传统的生活方式和本民族的风俗习惯。

男女同伴们又来到路旁的商店，挑选各自喜欢的工艺品，看着这些制作精美的玉器雕刻，他们感悟到丽江古城，不愧为中国历史上的江南名城。

此外古城以北的玉泉公园有玉河、龙潭、清溪、山林多个景区。玉龙雪山则是集观光、登山、探险、度假、郊游为一体的多功能旅游地。游人在这里可尽情观赏、游玩。

长江第一湾，是万里长江从金沙江上游到丽江市与香格里拉沙松村之间，掉头北转形成一个"V"字的大湾，这就是著名的"长江第一湾"。

丽江的特产有普洱茶、银器玉石、木刻木雕。

丽江最美的旅游季节是 5 ～ 10 月。届时家家有泉水，户户垂柳，好一幅清新怡人的山水画。

平遥古城作为我国保存最完整的古城，而被列为世界文化遗产，又称华夏文明最典型的代表。城里完好的古城墙，是中国现存规模最大，历史最早，保存最完整的古城墙之一。

古城墙总长 6163 米，墙高 12 米，城内现存着 3997 处传统四合院，大多都有百

平遥古城

年以上的历史。有 400 处保存相当完好，堪称汉民族地区现存最完整的古城。同伴们开车来到这儿，一路风尘却兴致勃勃，收入眼帘的是厚重的古城墙，多重的四合院，青砖古朴淡雅，简洁美观，别有一番韵味。

平遥票号是银行的前身，我国的第一家票号"日升昌"就出现在平遥。清代末年，总部设在平遥的票号就有 20 多家，占全国一半以上，一度成为中国金融

业的中心，又称中国当时的"华尔街"。现在的平遥城，还保留着日升昌百川通票号的旧址。

市楼在平遥全城的中心，造型平淡素雅，屋瓦琉璃灿烂，是平遥古城的象征。市楼为3层，高15.5米，居于古城中央，与其他建筑遥相呼应，形成古城内起伏变换的优美线条。同伴们站在市楼上的平台长廊上观景。在这儿可以看到古城所有的城貌，多重的四合院、青砖铺成的街道，都可尽收眼底。

双林寺，距今已有1400多年的历史，殿内存有2000余尊彩绘泥塑最为人们称赞，形神兼备，色彩艳丽。双林寺里的"古代彩塑艺术宝库"是那样真实而厚重，鲜活而独特，是明代彩塑中实为少见的艺术杰作。城隍庙是平遥城现存最完好的庙宇，都按明清规制建造，由城隍庙、灶君庙、财神庙组成。城隍庙居中，灶君庙与财神庙各占左右，前后都有保存完好的四进院落。

明清一条街，是平遥古城的南大街，为古城文化遗产精华之一。750多米长的古街上，汇集大小古店铺多达100余个，几乎包括当时所有的行当。平遥文庙，始筑于唐贞初年，是我国现存各级文庙中历史最久的殿宇，又是全国文庙中仅存的金代庙宇。

同伴们来到一家饭馆，品尝最有特色的平遥牛肉和拉面，美美地饱餐一顿后，又上街游览。

山川对同伴们说："晋商大院可是最值得一看的'民间皇宫'。"

周队长笑着说："不着急，我们一家一家看，包你们大开眼界。"

晋商大院——乔家大院，为清末民初金融商业资本家乔致庸的宅地，是具有晋中特色且保存完好的清代民居。现被开辟为民俗博物馆，展示内容以风土人情为主，包括乔家历史，珍品，商俗等。来到乔家大院，首先进入眼帘的是正对大门的百寿影壁，男女同伴们站在砖雕的百字寿影壁前仔仔细细地观看。

周队长看着影壁说："看好啊，这一百个寿字的写法都不同，看你们认得几个？"

小陶边看边说："这是写出来的？我看好像是画出来的，你们看这些寿字有的像树枝、有的像山川河水、有的像盘龙。"

海湖说："我的小姐，这些寿字都是雕刻出来的，不是写也不是画出来的。"

邱文洁说："这些都是篆体字，观赏起来比较美观。另外，雕刻出来比写或画出来保存的时间都要长。"

说着同伴们又进到院内，这是个多重的四合院，大院套小院，需要好长时间才能全部转完。平遥著名的大院有许多，让我们一一游览，大饱眼福。

渠家大院，距乔家大院5千米，是清代商业资本家渠源浈及其后代的宅院。院内有8个大院，19个小院，房屋有240间。五进式的穿心院、牌楼院、十一踩楼包厢式戏台及石雕栏杆院，为渠家四大名院。

绿地说："这个大院里的包厢戏台多，可能这家主人喜欢看戏，除经商以外，用现代人的话说，就是他们还喜欢看文艺演出。"

山川说："你说得对，这么多的彩楼戏台，有可能。"

曹家大院，在太谷北洸乡，距今已有400多年的历史，有房屋277间。部分房屋吸收欧式风格，但大院总体以高耸、厚重、古朴为主，现已改为三多堂博物馆。

海湖说："这家大院的人，可能有到国外的人，不然怎么会有欧式风格的房屋。"

周队长说："在这黄土地上盖洋房，真的是土洋结合，别具风格。"

王家大院，是灵石历史上"四大家族"之一的静升王氏家族的宅院，坐落在灵石县的静升镇北端的黄土丘上，享受负阴抱阳的地势，隐身山林。

百寿图

大院自西向东延伸，从低到高逐步扩展，占地达15万平方米以上，与故宫一样都是城堡式格局。整座宅院呈现一个大写的"王"字，布局巧妙，独具匠心。鼎盛时期，大院有房间3000余间，现开放的4.5万平方米中，也有1118间。特别如高家崖、红门堡建筑群，远远看去，层楼叠院，鳞次栉比，蔚为壮观。大院规模之巨，内容之丰富，远远超出人们的想象，简直就是"民间的皇宫"。

红门堡，占地达19800平方米，整体呈"王"字形，左右对称，中间巷道与三条横巷相连，所有院落须先通过横巷，才能转入主路。180米长的主路，由大石块铺成，南北有象征龙头龙尾的亭阁相互照应，在阳光照耀下，大有"日照龙鳞万点金"的气势。

按功能区分的院落风格各异，书院、花院、厨院、寝院、围院个个结构精巧，回廊环绕，曲径通幽。有的前院通后院，有的三门通四院，令人目不暇接。额枋为3层高的浮雕，以镂空法雕刻出吉祥的图案，芭蕉、佛手、卷轴、盆景、四艺、如意、葡萄、海棠层层相叠，意在表现宇宙万物循环反复生生不息的运动规律，给人以美的享受。

周队长笑看同伴们说："游民间皇宫的感觉如何？有没有皇室成员的感觉？"

绿地笑着说："别说，这民间的皇宫真有皇家的气势，虽然没有三宫六院，可那上千间的房间，还有静升八堡，个个雄伟壮观。"

小陶说："谁说没有，这里有三门通四院。"

邱文洁笑着说："这家主人最巧用心思的地方，就是红门堡，三条横巷是王字的三横，一条主路是王字的一竖，整体看起来就是一个王字，体现主人深厚的家族观念。"

海湖在一旁对同伴们说："我对这民间皇宫的院落比较感兴趣，各个院落用曲径环绕，令来这儿的游人移步换景，非常值得欣赏。"

平遥古城是中国古代的金融中心，有名的晋商大院好似民间皇宫。这是黄土地上昔日的辉煌，又是现代的古迹。真实，厚重，鲜活是华夏文明最典型的代表，这可不是随便说说的。

平遥最美的旅游季节是5～10月，特产有长升源、长山药、晋中油糕、平遥碗脱、平遥牛肉、手工布鞋、剪纸。

男女同伴们游完晋商大院，又来到宰相村游览一番。宰相村在山西河东闻喜县，城北25公里处的礼元车站北隅，村子坐西向东，地处九座绿色山冈的环抱中。来到村前，看到迎面的墙壁上书写着"宰相村"三个苍劲有力的大字，这便到了。

男女同伴们来到村里，感受到了浓浓的乡土气息，他们在村子的街巷中漫行，仿佛感觉到在这裴代祖辈往日生活的空间里，有许多不为人知的秘密。

宰相村是个民风古朴的村子，又是一个引人瞩目的村子，在凝重浑厚的历史沉淀中，它生生不息地繁衍着一代代出类拔萃的历史名人。

绿地边看边说："这么古朴的村子，养育出那么多的宰相，真是不可思议，是遗传因子，还是别的什么因素？"

周队长说："从裴氏家谱来看，遗传因子与外在因素都有。"

小陶说："古代的宰相与现代的总理是同等级别的吧，按照现在的说法就是出总理的村子，对吧？"

山川笑着说："你说得对小姐，宰相和总理是同义名词，只是使用的年代不同，古代称宰相，现代称总理，明白吗？"

同伴们都笑着对山川说："明白，'古董'先生。"

纵观裴柏村的历史，可以追随到三皇五帝的传说。

五帝之一的颛顼是这一家族的祖先，一些裴氏家谱中，曾把颛顼帝列为一世，足以见其根深叶茂。

裴氏家族居住地起源于周代，周僖王时，六世孙陵封为解邑君，后除邑从"衣"以此为姓，裴氏真正诞生，而封地"邑城"便成了今天的裴柏。裴陵是裴氏家族的先祖，裴族兴旺于汉代，有裴潜、裴徽、裴辑、裴绾四兄弟。上下两千年间，裴氏家族英才辈出，业绩卓著，各类名流不下千人。许多知名的世界地图学家、思想家、历史学家皆在此诞生，不过最值得一提的还是裴柏村历史上出了59位宰相，堪称我国古代史上一大奇迹。

人们都说宰相肚里能撑船，一个村里出了59位宰相，怕是能撑起"万吨巨轮"，这不是奇迹是什么？

平遥古城到晋商大院再到宰相村，历史悠久、人文色彩浓厚，让人大开眼界。在这里你可以欣赏到黄土地上往日的辉煌，再联想到现代的生活，不由触景生情、感悟良多。非常值得在闲暇的时间里，游览观赏。

开车从黄土高原风尘仆仆地来到长江入海口的大都市上海，一路上看到了黄土地上生长的麦穗，玉米，稻米，瓜果等。车窗外不断变换的景色，令同伴们兴奋。他们在车上有说有笑，完全没有长途旅行带来的疲惫。

上海外滩是上海的风景线，亦是上海最时尚的名片。外滩全长1.5千米，集中了52余幢各国在不同时期风格迥异的高楼。有哥特式尖顶、巴洛克式廊柱、西班牙式的

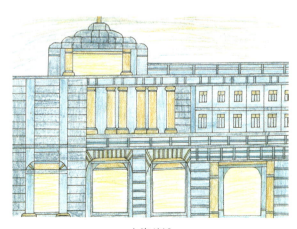

上海外滩

阳台，还有罗马式、古典式、文艺复兴式、中西合璧式等。南至延安东路，北至苏州河畔，沿途尽显"远东华尔街"的风采，具有浓郁的异国情调。

当夜幕降临，浦江两岸点缀着五彩的霓虹灯，灯火齐明，成为上海之行必看的风景。繁华的外滩也渐渐成为上海高端名流们的出入场所。

在外滩游玩，须得有一种"端起来的架势"，那儿的雕塑，那儿的游轮，那儿的商铺，那儿的行人，无一不让你体会到什么是"范儿"。

男女同伴们前后来到黄浦江边，周队长问他们："怎么样，有没有找到'范儿'的感觉？"

海湖说："就是住豪华饭店，进出高端娱乐场所吗？那只找到一半，剩下的一半随时再找如何啊？"

周队长笑着说："说得好，我们再继续找，下一个目标，明珠塔。"

黄浦江东岸的东方明珠塔，高 468 米，是上海的标志性景观，是亚洲第一，世界第三高塔。全塔由上球体和下球体加太空舱组成，塔内有上海历史陈列馆、旋转餐厅、科幻城、空中旅馆主要景点。游完上下两个大球体，同伴们坐在旋转餐厅，边用餐边观看塔外的风景。

山川说："坐在高处看风景，感觉就是不同，有种居高临下的感觉，我们在这儿既可饱眼福，又可饱口福。"

小陶说："是品尝到了上海的美味，才让你这么兴致勃勃吧？"

邱文洁说："你别说，上海的餐饮色、香、味俱全，外加清淡爽口，菜量充足。我们在这儿可称心如意地品尝，而后满心欢喜地上街游览。"

周队长说："那我们就先填饱肚子，再上街游览。"

黄浦江是上海的母亲河，南浦大桥、卢浦大桥、杨浦大桥三座大桥横跨其上。2010 年"上海世博会"开幕就选在浦江两岸。

金茂大厦高 420.5 米，第 88 层观光厅是目前国内最大的观光厅。与金茂大厦遥相呼应的环球金融中心，高 492 米，地上 101 层，距地面 472 处有"观光天阁"，游客在那里可找到"浮"在空中的感觉。同伴们住在这样高的宾馆，仿佛在太空舱里漫游上海。

上海科技馆是著名的科普教育和旅游休闲基地。由十二个主题展区，四大科技影院，六大新剧场组成。建筑的中间是一个具有标志性的巨大玻璃球体，镶嵌在一潭清水之间，它寓意着生命的诞生。

世纪公园享有"假日之国"的美称。公园内草坪、森林、湖泊众多，还有乡土田园区、湖滨区、鸟类保护区、异国园区等 7 个景区，以及镜天湖、绿色世界浮雕、缘池等 45 个景点。

浦江观光隧道是中国第一条穿江人行观光隧道，全长 646.70 米。隧道内经由漩涡区、穿梭区、岩浆喷射区等 8 个景色不同的区域，是以"穿越地球"为主题的高科技梦幻旅程。

上海博物馆与北京、南京、西安的博物馆并称为四大博物馆，外形犹如一尊庄重古朴的古代青铜器。内分古代青铜馆、古代陶瓷馆、历代钱币馆、历代绘画馆等 12 个陈列馆。同伴们来到这四大博物馆之一的展馆，宛若从青铜时代辗转到陶瓷时代，从古代到现代环绕了多个时代。

男女同伴们来到上海美术馆，这里是上海近现代艺术的收藏中心。现有各类藏品 8000 余件，分 12 个展厅展出，有演讲厅、图书馆、阅览室、会议室、艺术家工作坊、艺术书店、艺术品商店与画廊等。

上海大剧院，分为主剧场，中剧场和小剧场三个剧场。主剧场的舞台是亚洲最大，世界上最先进的舞台之一。拥有 1800 个座位的主剧场，用于上演芭蕾、歌剧和交响乐等活动；

拥有 600 个座位的中剧场，用于室内音乐的演出；200 个座位小剧场，可以进行话剧与歌舞剧表演。

整座剧场融汇东西方文化韵味，宛如一个水晶的宫殿。在这个最先进的大剧院看歌舞表演，无论是演员的表演水平还是室内的音响效果都可称一流。同伴们坐在剧场内，欣赏着充满激情的歌舞表演，兴奋之情溢于言表。

豫园为中国明代的江南名园，园内有五条龙墙，将 30 余处亭台楼阁分成 7 个景点，是兼明清两代园林风格的古典园林。到豫园人们大可轻松地游玩，这座江南名园汇聚了明清时代的精粹，亭台、楼阁、弯桥、龙墙，处处设计巧妙，极富诗情画意。

邱文洁说："这个商业大都市里的园林，会给紧张工作的人们提供一个放松心情，休闲娱乐的场所。这里交通便利，设施先进，足不出城就可游山玩水。"

周队长说："现又增加有世纪公园，上海世博会正在召开，我们可以到那儿看看，你们说怎么样？"

小陶说："好主意啊，那儿可是'世界公园'，我们可以称心如意地游览，又可以找到另一半的'范儿'，你们说是吗？"

绿地说："对啊，这可是难得的好机会，我们正好碰上。"

山川和海湖说："还待何时，明日就出发。"

上海是中国最繁华最时尚的大都市，又是 2010 年的世界博览会成功举办的城市。

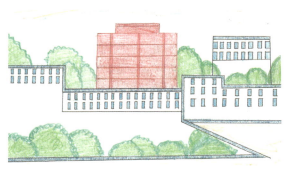

布达拉宫

在游览完上海世博会后，他们又开车来到千里之外的西部高原。

布达拉宫是拉萨的标志，是集宫殿、城堡、寺院为一体的雄伟的建筑，分为红宫、白宫两部分。这座规模巨大的宫殿有 1300 年历史，是世界上海拔最高，最雄伟的宫殿，标志着西藏文化的灿烂。1994 年，布达拉宫被列入《世界文化遗产名录》。

经时间沉淀，布达拉宫收藏保存了大量的历史文物。2500 多平方米的壁画，上万幅唐卡，明清两代皇帝御赐的金印，金册和金银制品，到处彰显着布达拉宫的贵气。

布达拉宫的宫殿四壁和长廊，都绘有色彩绚丽的壁画。壁画内容丰富，栩栩如生，虽经历长久的岁月，但依然极具魅力。壁画还传神地再现了历史，包括当年修筑布达拉宫，松赞干布迎娶文成公主的情景，都在壁画上得以重现。

男女同伴们来到这五彩斑斓的壁画面前，海湖说："这画用的都是鲜艳的色彩，听说都出自僧人之手，你们信吗？"

周队长对同伴们说："你别认为僧人都是吃素的，在他们的眼里，世界同样是彩色的，所以才会画出这么鲜艳的壁画。"

山川笑着说："和尚是酒肉穿肠过，佛祖留心间。这儿的僧人是素食穿肠过，手中画精彩。"

大昭寺是 7 世纪中叶，藏王松赞干布为纪念文成公主进藏而修筑的，是西藏最早的土木结构宫殿，内存放有许多珍品古迹。

小昭寺是藏传佛教格鲁派的经学院，廊壁上绘有无量寿佛像。

男女同伴们又来到有"拉萨的颐和园"之称罗布林卡，7 世纪以后，历代都其为"夏宫"。园内有亭台池榭，是观赏考察，休闲度假的好场所。每年雪顿节间，罗布林卡都会上演传统藏戏，一周内在这里上演的是拉萨全年演出中阵容最强，内容最丰富，班底最强盛的藏戏。

羊八井是我国目前已探明的最大的高温地热湿蒸气田。因在高原上拥有沸腾的温泉而闻名，拥有全国温度最高的水泉。

在朗赛林庄园内，同伴们看到的是现今西藏保存较为完整的贵族庄园，属山南重点文物保护单位。庄园高 7 层十分豪华，主楼前有附楼，旁边有平房、马厩、染坊、作坊。

敏珠林寺院坐西向东，四面群山环抱，环境十分优美。寺内最大的佛殿是桂花康，经堂进深 7 间，面阔 7 间。敏珠林寺的僧人可以娶妻生子，寺主的继承以父子或翁婿传承，并不完全限定在父子血统关系上。

昌珠寺曾是文成公主的行宫，寺内有一幅闪闪发光的观音佛像，还有一副珍珠唐卡，长 2 米，宽 1.2 米，用 29062 颗小珍珠镶嵌而成，展示了藏民族高超的手工技艺。

西藏博物馆在拉萨市罗布林卡路上，是西藏第一座具有现代化功能的博物馆。同伴们从这座博物馆出来，又来到林周县唐古乡的热振寺，寺中大殿还有殿中殿，周围有 108 泉和 108 塔。看到这泉和塔，周队长说："这 108 个泉和塔，有什么含义？"

有同伴说："那你恐怕得问寺内的僧人了。"

拉萨每年 5～10 月是旅游旺季。进藏前一定休息好，初到高原需适应一段时间。特产有精美唐卡、华丽藏刀、典雅的转经筒。八角街又称八廓街，商品琳琅满目，可以自由挑选。在工艺品商场可以买到各种藏族风情的手工艺品。

江南的苏州园林，善于把有限的空间，巧妙地组成变幻多端的景致，结构上以小巧玲珑取胜，有"江南园林甲天下，苏州园林甲江南"的美誉。1997 年被列入《世界文化与自然遗产名录》。

苏州园林都是宅园合一的格局，可观赏、可游览、可居住，反映出中国江南民间起居休息的生活方式和习俗，代表着江南私家园林的风格和艺术水平。

苏州地处长江三角洲，是江南的水乡。明清时，经济、文化已发展到鼎盛阶段，造园艺术趋于成熟，出现一批卓越的园林艺术家，使得造园活动达到高潮。古代造园者都有很高的艺术修养，他们能诗善画，通过堆山凿地，种树栽花，以画为本，以诗为题，创造出具有诗情画意的景观，被称为"无声的诗，立体的画"。

男女同伴们在园林中游赏，如入人间仙境。园林是为表现主人的情趣理想，因而充满书卷的诗文题刻与园内的山水，花木自然和谐融合在一起，使园林的山山水水，一草一木都能蕴含着深远的意境。同时，在有限的空间点缀以山水、树木、亭台楼阁、池塘小桥，给人一种小中见大的艺术效果。

苏州城内有大小园林将近200处，如今仍然保存完好的有数十座。网师园、狮子林、拙政园和留园分别代表着宋、元、明、清四个朝代的艺术风格，被称为苏州"四大名园"。

从西向南他们沿路开来，到处都弥漫着空气中湿润的气息，说江南是水乡，一点儿也不过分.路边的绿树、水稻、江河、湖泊一一在你眼前穿过，构成一幅丰富多彩的江南即景。山川开着车听着音乐，坐在他身边的周队长说："从前乾隆皇帝下江南，骑马坐马车少说也得数月，可没我们风光，我们现在开车可日行千里，转眼就可到目的地。"

海湖笑着说："所以乾隆皇帝把江南的山水景观移到家门口，随时可以游览观赏，颐和园的许多风景都是仿照江南水乡而修筑的。"

周队长看着她对同伴们说："那我们就是坐在这画中品茶的游人，这幅美景如果被画家看到，是否又会画出来，雕刻成塑像，长久的保存下来，那这座园林里，又增加一幅悠闲品茶的景观。"

同伴们都笑着说："那我们就都成这园林画儿中的人，可观可赏。"

周队长对同伴们笑着说："苏州园林游览的行程就这样，我们再到江南的又一旅游城市杭州，看你们有什么高谈阔论，说来我听听。"

苏州园林

苏州园林是江南最富有诗情画意的私家园林。

苏州最佳旅游季节 5～10 月，特产有仙桃、碧螺春、糖藕、宋锦、桃花坞木版年画。

说到江南的杭州，最容易使人想到就是西湖。民间从古至今都流传着"上有天堂，下有苏杭"的说法，可见苏杭是人间的天堂，是人们心中美好的旅游胜地。大文豪苏轼把西湖比作西子，是因为西湖的美丽如同传说中的西子一般沉腼羞涩，无论阳光灿烂的晴天或是在阴雨绵绵的雨季，当你来到西湖边都会被她的美貌所吸引。"欲把西湖比西子，浓妆淡抹总相宜。"这生动描绘，就是西湖带给人们的美妙景观。

西湖南北长 3.3 公里，东西宽 2.8 公里。绕湖一周近 15 公里。水域 5.66 平方公里，水深 1.55 米左右，蓄水量 850 万～870 万立方米之间。湖中分布着一山、二堤、三岛。苏堤和白堤，把西湖划成里湖、外湖、岳湖、西里湖、小南湖 5 个部分。

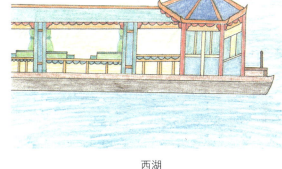

西湖

苏堤春晓是北宋大诗人苏东坡任杭州知府时，为疏浚西湖，利用挖出的葑泥修筑而成的堤坝。后人为纪念他治理西湖的功绩，而起名苏堤。每到春季，苏堤的两岸杨柳垂影，桃花艳灼，湖波倩影，无限柔情美丽。苏堤上有 6 座拱桥，游人可漫步桥上，领略湖光山色、万种风情。

男女同伴们边看边聊，周队长说："苏轼任杭州知府时，做的最有意义的事情，就是修筑这苏堤，给西湖增加不少的美景，你们看这堤坝边的垂柳，湖面上的拱桥。游人在这桥上漫步，在垂柳边照相。这里犹如人间仙境，怪不得神仙都喜欢，许仙和白娘子就是在西湖相遇的吧？"

山川笑着说："莫非你也想在这西湖边遇上个人面桃花的娘子带回家，享受洞房花烛夜的美妙乐趣？"

周队长说笑着："那是，这等好事谁不想遇到，你不想，才怪呐！"

同伴们说着，又来到三潭印月，三潭印月又名"小瀛洲"与湖心亭、阮公墩合称为"湖上三岛"。明代万历三十五年，钱塘县令聂心汤，取湖中葑泥在岛周围筑堤坝，形成湖中湖。后人在南湖中，造了三座瓶形石塔称为"三潭"。景观有开网亭、闲放台、迎翠轩、我心相印亭。来到西湖游人还可以看到，除西湖以外的许多景观，有雷峰夕照、柳浪闻莺公园、花港观鱼、虎跑泉、龙井茶还有断桥相会。

雷峰夕照在西湖南岸夕照山上，景观有雷峰塔、妙音台、夕照亭。在柳浪闻莺公园内，

有沿湖垂柳，有柳浪桥。园内种植有紫楠、雪松、广玉兰多种树木与名花。

花港观鱼有红鱼池、牡丹园和花港。其中红鱼池是全园的主景，养着数以万计的金鳞红鲤鱼。

杭州的虎跑泉是中国名泉，龙井茶是我国名茶。用虎跑泉水冲泡龙井茶时，色、香、味最佳。因而有"虎跑泉龙井茶"之说。

断桥是西湖三大情人桥之一。相传白娘子和许仙的爱情故事就是从断桥相会，借伞定情开始的。

游览杭州西湖，没有季节限制，一年四季景色各异，别具韵味。

特产：龙井茶、莼菜、西湖藕粉、丝绸、西湖珍珠。

欲把西湖比西子，浓妆淡抹总相宜，是西湖景致的真实写照。

元阳梯田

男女同伴们开车，转眼间，从西子湖来到了云南，开始游览哈尼族人修筑的闻名全国的元阳梯田。

元阳梯田，在云南元阳县，是哈尼族人世世代代留下的杰作。

元阳县境内，全都是崇山峻岭，所有梯田都修筑在山坡上，梯田的坡度

在 15° ～ 75° 之间。以一座山坡为例，最高级梯田达到 3000 级，为中外梯田景观的罕见之作。在漫漫云雾的覆盖下，梯田层层叠叠，形成神奇壮丽的自然景观。

元阳梯田规模之大，绵延整个红河南岸的红河、元阳、绿春和金平县，仅元阳境内就有 17 万亩梯田，是红河哈尼梯田的核心区。人们来到门外，随意往哪边看，都可以看到壮观的梯田。

2500 年前，哈尼族的祖先从西藏高原来到云南元阳，在生存上遇到难题——高山深谷不宜耕种。哈尼族人以顽强的民族性格与大自然抗争，用石头围墙，引来山泉灌溉田地，并在水雾缭绕的梯田上种稻谷。久而久之，元阳这一带的山间，就形成一幅幅让人赏心悦目的"元阳梯田"，备受摄影师与画家们推崇。

明代时，这种开垦良田的技术，就传到外国和东南亚地区，哈尼族因此获得明代皇帝赐予的"山岳神雕手"的称号。

哈尼族梯田，是和谐、可持续发展的生态系统。村寨的上方有茂密的森林，提供水源、木材、薪炭。村寨下方是相叠的千百级梯田，提供哈尼族人，生存发展所需的粮食。中间是村寨哈尼人安度人生的居住处。这种江河—森林—村寨—梯田的构造，形成"四度同构"的生态系统，充分体现人与自然高度的协调。

每年到 2 ～ 3 月间，人们到元阳，沿着公路旅行，就可看到水平如镜的梯田，从山头上层层延伸下来，交汇成万顷良田。在阳光和云雾中，壮阔无比，身着色彩亮丽服饰的哈尼男女，在田间挥锄犁田，好一派祥和的自然景色。

这次到元阳，男女同伴们分别住在哈尼人住的村寨。早饭后，同伴们来到田间，看哈尼族的男女都在梯田里干农活，同伴们都好奇地手把手学着，随后又与哈尼族的人们照相留念。

看着这一往无际的梯田，在阳光照射下，好像是一幅幅在山间描绘的油画，有金灿灿的黄色，深浅不同的绿色，形成这层层叠叠的元阳梯田特有的景观。在让人感动的同时，又佩服哈尼人用聪明与智慧，改造出这人与自然协调发展的乡村典范。

坝达在元阳城南部 43 公里处，新街的东部 15 公里，包括箐口，全福庄这连片的梯田，最适合拍摄梯田夕阳。全景有 17 个自然村，8737 亩梯田，全为哈尼族所有，是游人观赏梯田，云海的最佳地。

元阳梯田旅游最美季节，是秋季的多晴朗的日子。特产有鲁沙梨、苹果、南沙牛肉、茶叶。

来到元阳梯田游玩，可用人在山中游梯田，从而形成一幅幅精美的高山梯田艺术品画面，这幅画就是云南元阳县的元阳梯田。

万里长城在我国的北部，东起河北省渤海湾的山海关，西至甘肃省的嘉峪关。最早修建的长城，是从公元9世纪的周代开始，先后修建2000多年，总计长度5万多公里，称为"上下两千多年，纵横十万余里。"被列为"中国古代世界七大奇迹"之一。

公元前221年，秦统一全国后，就开始大规模修筑长城。作为防御工程，修筑长城成为巩固边防重要的军事任务之一。长城翻山越岭，穿沙漠，过草原，是古代工程史上的一大奇观。"不到长城非好汉"没有任何一处景观，可以比万里长城能代表中国人的精神。长城是中国也是世界上修筑时间最长，工程最大的一项古代军事防御工程。

男女同伴们，开车来到北京休息几天后，就开车来到长城脚下，他们停好车，就开始徒步爬长城，同伴们先后上到城堡。

周队长说："站在这高高的城堡上看周围，是有一览众山小的感觉。这项古代的防御工程，真的很有气势，把部队放在这儿坚守，可以达到进攻与防御的双重效果。"

山川边看边说："这项工程在古代是可以，现在就只能作为古迹让人们观看。现代的战争有飞机，导弹就可有制空权，想打哪儿都不在话下。"

海湖说："登长城是让你领略古代的防御工程，长城代表的是中国人英勇无畏的精神。不是与你讨论什么打仗的军事问题。"

山川笑着说："我是说站的高看得远，可以从古代战争看到现代战争。"

邱文洁和小陶笑着说："你们遇到口才一流的高人啦。"

周队长笑着说："什么高人我看这小子欠揍。"说着来到山川跟前。

山川转到城堡的那边笑着说："我要利用在防御工程，与你展开游击战，看你怎么办？"说着两人在城堡上相互追捉起来。

绿地笑着说："胜者请客，今晚有人请客，我们可以饱餐一顿。"

八达岭长城是明代长城中保存最完好，最具代表性的一段。海拔高度1015米，地势险要，历来是兵家必争之地。登上这里的长城，可以居高临下，纵览崇山峻岭的壮丽景色。这儿的长城都用花岗岩条石和特制的城砖砌筑而成，高大而又坚固。景区内有长城博物馆，全周影院，可多处游览。

长城有许多的景观，可让来这儿的游人大开眼界。站在这万里长城上，可看到燕京的八景之一的居庸叠翠；在怀柔可看到慕田峪长城；来到密云县，可看到明代的原貌长城；在秦皇岛就能看到长城东端的山海关；来到长城最西端的嘉峪关，就知道这儿曾是古丝绸之路上的重要一站。

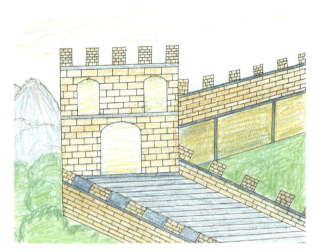

八达岭长城

居庸关号称"天下第一雄关"，关城的周长4000米，城内有衙署、庙宇。"居庸叠翠"为燕京八景之一。

慕田峪长城，在北京怀柔境内，自古就是兵家必争之地。这里风景优美，绿树成荫，一年四季景色宜人，是规模最大质量最高的长城。

司马台长城，在北京密云县，是我国唯一保留明代原貌的长城，联合国教科文组织定为"原始长城"，至今保存完好。

山海关在秦皇岛，是长城东端的起点，防御体系相当完善。城高14米，厚7米，登上城楼，可以看到碧波万顷的大海和蜿蜒的长城，有"天下第一关"的美称。来到山海关，男女同伴们登上城楼，面对大海拍照留念。

嘉峪关，是明代长城最西端的起点，是目前保存最完好的城关，是河西第一隘口，也是丝绸之路上的主要一站。这里的城关，则是由内城，外城和城壕组成的完整军事防御体系。现在的城关以内城为主，由黄土夯筑而成，外面包有城砖，即坚固又雄伟。城关的两端，横穿戈壁沙漠，有"天下第一雄关"的美名。

长城是中国修筑时间最长，规模最大的军事防御工程。

最美的旅游季节是金秋时节，特产有烤鸭、果脯、茯苓饼。

工艺品有牙雕、玉器、泥人、脸谱、风筝。

故宫是明、清两代的皇宫，古称紫禁城。是世界上现存规模最大，最完整的古代皇家建筑群。皇宫内有大小宫殿，城墙周长3420米，高10米，城墙外有环绕的护城河，城内有"三宫六院"和御花园。

故宫占地72万平方米，共有殿宇9999余间。城墙南北长961米，东西宽753米，墙高10米。城外有一条长3800米，宽52米护城河环绕，构成完整的皇城防卫系统。

故宫的总体布局，是以中轴前后对应与左右对称而建造。皇城上的寸砖片瓦，皆遵循封建礼制，体现出帝王至高无上的权威。

皇城内有前三大殿（太和殿、中和殿、保和殿），

后三宫（乾清宫、文泰宫、坤宁宫）为主中路，

以武英殿为主的外西路，

以文华殿、奉先殿、宁寿宫为主的外东路，

以养心殿、西六宫为主的内西路，

以东六宫为主的内东路，6条游览路线。

故宫

故宫保存有院藏文物150余万件（套），有绘画、书法、铭刻、雕塑、陶瓷、铜器、金银器、珍宝、玉石器、织绣、漆器、珐琅器、雕刻工艺、文具、生活用具、钟表仪器、帝后玺册、宗教文物、古籍文献、武备仪仗、外国文物。

故宫建筑的内外设计，平面布局，立体效果，堪称是无与伦比的古代皇宫杰作。外观形式上庄严、堂皇、和谐、气势雄伟、豪华壮丽、是中国古代建筑艺术的精华，标志着中国悠久的文化传统，显示着500多年前匠师们的卓越成就。在1988年，故宫就被联合国教科文组织列为《世界文化遗产名录》。

故宫是明清两代皇帝居住的皇宫，来到故宫如同进入一座皇城。男女同伴们先后上到城楼，站在围栏边看长安街，感觉长安街有宽又长好壮观。绿地说："国家领导人就是在这里，出席盛会或检阅部队的吧？"

周队长笑着说："是的，怎么样，站在这里感觉很荣幸吧。"

山川看着队长笑着说："就是啊，我们都感到荣幸知之。"

　　小陶对同伴们说："在这皇城的里面，还有好多让你们惊奇的景观。"她和同伴们走下城楼，前往故宫内部的各景观游览。

　　太和殿是紫禁城内体量最大，等级最高的建筑物。明永乐十八年（1420）建成，明清24位皇帝登基即位，都在太和殿举行盛大典礼。

　　角楼建于紫禁城四隅之上，建成于明永乐十八年，在民间有"九梁十八柱七十二条脊"之说。

　　周队长说："果然是金碧辉煌，好有皇家的气派。"

　　小陶说："皇宫当然就是金碧辉煌，不然怎么称得上是皇家宫殿。"

　　男女同伴们边看边说，感受着这皇宫建筑群的雄伟与辉煌。

　　乾清宫是内廷三宫之首，自永乐皇帝朱棣至崇祯皇帝朱由检，共14位皇帝曾在此居住。

　　武英殿在熙和门以西，清康熙四十年（1701年）以后，武英殿大量刊刻书籍，质地精美，书品甚高，世称"殿本"，如今的武英殿为书画展馆。

　　养心殿在明嘉靖年间修筑，清代由8位皇帝先后居住在此，曾经是两宫皇太后垂帘听政处。

　　故宫旅游旺季是全年12个月。在任何时间，人们都可随时来游览。

　　故宫是历代皇帝居住的皇宫，现为故宫博物院。金碧辉煌，富丽豪华，是中华民族五千年文明史的显现。

　　天坛是明清两代皇帝，每年祭天和祈祷五谷丰收的专用祭坛。是世界上现存规模最大，在京城"天地日月"诸坛之首。是最完美的古代祭天建筑群，天坛悠久的文化内涵，有宝贵的科学艺术价值及优美的园林景观，而取得世人关注。1998年联合国教科文组织，将天坛列入《世界文化遗产名录》。

　　祈年殿，是一座木结构攒

祈年殿

尖顶三重蓝色琉璃瓦檐的建筑，是清王朝举行祈谷殿礼的神殿。祈年殿设计成上屋下坛，屋即祈年殿，坛即 3 层汉白玉石台，石台通高 5.20 米，各层皆环绕以汉白玉石栏。

祈年殿高 38 米，直径 34.72 米，周长 75.99 米。正面设 3 间门，大殿当中有 4 根龙井柱，象征春夏秋冬四季。

中层 12 根金柱，象征一年 12 个月。

外层 12 根檐柱，象征一天 12 个时辰。

中外两层共 24 根柱子，象征 24 个节气。

加上中间 4 跟大柱，共 28 根，象征周天 28 星宿。

28 柱加上柱顶 8 根童柱，合计 36 根，象征 36 天罡。

祈年殿内装饰有龙凤和玺彩画，殿顶中心为龙凤藻井，大殿地面以艾叶青石铺墁，中心为圆形用大理石铺成，称之为"龙凤石"，与龙凤藻井相对应。祈年殿已成为北京悠久历史和厚重文化的标志之一。在北京东南部，永定门大街的东侧。

旅游旺季是每年春秋两季。

祈年殿是古代皇帝祈祷五谷丰收的专用祭坛。

颐和园，是清代皇家避暑的行宫。是世界上造景最丰富，建筑最集中，是我国现存规模最大，保存最完整的皇家园林。

颐和园是利用昆明湖，万寿山为基础，以杭州西湖为蓝本，是继传统造园艺术之大成而建造的皇家园林。饱含着中国皇家园林的富丽气势，又充满自然景观之趣，高度体现出"虽由人作，宛如天开"的造园准则。1998 年 12 月，被联合国教科文组织列入《世界文化遗产名录》。

颐和园由万寿山和昆明湖组成两大主体，总面积 3000 多平方米，水面占 3/4，园中树木翁郁，前柏后松。万寿山以佛香阁为中心，有 728 米的长廊，苏州街，谐趣园，藻鉴堂。昆明湖中有西提六桥、南湖岛、五龙亭、十七孔桥。

男女同伴们从佛香阁下来，坐在长廊边休息边说着话。

周队长看着周围开玩笑地说："这就是乾隆皇帝，从江南移过来的皇家的园林，比江南园林可气派多了。"

山川说："那是啊，江南大多是私家园林，这儿才是真正的皇家园林。"

邱文洁说："是的，比如这长廊就是皇家园林的精品杰作，七百多米长，只有在皇家园林里才能看到。"

小陶说："还有这万寿山、昆明湖、佛香阁、南湖岛、五龙亭、十七孔桥，这些景观都说明我们是在游皇家园林，你们说对吧？"

绿地开玩笑地说："是的，格格请带路。"说着同伴们起身向昆明湖一带游览。

万寿山寓意长寿永固，昆明湖沿湖的堤岸，绿柳红桃则是一派江南风光。各处绿荫中散落着 3000 余间形式各样的厅、阁、轩、殿、亭。大小园林院落 20 余处，可游览的景点多有 100 余座。

园林内的文物陈设琳琅满目，有 4 万余件清代帝后曾使用过生活用品。颐和园继承历代皇家园林的传统，园中有前山前湖，后山后湖，沿湖与堤岛分布周密。

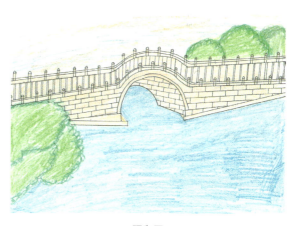

颐和园

颐和园的长廊，在万寿山南麓，是世界上最长的画廊，绘着 1.4 万多幅苏式彩画。前山中部有金碧辉煌的排云殿、佛香阁。昆明湖岸边的云辉玉宇楼，终至山巅的智慧海，重廊复殿，层叠上升，贯穿青锁（指宫门或窗户），气势磅礴，非常有观赏性。

佛香阁有八面三层，踞山面湖，现供奉的是从万寿弥陀寺移来的明代千手千眼观世音菩萨像。

昆明湖的西堤，宛如一条翠绿的飘带，萦绕南北，堤上六桥，形态各异，湖中十七孔桥，长虹偃月、涵虚堂、藻鉴堂、治镜阁 3 座岛屿，好似传说中的海上仙山。湖畔，汉白玉的石舫精美绝伦。镇水铜牛，耕织图，则蕴含江南农耕文化韵味。万寿山后，四大部洲有高原异域风情，谐趣圆，亭廊幽曲，后溪河畔，苏州街是江南水乡的风貌。

颐和园的旅游旺季是春秋两季。

颐和园是首都最大的皇家园林，又是规模最大，保存最完整的皇家避暑行宫。

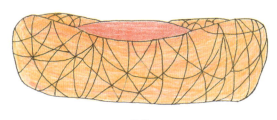

鸟巢

水立方

国家体育馆鸟巢，是第 29 届奥林匹克运动会的主会场。是由瑞士赫尔佐格和德梅隆设计事务所共同设计而成，其结构科学简洁，完美统一。外观两边高，中间低，如同孕育生命的巢因而称名为"鸟巢"。整个体育馆可容纳观众 10 万人。

国家游泳中心的水立方，与鸟巢分别建在，北京城市中轴线北端的两侧，形成相对完美的北京历史文化名城的形象工程。承担游泳，跳水，花样游泳比赛，有观众座席 17000 座，永久观众座席 6000 座，设计方案是经全球设计竞赛，而产生的"水立方"的设计方案。

鸟巢，水立方是 2008 年为举行奥运会而修筑的比赛场，除有重大比赛外，游人可随时游览。同伴们坐在鸟巢的椅子上，感受着各类比赛会给观众带来的精彩。

在这座水房子里，男女同伴们则有进入水世界的感觉，脚下有可游泳的水池，周围是水泡泡组成的墙面，波光粼粼，在这座水房子里游走，如同在水中漫步，感觉好清爽。

鸟巢和水立方现已全面对外开放，游人可随时游览。

福建土楼，是世界上仅存的山区大型夯土民居建筑，形状有圆形、方形、椭圆形，适应聚族而居的生活和防御要求。土楼巧妙利用山间的平地和当地生土，木材，鹅卵石的材料，又吸取中国传统的规划"风水"理念，是一种自成体系，具有节约、坚固、防御性强的特点，又极富美感的生土高层类型的土楼。2008 年 7 月 6 日，福建土楼正式列入《世界文化遗产名录》。

福建土楼散布于客家人聚居区，集中在永定、南靖。往东有著名的田螺坑土楼群，下坂裕昌楼、和贵楼、怀远楼。往西有河坑土楼群，承启楼、振成楼、初溪土楼群，以方楼，圆楼最为典型。福建土楼的建筑材料，由生土、蛋清、猪血和蒸熟的糯米混合搅拌而制成，坚固耐用。圆楼的坚固性最好，这是因为圆筒状的结构，能平均传递各型负荷载重，同时，外墙底部最厚，往上渐薄并略向内倾，形成极佳的预应力向心状态。在一般地震或地基下陷情况下，土楼整体不会变形。

圆楼，是永定客家土楼中最出名的一种，有的是一环楼，有两环以上的多环同心圆楼，多环同心圆楼的圆外高而内低，环环相套。

永定县现存圆楼就有 360 多座：

有年代最久，环数最多承启楼；以富丽堂皇著称的振成楼；

直径最长永福楼；直径最短如升楼；

圆中有方的永康楼和衍香楼。

地村的土楼群，有圆楼、方楼、王凤楼（府第式）。规模很大，占地 1000 平方米以上，高 3 层以上的土楼超过 80%，最高的达到 6 层，圆形土楼最大可达 80 米。

二宜楼以"土楼奇观"，"楼中之宝"享誉海内外，土楼研究专家用"八个最"来形容：

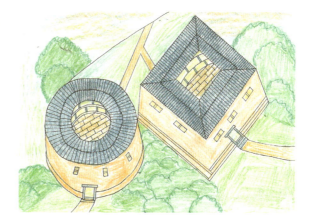

福建土楼

环境最宜居，布局最独特，防卫最周密，

外墙最厚实，设计最科学，壁画最丰富，

保存最完整，获得"国宝"称号最早，楼内有壁画彩绘 952 处。

男女同伴们来到土楼，如同进到一座城堡，高高的围墙，环行的走廊，连续住着百十户人家，中间圆或方形的空地，可以开阔视野，又是空气流动，的确是设计科学，防卫性强，是少有的人类住宅群。

周队长对同伴们说："住在里面的人，都是同姓还是异姓？"

山川说："可能男的都是同姓，娶的媳妇都是异姓，不然就成近亲结婚，这样不好吧？"

绿地说："有道理，这么多人住在一起，外人看起来，是有些搞不清。"

海湖开玩笑地说："这围楼就是内清外晕的住宅楼，住在里面的人都清楚人与人之间的关系，外面的人就不知道，这样好，防御性能好。"

承启楼，在高头乡高北村，相传从明崇祯年间破土奠基，至清康熙年间竣工，历世 3 代，阅时半个世纪。民间曾有这样生动的传说，"高四层、楼四圈、上上下下四百间，圆中圆，圈套圈，历经沧桑三百年"。是对该楼的生动写照。承启楼占地面积 5376.17 平方米，全楼住着 60 余户 400 余人，号称"土楼王"。

田螺坑土楼群，由一座方楼，3 座圆楼（和昌楼、振昌楼、瑞云楼）和一座椭圆形楼（文昌楼）组成。

怀远楼，是目前保存最完整的防御性土楼，楼高 13 米，有 4 层 136 个房间，楼内的楼中楼最为精美。

和贵楼，是南靖最高的土楼，高 5 层，140 个房间。这座楼建于沼泽地上却没有桩基，就像大船漂浮在海面上，历经 200 多年仍坚固耐用。

衍香楼，是一座圆形土楼，每层 34 间，共 136 间，楼层有三棵古松树。

振福楼，是永定最具代表性的客家圆土楼，外土内洋，中西合璧，楼按八卦布局设计，共有 96 个房间。

初溪土楼群，是最原始最具客家人文色彩土楼群，被誉为"中国最美丽的土楼群"，是我国规模最大的客家土楼民俗珍品博物馆。高北村土楼群共有上百座土楼，依山傍水，主要有承启楼、王云楼、深远楼、五角楼。

土楼的功能是聚族而居，圆形给人带来万事好和，子孙团圆，又有安全防卫的功能。来到这儿的所有人看到都会说，好大的一个家。福建土楼最美的旅游季节是四季皆宜。

开平碉楼

开平是著名的侨乡，碉楼最多时达 3000 多座，现存的有 1833 座。从水口到百合，又从塘口到蚬冈，纵横数十公里，连绵不断。

开平碉楼的建筑风格和装饰艺术多样，有国内外不同时期的建筑形式，充分体现出华侨主们，动吸取外国先进文化的自信，开放和包容的心态，不同的旅居地,不同的审美观,造就出开平碉楼的奇观。这里 1800 多座碉楼异彩纷呈,被称为 "华侨建筑文化典范之作"。2007 年 6 月,开平碉楼与村落列入《世界文化遗产名录》。

他们一行六人开车停在这碉楼的外面看着,绿地说:"这碉楼是有些洋味道,到外国见多识广,可以洋为中用,就可建出这形态各异的碉楼。"

海湖说:"这儿的人到的国家不同,造出的碉楼形状就不同,看外观就能分辨出是哪个国家的华侨。"

小陶说:"你们想拜访这儿的哪家华侨,欧洲的还是美洲的?"

周队长笑着对同伴们说:"就眼前这家,你们看如何?"同伴们在碉楼外拍照后,进到碉楼的里面,与他们交谈品茶。

从侨乡开平出来,同伴们又开车来到地处沙漠的敦煌莫高窟。

敦煌莫高窟,是世界上现存规模最大,内容最丰富的佛教艺术地,以精美壁画和彩塑闻名于世,并衍生出一门专门研究藏经典籍和敦煌艺术的学科——敦煌学,被列为《世界文化遗产目录》。

莫高窟现有洞窟 492 个,壁画 4.5 万平方米。泥质彩塑 2415

敦煌莫高窟

尊,是世界上现存规模最庞大的 "世界艺术宝库"。

彩塑的形式丰富而有多彩,有圆塑、浮塑、影塑、善业塑。内容涉及佛像、菩萨像、弟子像、天王、金刚、力士、神像。彩塑最高 34.5 米,最小的仅 2 厘米左右,题材丰富,手艺高超,这儿又称彩塑艺术博物馆。

敦煌壁画包含各式各样的佛经传说,山川景物与亭台楼阁。在大量壁画艺术中还可发现,古代艺术家在民族艺术的基础上,吸取伊朗、印度、希腊多国古代艺术之长,是中华文明发达的象征。这儿不同的绘画风格,表现出不同社会政治、经济和文化的状况,是中国古代美术史的光辉篇章。

男女同伴们从洞窟里出来,又来到新盖的敦煌博物馆,他们边看边说着话。

山川对同伴们说:"在这里看展品比在洞窟里看得清楚多了。"

周队长说："博物馆是用砖瓦盖起来的，宽敞明亮，光线充足，自然我们就看得清楚。"

敦煌莫高窟是一座凿在沙漠里的黄土洞窟，彩塑壁画都是在洞窟里雕塑而成的，具有很高的观赏价值。

敦煌博物馆是融文物保护、研究、征集、陈列、展出于一体的综合性博物馆。馆内珍藏都是海内外的珍贵文物，敦煌博物馆是沙漠中壁画和彩塑艺术的宫殿。

秦皇岛是一个梦一样令人向往的城市。北戴河南戴河都有松软的沙滩，蔚蓝的渤海海水，想踏海浪就到北戴河、南戴河。想漫步在海边的沙滩，秦皇岛有长长的海岸线，山、城、海连成一体。城市有高楼，街道宽阔整洁，加上花草树木点缀，使城市充满活力。

秦皇岛，是我国北部最著名的旅游地，北戴河与南戴河都有最好的海边浴场。男女同伴们，坐在柔软的沙滩上说着话，周队长坐在沙滩用手摸着沙子说："你们看这沙子都是金黄色的，柔软如绵坐在上面，如坐在棉垫子上很舒服。"

小陶说："所以称金沙滩，加上旁边的绿树，还有蓝蓝的海水，就好似北方的江南。"

海湖说："这里好玩的游乐活动很多，我们可以任意挑选，你们喜欢的活动。"

北戴河是全国闻名的避暑胜地和天然海滨浴场。这里分为东山、中海滩、东联峰山和西联峰山，前两处为海滨浴场，后两处为丘陵度假区。海滩沙质柔软，水质良好，堪称是北方第一旅游胜地。鸽子窝是海滨观看日出的最佳处。游客来到这儿可享受到海浴、沙浴、日光浴，是避暑的理想场所。

南戴河与北戴河一桥相连，岸边沙宽100～200米。沙滩宽阔、沙子色黄如金，又名金沙。柔如地毯，软似棉絮，远近高低如金色海浪，海水清澈，潮汐稳定，风爽无尘，是北京周边最好的一处海滨浴场。

南戴河海洋乐园的背

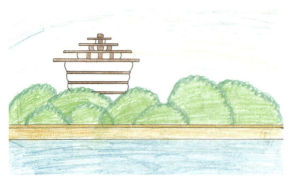
北戴河碧螺塔公园

后是层层叠叠的群山，面向碧波万顷大海。乐园有金龙山景区、碧海金沙景区、中华荷园景区、欢乐大世界景区。游人在这里可滑沙、滑草、乘坐热气球，有多项游乐活动项目。这儿的海上乐园，有"天下第一浴"之称。男女同伴们来到乐园，在海上乐园里，坐小型游艇开到海水里游玩。

仙螺岛的游乐中心，有全国第一条长达1000米的跨海索道，有海螺仙子、海中喷泉、观海长廊。在观光游乐塔上可俯瞰到南戴河的全景。

黄金海岸，这里沙质松软，色黄如金，滑沙和游泳是最令游人神往的项目。这里有国际滑沙活动中心，这儿海水洁净，沙质细腻。在沿海形成高三四十米的大沙山，这些金黄色的沙山呈新月形，沙坡陡缓交错，起伏有序，呈现天然海洋大漠风光。同伴们坐在滑沙板上，从几十米高山上滑下，感到新鲜刺激好玩，又安全可靠。

翡翠岛在黄金海岸南部，是我国七个国家级海洋类型的自然保护区之一。岛上沙山连绵，造型美观，最高处44米，岛上绿树葱郁，恰似一块翡翠镶嵌在金沙滩上，因而取名翡翠岛。到春秋两季，就有机会看到珍稀鸟类68种，游乐活动有游泳、滑沙、太空球、飞行捕鱼、沙滩排球。

金沙岛，在乐亭县的西南渤海中，金沙岛海中有岛，岛中有湖，湖中有岛，形成神奇的海上景观。随着潮水涨落，海岛把近海分成内海与外海，外海的黄沙灿灿，海水碧蓝是天然海岛浴场。内海的海水里鱼虾富聚，是捕鱼拾贝的理想海岛。

山海关是明代长城东部的第一座关。老龙头是万里长城上一座名副其实的海陆军事要塞，万里长城好似一条巨龙，在此将龙头伸入到海中约20米，因而得名"老龙头"。

山海关欢乐海洋公园，是一处大型海洋主题乐园。欢乐海洋湾如同一个大型海底世界，饲养着数目可观的鲨鱼、海狮、海豹、海龟、极地企鹅等。公园将各种各样与海洋有关的旅游产品，完美地融合在一起，任游人观赏挑选。戏水乐园则提供各种新式而又刺激的水上游乐项目。

九门口长城，是明长城的重要关隘，誉为"京东首关"。因筑有九座泄水的城门而得名，景区内有古长城隧道和珍禽观光园。

角山长城，是万里长城向北跨越的第一座山峰，也是明代辽东镇和蓟镇两座军事重镇的界限，又称为"万里长城第一山"。景点有角山寺，瑞莲捧日。

乐岛海洋公园，是国内唯一融运动、休闲、游乐、互动游乐、动物展演、科普展示、度假娱乐为一体的环保生态海洋主题公园。占地407亩，分为海底总动员、爱琴海音乐广场、海洋剧场、搏海湾、未来水乐园、美味卡布里、夏威夷海滩、海洋嘉年华八大区域。

这座海洋公园，在秦皇岛市山海关龙海大道 148 号。男女同伴们来到乐岛公园海洋八大区游览，听音乐，看展览，品尝美味，在未来水乐园里游水。

秦皇岛有北方最好的海滨浴场有避暑胜地的美誉。

每年 6～10 月是秦皇岛最美季节，7～8 月是避暑时间。秦皇岛特产和工艺品很多，珊瑚项链、玳瑁梳子、贝雕、珍珠挂件饰品、门帘。

如果说秦皇岛是北方的海边避暑浴场，那么承德就是北部最有名的避暑山庄。这儿是以宫殿、园景、庙宇、围场、草原、山脉为一体的皇家夏季避暑的热河行宫。

男女同伴们开车，来到这避暑的皇家夏宫，想感受康乾盛时皇家的庙宇、园景的风貌。

雕沟自然风景区坐落在距避暑山庄和外八庙群西南 10 公里处，又称鸟语林。因栖息雕鹰与鸟类而得"雕沟"之名。有 800 多种，15000 多只各种名鸟。

馨锤峰，俗称棒槌山。景区种植着许多的花卉，杜鹃花、芍药花、玫瑰花、丁香花、樱桃花 100 多种花卉，是一处天然的大花园。

木兰围场，是世界最大的皇家猎园，森林众多，河流纵横，草木丰盛，珍禽异兽众多。木兰围场是清代御用猎场，范围包括塞罕坝国家森林公园、御道口森林草原风景区和红山军马场三部分。

塞罕坝国家森林公园，以落叶松人工林和白桦林为主，被誉为"河的源头，云的故乡，花的世界，林的海洋，珍禽异兽的天堂"。

御道口森林草原风景区，包括民俗旅游度假区、皇家围猎游乐区、湿地生态观光区、草原生态游览区、森林草原游憩区等几部分。景点有神仙洞、桃山湖、月亮湖、百花坡等。

红山军马场，历史上是图尔根围场所在地，现已改为军马场和旅游地，游人可骑马体验奔驰草原的乐趣，这可是勇敢者的运动。男女同伴们还是鼓足勇气，都骑上马在草原上溜达一圈，有惊无险地满足了骑马的好奇心。

周队长骑在马上开玩笑地说："这儿是不是古代皇帝御赐给花木兰的牧场，奖赏她替父从军而立下的功劳。"

山川说："作为传说有可能，可是怎么又变成皇家的狩猎场呢？"

海湖笑着说："这又是一个美丽动人的传说……"

绿地看着同伴们笑着说："那你就说出来，让我们都听听。"

周队长看着同伴笑着说："我来听听你俩会怎么说……"说着骑马来到同伴们面前，两同伴赶紧两腿一夹，他们骑的马飞快跑开了。

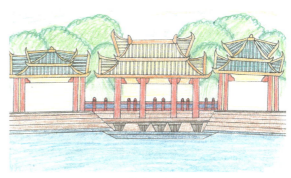

承德避暑山庄

喜峰口水下长城，是两山之间夹一关城。因水浅，长城从山上到水里，又从水里到山上。这儿有蟠龙洞，小桂林的景点。

京北第一草原，是距北京最近的天然山地草原，称为京北第一草原。这里盛夏无暑，花鲜草茂，空气清新，是著名的旅游避暑胜地，被称为北疆和京津相连的绿色长廊。

雾灵山，是燕山山脉的主峰。峰高 2116 米，有"京东第一山"之称。主要经过有仙人塔、莲花池、七盘井、龙潭瀑布、雾灵字石。

承德避暑山庄是清代皇室避暑的热河行宫。

夏季和秋季是承德避暑山庄最佳的旅游季节。有丰富多彩的民间艺术，丰宁剪纸，根雕，字画都是民族色彩很浓的旅游工艺品。

对祖国的大好河山的余热意犹未尽时，男女同伴们又改换行程，跟随旅行社准备环游世界，行程是从亚洲出发，途径欧洲、美洲、非洲、澳洲。

在人们的内心深处，常常会梦想周游世界，想踏上异国的国度，在那些熟悉而又陌生的国家里，领略一番丰富多彩的世界各国。

男女同伴们一行六人，跟随旅行社的旅行团队，踏上邻国韩国的首都首尔，这个与中国有许多相似之处的国度。

韩国全称大韩民国，为单一的高丽民族，首尔是韩国首都又是最大的城市，遗迹甚多，有"皇宫城"之称。景福宫，在世字路北端，外形似中国故宫。整座宫殿占地 20 公顷，东面有建春门，西面有迎秋门，北为神武门，南为光化门。

外有一条东西向的运河，河上横卧着锦川桥。有思政殿与乾清殿，思政殿是一座巨型两层阁楼，是当年国王设宴招待众臣和外国使节的地方。还有国立博物馆和民俗博物馆，这儿展出韩国各个历史时代的珍贵文物8000多件，反映国民生活的展品有5000多件，是韩国的国宝之一。

在导游的带领下，男女同伴们游览了首尔的皇宫之城景福宫，这座宫殿的外形与中国宫殿有些相似，但有又韩国民族的特征，这座在古代国王招待众臣和外国使节的宫殿里，还有两座博物馆和许多国宝级的珍贵文物。

昌德宫，在钟路区卧龙洞1号，又名乐宫，是一座王朝正宫，是当时宫殿艺术的杰作，又是维护最完善的皇宫群。1997年被联合国教科文组织列为《世界文化遗产目录》。

目前昌德宫仍保存着13座殿阁。昌德宫后有一"秘园"，园内有亭台楼阁，美丽的池塘，珍贵的花卉树木。

这座昌德宫是当年皇帝居住的正宫又名乐宫，内有殿阁、秘园。他们六人与游人沿着池塘边游览，一路上都是亭台楼阁，绿树花草，体现出皇家应有的富丽豪华。导游在不停地讲解，游人们专注地听着，有又人在议论着什么。

周队长边看边说："韩国宫殿的造型与我们国内的皇宫很相似。"

绿地说："是啊，但是他们的门很像窗户，你们注意到没有？"

山川说："这种类似于窗户的门，已被引用到有些地方，很受人们的欢迎。"

《韩国日报》评选出韩国八景是：雪岳山的四季，城山的日出、智异山的云海、闲丽水道的岛景、红岛晚霞、周王山的奇岩、内藏山红叶和佛影溪流。

水原，古代这里是首尔防卫四镇之一。防御工事十分坚固，无论设计或施工，水原城墙都称得上是古城墙的杰出代表。城堡48个军事设施，修建的非常精妙

昌德宫　　　　　　　　　　　　　　昌德宫

合理，是当时世界上设计最科学的城堡之一，被称为"城堡之花"。

首尔塔，在首尔市龙山洞，高236米，游人来到这儿，首尔市的美景可尽收眼底。这儿又有360度旋转餐厅和咖啡厅。男女同伴们和游人，来到这个旋转餐厅用餐，游人们坐在这里的餐厅用餐，可欣赏到首尔城市的美丽景观。

东莱温泉，早在新罗时代就是温泉休养地，直到如今仍弥漫着传统的温馨风情。附近有金刚公园和金井山城，金刚公园有游乐场和动、植物园。金井山是韩国现存最大一座古城，周长17千米，一直保存至今，有郁郁葱葱的森林和14个山泉。

龙宫寺供奉海水观音菩萨像，弥勒像。听说在这里拜佛可以生男孩，因此弥勒佛又称为"得男佛"。男女同伴们来到龙宫寺，在导游的解说下，同伴们与游人们都纷纷站在菩萨像和弥勒像前祈祷，有的是为家人，有的是为子女，祈祷多子多福。

海云台，是韩国最有名的海水浴场，有长达2千米的白沙滩，可漫步于大海边，当夜幕降临时，来到海边则又有一番别样情趣。

萝井遗址，相传是新罗祖朴赫居世的诞生地。这里有一口盖着石盖的小水井，这口水井就是萝井。传说有一天，村长经过萝井，发现一匹马在树林里跪着长嘶，到近处一看，嘶叫的马不见了，却发现一个好像被那匹马抱过的巨蛋，蛋里出来一个孩子，村长把他抱回家抚养。这孩子长大后，不仅天资聪明而且格外懂事，13岁就被推举为新罗国王，他就是新罗始祖朴赫居世。

韩国是亚洲"四小龙"之一。经济发达，政府十分重视旅游业，采取多项措施，并取得明显成果。

韩国是最近的外国旅游胜地，想生男孩儿的人可到龙宫寺拜弥勒佛，因为这座龙宫寺的弥勒佛又称"得男佛"。

韩国主要国际航线，飞往北京、台北、香港、青岛、沈阳和大连。特产有：泡菜、烤肉、糕饼、煎饼、米糕、汤圆。

日本原意"日出之国"，又称为"樱花之国"，东京是国际著名的大城市之一。东京近郊的千叶县，有迪斯尼乐园，是日本仿造美国迪斯尼乐园修筑的游乐场。是集历史知识、童话故事、自然风光和现代科学多项游乐活动，寓知识与游乐，力求让各个年龄层次人，在此都能找到乐趣。男女同伴们与游人来到，这包括东京迪斯尼乐园和东京迪斯尼海洋两大游乐园。前者有7个主题区乐园和多彩的娱乐表演，后者是充满冒险与创想的大海，这是迪斯尼首度以"海"为主题的主题乐园。

皇宫，在东京中心的千代田区，总面积达 2.3 万平方米。皇宫正门有一造型独特的双孔拱式桥，有上下两层，又称双重桥。宫殿绿瓦白墙，茶褐色的铜柱，宫内有花阴亭、观瀑亭、霜锦亭、茶室、皇灵殿、宝殿、神殿、御府图书馆，是日本天皇的起居之地。

新宿御园，是法国人设计的，园内林木丰茂，景色宜人。有 500 株樱花树，春天到来时，樱花竞相开放。在大暖房内，有许多珍贵热带植物，暖房旁边是大水池，池内养着大型锦鲤，是东京最大的日式庭园和法式庭园相结合的公园。

京都，享有"千年古都"之称。皇宫御园，分布在街道两侧，使京都城保持最浓厚的古都风貌，市内树木郁郁葱葱，格外翠绿。

修学院离宫，在京都的北部，宫内亭台楼阁，小桥流水，十分美丽。这座宫分为上茶、中茶、下茶屋三部分。修学院的离宫是京都三大宫殿之一，到日本一定得品茶，日本的茶道，很讲究喝茶的过程。

仁和寺，是世界文化遗产，寺内有五重塔和金堂，有高达 2 米左右的御室樱花树有 200 多棵。日本是樱花之国，每年四到五月之间都是樱花盛开的季节，这时人们来到公园边赏花边游玩。

同伴们与游人来到宝池公园，这是京都市最大的公园。园内以宝池为中心，草坪铺地，树林茂盛，并设有散步小径和广场。每逢节假日，休闲的人们和情侣们，都来到这里寻找乐趣。

海洋馆，在日本大阪港，是世界最大的水族馆之一。同伴们在海洋水族馆，观看各种鱼类和海洋动物。海洋馆外观极具特色，馆内约有 580 种共 3.5 万条鱼类和海洋动物。太平洋主题区，是最壮观的水族馆，水深 9 米，水量 5400 吨，里面就是海洋馆主角，长 7～8 米鲸鲨。在一楼商店有许多可爱的海洋生物纪念品，男女同伴们与游人，在商店里挑选他们喜欢的海洋生物纪念品。

明治村，是一座保存明治时代的建筑物和文化财产的博物馆。有美丽白璧的洋房，日式房屋连建而成的街道，在浓绿的丘陵下，充满明治时代的古迹。

富士山，在本州中南部，日语中富士山是"火山"的意思。从北麓向上有湖泊、瀑布、丛林。富士山四周有"富士"八峰，北侧有山中湖、河口湖、西湖、精进湖、本栖湖，称为富士五湖胜景。山顶上有两个美丽的火山湖，湖光山色，十分宜人。

日本三十三间堂，在东山区，大堂进深 17 米，宽 120 米，是日本最宽的殿堂。堂内被 34 根木柱隔成 33 间，因而得名"三十三间"。堂内中心有座 11 面千手观

音坐像，高有 11 米，左右各有
500 尊金色观音像。主像后还有
28 尊风、雷天神像。

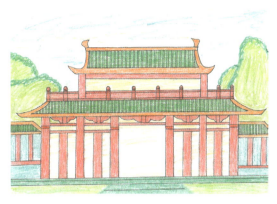

平安神宫

万福寺，在京都市府的宇治
市，寺前右侧是放生池，左侧是
万寿院。殿内供奉弥勒佛和如来
佛坐像，两侧是四大金刚，18
罗汉像。

桂离宫原名"桂山庄"，称
为"世界上最美的日本式建筑与
庭园"。宫内有书院、松琴亭、笑意轩、园林堂、月波楼和赏花亭。书院里有许
多古书和古董，都是皇室珍品。

金阁寺，在京都北部，因寺外包有金箔，而得名金阁寺，殿内供奉三尊弥勒佛。
银阁寺，在左京区，银阁外部全都贴上银箔，殿内供奉着观音像。

日本有著名的三道，茶道、花道、书道。日本料理即"和食"，以清淡著称，
寿司又称四喜饭。

日本人常说：有鱼的地方就有寿司。寿司有黑白、黄白、红白相间十分好看
又好吃，是日本人喜爱的食物。

日本是樱花之国，寿司、茶道之乡。

亚洲"四小龙"之一的新加坡，梵语含意为"狮子城"，首都新加坡市亦称
"星洲"。

新加坡市以绿化、清洁、美丽、繁荣著称，被称为"花园城市"。"半狮半鱼"
的鱼尾狮雕塑是新加坡著名的标志，是民间艺术家林浪新的杰作。高 8.6 米，重
70 吨，用米白色的上海石膏打造而成。设计理念是将事实和传说结合起来，代表
新加坡是由一个小渔村发展起来的。鱼尾狮白天从口中喷出水柱，到夜晚，四周
灯光环绕照耀。坐落在与大鱼尾狮相距 28 米的小鱼尾狮，雕塑高 2 米，重 3 吨，
身体用上海白色石膏打造，外贴满陶瓷，眼睛用红色茶杯做成，在水池中从口中
喷射水柱。两尊雕塑形态逼真可爱，是新加坡城市的标志。男女同伴们与游人在
狮头鱼尾狮雕塑前拍照。

虎豹别墅又称"虎标万金油花园"，是著名万金油创始人胡文虎、胡文豹兄弟的私人别墅，它以造型生动、神话、野兽、中国英雄人物而闻名。园内有动物的雕塑，如鹰、鹿、虎、兔、澳大利亚袋鼠、日本富士山模型，有历史人物雕塑，如孔子、李时珍、古典名著中的人物，美国自由女神像，各种形象生动活泼。别墅内放映立体电影，别墅还有塔楼、水池，堪称"东方迪斯尼乐园"。

同伴们边看边说着话，海湖说："这是别墅还是公园，好像是多功能游乐园。"

周队长说："这样住在里面的人，生活才丰富多彩，这座别墅是多功能的。"

海底世界，是亚洲最大的海洋生物馆，馆内收集与蓄养的水族生物 4000 多种。包括各种珍稀鱼类，其中热带鱼种类繁多体态优美。海底世界最有特色的就是隧道，长 100 米。男女同伴们都站在电动的人行道上环游，这时可透过隧道的玻璃罩，观赏到各式各样的海鱼，在水中游来游去。"感触池"则可以摸到各种海洋生物和活珊瑚，游人们如身临其境，可感受海底世界的神秘。

裕华园坐落在裕廊湖的岛上，又称"中国花园"。是中国传统皇家园林与江南园林相结合的庭院式花园。园内采用传统布景方法，有护门狮，迂回长廊，高大气派的门楼，古色古香亭台楼阁，挺拔高耸的方塔，错落有致，幽静清雅。仿造颐和园十七孔桥修建的白虹桥，长 66 米，共 13 孔，入云宝塔挺拔高耸，有 6 角，7 层，高 44.2 米。

具有苏州庭园风格的"蕴秀园"，里面的邀月舫，是金色琉璃瓦面配以朱红的园标和雪白船身，富丽堂皇。园内还展示着 2000 多盆各国的盆景，景色简洁幽雅，是新加坡一座有名的花园。

游人们在花园里到处看着，他们 6 人看着这类似与中国古代园林的花园。邱文洁说："这座缩小的古代皇家园林与江南园林，有相似之处，也有形色各异的部分。世界各国的盆景，就有点儿别具一格。"

阿卡夫庄园在花柏山西侧，蒂洛克·布兰格小山丘上，是阿拉伯富翁的豪宅。室内豪华的装饰，使人感受到新加坡富商的富有。

庄园有广阔优美的庭院，在院里可以看到圣淘沙岛及巴淡岛美丽风景。男女同伴们在小山丘上，看着这宽阔美丽的庄园。

山川说："在这座小岛上，修筑这么多景观，一定出自能工巧匠。"

小陶说："阿拉伯的富翁真会选地方，把家从沙漠搬到海岛上，住在这儿即清凉又舒适。"

周队长笑着说："就因为他在沙漠住过，才感到海岛的可贵之处。"

新加坡科学馆已有 20 多年的历史，馆内有 600 多种展品，以互动展品为主，以生动形象方式，展示飞行原理和人类试验飞行的各种情景。天文馆把观众带入奇妙的太阳系中漫游，无论在哪个功能区，观众都能亲自触摸和实践，不仅能长科学知识，还能领略到科学有趣的活动。

音乐喷泉在喷水庭园内，此喷泉由电脑控制升降，并根据音乐不同配以不同水柱图案，喷射出的水花最高可达 30 多米。喷泉同时配备照明设备，可射出几十米高的彩色光柱，并随着音乐变幻各种奇异形状。喷泉附近有 40 多家店铺，出售圣淘沙岛的纪念品。

牛车水在新加坡南边，已有上百年历史，是当年最繁华的地区，具有浓郁的东方色彩和传统唐人风味。唐城是仿照唐代古都长安模式建造，是亚洲最大的文化乐园。城内有十大景观，室内设大量古代木家具和古董，还有"历代帝皇英雄蜡像人馆"。

在唐城电影创作室，能看到电影拍摄的全过程。同伴们看过音乐喷泉，又走进帝皇英雄蜡像馆，在电影拍摄工作室里，看实地拍电影。出来后同伴们又来到在乌节路的福康宁公园，这儿曾是马来苏丹城寨，现为一座公园。包括史丹福·莱佛士爵士的私邸，新加坡最早的政府大楼和香料园。

东海岸公园是长达 8.5 米的细长形公园，也是新加坡最大的海滨公园。公园内风景如画，有进行游泳和冲浪活动的中央人工游泳馆，有多个网球场和网球中心，有宽 200 米高尔夫练习场和活水游泳池。男女同伴们和游人在公园内选择自己喜爱的运动项目，有的在练习打高尔夫球和网球，有的在游泳，冲浪。他们六人中男伴们在打高尔夫球和网球，女伴们泡在活水游泳池里游泳。

午饭后，他们又来到国家博物馆和美术馆，这是一座银白色维多利亚式场馆。博物馆一层为"新加坡历史画廊"，用图片形式讲述新加坡的历史。第二层主要展示胡文虎收藏的翡翠，有 1000 多件翡翠工艺品，全部都是从胡文虎的"翡翠之家"移来的。

梦幻岛水上公园在圣淘沙岛，是亚洲最大的水上乐园之一。乐园有 3 个新奇有趣的游乐水池。一个供成人享乐，另外两个则给儿童游玩。大厅内可容纳 8 种互动科技游戏，有动力模拟器和交互式进行的模拟电影。在水上乐园里，很多人都在成人游乐池里，同伴们看人多，六个人就出奇地出现在儿童游玩的水池里，与孩子们一起玩得不亦乐乎。

莱佛士大酒店，是新加坡最高档，最著名的酒店，素有"东方美人"之称。现有104套房，每间套房别具一格，以欧洲富贵家具装饰，充满英国贵族的生活氛围。店内有英女王下榻酒店时的照片和签名，又出售以莱佛士为商标的各种纪念品。

圣淘沙岛，是新加坡南部的一个小岛，岛长4.2米，宽1.4米，是新加坡第三大岛。圣淘沙名字来源于马来文，意思是"和平安宁"。岛上风景如画，有海滩度假村、俱乐部、展览馆、酒店、高尔夫球场、亚洲村、海底世界、激光音乐喷泉和蜡像馆。这儿能欣赏到多彩的文艺表演，又可品尝各中风味的美味，素有"乐园"之称。

新加坡特产有马来沙笼、尼泊尔珠宝、象牙项链、印度绸，手工艺品细致美丽。

男女同伴们和游人，买了一些精美的手工艺品留作纪念。

新加坡狮子城是华人聚住的异国他乡。

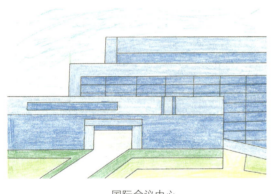
国际会议中心

印度尼西亚，首都是雅加达。是世界上岛屿最多的国家，共有岛屿17506个，素有"千岛之国"之称。资源丰富的印度尼西亚有"热带宝岛"的美誉。旅游城市主要有雅加达、万隆、茂物、巴厘岛。

男女同伴们与游人一起来到安佐尔梦幻公园，这个公园在雅加达市的北端，是印尼最大的迪斯尼式游乐场。

公园内各种设施齐全，露天电影院、水族馆、海豚表演池、人造波浪大型游泳池、海滨茅舍、艺术品展亭、回力球场、网球场、高尔夫球场、保龄球场、跑车场、跑马场、海滩、蒸汽浴室、儿童游乐场。

园内的水族馆里有多种海洋鱼类，海边垂钓台是用竹竿搭帮的长廊，伸入海内100多米，在海上形成回廊，别具一格。

中央博物馆，是印尼规模最大，收藏最丰富的博物馆，也是东南亚最大的博物馆之一。博物馆是一幢欧式白色建筑物，存有印尼丰富多彩的历史文物。

巴厘岛是印尼三大旅游景区之一，又是世界著名的旅游胜地。

游人与同伴们来到岛上，这儿的风景如诗如画，海岛四面环海，沙滩白净，林木苍翠，山顶云雾缭绕，阳光明媚，空气清新，被称为"诗之岛""神仙岛"。巴厘岛的绘画和舞蹈艺术都在世界上享有盛名，因而巴厘岛又称"艺术之岛"。

乌布村在巴厘岛中心，是巴厘岛最有艺术气息的绘画重镇，拥有众多的美术馆和画廊，当地和外国的许多画家长期居住在此，因而这儿才会产生出风格各异的绘画作品。来到乌木村，不仅可以欣赏到四季如画的风景，又可到当地的绘画博物馆观看美术作品。

巴厘岛海滩的海滨风光最为迷人。最有名的海滩是萨努尔，这儿有巴厘岛上，最高的巴厘海滨大酒店。最适合喜欢水上活动的游客，夜晚可享受到印尼，西式风格多种情调融合而成的热带风情晚会，是十分浪漫的南洋风情。男女同伴们来到一个弦月形海湾边，这里有绵延几千米的海滩宽阔平展，在海边大街上，这儿有许多商店，出售各种纪念品，同伴们随意进到一家商店，在里面挑选自己喜爱的纪念品。

努萨都亚海滩占地 400 公顷，这里有富人豪华酒店，拥有茂密椰林和金色沙滩。设施富丽豪华，客房全都面向碧蓝的海洋，游客可从卧室内观赏到日出的美景。

到巴厘岛你会看见别样的异国风情，人们的穿戴，房屋的造型，海滩树木，都具有东南亚的热带风格。同伴们与游人出席岛上举办的南洋热带风情晚会，大家一起唱歌跳舞，享受海岛清凉的夜晚。

日惹王宫在日惹市中心，是苏丹首任哈孟古·布沃诺一世设计并修造。同伴们在宫廷内外两院里游览散步，宫内装饰光彩夺目，著名"宝王厅"门框和柱子都饰有金银浮雕，陈列有宗教用具和金银器物。宫内有丰富的收藏品，20 多套加美兰乐器和历代苏丹王乘坐的车子。

班达群岛是被称为"世外桃源"的袖珍小群岛，面积仅 44 平方千米，约 1.4 万

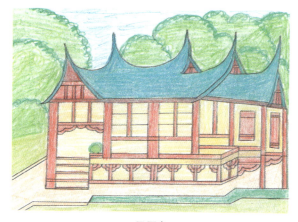

巴厘岛

人，现已成为印尼主要自然风光点。它被联合国教科文组织列为《世界自然遗产名录》。

班达群岛盛产一种珍贵的香料，岛上保存着大自然，所赋予的最原始风貌。在这袖珍小岛上散步，同伴们与游人又体验到原汁原味的南亚风情。

印度尼西亚这个热带千岛宝国，拥有金色的沙滩，碧蓝的海洋，茂密的椰树，巴厘岛是世界上最著名的旅游地之一。

马来西亚——本意是说马来半岛盛产黄金，马来语中"来"为"黄金"之意。

云顶高原，是东南亚最大的高原避暑度假区，高原山峦层叠，空气清新四季葱绿。高原中心设有许多游乐场合运动场，有儿童火车，高尔夫球场，温水游泳池。

在高原的温水池里游泳，感觉真是异样，山川在水里边游边问："这水一年四季都是温的吗？"

周队长浮在水里说："这儿是少有的高原温水池，温泉一般一年四季都是温水，这是个常识性的问题。重要的是我们在这温泉水里游泳，感觉有种默默的温情。"

海湖看着队长笑着说："看样子我们队长想得到温柔的呵护？"

周队长用水往同伴头上泼水又笑着说："让你小子别乱说，我的意思是说在这温水里游泳很舒服，你胡说什么。"

马来西亚现有 6 家锡器铸造厂，以皇家铸造厂最负盛名，产品行销全球，马来西亚以产锡出名，产量是全球之冠。

百鸟公园，在湖滨公园的附近，内有几千只品种的鸟，园内鸟语花香，别有一番情趣。还有一个水族馆，有 80 多种水生物。

陈氏书院，在唐人街茨丁路 172 号，书院的屋顶有一双龙吐珠的瓷雕，栩栩如生，陈氏书院是马来西亚著名古迹。

福隆港，在吉隆坡以北 100 千米处，海拔 1500 多米，是高原避暑胜地。港内有游泳池，网球场，高尔夫球场和游乐场。

新柔长堤，北起新山，南抵新加坡的兀兰镇，有行人道和火车路轨。堤面东侧是输水管，从柔佛州引水供城市用水。西侧是公路，有 6 条车道，每条宽 3.6 米。同伴们在新柔长堤上散步，绿地说："在这六条车道上，开车一定很带劲儿，你们说是吗？"

周队长笑着说："你们就不懂了，在这条长堤上漫步，才是最带劲儿的。"

珍拉丁海湾度假村，都是木结构小屋，但设备先进，交通、通信发达，游客可冲浪、打球，有多项娱乐活动。

马来西亚传说是盛产黄金的半岛，是东南亚最大的高原避暑度假区。

印度是世界文明古国之一，之前创造过灿烂的印度文明。红堡是印度最大的王宫，红堡又名"红色城堡"。堡内有富丽堂皇的珍珠清真寺，至今保存完好。红堡有 5 个城门，内殿的柱子和墙壁上有花卉和人物的浮雕，栩栩如生，镶嵌着各色宝石，闪闪发光。整个红堡，红白相映，雄伟壮观。

男女同伴们在红堡与游人边看边欣赏，这代表印度文明的最大王宫。从外观看，红墙、白顶、绿草坪，清洁高雅富有皇家的尊贵气势，内部的柱子和人物花卉的浮雕，加上闪光的宝石显得光彩夺目，尽显皇室内特有的豪华。

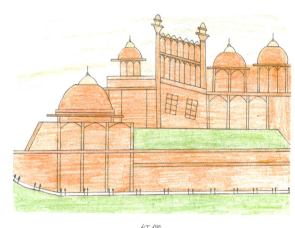

红堡

周队长说："这座红色城堡红而不艳，色彩柔和造型别致，代表印度皇室尊贵传统的生活习惯。我们在这儿留个影怎么样？"

同伴们都说："好的，六人前后都站在红堡前拍照留念。"

小陶看着圆圆的红堡对同伴们说："你们看印度人用莎丽包住头显出圆圆的头顶，是否与这圆圆的红堡造型有些相似？"

山川说："你挺会用动静作比较，似乎是有那么点儿意思。"

珍珠清真寺，全部由白色大理石所筑，周围有许多美丽精巧凉亭，是典型的伊斯兰教装饰风格，色彩艳丽。珍珠清真寺被称为"印度最美丽的清真寺"。

总统府是一座气势雄伟的宫殿，坐西向东，南北长 192 米，东西宽 161 米，宫殿采用红砂建造。总统府内共有 340 间宫室，227 根画柱，35 个凉亭，37 个喷泉和 34 米的长廊。府内有著名的莫卧儿花园，花园分为方园、长园和圆园，形态各异，种有成千上万种名花异草。总统府正门前，是一条宽阔而且笔直的"国家大道"，直通印度门，印度的国庆节，就在此举行隆重的阅兵式。

　　邱文洁说："听说总统府内的莫卧儿花园是印度最有名的花园，有上万种名花异草，是世上少有的花园之一。"

　　周队长对同伴们说："如果遇上开园的时间，我们可大饱眼福。"

莲花庙

　　莲花庙，因外貌似一朵盛开的莲花，而称"莲花庙"。全部采用白色大理石建造，底座边有9个连环的清水池，烘托着这巨大的"莲花"。莲花庙的内部设计简单，圣殿高达空阔，同伴们和游人在这座莲花庙前拍照合影留念后，又进到莲花庙里面游览。

　　印度的国立博物馆，主要收藏文物资料。有艺术学、考古学、人类学、装饰学、铭文学和纺织学。

　　戈纳勒格的太阳神庙，以太阳神驾驭马车驰骋天宇的造型而著称。太阳神庙四周有高大的围墙，围墙长约260米，宽约180米，太阳神庙在大院中央，太阳神庙壁雕，称得上是印度雕刻艺术的杰作。神庙的基座上，对称的雕刻有12对直径达3米的车轮，工艺十分精细，拉着战车的6匹骏马，形象非常生动。太阳神庙的墙壁上，雕满各式各样的人物，形象多为男女相拥，表现印度教徒追求"梵我同一"的境界。太阳神庙内供奉着3尊，由绿泥石雕成太阳神像。许多游人都在太阳神像前拍照，周队长和同伴们在太阳神像前拍照后，又和同伴们拍下太阳神庙内雕刻的画像。

　　恒河是印度文明的摇篮，是印度第一大长河。发源于喜马拉雅山上游，有2100多千米，在印度境内，下游500千米在孟加拉国。印度人民对恒河尊称为"圣河"和"印度母亲河"，众多的神话故事和宗教传说，构成恒河两岸独特的风土人情。在印度神话中，恒河原是一女神，称雪王之女，为滋润大地，而下凡人间。印度人视恒河水是从神灵嘴里吐出来的清泉，于是被视为圣洁无比。

　　印度妇女外出时，都喜欢披件纱丽，传统的纱丽长6米左右，从肩膀开始缠绕全身，随季节变化而变换颜色。妇女额头点有吉祥痣，表示喜庆，吉祥之意。

印度人对咖喱粉情有独钟，几乎每道菜都有，咖喱鱼、咖喱土豆、咖喱菜花、咖喱鸡、咖喱汤、咖喱饭、餐馆里到处都飘着咖喱味。

红堡、莲花庙、国家大道、太阳神庙、莫卧儿花园、恒河、纱丽、咖喱粉、吉祥红点儿，都是印度文明的标志。

澳大利亚是世界上唯一独占一个大陆的国家，有来自世界 120 个国家，140 多个民族到澳大利亚谋生和发展。

首都堪培拉有"大洋洲花园"之美誉。以伯利格里芬名字命名的人工湖，格里芬湖长约 8 公里，湖中喷泉水柱高达 137 米，从城市各个角度，都可看见高大的白玉水柱直冲蓝天。堪培拉人均绿地达 70.5 平方米，因而空气清新，绿树成荫，香气沁人，环境优美。

澳大利亚是许多人都向往的旅游国家，这儿有耳熟能详的悉尼歌剧院、中澳友谊花园、大洋路、皇家公园、黄金海岸、大堡礁。

男女同伴们乘坐的飞机准时降落在悉尼机场，同伴们来到这久违的城市都异常的高兴，在导游的带领下，他们和游人乘车来到居住的宾馆。

在宾馆用过早餐后，同伴们来到悉尼海边游览，悉尼是澳大利亚第一大城市和港口。现为全国重要的经济、文化和金融中心，有南半球"纽约"之称。悉尼又是一座工商业发达、风景优美的海边城市，洋溢着蓬勃的生命力。

悉尼的港湾大桥引人注目，全长 1885 米，从海面到桥顶点高达 134 米，像一道长虹横贯海湾，连着悉尼南北。悉尼唐人街是澳洲最大的华人社区，街长约百米，宽 10 米，极富中国园林色彩。茶楼、餐厅、商店、银行、超市，热闹非凡，生意兴隆，在澳大利亚颇负盛名。在导游的带领下，同伴们在这条街上饶有兴趣地游玩。

伊丽莎白海湾宅邸，在悉尼湾的海边，曾是亚历山大的宅邸，最主要特征是：椭圆形沙龙与高雅而蜿蜒的阶梯。

男女同伴们与游人从海湾宅邸出来，又来到谊园，这是座精巧的仿古代中国花园，又是中澳友谊之园。运用中国园林传统手法，以水为中心，山、水、树，形成诸多景区。园中最高的"澄观阁"用金黄色琉璃瓦顶，朱褐色的墙。园内有红棉、丹荔、牡丹、榕树、柳树，树木青翠，是悉尼最美丽的花园之一。

同伴们与游人来到国立图书馆，这是一座古希腊巴特农神庙式的图书馆。主体有五层，四周有 44 根十字形白色大理石柱围绕，气势雄伟。是澳大利亚最大的图书馆，收藏有 200 万册图书，最为珍贵的是库克船长的航海日志。他们与游人又来到悉尼国家艺术馆，这座艺术馆由科林·麦蒂根设计。馆内展厅造型独特，形态各异，有 11 间美术展览室，有 7 万多件美术作品和土著艺术品，还有世界各国的艺术珍品，周围还有许多的青山，绿树，碧水。

海湾宅邸

海德公园，在悉尼市的中心。公园呈细长形，园内花草、树木繁茂，园中有纪念乔治五世和六世的多利根花园。公园北侧有一喷水池，池中心有希腊神话中太阳神阿波罗雕像。太阳神阿波罗传说是给人间带来光明的神，人们怀着崇敬与好奇的心情，纷纷在水池边与他拍照留念。他们六人分别在阿波罗神像前照相，山川说："听说这光明神的恋爱经历也曾令人感动与敬佩？"

周队长说："所以说神也是人，难免会有烦恼，值得庆幸的是结果令人满意，在他功成名就后，人们都崇拜他，从而大英雄的神话就流传百世。"

悉尼大学是世界著名大学，现有 3.5 万多名学生在此就读。藏书超过 450 万册，学生在图书馆内就可找到任何所需资料。学院内设有学生中心、工作中心、语言中心和数学学习中心。

皇家公园在皇家大道的西侧，有 22 万平方米，园内饲有袋鼠、考拉。公园东南有墨尔本大学，是维多拉亚州立大学。皇家植物园，园内有许多大洋洲的植物，是全世界设计最好的植物园之一。

同伴们与游人乘车来到黄金海岸，这儿是澳大利亚最著名的海滩休闲区。从库尔加塔到南港，长达 32 千米，使得黄金海岸成为世界上最引人瞩目的海滨旅游胜地。这里是太平洋暖流冲击的地带，终年日照充足，风景宜人，有蔚蓝色清澈见底的海水，有洁净如粉的细沙和常年照射的温暖阳光。男女同伴们和游人都选择各自喜爱的项目，这儿有游泳、冲浪、钓鱼、骑马、玩高尔夫、沙滩排球、扬帆出海。黄金海岸的旅游设施规模很大，这儿有各种游乐场项目繁多，有专供少儿游戏的儿童公园，精彩的海豚表演，使来到这里的男女老少，都能各得其所，游玩的舒心惬意。

澳大利亚的东北角伸入到珊瑚海，绵延1800多公里，分布色彩斑斓的珊瑚礁，形成大堡礁，被列为世界七大自然景观之一。这里生活着300多种活珊瑚，在大堡礁的范围内，包括大小600余个岛屿，最有名的是绿岛，岛上房舍精巧、典雅、鸟语花香，恰似人间仙境。在风平浪静时，形成多彩多形的珊瑚景色，成为极佳的海底奇观。

澳大利亚是拥有种族最多的国家，有十多个国家的移民。有贝壳形的悉尼歌剧院，黄金海岸阳光充足，规模大旅游项目繁多，珊瑚海有世界七大自然景观之一的大堡礁，海德公园有希腊神话中的太阳神阿波罗，海湾宅邸有椭圆形的沙龙与高雅透蜒的阶梯，皇家公园有世界上设计最好的植物园，这些都是世界上著名的景观。

男女同伴们与游人，从大洋洲乘坐飞机，来到欧洲著名的国家瑞典。

瑞典在波罗的海与梅兰湖交界处，是北欧第二大城市。首都是斯德哥尔摩，旧城是一座以橙红、鹅黄为彩妆的城市，是典型的古典意大利风格。几百年来旧城统一的色调景观一直没变，这些色彩给瑞典带来温暖与祥和。

大广场建于中世纪，由鹅卵石铺砌而成，场上到处都是郁郁葱葱的花树。广场旁有一证交所，每年的诺贝尔文学奖评选委员会，就在这里召开，现在是瑞典皇家学会举行舞会的地方。

市政厅、从市中心的任何角度，都能看见这幢用经砖建筑而成的庞然大物，方柱形的塔高105米，还有三个皇冠似的尖顶，每年国王和王后都在这里给诺贝尔获得者举行盛大的宴会。

皇宫，是瑞典著名建筑学家别里亚尔设计的，皇宫门前有两只大狮子分别卧在

大洋路

正门两旁，有两名身穿中世纪服装的卫士持枪站在两旁。皇宫部分对外开放，象征权势的皇冠，权杖是最耀眼的皇宫宝藏，包括 12 项皇冠在内的各种无价珠宝都陈列在这里，皇家卫队每天中午按古老的传统进行交接仪式。

德洛特宁岛屿，现为瑞典王室住宅区。这座王宫与凡尔赛宫风格十分相同，只是规模小得多，这里处处皆是深浅的绿意，花园里有雕塑、喷泉、花圃、黄杨木的树林，像一块绿洲浮在海面上，周围都是海水。

瑞典首都斯德哥尔摩

中国宫，在斯德哥尔摩市郊的皇后岛上，是瑞典福雷德里克国王为庆祝王后乌尔里卡生日而筑造的，是一座中国式宫殿与法国洛可可式风格融为一体的宫殿。有东方宫殿的典雅，又有西方宫殿的豪华。

整个宫殿呈弓形，宫顶仿中式宫殿装饰并刻有雕龙，男女同伴们与游人在导游的引导下，观看这座中法风格的宫殿，游人们都赞誉西方人，能如此领悟远隔千里的中式宫殿的精华，并与欧式宫殿的富丽完美相融，组成别具特色的瑞典皇室宫殿，这些都让同伴们和游人大开眼界，又让在异国他乡的中国人倍感亲切。他们与游人从中国宫出来，又来到利丁岛的米勒斯公园，米勒是世界著名雕塑艺术家，他是个专长于雕刻喷泉的雕塑艺术家。在欧美先后创作 100 多组喷泉雕塑，博物馆内收藏着米勒斯许多著名的艺术作品。

维内尔湖是北欧最大的湖，是瑞典著名的游览胜地之一。湖长 190 千米，面积 5550 平方千米，最深处 98 米。在湖边，同伴们边欣赏风景边拿着相机拍照，清澈的湖水碧波荡漾，与附近的小桥，花园组成一幅幅美丽的图画，在让同伴们和游人惊喜的同时，而又称赞这湖光山色的美丽景观。

诺贝尔旧居在卡尔斯库加市的白桦山庄内，是一座二层乳白色楼房。1975 年已成为"诺贝尔纪念馆"，每年诺贝尔学术讨论会都会在这里进行，这里保留着诺贝尔生前的生活用品。诺贝尔把 920 万美元部分遗产作为基金以其利息，分设物理、化学、生理、医学、文学、和平 5 种奖金，每年分发一次，给取得科学成就的科学家，称之为诺贝尔奖奖金。

瑞典人都爱戴戒指，戒指既是饰品，又是职业的象征。不过，象征职业的戒指是戴在食指上，不同于结婚戒指戴在无名指上。

瑞典一个富足，安宁，祥和的王国。

在欧洲境内旅游，出境的手续简易，数小时内就可飞往另一国家。

丹麦全称丹麦王国，首都哥本哈根，丹麦语"哥本哈根"意为"商人的港口"或"贸易港口"。哥本哈根港，水深港阔，设备先进，是丹麦最大的海港，哥本哈根也是北欧著名的历史古城。

蒂沃丽花园，是哥本哈根市内著名的旅游地，在这里只有音乐，旋转骑士和身着艳丽服装的"蒂沃丽男童卫兵"。男女同伴们和游人被孩子们可爱的样子感动，就与男童卫兵拍照留念。而后又来到蒂沃丽博物馆，这里的蒂沃丽博物馆，主要陈列图片，照片，旋转玩具及非常珍贵的纪念品。

菲登斯堡宫是一座典型意大利风格的宫殿，直译就是"和平城堡"或"和平宫"。宫旁的伊斯鲁姆湖风光绮丽，是丹麦第一大湖。

王宫花园，以许多大理石雕塑和菩提树大道而闻名于世，现在菲登斯堡宫是女王一家的夏宫。七月份一部分时间，夏宫会对外开放一部分，腓特烈堡宫，坐落在湖水中三个小岛上，景色优美，同伴们与游人们边看边议论着什么。

周队长对同伴们说："在小岛上修王宫，周边是湖水围绕，构思巧妙怪不得有'水晶宫'之称。"

山川说："这是丹麦女王的夏宫，当然得有菩提树，开满鲜花的花园和清澈的湖水环绕，因而显得美观而又凉爽，皇室成员才可以惬意地纳凉。"

小陶说："这是北欧现存最显赫的文艺复兴时宫殿风格，有'丹麦凡尔赛宫'之称，有人把它简称为'水晶宫'。"

腓特烈堡宫为三边形王宫，曾是历代国王加冕之地。现已成丹麦国家历史博物馆，收藏历代著名画家的作品。

阿美琳堡王宫是王室的主要宫殿，是一座外观完全相同的宫殿群，宫殿前形成一个八边形广场。现在，每当女王身在王宫时，这里王宫上会升起丹麦国旗。

克隆堡宫在西兰岛北部赫耳辛格市的海边，克隆堡宫意为"皇冠之宫"。宫殿用岩石砌成，褐色铜屋顶，气势雄伟，是北欧文艺复兴时最精美的宫殿。

　　安徒生博物馆，馆内共有陈列室 18 间，前 12 间是按时间顺序介绍安徒生的生平及各时代的作品。第 11 间是一个圆柱形大厅，展示 8 幅大型壁画，壁画是丹麦近代著名艺术家斯蒂文斯根据安徒生的自传体著作《我一生的童话》中几个时期的主题而作的。第 13 间至 18 间，为图书馆录像和录音播放室，以及安徒生著作国内外版本陈列室。

丹麦克隆堡宫

　　邱文洁边看边说："我们这次真的是来到安徒生的家乡，目睹这有名的童话作家的作品，真的是意外的惊喜。"

　　周队长笑着对同伴们说："丹麦本来就有童话王国之称，我们就是冲着这个来的，这也是我们此行的一大心愿。"

　　大贝尔特桥，又译为"大带桥"，全长 17.5 千米。西桥为汽车、火车并行的两用桥，全长 6612 米。东桥为公路桥，全长 6800 米，为悬索式双塔结构，大贝特斯是丹麦第一条收费的公路桥。

　　市政厅广场是有 800 多年悠久历史的商业市场。中心是丹麦王的雕像，左面是丹麦童话作家安徒生的雕像。同伴们在两座雕像前拍照，记录这幸运的时刻。广场西南角，有一个十分有趣的雕像，晴天时，此雕像收起伞，下雨时，此雕像打开伞，原来这是一座反映天气变化的雕像，童话王国里的奇思妙想无处不在。

　　丹麦是童话里的王国，又是童话作家安徒生的家乡。丹麦是欧洲富足的国家，有充满童趣的雕像，想保持童趣的人们，就到这童话王国游览一番。

　　男女同伴们随旅行团，从北欧的小王国又来到举世闻名的英国。

　　英国全称大不列颠及北爱尔兰联合王国，"不列颠"有"杂色多彩"的意思。首都伦敦有 2000 多年的悠久历史，拥有许多世界一流的博物馆、美术馆，是世界著名的旅游胜地，每年有大量海内外游客到此观光游览。

　　白金汉宫是英国王室的府邸，集办公与居家功能于一体，宫内有 600 余间厅室，是个占地辽阔的御花园。白金汉宫的门前，有胜利女神金像，在高高的大理石台上金光闪闪。白金汉宫的皇家卫队，每天都会举行换岗仪式，在军乐和口令声中，卫队作各种表演，一幅王室气派。皇宫正门悬挂皇室旗帜，则表示女王正在里面，如果没有的话，就代表女王外出。

　　白金汉宫开放部分有女王的艺术收藏品，宫内 18 处住房，巨大的皇家花园和音乐厅，国家餐厅，开放时间是每年的夏季。男女同伴们此行正好是白金汉宫开放的季节，这可是欧洲最著名的皇宫，历史悠久重金打造，内部金碧辉煌，外部占地宽阔，来到这座皇宫如同进到一座皇城。男女同伴们和游

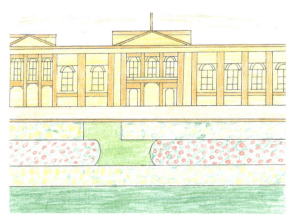

白金汉宫

人在导游的引导下，漫步游览在宫内的各个房间，花园长廊、喷泉草坪、到处都是让游人惊赞的景观。

　　山川边看边说："白金汉宫名不虚传，一幅皇家雄伟壮观的气势，难怪能够吸引那么多世人的目光。"

　　周队长对同伴们说："世界上还有什么比得上皇宫的豪华与富丽，无论你们到哪个国家都是如此，只是规模大小不同。"

　　唐宁街 10 号是一幢三层楼房，黑色木门上有个狮子头门扣，上面是阿拉伯数字"10"，下面是锃亮的黄铜信箱口和球形捏手。这幢房子虽不起眼，它却是英国首相的官邸，震惊世界的许多重大决定，都出之这座普通而神秘的楼房。自 1732 年以来，唐宁街 10 号一直是首相官邸，每届新首相上任后，就住进这唐宁街 10 号。据说，首相住房照例要交房租，唐宁街 10 号常被作为英国政府的代名词。

　　大英博物馆，是世界上最大最著名的博物馆之一。这座综合性的博物馆，有埃及艺术馆、希腊和罗马艺术馆、南亚艺术馆、欧洲中世纪艺术馆、东方艺术和民族学馆。在中国文物馆，陈列着大量中国古代和近代文化艺术品，如绘画、刺绣、珍贵的青铜器、唐宋书画、明清瓷器，不少珍品都是无价之宝。

开放时间，周一到周三开放至晚上 9 点，周四到周六开放到晚上 11 点。到英国旅游，大英博物馆都是游人的必到之处，这里汇聚着世界各国的艺术精品，同伴们来到这座博物馆，如同进到艺术的宫殿。参观时不需付费，采取自由捐献方式，也可向服务台领取携带式导览设备，也不用付费。馆内还提供电脑查询服务，这里堪称是国际美术馆最完整的电子艺术百科全书。

在美术馆里，看到那么多精美的艺术品，海湖说："我们这是超值的艺术享受。"

邱文洁说："说得好，欣赏到这么多精美的各个时代的艺术品，在别处很难见到。"

国会大厦又名"威斯敏斯特宫"。主体式三排宫廷大楼，两端和中间由 7 幢横楼相连，大楼内有 600 多个房间。东北角有高 97 米的钟楼，这就是举世闻名的"大本钟"。每整点敲响一次，自 1859 年直到如今，每天都提供精准的报时。

汉普顿宫有"英国凡尔赛宫"之称。是典型都铎式风格宫殿，内部由 1280 个房间，是当时全国最华丽的皇宫。后来亨利八世和安宝琳对此进行了扩建，英王爱德华一世就出生在这里，维多利亚女王在 1838 年正式将此宫开放给大众游览。周队长说："这又是座皇宫，好像还是温莎公爵的出生地。"

山川笑着说："是那位不爱江山爱美人的皇帝。"

小陶笑着说："他可以江山美人都爱的。"

邱文洁笑着说："这是英国皇室的规定。"

绿地笑着说："听起来有点儿费解。"

海湖笑着对同伴们说："最好的解释，就是他这个人比较重感情，不然怎么会有不爱江山爱美人的传说。"

格林尼治天文台，"子午馆"里有划分地理经度的本初子午线，即零度经线。馆外砖墙上有 1851 年安装的巨钟，该钟所报时间就是当今世界各国通用格林尼治标准时，世界各国以此校对本国时间。

牛津大学，世界最有名的大学之一，以培养高级政界人士而闻名。英国历史上 40 多位首相中，有 29 位毕业于该校。有趣的是，这所没有围墙的大学，实际上是 35 个学院的总称。牛津大学院内十分幽静清雅，宁静祥和，图书馆藏书 430 多万册。

剑桥大学于 1209 年创建，由 31 个学院组成。出过许多名人，如大科学家牛顿、诗人拜伦和小说家福斯特。有多位获得诺贝尔奖的学者在剑桥就读或任教。剑桥大学的秋天很美丽，在三一学院大门左边草坪上，有棵苹果树，相传就是当年牛顿悟出"万有引力"的苹果树。

小陶说："这棵苹果树上的苹果可以摘吗？"

周队长笑着说："不能摘，只能等它掉下来。"

山川笑着说："牛顿已经发现'万有引力'的定律，所以你不用等苹果掉下来，现在就可以摘苹果。"

小陶笑着说："那我真的摘啊？"

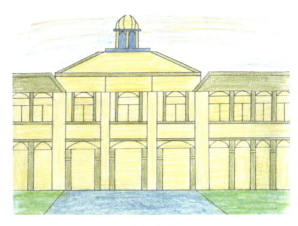

剑桥大学

邱文洁看着果树说："现在还是青苹果，等苹果红时你再来摘。"海湖笑着说："到时记得带个篮子多摘些，让我们都一起品尝。"说着大家都笑起来。

莎士比亚的故乡在埃文河畔的斯特拉特福小镇。大文豪莎士比亚是英国人的骄傲。他一生写下 37 部剧本，两首长诗和 154 首 14 行诗。镇上亨利街有一幢半木结构双层小楼，常有游者驻足观看。

男女同伴们和游人在导游的带领下，到许多的游览地观看游览，他们来到福尔摩斯博物馆、海滨旅游胜地、有欧洲娱乐之都的布莱克布尔游览。

福尔摩斯博物馆，馆内布置和陈设都是以小说中提到的情节为主。福尔摩斯和华生住在贝克街 221b 二楼。前为书房，后为卧室。书房中陈列许多福尔摩斯的道具、猎鹿帽、放大镜、烟斗，十分有趣。还有一家专卖福尔摩斯纪念品的商店。

布赖特是英国最早出现的海滨旅游胜地。这里有皇家行宫、皇家剧院、水族馆、高尔夫球场和欧洲最大的游艇码头。

布莱克普尔是英国最大的避暑海滨，有"欧洲娱乐之都"美称。游览项目是高 518 英尺布莱克普尔塔，温特公园，高尔夫球场，银白色海滩。在海滨浴场，同伴们和游人在高塔上俯瞰整个海滨，蓝蓝的海水，白色的沙滩，又有水泊、树荫、草坪组成的高尔夫球场。他们在餐厅用完午餐后，男女同伴们又结伴到海边的海水里游泳。

英国是开展旅游业活动最早的国家之一。入境和出境旅游都很发达，旅游管理体制全面，设施先进，也是与中国互通旅游最早的国家之一。

英国有欧洲最著名的皇室白金汉宫，皇室的官邸。唐宁街 10 号，首相官邸。大英博物馆，艺术的宫殿。国家美术馆，电子艺术百科全书。汉普顿宫，英国的凡尔赛宫。格林尼治天文台，子午宫又称零度经线。圣保罗大教堂，艺术宝库。牛津大学，出首相的学院。剑桥大学，有发现"万有引力"的苹果树。福尔摩斯博物馆，福尔摩斯纪念品。布赖特，皇家行宫。布莱克普尔避暑海滨，欧洲娱乐之都。这都是世界上著名的旅游胜地。

英国特产：格子布。苏格兰的格子布色彩鲜艳，格子样式已有 1500 多种列入名册。

从英国到法国，因为都属欧洲，过境手续简单，同伴们又顺利地到达法兰西共和国。

法国，全称法兰西共和国，"法兰西"一词由"法兰克"演变而来，意思是"勇敢的自由"。首都巴黎是法国历史名城，世界最繁华的大都市之一。巴黎时装享有世界声誉，巴黎香水享誉全球，有"梦幻工业"之称，被法国人视为国宝。塞纳河流经首都巴黎，将市区一分为二，河中心有两座小岛，西贷岛和圣路易岛，是巴黎发祥地。市内长达 13 千米的河道上，架有 35 座桥，百年以上的桥就有 26 座。

在居住的宾馆用过早餐后，同伴们与游人乘坐旅游专车，前往巴黎西南 22 公里处的凡尔赛宫。凡尔赛宫是世界闻名的法国王宫，宫殿以东西为轴，南北对称。内部装修富丽考究，玉阶巨柱，金碧辉煌，是典型的"洛可可"装饰风格。

男女同伴们在导游的解说下，漫步游览。

香榭丽舍大街全长 180 米，最宽处约 120 米。香榭丽舍含意是"极乐田园大街"，如今是世界上最美丽、最繁华的大街之一。法国重大节日都在这里举行，以横街的隆布万街为界线，分为东西两段。西段长 1180 米，为高档商业区，两侧有豪华的百货商店、银行、时装店、咖啡店。

今天是自由活动日，同伴们一行六人悠闲的逛街购物，而后又坐在咖啡店喝着咖啡说着话。午饭后又沿着大街向前游览，如今这长 700 米的大街，一派幽静的田园风光，有成排的梧桐树和街心花园。罗浮宫、波旁宫、玛德琳娜大教堂、市府大厦和爱丽舍宫名胜古迹都在大街的附近。男女同伴们边游览边观看，这街边著名的宫殿与教堂。

爱丽舍宫，在巴黎市中心，爱丽舍田园大街北侧，外形朴素庄重，主楼左右对称的两翼是两座平台，中间是庭园，宫殿后部是美丽的大花园。爱丽舍宫内部装饰豪华，每间客厅墙壁都用镀金钿木装饰，并悬挂精致挂毯和著名油画，周围陈设着镀金雕刻家具。

凡尔赛宫

一层各客厅用作会议厅，会客厅、宴会厅。

二层是总统办公室和生活区。

迎宾厅在主楼，总统在这里欢迎各国贵宾。

在节日厅东园常是总统宴请外国贵宾场所。

新的国家元首当选后，都在节日厅宣誓就职。

卢森堡公园，公园内有梧桐大道，花圃、喷泉、雕像，还有皇帝的别宫－卢森堡宫。这是座翡翠式宫殿，加上精心维护，如今景色迷人，在此休闲漫步，可享受与欣赏到甜美幽静的风景。

亚历山大三世桥，被称为世界最美的大桥之一。全长107米，以沙皇尼古拉二世的父亲亚历山大三世名字命名。桥两端各有一个巨大石柱，柱上是镀铜骑士雕像，栩栩如生，形象生动，是珍贵的艺术品。同伴们和游人，在桥边观看桥身上一群水生动植物图案和一组花环图案，这些都是雕刻精美的艺术品。

戛纳是法国一座风景如画，气候宜人的小城，每年举行一次戛纳电影节，颁发金棕榈大奖是公认的电影最高荣誉之一。电影节房屋都坐落在500米的海滩上，包括25个电影院和放映室，中心是电影节宫，又称影帝宫。

最受人注目的金棕榈奖就在此颁发，影帝宫可容纳3万人，一楼有明星手印，电影节期间，节目丰富，包括音乐会、话剧、展览、舞蹈表演及各类体育活动。

林荫大道是一条绿树成荫的海滨大道，柔软的沙滩，清澈的海水及一排排高大棕榈树和绿地繁花相互辉映。大道两旁有饭店，服饰店，这儿的人海如潮，傍晚时分，男女同伴们身着休闲服，沿着海滨大道，踩在柔软的沙地上散步。

罗汉宫又称为"小凡尔赛宫"。是大主教斯特拉斯堡所造，罗汉宫有三个博物馆和一个美术馆组成。装饰艺术博物馆收藏红衣主教曾住的豪华套间和一座珍贵

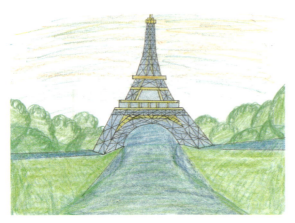

埃菲尔铁塔

时钟和瓷器。美术馆收藏中世纪欧洲绘画，还有公元800年间的文物。在导游的带领下，同伴们在这座豪华宫殿里游览，观看这位红衣主教昔日的辉煌。

法国时装在世界上享有盛誉，选料丰富，设计大胆制作技术高超，引导着世界时装潮流，法国香水举世闻名，是高级香水的代名词。

香水使用材料和精美的包装，体现法国人卓越才华和高贵的品位。到法国的游人几乎每个人都会购买世界闻名的法国香水，同伴们也不例外，在香水商店里，男女同伴们各自挑选喜爱的香水或自己用，或送家人与好友。

法国世界上享有盛名的大国，罗浮宫，艺术宝库。凡尔赛宫，世界的闻名的皇宫。香榭丽舍大街，美丽繁华。枫丹白露宫，又名美泉宫。爱丽舍宫，总统办公和生活区。卢森堡宫，皇帝的别宫。巴黎歌剧院，最雄伟最奢华。亚历山大三世大桥，全长107米。埃菲尔铁塔，巴黎地标。林荫大道，绿树城荫。罗汉宫，又名小凡尔赛宫。法国时装、香水，都是举世闻名。

德国全称德意志联邦共和国。北临北海和波罗的海，首都柏林是一座历史悠久而且文化内涵丰富的名城。每年一度的文化节、音乐界、爵士节在此举办，映射出柏林是个活泼丰富的大都会。

汉堡易北河与比勒河交汇处，是德国及欧洲最大的港口城市，又称为"德国通往世界的大门"，汉堡是世界上著名"水上城市"之一。桥梁超过2300座，比威尼斯的桥梁数量还多，是欧洲拥有桥梁最多的城市，这里绿草如茵，是德国最绿的城市。

在这座到处布满绿色的市区，男女同伴们和游人乘坐旅游专车，分别游览许多的旅游景点，有市政厅、阿尔斯特湖、圣·米歇尔教堂、美术馆、汉堡港、电视塔、阿伦斯堡宫、哈根贝克动、植物园。

柏林电影博物馆，是柏林第一座以电影为主题的博物馆，拥有 1500 平方米展出面积，固定展出由电影科技、艺术，2 万多本原版电影剧本及手稿，好莱坞演变历史，动画发展过程和电影图书馆，上网中心，呈现电影，展现世界电影文化的发展过程。

法兰克福是德国金融城市，也是欧洲金融中心，又是世界闻名的文化名城，同时是一座有 800 多年历史的博览城，每年的客商多达 1200 万，法兰克福是欧洲重要的交通枢纽，航空、公路、铁路四通八达，法兰克福拥有"德国最大的书柜——德意志图书馆"。德国法律规定凡是 1945 年以后出版的德语印刷物都有义务提交它保存。大约有 500 个出版公司集中于此，可称得上世界图书业的中心。

莱茵河是欧洲第三大河，发源于瑞士，流经法国、德国、卢森堡、荷兰最后流入北海，全长 1320 千米。从法兰克福到科布伦茨之间长达 90 千米路段是莱茵河的精华所在，沿岸有绵延壮观的葡萄园，高耸入云的岩缝，古色古香的城堡和幽雅宁静的村庄，同伴们游到此地，仿佛来到遥远的中世纪。

同伴们和游人有幸到一座葡萄庄园游览，男女同伴们在那儿受到庄园主热情的欢迎，又让他们品尝，当地生产的有名葡萄和葡萄酒。同伴们又在葡萄园里观赏排列有序，栽种繁茂的葡萄树，到处是一番丰收的景象。

施特德尔美术馆，是施特德尔捐资修建的绘画馆，收集中世纪至现代德国、法国、意大利、荷兰的绘画作品。还能欣赏到拉斐尔、福尔、莫奈、基尔希纳众多著名画家的作品。

歌德，1749 年出生在法兰克福，父亲是皇帝的顾问，母亲是市长的女儿。他因创作《少年维特的烦恼》《浮士德》作品而闻名世界。他住的房子一楼是餐厅、厨房、客厅，二楼是钢琴室和宴会厅，三楼是歌德父母的卧房、书房、歌德诞生的小房，四楼是歌德的书房，他在这里创作完成许多名作的初稿。

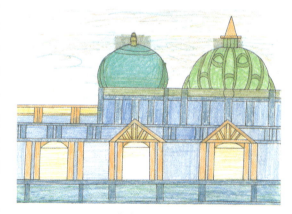

柏林大教堂

游览古画馆与新画馆，是同伴们有机会观看到德国古今最著名的油画展，古画馆是世界六大油画收藏馆之一，馆内收藏 14 ～ 18 世纪名画 7000 余件，有凡·代克、达·芬奇、波提切利、拉斐尔和提香的精品，新画馆则收藏有印象派画家凡·高，塞尚等人的绘画和雕刻品。

男女同伴们与游人来到宁芬堡，这是历代皇家的夏宫，是洛可可式宫殿中稀有的艺术珍品。宫殿由许多幢方形楼房连接成组，正面长达 6000 米，主楼雄伟壮观，两翼对称和谐，主次分明。宫殿内有众多的厅堂，中国阁里面的装饰全是中国式的，宫中周围的画廊，陈列着宫廷画家斯蒂勒所做的 36 幅美人油画像，宫殿后是宫廷式园林和广阔的草地林木。同伴们在这儿饶有兴趣地欣赏宫内的装饰，又用相机拍下这儿的画像和装饰。

朱古力博物馆以收藏朱古力艺术为主题，向人们展示各样各式，品种齐全的朱古力，并介绍制造朱古力的历史，现场示范如何制造朱古力。同伴们在这儿观看朱古力的制造的过程，又品尝到香甜可口的朱古力。

海德堡是德国最著名的大学城，古朴优美的城堡和尖顶具有中世纪风格，同伴们漫步在古桥小路上，如置身于童话般的世界。海德堡城堡在耶登布尔山上，当时是神圣罗马帝国莱茵联邦帝国的居住地。城堡朴素简洁，是哥特式，巴洛克式和文艺复兴式三种风格的混合体。

无忧宫，是仿照法国凡尔赛宫式样而修造的，坐落在一座沙丘上，又有"沙丘上的宫殿"之称，宫名取自法文，原意为"无忧"或"莫愁"。整个园林占地 290 公顷，是德国建筑艺术的精华，男女同伴们在这"无忧宫"前拍照留影。

德国是世界上最大的旅游消费国之一。又是欧洲旅游客源地的核心，德国人在国内旅游十分活跃，同时又吸引了大量的国际旅游爱好者。德国具有很强的旅游服务能力，旅游服务设施种类和档次多样，私人寓所与豪华五星级国际饭店样样齐全。

德国，首都是柏林。又是歌德的家乡。汉堡，著名的水上城市。法兰克福，金融中心，拥有最大的德意志书柜。莱茵河，欧洲第三大河。施特德尔美术馆，古画馆与新画馆。宁芬堡，历代皇家夏宫。科隆大教堂、朱古力博物馆、海德堡大学、无忧宫。

德国是世界上最大的旅游国，服务设施种类档次多样，私人寓所五星级饭店样样都有。

　　瑞士，全称瑞士联邦，有"钟表王国"的美名。首都伯尔尼又称为"熊城"，有保存完好的街道两旁，是长长的拱廊，红瓦白墙的房屋，不同典故的喷泉彩柱，使整个城市显得古色古香，伯尔尼现已被联合国教科文组织列入世界文化名城之一。

　　瑞士是有名的中立国，没有战争的困扰，多年保持稳定，是人们向往的和平而有持续发展的国度，到这样的国家旅游大可随意静心的漫游。同伴们随旅行团住在伯尔尼的一家大饭店，饭店设施完备环境优美，男女同伴们与游人可以轻松舒适的住在这儿游玩。

伯尔尼大教堂

　　古尔腾山在伯尔尼南部，海拔 858 米高的小山丘上，是风景优美旅游胜地，伯尔尼海拔 542 米，两地高度相差很小，因而在这儿可欣赏到广阔的自然风光，每到夏季这儿都会举行大型的流行音乐会。

　　少女峰的山谷两旁有大小瀑布，是少有的奇观。峰顶有一个很大的旋转餐厅，如同一个活动的观景台，它每 50 分钟转动一周，可观赏四周的雪峰。男女同伴们与游人在这儿的旋转餐厅用午餐，可以边用餐边观看窗外的风景，东面的少女峰，左面的和尚峰和艾格峰，山峰在阳光和迷雾中时隐时现，令人神往。午餐后，同伴们又在少女峰光顾精彩的影视厅和展览厅的活动，这儿是迷人的山峰旅游胜地。

　　洛桑市依山傍水，有着浓厚的文化艺术气氛，大家熟悉的国际奥林匹克委员会总部就在这里。人们都认为运动与旅游息息相关，喜欢旅行的人大多喜欢运动，因而到这儿的游人，都会游览奥林匹克博物馆，这是世界上最大的记录奥林匹克运动发展史的博物馆。

　　日内瓦是联合国欧洲总部所在地，每年许多会议和展览庆祝活动在这里举行，日内瓦已被世人誉为"和平之都"。日内瓦湖又称"莱蒙湖"，长 72 千米，宽 8 千米，最深处有 100 多米，它是西欧最大的湖泊。日内瓦湖中心的大喷泉一到春天，就

瑞士风光

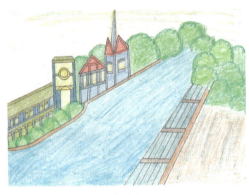

大喷泉

可从日内瓦湖上看见一柱水柱，好像巨大的鲸鱼喷出的水柱，水柱高达 140 米，在城内每个角落都能看见它，它是世界上最大的人工喷泉，景象十分壮观，是日内瓦城市的标志。在湖边的喷泉边，绿树成荫，有造型别致的楼房，男女同伴们与游人分别选择适当的地方拍照留念，后又坐在湖边的台阶上说话。

苏黎世意思是"水乡"，利马河把市区分为左右两半，左区称为小市街，右区称为大市街，是瑞士最大的城市和金融中心。这里有 350 多家银行和银行分支机构，外国银行有近 70 家，因而有"欧洲百万富翁都市"的称号。

周队长说："瑞士是中立国，富翁们把钱存在这里比较放心，久而久之这里就变成金融中心，深得富翁们的信任。"

小陶说："那平常的业务通过电脑联系会有风险吗？总不能坐着飞机来回跑吧。"

山川说："小傻瓜，不会出问题，这里有一套严格又成熟的规章制度。"

苏黎世湖长 39 千米，宽 4 千米，面积达 88 平方千米，水深达 143 米，它是由宁夫河、利马特河、阿勒河多条河汇注而成。苏黎世湖两岸风景美丽，有许多小镇乡村。东北岸有拉珀斯维尔、美伦、文尼多夫、古斯纳特。南岸有塔尔维尔、贺根。

男女同伴们来到一家巧克力专卖店，在这儿才能买到地道的瑞士巧克力，品尝到这样品质极高的巧克力，才会不虚此行。

瑞士巧克力种类繁多，具有极高的品质，在全世界享有盛名，在全球的 100 多个国家都能买到。

瑞士是欧洲的中立国，也是金融中心，有钟表王国的美名，洛桑是奥林匹克委员会总部所在地，日内瓦是联合国欧洲总部所在地，苏黎世意为水乡，苏黎世湖由多条河汇聚而成，瑞士生产的巧克力是全世界最有名的巧克力。

　　奥地利首都维也纳被称为"音乐之都"。蓝色多瑙河幽静典雅的从市区流过，维也纳金色大厅，是欧洲最悠久，最现代的音乐厅之一。是世界各国音乐爱好者向往的圣殿，金色大厅里，高高悬挂四盏水晶吊灯，雕有阿波罗太阳神和专司音乐的女神雕像古雅别致。每年1月1日,在这儿举行闻名世界的维也纳新春音乐会。

　　美泉宫又名舍恩布龙宫，是奥地利哈布斯堡王室的避暑宫殿。马提阿斯皇帝狩猎到此时发现一眼清泉，称为"美丽泉"，后在此造宫殿，又称"美丽宫"。美泉宫有1401个房间，宫内展示着玛丽娅·特雷西亚女皇加冕时用过的锈金马车，宫殿长廊挂满历代哈布斯堡王宫皇帝的肖像画和玛丽娅·特雷西

美泉宫

亚女皇的16个子女肖像画。宫内有中国式和日本式房间，装饰协调统一，具有浓郁的东方风情。宫殿里还有一座巴洛克式大花园，宫殿现仅有45间对外开放。

　　周队长边看边说："这位女王是个多产女王，幸好美泉宫有一千多个房间。但不知这位女王的丈夫，有一天在院子里看到一个小孩会问：'你是哪家的孩子？叫什么名字？'"

　　山川笑着说："那孩子一定会瞪大眼睛对他说，父王陛下我就是那个会跳圆舞曲的奥利弗，不信我跳给你看。

　　"那父王会不好意思地说：'不用，不用，奥利弗这事千万别告诉女王陛下，否则我可要受罚，拜托。'

　　"男孩奥利弗一定会得意地说：'那得看你以后，看到我还会不会再问，你是哪家的孩子，叫什么名字？'

"他的父王会这样说：'不会，我一定铭记在心，奥利弗。'"

"那孩子会自言自语说：'下回不知哪个小子又会被问，你是哪家的孩子，叫什么名字？'"

周队长笑着说："孩子多也会有意想不到的烦恼。"

小陶笑着说："那就用阿拉伯数字给他们标号。"

绿地笑着说："说不准哪天 3 号孩子穿上 7 号孩子的衣服，连女王本人也会认错。"

邱文洁笑着说："那就在阿拉伯数字后再加个英文字母。"

海湖笑着说："那读起来是不是这样，9b 小子请出来。"

山川笑着说："如果哪天孩子们穿错衣服，父王是否又说：你怎么变样儿了？你到底是 2y 小子，还是 16e 小子？"

周队长看着同伴们笑着说："我看你们都是在这宫里转晕了，才会在这儿胡说八道不着调，都是这美泉宫给闹的都给我撤，换个教堂让你们转，看你们还会说些什么？"

霍夫堡皇宫又称"美景宫"，它是欧洲最雄伟的巴洛克宫殿之一。宫殿分为上宫和下宫，上宫是帝王办公，下宫作为起居室和餐厅。如今霍夫堡宫占地达 24 万平方米，有 18 栋楼房，54 个出口，19 座庭院和 2900 间房间，素有"城中之城"的美名。

约翰·施特劳斯纪念雕像，在林格大街城市公园内，约翰·施特劳斯被称为"圆舞曲之王"。为纪念这位伟大的音乐家，维也纳修造一座美丽的金色雕像，约翰·施特劳斯在高高的乐坛上，全神贯注地拉着提琴，这成为音乐之城的象征。

黑尔布隆宫在萨尔斯堡，又称"水晶宫"。以喷泉和戏水而闻名欧洲，园内装有电动戏台，巧妙地利用流水，通过 100 多个可爱的木偶，再现小镇 300 多年前的生活场景。中央有一顶珠光宝气的皇冠，只要轻轻地触摸，刹那间泉水喷涌而出，将皇冠高高托起，同伴们都不由自主地想上前摸摸皇冠，感受泉水喷涌的乐趣。

奥地利又称为"音乐王国"。音乐和戏剧举世闻名，首都维也纳涌现出无数音乐大师。在奥地利的多瑙河畔，处处流动着美妙，熟悉的音乐旋律。从轻歌剧到音乐喜剧，从大型交响乐到歌剧表演，特别是一年一度金色大厅的新年音乐会，吸引着世界各地的音乐爱好者。

维也纳是音乐之都，约翰·施特劳斯圆舞曲之王，美泉宫，美景宫，萨尔斯堡的水晶宫，一年一度的新年音乐会。来到这儿无论是听还是看，都能让你的视觉和听觉得到满足。

西班牙素有"旅游王国"之称，在西班牙旅游业的王牌项目是"三S"，sun(太阳)、shore(海滩)、sea(海洋)。西班牙旅游口号为"阳光普照西班牙"。到西班牙旅游，你的多花点儿时间，看看下面的介绍就知道为什么西班牙人会怎么说。

西班牙有四个主要旅游区，它们分别是：

1.太阳海岸旅游区，在南方安达鲁西亚一带。海岸全长约150公里，全年日照时间300多天，游泳期长达半年以上。喜欢游泳的旅行者，可到这儿旅游，到时看谁的泳衣最时尚。沿岸20多个城镇，到处都是风格各异的旅游设施和饭店。

2.布拉瓦海岸旅游区，在东北部，海岸长66公里，海面平静，海水清澈，是开展水上运动得理想区域。在这儿可坐游艇，到海上兜风。

3.巴利阿里群岛旅游区，在东部地中海海区，素有"地中海浴盆"之称。是最为适宜休闲旅游的胜地，多个大大小小的浴盆任你选，直到你满意为止。

4.加那利群岛旅游区，在西北部大西洋区内，是有"三S"旅游热带风光的群岛。想晒日光浴，想在沙滩散步，或想在海水里游泳，到西班牙来旅游，来到这儿都能满足你。

西班牙马德里皇宫，是欧洲第三大皇宫。仅次于凡尔赛、维也纳的皇宫，皇宫在曼萨莱斯河左岸的山冈上，是典型的法国式风格，外形呈正方形，每边长180米，内部装潢采用意大利式，富丽堂皇。宫内装有豪华水晶灯，织锦的壁毯，壁毯价值连城，许多是15世纪用金银线人工织成的，皇宫是世界上保存最完整最精美的宫殿之一，现已成为西班牙举行盛大活动的场所。

太阳门广场，在马德里市中心。10余条街道呈放射形向四面八方延伸，正中央矗着一座雕塑，一只可爱的棕熊攀爬在莓树上。每年除夕，马德里市民在这里欢聚一堂，当新年的钟声响起时，吞下12颗葡萄，祝愿来年吉祥如意。男女同伴们与游人，在导游的带领下来到这里游览。

丽池公园，是皇宫成员的娱乐场所，占地1.42平方公里，园内种植的绿色植物超过15000株，园内还有一座美丽的玻璃宫。目前已成为展览馆，供人们游览，男女同伴们与游人在公园里拍照游览。

　　布恩雷蒂罗公园，是马德里规模最大的公园。原是历代国王隐居和静养的地方，园内有玫瑰园、植物园、玻璃宫和人工湖多个景点。林木面积达130公顷，园内有数百座雕塑，规模最大的是西班牙历代国王和王后的白色雕像，用白色大理石雕刻出的雕像，能给人圣洁高贵的感觉。同伴们与游人由导游的带领着，来到公园游览，他们在公园里边游览边拍照，欣赏这儿历代皇室成员悠闲静养的美丽景观。

　　普拉多博物馆，是世界四大著名博物馆之一。馆内有100多间展览室，收藏12世纪到19世纪的美术作品。包括格列柯、委拉斯开兹、里贝拉西班牙知名画家的珍品。博物馆还收藏意大利、英国、荷兰和德国绘画大师的代表作品。喜欢绘画的人，来这里可让你大饱眼福。

　　瑞内索菲亚美术馆，馆内主要收藏19世纪到20世纪的西班牙现代艺术作品。包括超现实抽象主义，前卫派作品，有世界知名现代艺术家，如毕加索、米罗、达利的作品。同伴们在这个现代美术馆里，看到的都是西班牙著名的现代艺术家的美术作品。

　　阿萨哈拉宫又名"哈里发凡尔赛宫"。在公元936年，由阿卜杜勒·拉赫曼三世下令修建。宫殿依次铺展在莫雷纳山麓的坡地之上，雄伟壮丽。最上面是城堡王宫，中间部分是宫殿附属建筑和一座小型清真寺，底部是皇家花园、池塘、喷泉，现已改成为博物馆。

　　罗马大渡槽是在古罗马图拉真大帝时代，由罗马人建造，至今保存完好，大渡槽用一种深色花岗岩砌成，没有使用灰浆，却异常坚固。全长813米，分上下两层，由148个拱组成，高出地面30.25米，渡槽是将弗利奥河水引入城内饮用，成为塞戈维亚的象征。1985年，被联合国教科文组织列入人类文化遗产名录，这个大渡槽是引用罗马水利工程最成功的范例。

　　王宫，1734年落成，宫内部全用大理石和天鹅绒铺盖着。顶上有湿壁画，墙上挂着绚丽精巧的织锦画，部分是以大画家的作品为模本织成。王宫占地145公顷的花园，园内景色幽静，有26座喷水池，54座大理石雕像和瀑布，是座规模雄伟的皇家王宫。

　　马略卡岛又称为"蜜月岛"。每年360天的阳光日照，男女同伴们与游人来到马略卡岛上，这儿有的不单是阳光，海水和沙滩，你会发现哥特式楼房，山上淳朴村落，葱绿的橄榄丛。男女同伴们在岛上，随处都可看到，从未有过的二十四小时的狂欢派对。

　　一路上同伴们在长长的沙滩上，高高的棕榈树间，这儿有碧绿的海水，清新的海风，这些美丽的景观，都会让同伴们年轻的心有一种莫名的兴奋，被这海边的美丽景观所感动。而后同伴们又来到雄伟披满阳光的大教堂里游览。

　　从马略卡首府帕尔马开始，男女同伴们可以敞开胸怀享受这流金一样的阳光灿烂的日子。西班牙国王胡安·卡洛斯一家，曾将这里当成提高风帆技术的世外桃源。

　　西班牙，拥有"三S"王牌的旅游王国。全年日照300多天，游泳期长大半年以上。马德里皇宫，织锦壁毯价值连城。丽池公园，美丽的玻璃宫。布恩雷帝罗公园、普拉多博物馆、瑞内索菲亚美术馆、阿萨哈拉宫、罗马大渡槽。王宫，全部用大理石天鹅绒铺盖。马略卡又称"蜜月岛"，360天阳光日照，24小时狂欢派对。看到这儿你是否有来这里光顾游览的念头，那就准备好行装，选好时机就出发，定让你不虚此行。

　　比利时别称"西欧十字路口"，是欧洲联盟北大西洋公约组织的多个国际组织总部所在地。另有200多个国际行政中心和超过1000个官方团体在此设办事处，比利时首都布鲁塞尔，含意是"沼泽上的住所"，市内呈五角形，以中央大街为界，分上城与下城，素有"欧洲的首都"之称。

　　男女同伴们来到这座五角形的小城，到处都是洁净的街道，路两旁有比利时皇宫，中心大广场，欧洲总部大楼，大教堂，博物馆，美术馆，写字楼，商店，都用绿树鲜花点缀着，显得生动活泼，时时散发着旺盛的生命力。

　　同伴们与游人在这儿游览，各处的景观，如同在城里散步，可随意进到教堂，

马略卡

比利时古堡

美术馆，博物馆里面游览，又可坐在路边的咖啡屋里，歇歇脚、喝喝咖啡、说说话，再来到皇家官殿和民间艺术博物馆，观赏华丽优美的珍贵艺术品。

比利时的巧克力很有名，品种繁多，工艺精致，品质细腻柔滑，是上呈的食用与送礼佳品，同伴们在一家巧克力专卖店，挑选各自喜爱的包装精美的巧克力，笑容满面的从专卖店出来回到住的宾馆。

"撒尿小孩铜像"，被称为"布鲁塞尔第一公民"的于连，坐落在两米高的大理石台座上。小孩头发微卷，翘着鼻子，调皮地微笑，全身赤裸，双手叉腰挺肚，无拘无束的撒尿。这是雕塑大师捷罗姆·杜克思诺的作品。男女同伴们在一家工艺美术店，看见"撒尿的小孩铜像"，小陶看着小孩笑着说："我要买这个。"说着请营业员帮她拿一个。大家看着都说好玩，周队长笑着说："那我们就多买几个，你们一人选一个，我也来一个带回家与我做伴。"

午饭后，同伴们又来到"小欧洲"的公园又称"迷你欧洲"。它的南面是"原子球"，北面是"百年官"。"小欧洲"内的景物只是真实景物的 1/25，欧洲各国闻名的世界宫殿、教堂、广场、古堡、港口、名人住所，都微缩成 300 多个名胜古迹，反映欧洲历史、文化、艺术、科学与技术发展的成果。

男女同伴们与游人，在比利时国王的御花园内游览中国宫，宫内有蟠龙金漆的柱子，彩凤木雕。门前有一对石狮子和一座精巧别致的八角厅。宫内金碧辉煌，龙飞凤舞，具有浓郁的东方特色，现成为陶瓷收藏馆。

皇家美术博物馆，是比利时最大的博物馆。珍藏着大量古代艺术珍品，现代艺术馆在皇家广场 1 号。

比利时特产巧克力，与瑞士巧克力齐名，著名的有金边、雅克和嘉勒博。

比利时，是欧洲的小城市大首都"欧洲的首都"。

意大利是非常美丽的半岛国家。有悠久的历史和灿烂的文明，是当今世界最发达的七大工业国之一。首都罗马是意大利的历史、艺术和文化中心。

罗马有三多，雕塑多、教堂多和喷泉多。经济繁荣，人们生活富足，有"永恒之城"的美誉。罗马广场曾是罗马帝国政治、经济、文化和宗教的活动中心。在漫长的历史岁月里，文化、计数度量、货币、国家形式和法律制度都产生于此，是人类文明的发源地之一。

特莱维喷泉在三条街的交叉口，是伟大的建筑师沙尔威的杰作，有名的"少女喷泉"或"许愿池"。这个喷泉雕刻讲的是海神的故事。后面是一座海神宫,许愿池中间矗着海神,两边则是水神。海神宫的上方站着四个少女,分别代表着四季。它是罗马全城 1300 多喷泉中最有名的喷泉。

男女同伴们在许愿池边,看着哗哗喷出的泉水和雕刻的海神。

周队长说:"你们想许什么愿,在这儿或许能让你们心想事成,试试看?"

绿地说:"我就明说有时间,我会再来一次,怎么样? 周队长你许什么愿?"

周队长笑着说:"许愿是不能说出来的,你小子傻不傻? 你看她们俩。"说着他让同伴看。男伴们看到两女伴闭着眼睛,双手举在胸前许着什么愿?

海湖看着她俩笑着说:"反正她们又不会说出来,看什么?"

山川笑着说:"那我就许个心愿,不让你们知道。"

真理之嘴,是古代流传下来的雕有河神头像的大理石雕像,曾是排水口的盖子,传说,若谁不说真话,它就会咬住他的手。在派克和赫本主演的电影《罗马假日》

水城威尼斯

里有一段关于真理之嘴的场景。来这里的许多游人,都会好奇地伸手试试。

周队长对同伴们笑着说:"谁也想试试?"

男同伴们对周队长开玩笑着都说:"反正我们都讲实话,不用试,不然你试试?"

周队长笑着说:"好啊,你们怀疑我? 那我就试试。"说着话他把手伸进嘴里。在一旁的小陶着急地说:"周队长别,他们是在激你。"

周队长笑着说:"看样子小陶说的是实话。"

邱文洁看着女伴笑着说:"小陶是最相信你的,你就不用试了。"

威尼斯是文艺复兴时的艺术宝库,它保留着中世纪的街巷,开阔的圣马可广场和城市内运河系统,威尼斯号称"水都"。106 条河和水港将全城分成 118 个小岛街区,而 400 多座桥则将各街道连成一体。市内没有汽车,游览时只能乘船、汽艇或步行,可体验到工业革命前,城市的原始生活。每年 8 ~ 9 月份,举办"威尼斯电影节"是具有重要影响的国际电影节。

在佛罗伦萨美术学院有米开朗琪罗的大卫雕像。同伴们在这个博物馆画廊里边看边说着话。

周队长在大卫的雕像前说："这是个欧洲的美男子，我们都在这儿拍个照，你们看怎么样啊？"

两女伴看着大卫的裸体雕像笑着说："还是我俩给你们拍吧。"

男伴们笑着说："那好，就我们男伴来。"说着他们站在雕像前。两女伴对男伴们笑着说："看好。"说着拍下男伴们的身影。

花之圣母教堂又名"花之圣玛利亚教堂"曾是佛罗伦萨宗教的中心，是一座由白色、粉红色、绿色的大理石按几何图案装饰起来的大教堂，教堂全长153米，宽38米，是世界上最大的宗教性教堂之一。

周队长看着壁画对同伴们说："佛罗伦萨教堂多，壁画必然就多，这座主教堂内陈列的这些壁画，被称为人体的百科全书。"

同伴们边看边说："你说得对，这些壁画都是艺术家的经典之作，很有观赏价值，这可是最好的机会，值得我们好好欣赏。"

翁贝托一世长廊，在圣卡洛剧院和托莱多路之间，是工程师埃马努埃莱·罗科设计的。北部突出处是八边形设计和不对称的十字架形状，还装饰有彩饰大理石地板。在中间有个巨大的装饰表示黄道十二宫和指南针，正中央是一个巨大的圆屋顶。

山川说："这个长廊与颐和园的长廊，在造型、图案、材质、内容上都有很大差别，唯一相同的就是都称作长廊。"

邱文洁说："你有细致的观察能力的确如此，你说得都在行。这长廊使用的材质，图案的内容与造型都不相同，这样才能让我们大开眼界。"

在米兰众多古迹中，教堂最具艺术特色。以杜奥莫教堂最负盛名，这座哥特式大教堂，长157米，宽66～92米，高56米，屋顶尖塔像树林，有135座之多。游人与同伴们在教堂边看边说，这又是哥特式教堂的典范。

同伴们和游人从这座教堂出来，又来到梵蒂冈，这座小城市在罗马城西北角，它是全世界最小的国家和世界天主教中心，有全世界最大的天主教堂圣彼得教堂。以耶稣大弟子彼得的名字命名，教堂纵深211.5米，宽114米，高141.5米，大教堂内壁画和雕像，这都出之名家之手。

教堂旁边有一座长300米，宽70米的教皇宫廷，现为梵蒂冈博物馆，它是世界是最著名的博物馆之一。由观景楼院展厅、希腊十字厅、圆厅、诗人厅、动物厅、雕像厅，展出价值连城的艺术珍品和稀世珍宝，这个世界上最小的国家里，有全世界最大的教堂。

意大利，首都罗马，雕塑、教堂、喷泉最多。威尼斯，浮在水上的城市。米兰，三大时装之都之一。佛罗伦萨，拥有博物馆城。真理之嘴、西班牙广场、特维拉喷泉、花之圣母教堂、翁贝托一世长廊、有最多的景观。西西里岛，靴子上的足球。威尼斯电影节，国际电影节。梵蒂岗，全世界最小的国家。圣彼得教堂，全世界最大的天主教堂。

意大利特产：通心粉和比萨饼名扬全世界。

希腊是欧洲文明的发祥地，雅典是希腊的首都。这是一座历史悠久的古城，保存着丰富的古代历史遗址。雅典又是欧洲文明的摇篮，在艺术、哲学、科学、法律方面做出了杰出的贡献。如今，雅典是希腊最大的城市和工业中心。

男女同伴们与游人来到这个地中海边的国家，如同进到神话里的世界，到处是神庙与古建筑。

国家考古博物馆，是希腊最大的古文物博物馆，主要收藏希腊各地各个时期价值极高的文物，近2万件，展品丰富，大部分反映希腊神话中的内容，可集古希腊文物之大全。博物馆有雕塑陈列室、青铜器陈列室、陶器陈列室，以迈锡尼文物陈列室，金制面具、器皿和装饰品最为著名。男女同伴们与游人，在博物馆里边看边听导游在解说着馆内保存物品的历史。

百柱图书馆，长122米，宽82米，由高高的圆柱支撑。内部由阅读大厅和藏书楼，11世纪改为拜占庭式教堂，现存少量的大理石围墙。

宙斯庙在奥林匹亚村，是为纪念万神之王宙斯而建，是古希腊最大的神庙之一。神庙全部采用白色大理石建

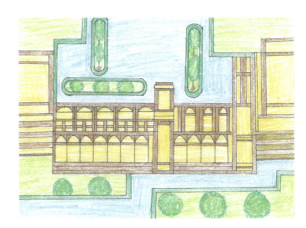

雅典卫城

造，长64米，宽28米，周围有34根圆柱。三角形人字墙上饰有雕刻作品，两个门厅上描绘着希腊英雄的12项业绩。世界闻名的宙斯雕像由黄金和象牙塑成，是雕塑家菲迪亚斯的作品，高12.5米，左手握一胜利女神雕像，左手执一带鹰的节杖。

周队长对同伴们说："宙斯是万神之首，庙宇自然也不同一般。"

小宫城堡，在蒙耐瓦西亚高城区，是一座拜占庭风格的贵族城堡，是蒙耐瓦西亚城最壮观最有气势的城堡之一。它耸在整个城市的最高点上，如今，小宫城堡保存完好。

周队长在城堡上说："这儿如同人们所说那样，站得高，看得远，不用望远镜都能看得很远，你们看。"说着他指给大家看。

山川边看边笑着说："这是否也有横看成岭侧成峰，远近高低各不同的感觉。"

小陶笑着说："是有，不过在这异国他乡，这山峰这峻岭都带点儿洋味，你们说是不是啊？"

邱文洁笑着说："我们此行来，就是欣赏原汁原味儿的洋味儿，不是吗？"

绿地笑着说："什么洋味儿，我看你们都变成洋葱了。"

周队长笑着说："洋葱好我喜欢，美味又强身。"

在宾馆用过早餐后，同伴们又与游人来到威尼斯城堡，是一座规模雄大的城堡。内有7个要塞，台阶857层，整座城堡高耸入云。现在城堡和城墙保存完好，是当地最著名的景点。

在长长的台阶上，同伴们边上边说着话，山川说："我们上到山顶是不是伸手就能摸到彩云？"

周队长笑着说："对啊，你还可以站到云上飘啊飘到爱琴海。"

海湖笑着说："好啊，那我们就在海边的白房子里，再见！"

希腊土地上到处都是橄榄树，它生产的橄榄油世界闻名。希腊的珠宝饰品也是世界闻名的，在希腊一些乡村，每逢元旦到来，人们就带着一块大石头作为礼物到亲友家拜年，并把它放在地板上向主人祝愿说："愿你家有一块像石头一样大的金子。"

希腊是欧洲文明的发祥地，神庙最多，爱琴海最蓝，海边的白房子最漂亮，橄榄油品质最高。每年9月至来年5月最宜前往旅游。

在飞往俄罗斯的飞机上，周队长对同伴们说："你们看，我们已来到洋葱头的家乡。"

山川笑着说："这里的洋葱头可以欣赏，但不能品尝啊。"

海湖说："我们可以坐在餐馆里，边品尝洋葱大餐，边欣赏高高在上的洋葱头，这样口福眼福都满足了。"

俄罗斯的首都莫斯科是一座有800多年历史的文化古城。城内名胜古迹众多，是俄罗斯古代文明的精华。全市有84座公园，400多个小型公园以及100多个街心公园，现已成为世界上最美丽的大都市之一。

莫斯科以克里姆林宫和红场为中心，向外延伸呈辐射环形状。汇聚着国家主要的机关、博物馆、剧院、大商场，红场古语为"美丽的广场"。红场周围有许多著名的教堂、克里姆林宫、百货商场、历史博物馆，红场是莫斯科的象征。

周队长说："这可是有许许多多名胜古迹的国度，能让你们大开眼界大饱眼福，来到这儿会让你们，不虚此行心智大长，以后就有外出旅行的阅历和资本，你们相信吗？"

绿地说："相信，听你说话的腔调，所用的名词，就知道我们的旅行可以大获丰收。"

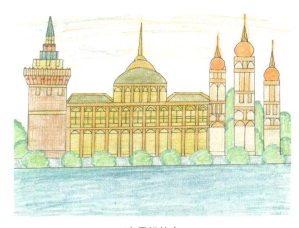

克里姆林宫

同伴们与游人乘旅游专车到红场，这是莫斯科的中心，宽阔的道路，周围都是著名的景观，在导游的带领下，同伴们来到享有盛名的克里姆林宫。

山川抬头看着高高在上的金黄色的洋葱头笑着说："你好，可爱的洋葱头，我们来看你了！"

宫内有一"炮王"，炮重40吨，炮口直径092米，每个炮弹重2吨。炮架上有精美的浮雕，有沙皇费多尔的像。还有一"钟王"重202吨，高6.14米，直径6.60米，它比北京永乐大钟重4倍半，钟上铸有沙皇阿列克谢伊河皇后安娜的像以及神像，克里姆林宫有"世界第八奇景"的美誉。

周队长边看边说："这座皇宫外部高大雄伟，内部金碧辉煌，的确是世上少有的皇宫。"

小陶说："这宫内宫外都让人觉得高大，宽阔，厚重，到处都可以用富丽、雄伟、精美来形容。"

胜利广场包括胜利广场和卫国战争博物馆两部分。胜利女神纪念像高 141.8 米，向上约 100 米处有一古希腊胜利女神，左手高举胜利桂冠雕像，她身旁飞着两个小天使，一男一女，吹着胜利的号角。广场右面是一座喷泉，左面是常胜圣格奥尔基大教堂，后面是有名的中央博物馆。同伴们与游人由导游带领着，在这里拍照留念。

莫斯科电视塔，高 573.5 米，是欧洲第一塔，世界第二塔，现播出 11 套电视节目和 10 套广播电台节目。它可以作为全市定位用的标记，在高 337 米处，有一观览室，有个名为"七重天"的旋转餐厅，有座位 240 个，塔内地板处有一透明玻璃，可看到莫斯科城市风光。

电视塔内有高速电梯，同伴们与游人们在享受上上下下的同时，不到一分钟的时间，就可以到达顶部的观览室，可在那儿鸟瞰全城。而后，同伴们与游人又坐在旋转餐厅用餐，他们可以边用餐边欣赏城市的美丽景观，这可是最值得观赏的大都市的景观。

全俄展览中心，原称"国民经济成就展览馆"。面积 383 公顷，共有 80 个展览馆，是集科学性、知识性、娱乐性、商业性于一体的综合性展览中心。中心有一座太空纪念馆，基座由精美浮雕，高达 107 米，男女同伴们边看边用相机拍照。

中心广场有一民族友谊喷泉，中间是一个巨大的金麦穗。喷泉周围 15 个女铜像，代表苏联 15 个加盟共和国。广场还有一独特的喷泉，是用乌拉尔彩色宝石建成的，水中的造型喷泉是天鹅和鲟鱼，喷泉是由 1000 个水柱组成，气势雄伟。男女同伴们与游人，在喷泉边与天鹅、鲟鱼拍照留念。游人与同伴们都说，这是我们拍到的最有纪念意义的造型优美的喷泉摄影。

莫斯科大学，在莫斯科西南的麻雀山，有房间 3 万多间，规模大，现有 17 个系，在校学生 3 万余名，是世界著名大学。校内有一体育场是第 22 届世界奥运会的主会场，现已成世界上最好的体育场之一。

特列季亚科夫美术馆，馆内主要收藏作品以油画、雕像、圣像画，线条画为主，珍品有 5.5 万多件。著名的作品欧伊万诺夫的"基督显圣"，彼得夫的"三套车"，列宾的"伊凡雷帝与他们的儿子伊万"。镇馆之宝是 12 世纪拜占庭艺术品，"弗拉基米尔圣母画像"，多年来一直是美术馆的最高荣耀。

　　同伴们与游人又进到东方艺术博物馆，大多是来自东方国家的艺术珍品，如中国、韩国、日本。最引人注目的是来自中国的文物，有许多中国的国宝，在中国是看不到的。有距今 4000 年前的青铜器皿和明代的瓷器，还有艺术大师徐悲鸿、齐白石的绘画作品。

　　库斯科沃庄园，曾是什雷姆提耶夫的避暑庄园。曾有英法式花园、中国式亭子、意大利式小屋、荷兰式小屋、瑞士小屋。现在庄园内有一座法国式庄园，庄园前有一个人造湖，长 800 米，宽 200 米，碧波清澄。园中有来自欧洲、亚洲、非洲、美洲的 70 多座精细雕像。湖边有一法式宫殿，全为木结构，内有 410 幅油画，是俄罗斯唯一的瓷器博物馆，收藏瓷器达 1.8 万件。

　　周队长边看边说："景德镇的瓷器怎么都送到这儿来了，有这么多精美的样式。"

　　海湖笑着对同伴们说："这可能是庄园主的爱好，这可是陶瓷博物馆，世界各国的陶瓷精品都在这儿。"

　　山川说："庄园内还有其他国家的房屋，看这样子庄园主的爱好挺广泛的。"

　　邱文洁边看边对同伴们说："你们注意到没有，庄园内还有来自各大洲的精美雕像、油画，这庄园主是个鉴赏家，来到这儿避暑时，又可悠闲的欣赏这些精美的艺术品。"

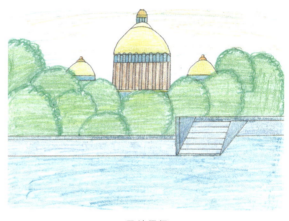

圣彼得堡

　　绿地说："这儿的人造湖，是庄园最舒适、凉爽的地方。庄园主不但可以欣赏艺术品，还可以享受清凉。"

　　莫斯科大剧院，是一座乳白色古典主义的大剧院。运用古希腊奥尼亚式圆柱，每根高达 15 米，巨大的柱廊是正门气势雄伟。门顶上由阿波罗神驾驭的青铜马车，栩栩如生，它也是莫斯科的标志之一。

　　演出大厅，以金色为主调，显得金碧辉煌。大厅有 6 层包厢，高 21 米，厅长 25 米，宽 26.3 米，可容纳 2000 多名观众，中央有一盏巨大的水晶花篮式大吊灯。剧院广场有喷泉，鲜花绿草，它是世界上著名的剧院之一。

周队长对同伴们说："我们好像进到了迷宫里，这么多的阶梯串联着那么多的房间，沙皇本人都有可能迷路，说不定什么时间，沙皇在阶梯上说，我该进哪个房间？"

山川笑着说："有可能，不过有可能是沙皇上错阶梯，所以找不到房间。"

男女同伴们与游人从皇宫出来，又到宫殿前的一座大瀑布喷泉群的旁边，看着喷泉群中的塑像，塑像有 37 座，浅浮雕 29 座，小雕像 150 个，喷泉 64 个和 2 座梯形瀑布，喷泉喷出的水柱高达 22 米，是花园中最大的喷泉。下花园呈扇形展开，面积 102.5 公顷，有 150 个喷泉和 2000 余个喷柱。玛尔丽宫室是沙皇的居住处，在下花园西侧的奇珍阁，又是沙皇会见俄国上层人物的场所。

蒙普拉伊宫是由彼得大帝亲自设计的，宫内有 170 多幅荷兰名画，还有亚历山大大花园和茅金宫。宫中有绿厦宫、英国宫、粉红阁和奥尔伽阁，彼得宫被称为"俄罗斯艺术之宝"。

邱文洁边看边说："沙皇在冬宫里上错阶梯找不到房间，在夏宫有可能又进错宫阁，你们说有可能吗？"

小陶说："怎么不可能，那他可能会到花园里，对着喷泉边的雕像前冷静一下说，请问我今天是进绿夏宫还是进粉红阁？"

海湖笑着说："尊贵的阁下，是夏宫的温度太高让阁下有些晕，你还不如到瀑布那儿冲个凉，再考虑是进宫还是进阁。"

周队长笑着说："你们胆敢对沙皇开心，人家说不定从小就在这儿出生，有多少个阶梯，多少个房间都了如指掌，还用的上你们在这儿出什么馊主意。"

绿地笑着说："冬宫、夏宫一会儿冷一会热，是有可能出错。"

小陶笑着说："炎炎夏日在夏宫里凉爽，冬日在冬宫里暖活，怎么可能出错，不然盖冬宫夏宫的意义何在？"

周队长看着小陶笑着说："就是，是你们在这夏冬宫转晕了才会在这儿胡说八道。"

山川笑着说："都怪这冬宫夏宫太大了像座小城市，不转晕才怪哪。"同伴们都笑着说，我们是来到了迷宫。

"阿夫乐尔"巡洋舰，舰长 124 米，宽 16.8 米，"阿夫乐尔"意为"黎明"或"曙光"。在罗马神话里，阿夫乐尔是司晨女神，她唤醒人们，送来曙光。1948 年，改为军舰博物馆，永远地固定在涅瓦河上。同伴们与游人上到巡洋舰上游览。

海湖边看边说："用军舰当博物馆，想象力丰富。"

青铜骑士是彼得大帝骑马的塑像，它是叶卡捷琳娜女皇二世于 1766—1782 年，特聘法国名家法尔科内雕塑的。是一件珍贵的艺术品，安置在一块巨石上，彼得大帝骑在一匹腾空的骏马上，两眼目视前方，充满自信和自豪，俄国著名诗人为此写了《青铜骑士》这首著名的叙事诗。

伊萨大教堂，它由法国建筑师奥古斯特·蒙斐朗主持设计，是世界四大教堂之一。教堂 102 米，长 112 米，宽 100 米，可同时容纳 1.2 万人，教堂四面各有 16 根巨大的石柱，成双排托起雕花的山墙，每根石柱重 120 吨，最后覆盖上圆顶，教堂规模很大。在 43 米高的圆顶周围放置 24 根细石柱，每根高 13 米，重 67 吨。

同伴们与游人在教堂里边看边说着话，周队长对同伴们说："盖大教堂可是欧洲人最值得炫耀的成就。"

海湖说："除皇宫就是教堂，的确是让人佩服。"

海军部大厦，奇特的造型使之成为圣彼得堡的标志，塔楼的宽度为 400 多米，基座成类似凯旋门的拱形六门，门上有各种精细的雕像和浮雕，正门两旁有两组海神的雕像群，是由切列宾涅夫和谢德林设计。他俩以严谨简明的设计风格，设计出主题明确的雕像群，象征俄罗斯水手们的英勇精神。在大厦塔楼顶上中央，有一根镀金长针，高达 72 米，直冲云霄。在圣彼得堡的任何地方，都可以看到它，大厦是古典主义与现代俄国艺术融合的产物。它曾是海军的军部，现为海军学校的一部分。

周队长对同伴们说："俄罗斯又是军事大国，陆海空样样都功勋显著。"同伴们都说，言之有理。

男女同伴们又来到喋血教堂也称"复活教堂"游览，这是一座典型俄国风格的教堂。教堂内部嵌满以《旧约》《圣经故事》为载体的镶嵌画。嵌画中人物个个形象栩栩如生，惟妙惟肖，教堂的外貌光彩华丽。同伴们与游人都在这儿拍照留影。

俄罗斯博物馆，是为沙皇弟弟米哈伊尔筑造，原名"米哈伊尔宫"。馆内主要收藏圣像画和民间工艺品，有 18～20 世纪俄罗斯雕塑艺术珍品和俄国学院派写生画作品。它是世界上收藏俄国绘画、版画、雕刻、艺术设计、民间工艺最多的博物馆。

玛丽斯基剧院，原名"基洛夫模范歌剧舞剧院"，是以亚历山大二世的皇后之名命名的，外表朴实无华，但大厅内部金碧辉煌，具有皇家气派。从格林卡的歌剧《伊万·苏萨宁》在此初演以来，几乎所有俄国古典歌剧都在这里初演。

现在玛丽斯基剧院是全俄国最大的剧院之一。如有机会到这座大剧院欣赏一部歌剧，也是人生的荣幸。

艾尔米塔什博物馆，在圣彼得堡宫殿广场上，与大英博物馆、罗浮宫和大都会艺术博物馆一起，被称为世界四大博物馆。曾是叶卡捷琳娜二世女皇的私人博物馆，馆内收藏有珍贵艺术品多达 270 万件，包括 1.5 万幅绘画，1.2 万件精美雕塑，60 万幅线条画。

远东艺术馆，则收藏大量的中国文物和艺术品、丝绸、敦煌雕塑和壁画、瓷器、珐琅、漆器、山水仕女图及 3000 幅中国年画。

西欧艺术馆，主要收藏欧洲文艺复兴时期的绘画、素描、雕塑。有艺术大师达·芬奇的《戴花的圣母》和《圣母丽达》，拉斐尔《科涅斯塔比勒圣母》和《圣家族》，米开朗琪罗的雕塑品《蜷缩成一团的小男孩》。周队长边看边说："这可与罗浮宫比美，东欧西欧的艺术精品这里都有。"

夏宫

厦花园在圣彼得堡一个小岛上，在彼得大帝时，曾是沙俄贵族社交场所，也是沙皇招待外国贵宾之地。它四周河水环绕，东有喷泉河，西有天鹅运河，南有莫伊卡河，北有涅瓦河。花园四周有奇特的护栏，奇花异草郁郁葱葱，园中有一座宫殿，就是著名的彼得大帝夏宫。

现在夏花园已成为市民游玩与休闲之处，同伴们与游人在这个小岛上游玩，用餐，拍照享受贵宾的待遇。

周队长看着周围说："在一个小岛上修一座避暑的夏宫，东有喷泉，西有天鹅湖，南北都有河，分明就是个世外桃源。"

绿地说："这就是彼得大帝非同凡响开辟的杰作，休闲避暑的夏宫，是个乘凉的好地方。"

山川说："彼得大帝是什么人，当然是有远见卓识的君王。"

贝加尔湖在俄罗斯东西伯利亚南部，是世界上最深，蓄水量最大的淡水湖，约占世界地表淡水总量的1/5.有300多条大小河川注入。湖中生存着600种植物和1200多种动物，其中3/4为贝加尔湖的特有品种，贝加尔湖远离海洋，湖内却栖息着海洋动物，它们是怎样迁居此地，至今是个不解之谜。贝加尔湖湖水清澈，湖岸群山环抱，阳光充足，被誉为"西伯利亚"的明珠。

俄罗斯套娃，从大到小套制在一起，绘制各种图案精美而细腻，具有浓郁的民族风格。同伴们与游人在商店里，挑选喜爱的各样彩绘套娃。

俄罗斯，是世界上拥有超强雄厚资源的国家。名胜古迹繁多，克里姆林宫，有世界第8奇景。红场，莫斯科的象征。莫斯科大学，世界著名大学。胜利广场，有胜利女神像。莫斯科电视塔，欧洲第一。中心的广场，有巨大的金麦穗、天鹅、鲟鱼雕像。特列季亚科夫美术馆，有拜占庭的艺术品。东方艺术博物馆，来自东方的艺术品。库斯科沃庄园，俄罗斯唯一的瓷器博物馆。莫斯科大剧院，乳白色的古典大剧院。圣彼得堡，北方威尼斯的美誉。冬宫，曾是沙皇的皇宫。夏宫，历代沙皇的郊外别墅。蒙普拉伊宫，绿夏宫、粉红阁称俄罗斯艺术之宝。阿夫乐尔巡洋舰，军事博物馆。青铜骑士，彼得大帝的雕像。伊萨大教堂，世界四大教堂之一。海军部大厦，海神雕像群。喋血大教堂，又称复活大教堂。俄罗斯博物馆，原名米哈伊尔宫。玛丽斯基剧院，全俄罗斯最大的剧院之一。艾尔米塔什博物馆，世界四大博物馆之一。贝加尔湖，西伯利亚的明珠。来到俄罗斯旅游，可让你见多识广，心智大长，可不仅仅是大饱眼福。

荷兰全称荷兰王国。荷兰又称为"海平面以下的王国"。在这块"上帝造人，荷兰人造地"的土地上，创造了农业人均收入名列世界第七和农业出口额居世界第三的奇迹。首都阿姆斯特丹是一座有700多年历史的名城，享有"博物馆之都"的美誉。

巴里尔大坝，将须德海一分为二，北面是北海，南面使须德海变成内陆湖。大坝全长32.5米，高10余米，坝宽90米，坝顶为双向高速公路。围海造田工程，使附近的居民过上安定富足的生活。花卉栽培是荷兰支柱性产业，享有"欧洲花园"的美称。

男女同伴们与游人踏上这郁金香的家乡，到处都能看到盛开的多彩郁金香，游人们用相机不停地拍照，周队长边看边对同伴们说："你们看路两旁的郁金香真是名不虚传，果然是出产郁金香的国度。"

小陶看着路边的郁金香说："这儿的花儿长得真好，真想摘几朵带到宾馆欣赏。"

海湖笑着说："这可不能随意摘，这里到处都能买到。"

邱文洁说："我们在这儿拍照，郁金香不就可以带走了。"

绿地笑着说："这想法好，照片里的郁金香，可储存很长的时间。"山川说："那我可得多拍几张。"

说着同伴们挑选不同的地方拍照，个个都是满面笑容的边看边拍，高兴得不亦乐乎。

阿斯梅尔花市是世界最大的花卉市场之一。荷兰是世界著名的郁金香产花国，花市每天出售1000多万枝鲜花，有各种名贵花卉，阿姆斯特丹在每年9月，举办世界最大的郁金香花展，这时会形成花的海洋，场面非常壮观。

海牙一词的含义，是"伯爵的树篱"。最初的海牙是贵族的狩猎地，后成为荷兰政治的中心，首相府和政府各部都设在这里。海牙不仅是一座环境优美的城市，还是著名的国际会议中心。

和平宫，是联合国的国际法院所在地，这是一座长方形的宫殿，为棕红色，正面长廊由9个大拱门组成，两边耸一个大钟楼，大厅全部采用大理石，饰以金色浮雕，主楼道正中坐落着司法女神雕像。

和平宫是美国企业界巨头安德鲁·卡内基融资150万美元作为建造经费，各国捐赠建筑材料和装饰工艺品建成，命名为和平宫。

哥根霍夫公园，是世界上最大的鳞茎花卉公园，以生产郁金香而闻名，大约有1000万株，又称为"郁金香公园"。此外，还有黄水仙、风信子、百合花多种花卉。

荷兰之最：

风车——在荷兰田野上，到处有着样式繁多的风车。荷兰有十分丰富的风力资源，最多时达9000

荷兰大风车

郁金香

多座，现风车都集中在鹿特丹的童堤镇。

郁金香——郁金香是荷兰的国花。郁金香雍容华贵，法国作家大仲马形容它："艳丽得令人睁不开眼睛，完美的令人透不过气来"。海湖开玩笑地说："什么睁不开眼睛，透不过气来，那还怎么看？"

周队长笑着说："这是形容郁金香美丽的程度，会让人激动得透不过气来，光彩照人让人不敢睁开眼睛看，只能心领神会。"

邱文洁说："我看郁金香最大的特点是，外形简洁，内在包容向上，是很有个性的花卉。"

山川说："你说得对，这样的形容恰到好处，我赞成。"

绿地笑着说：荷兰人为什么对郁金香情有独钟？

周队长说："这个问题得问荷兰人才能知道。"

郁金香1593年前后传入荷兰，经过400多年的精心培育，成为荷兰人的国花，有3000多个品种。每到4～5月间，鲜花盛开的季节，荷兰人都会举行传统的花节。

每年的春、夏两季是到荷兰旅游的黄金季节。

埃及是四大文明古国之一。开罗是埃及首都，是全国政治、经济、文化中心，也是非洲最大的城市。尼罗河穿城而过，开罗是一座文明古都，也是公认的富有吸引力的旅游城市，素有"中东好莱坞"之称。

开罗每年生产70～80部故事片，为阿拉伯人提供精神食粮。开罗的西部，具有当代欧美风格的建筑，东部清真寺的高耸尖塔随处可见。因而开罗又称为"千塔之城"。

尼罗河全长6670千米，是世界第二大河，由南向北穿过开罗城。尼罗河曾给埃及带来辉煌的古代文明，称为埃及的生命之河。

阿里宫，在尼罗河中的罗达岛上，主要是王子阿里的住所。宫殿用大量的白色石灰砌成，宫内主要有大殿、塔宫、皇家清真寺、宅宫、狩猎博物馆、皇宫和皇家博物馆。各个建筑物，错落有致地掩映在古树绿荫之中，宅宫是最豪华，宫内装点得金碧辉煌，绚丽多彩，还有来自世界各国的珍贵物品。

进到这个皇宫内，眼前看到的是与欧洲完全不同风格的皇宫。

周队长边看边说："在围绕尼罗河的岛上，盖这么多的清真寺、皇宫、博物馆又分布在绿树丛中，这位王子是个明君，利用尼罗河这个天然的有利资源，筑造豪华宅宫，好一个沙漠里的绿洲。"

绿地说："听说造金字塔有不解之谜，这绿洲是不是也有神力相助啊？"

小陶说："埃及是个文明古国，这儿到处都有神秘的传说，清真寺为什么是蓝的？夏都为什么称地中海新娘？"

海湖笑着说："你提的问题有意思，我想可以这样解释，夏都建在地中海的边上，又非常漂亮因而称'地中海新娘'。之于清真寺为什么是蓝的，这个问题由山川来解释。"

山川笑着说："这个问题我们到清真寺游览时，问里面的工作人员不就知道了。我也说不上来这座清真寺，为什么是蓝色的？"

周队长笑着说："还是海湖有想象力，他的问题回答得好，不过这清真寺为什么是蓝的，我也答不上来，看来这个问题有点儿难。"邱文洁说："我看这个问题很简单，说明阿里王子喜欢蓝色。"

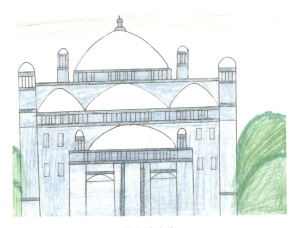

蓝色清真寺

开罗塔高 187 米，是世界第四高塔，塔基用阿斯旺的花岗石镶嵌而成。在入口处有一高 8 米，宽 5 米的铜像，这是埃及共和国的标志。塔身好像莲花状，在塔顶可俯视开罗全城。

亚历山大，在尼罗河三角洲的西部，临地中海，是埃及的"夏都"，被誉为"地中海新娘"。现是埃及最大的海港，繁华热闹，有长约 26 千米的海滨大道。东端是蒙塔扎宫，西端是蒂恩角宫，两处都是花木丛生的风景区。

有被视为世界七大建筑奇迹之一的亚历山大灯塔。塔高 135 米，分为四层，采用石灰岩、花岗岩、白色大理石砌成。底层高 60 米，呈长方形，第二层高 30 米，为八角形，第三层是圆形"灯"体，由 8 根圆柱支撑着，顶端安有金属巨镜和一个巨大的火盆。金属巨镜白天发射阳光，夜间反射月光，为过往船的只导航。没有阳光和月光时，火盆里燃起熊熊烈火来指引航船进港。亚历山大灯塔，是非洲大陆上最古老的一座灯塔，也是世界上最早的航海灯塔之一。

同伴们与游人们在海边大道上，"地中海新娘"的夏宫处拍照，而后又进到亚历山大图书馆，这是一座直径达160米的如古罗马圆形剧场，600根桩柱，间隔，排列有序地耸着，支撑着图书馆圆形墙体和钢架玻璃顶。图书馆的阅览大厅，可同时容纳2000名读者。

现代的亚历山大图书馆，总共包括主体图书馆，青年图书馆、天文图书馆、手迹陈列馆、古籍珍本博物馆、国际资料研究学院。它们面对地中海，背后是亚历山大各理科学院，风光绮丽，景色迷人。

卡纳克神殿，在尼罗河中部的卢克索，是古代埃及法老献给太阳神，自然神和月亮神的庙宇。相传古埃及有阿蒙和赖神两位太阳神，后二神合为一体，成为埃及主神。神殿前有4排82个狮身羊头像，庙门高32米，长113米，厚15米，称之为"比龙"。殿内有6000平方米的柱厅，纵横排列整齐的134根石柱，中央两排12根最为巨大，每根高达22.4米，直径3.37米，圆周约10米，用眼看好像密林一样。神殿西北角有个12平方米的圣湖，现在卡纳克神殿是仅存于世的最大的庙宇。

山川说："你们看这神殿里的石柱像树林一样，这又是个不解之谜？这位埃及主神在这儿，竖这么多的石柱是什么意思？"

海湖说："这狮身羊头像为什么又称'比龙'？"

周队长笑着对同伴们说："看这样子我们需再进亚历山大图书馆，查个究竟？"

绿地说："看样子我们也得带着这解不开的谜离开这里？"

金字塔是尼罗河边的奇迹，还有许多不解之谜等待着后人来解开。阿斯旺水库、地中海新娘、亚历山大灯塔、太阳神、自然神、月亮神的庙宇，这些都是值得观赏游览的圣地。

沙特阿拉伯简称"沙特"。"沙特"在阿拉伯语中意为"幸福的沙漠"，沙特的别称"世界石油王国"。沙特的石油储量和产量均居世界之首，已探明的石油储量为2612亿桶，占世界石油储量的20%,石油收入占国家财政收入的70%以上，沙特是世界第四大黄金市场，又是世界最大的淡化海水生产国。沙特是高福利国家，实行每周五天工作制，不同的是星期四、五为休息日。

山川说："这休息日订得好，星期六、星期日连上帝都在休息，他们还在工作，难怪他们富有。"

周队长笑着说："上帝在休息日出来转悠，看见这儿的人还在工作，上帝被他们的工作热情感动了，就给他们好多石油，从此这儿就成为最幸福的沙漠。"

小陶笑着说："好是好，就是温度有点儿高，你们说是吧？"

阿法利亚中心

海湖开玩笑着说："温度高好啊，这样工作起来热情高。"

沙特阿拉伯人崇尚白色（代表纯洁）、绿色（代表生命）。国王身着土黄色的长袍，象征神圣与尊贵。阿拉伯男子穿的大袍多为白色，衣袖宽大，袍长至脚，做工简单。沙特阿拉伯的妇女头戴黑面纱，身穿黑大袍。

绿地说："他们为什么这样的穿戴，不得而知？"

邱文洁说："他们都喜欢穿长袍，是因为沙漠气候炎热，穿这样上下通风的长袍非常凉快。之于为什么男的穿白色，女穿黑色就不知道，可能与宗教信仰有关。"

麦加是伊斯兰教第一圣城。大清真寺也称禁寺，是世界著名的伊斯兰教圣寺，占地16万平方米，可同时容纳30万穆斯林做礼拜。禁寺中有25道雕刻精美的大门和7座高大92米的尖塔，24米高的围墙将门和尖塔连起来。镀金门帘和黑色锦缎的屋顶，是伊斯兰最明显的标志符号之一。

同伴们与游人乘车来到德拉亚古城，这座古城在利雅得市西北部20公里处，是沙特阿拉伯的历史遗迹。阿西尔国家公园，是沙特政府为维护美丽的自然景观和动植物群落，而划出的一片陆地和海洋。

阿西尔国家公园是沙特唯一的国家公园，游客在此地可享受到各种大自然和生动的日落奇观，沙特阿拉伯现已成为阿拉伯国家最大的旅游国，出游远程目的地，大多是欧洲的英国、法国、瑞士和北美的美国。沙特出境旅游的人，人均消费高出世界平均水平的50%。

周队长说："沙特人可能都喜欢外出旅游，而且到的都是发达的国家或是风景优美的旅游胜地。"

同伴们都说："这些都是原于本地出产的石油给他们作后盾。"

沙特阿拉伯是世界上，最富有的沙漠石油生产国，石油如同黄金，给沙特阿拉伯带来丰厚的财富。

南非，别称"黄金之国"，在非洲大陆的最南端，因而得名"南非"。南非首都比勒陀利亚是一座绿色公园城市，风光美丽，花木繁盛。特别是夏季，到处盛开玫瑰，又有"玫瑰城"之称。市名是根据两位领袖名字命名的，一位是英雄比勒陀利亚乌斯，另一位是其子小比勒陀利亚乌斯，父子俩的塑像竖立在庄严的市政厅之前。

喷泉谷是比勒陀利亚人最喜欢的周末休闲地，除有游乐场和游泳池以外，这里还有一趟小火车之旅，路线贯穿整个喷泉谷。游人可坐在小火车上，穿过山谷喷泉，游览欣赏着沿途的非洲特有风景。

古堡皇宫，在比勒陀利亚西部100多千米处，是一座闻名遐迩的古堡式皇宫。主楼上高高耸着8座古堡式宫殿，像护卫皇城的碉堡。迎客大厅的屋顶高25米，绘着色彩浓郁的非洲原始森林图。

宫中有古罗马游泳池，宫内装饰和家具陈设，处处都洋溢着古典式优雅。在古堡皇宫中，有水晶宫餐厅，在意大利餐厅的周围，有一个人造的瀑布。宫中设有多个游泳场、人造沙滩、滑浪湖、跑马场和儿童游乐场。

男女同伴们游览完古堡皇宫，来到水晶宫的餐厅用午餐。用完午餐后，又到跑马场、人造沙滩、滑浪湖游玩，在人造瀑布那儿感受到暴雨似的淋浴。然后冲个澡换身衣服，又坐在意大利餐厅里品尝比萨饼。周队长笑着对同伴们说："今天的行程你们满意吗？"

同伴们都说："玩得好开心，比萨饼味道鲜又香，总之，是个好日子。"

开普敦，又名"角城"。是南非的立法首都，非洲大陆的一颗明珠，城里的欧洲人和混血后裔占半数以上。开普敦也是南非金融和工商业的中心，它拥有卓湾港口、渔村、葡萄园、景色优美的海岸公路，半岛两侧有美丽的海边沙滩，如基利夫顿、海点等，都是深受水上运动爱好者喜爱的旅游地。

在开普敦，同伴们又一同游览了多条城内的著名街道，如圣乔治街、政府大道、长街。圣乔治街，全长400多米，街上大部分都是欧式建筑物，古色古香。街道两旁的精品商店，陈列的工艺品常使游人驻足不前。

在圣乔治街的尽头是政府大道，街道两旁林荫密布、郁郁葱葱。长街与政府大道平行，前半段是维多利亚风格的房屋，富饶古朴，聚集有许多的咖啡馆。

桌山，在开普敦西部，海拔 1082 米，山像被刀砍了一样平坦，因此被称为桌山。山上除银树以外，还长有很多种类的野生植物。整个山被指定为国家公园，同时又有"白巾覆桌"的美称。

好望角，在开普敦南部，是印度洋和大西洋的交汇处。它是开普敦最大的自然保护区之一，面积有 7750 平方米。园内有灯塔、专门公路、小铁路等设施。灯塔有 1200 万烛光，从很远处就可看见。自然保护区内有各种植物，以及南非羚羊、鹿、斑马、鸵鸟等动物，还有一块用英文、南非阿非利加语写着"非洲最南端好望角"的标牌。

紫薇花

水门区在维多利亚海港，内有海洋世界水族馆，同伴们来到海洋水族馆观赏海洋生物。这儿还有 80 多家特产商店、10 家电影院、15 家餐厅、1 家鲜鱼市场。水门区正在计划开辟一条运河。

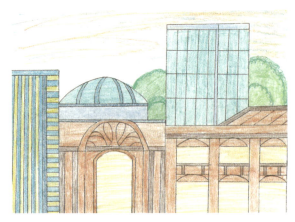

约翰内斯堡

克斯滕伯斯国家公园，在桌山的东部。园内有 2400 种开普敦半岛特有的花卉，品种之多，在世界植物园中名列前茅，终年花开不断，美不胜收。同伴们边欣赏公园里的花卉，边在紫薇花边拍照留念。

小陶说："这儿有这么多种的花，一年四季都开，还多是稀有花卉。"

周队长笑着说："这是南非特有的，别的地方很难看到。"

游人在附近的海港，可观赏到聚集在这里的大批海鸟，这儿海上运动盛行，如风帆、游艇、海钓等多种海上活动。

伊丽莎白港有南非"底特律"之称。有迷人海滩，是重要港口，常吸引许多喜欢水上运动的人，包括滑水、冲浪、沙滩排球、水上摩托等运动，附近有儿童博物馆。

康士坦西雅农庄，曾是开普敦第二任总督史塔尔的庄园，庄园内一座美丽的白色房屋，现为博物馆，馆内保存着主人日常用品。庄园内有葡萄园、酒厂、仓库和餐厅。

斯特兰堡，以生产葡萄酒而著称于世。城内宁静美丽，城区一角有一著名学府，是斯特兰堡大学，大学使用非洲语，是南非最著名的大学之一。

文史博物馆，现在则用于收藏开普敦的银器和家具，世界各地的武器、钱币、玻璃器和其他有意思的珍宝。馆内收藏开普敦各地房舍体现着不同时代的房屋风格。附近有一国家美术馆，馆内有当地艺术家和国际知名大师，如盖恩斯伯勒、雷诺兹和罗丹等人的作品。

蓝色列车，开通于约翰内斯堡到开普敦之间的铁路线。男女同伴们与游人乘坐上这趟列车，途中有奇丽的景色，加上车内富丽堂皇的设备，缔造出南非最具盛名的观光列车。蓝色列车素有"人间天堂"之称，且以豪华浪漫而闻名遐迩。为使列车在高速行驶中也能保持宁静与平稳，蓝色列车采用具有隔音效果的空气式弹簧载重列车。这样车内乘坐的游客，在车厢里会感到格外的平稳舒适。

约翰内斯堡在南非东北部法尔河上游的高地上，是南非最大的城市和经济中心。1886 年在这里发现黄金后，成为非洲最大的工矿区和世界重要采金中心，由于盛产金矿，而称"黄金城"。市区分为重工业区和商业住宅区两部分。

同伴们在著名的市政厅、博物馆、教堂、美术馆、天文台、茹贝尔公园和米尔纳公园里游览。这里还有威特沃特斯兰德大学，是白人大学的高等学校，有艺术馆和著名的室外金矿博物馆。

约翰内斯堡艺廊，在朱伯特公园内，是一座融合古今风格的迷人建筑物，馆中拥有足以代表南非艺术的收藏陈列室。非洲部落艺术展，则在维瓦特兰大学的葛楚波赛尔艺廊。

音乐喷泉公园，在约翰内斯堡市中心，园内景观独特。有许多喷泉水柱随着音乐的节奏，或起或落，五彩的灯光随着音乐闻声起舞。夜晚，同伴们来到音乐喷泉边，听着音乐看着彩色的灯光，随音乐的节奏上下跳动，我满怀喜悦的拍下这瞬间的精彩。

同伴们来到金矿博物馆，这个博物馆在约翰内斯堡的近郊，是当今世上唯一的室外金矿博物馆。附近的迪欧苛拉金矿是南非重要的黄金生产地，月产黄金600多公斤。附近有兰德精炼厂，大多数金砖是从这里精炼出来的，精制成含金量高达99.6%，重达12.5公斤的金砖，它是世界上最大的黄金加工厂。

布莱德河峡谷，在布莱德维尔自然保护区，占地2.2公顷，动物种类很丰富，保护区中部是有名的"波克幸运湖穴"，是非洲奇景之一。保护区内有一条步行道，长约60千米，沿线风景迷人，空气清新。

南非旅游资源丰富多样，风光绮丽，人文景观丰富，全年阳光充足，素有"游览一国如同环游世界"的美誉。

加拿大国家美术博物馆

加拿大意为"村落"，是北美最大的旅游国之一，每年的5月至9月是加拿大的旅游旺季，观光游览的人络绎不绝。首都渥太华是一座美丽的城市，色彩绚丽的郁金香映照整个城市，有郁金香城之称，到处点缀着公园和美术馆。

渥太华市，是一座多元化的城市。环绕大市区的"绿化带"达168公里，城郊加蒂诺公园在每年5月最后两周，举行盛大的郁金香花节，还有彩车游行。

加拿大国家美术博物馆，在渥太华市中心，主要收藏加拿大、欧洲最珍贵的艺术品，馆内有图书馆，藏有关于手工艺品和美术方面的书籍，以及举世闻名的画家毕加索的艺术作品。

利多大厅，曾是杰温克总督的官邸。当时的总督是一位履行元首职责的人物，利多大厅是一座维多利亚风格的总督官邸。

加拿大皇家造币厂，是加拿大历史最悠久的造币厂，也是最大的黄金精炼厂之一。自 1911 年起，就开始为世界各地的金矿、中央银行供纯金制品，如香港回归纪念币就是由该厂铸造。

温哥华在加拿大西部，由西温哥华、北温哥华、本那比、高贵林、列志文、素里、三角洲和新西敏区域所组成。现已成为一个将都市文明与自然美景和谐于一身的美丽城市。

我们来到这个依山傍水的温哥华，这里有国际公认的最适合人类居住的环境，更有全世界最美丽的城市之一的美誉，是加拿大第三城市。这个城市景色绮丽，冬季温暖多雨，一年四季花草繁茂，市内举目可见绿色公园，洋溢着恬静的氛围。

在城市家家户户的前后院，都有美丽的花草树木。每年三、四月间，有的街道开满白花，有的开着整排樱花，整座城市就像个巨大的花园。最美丽的是该市的海港风光，四季如春，气候温和湿润。

斯坦利公园，是一个森林覆盖面积达上千英亩的半岛，是温哥华人的乐园，也是世界知名城市公园之一。来到这儿，人们可在九千米长的环岛上步行、骑车或轮滑，可远眺金融高厦、海湾和格罗斯的美景。附近有印第安部落的图腾柱、水族馆、古塘、露天游泳池。游人在公园里游玩，散步，骑双人自行车，观赏海湾的美景。

温哥华的中国城是北美的第二大中国城，也是最漂亮的。城内到处都是海味店、茶餐厅等，此外还有许多展售中国陶器、茶叶、宝石的店铺。

每年正月时，会有舞龙舞狮活动。同伴们在唐人街上游览、用午餐，在咖啡厅休息、喝茶，最后来到工艺

温哥华

品商店，挑选喜爱的珠宝。

罗布森街以原省长罗布森命名，这里拥有世界上最流行的商品店及个性餐厅，是温哥华最受欢迎的购物街。琳琅满目的世界名牌及本地设计师作品的精品店、纪念礼品店、个性咖啡馆、巧克力糖果店和异国美食餐厅。

水街地面皆为红砖铺成，附近的建筑也多为砖墙。在未填海时，每当涨潮就会变成水乡泽地因而得名水街。同伴们来到温哥华水族馆，观看多种海洋生物，馆内分为西北太平洋馆、太平洋热带馆、亚马逊流域馆和加拿大北极馆。馆内动物超过 7000 种，包括鱼类、两栖类、哺乳类、鸟类等多样物种。

伊丽莎白女王公园在温哥华市一处的高地上，园内有座圆拱形温室植物馆，由玻璃架组成。馆内热带植物超过 500 种，还有多种雀鸟及喷泉、花圃、瀑布等多处景观。

在乔治亚街上，有家温哥华饭店。这是一城堡式的饭店，大厅铺以大理石，中央悬挂一盏巨大的水晶灯，整座饭店雄伟壮观。

多伦多是加拿大第一大城市，又是安大略省的首府。这是一座美丽的城市，与美国之间相隔一条湖，多伦多原意是"聚集之地"。

多伦多是个文化都市，有著名的音乐厅、美术馆、歌剧院和体育运动场馆。同伴们在街上游览，经常可以看到中国人、意大利人、葡萄牙人等自世界各地而来的人。多伦多是座花园式的城市，街道宽阔而又整洁，树木成荫，花草满地，空气清新。

加拿大国家铁塔，简称"CN"铁塔，是世界上最高的塔，塔高 553 米，是为电视台、电台、微波设施传递信号的信息塔。在这里的任何位置都可鸟瞰整个多伦多市，最高处有 447 米。

我们在 350 米高的旋转餐厅里就餐，游人在这儿可以饱览安大略的湖光山色和现代都市的时尚风貌。

同伴们来到世上唯一的鞋子博物馆，在多伦多大学附近，馆内拥有各式各样的鞋子 1 万多双，展馆在不同时段会有不同的展览。

天顶体育场，是世界上第一座可开闭屋顶的场馆，每年在此举行多场比赛。场内开设天顶旅馆，有 346 个房间，豪华气派。还设有餐厅、商店、游艺厅等多种设施，是多伦多市著名的体育场。

新市政厅，在多伦多市区中心，由芬兰设计师威里欧若威尔设计建造。外形似一贝壳，主体由两栋弯曲的大楼构成，中间包围着拱形的市议会大楼。新市政厅前有一大广场，广场中间有一个大水池，是供市民休息的好场所。

安大略美术馆，简称"AGO"。是加拿大三个最著名的美术馆之一，有30个陈列室，因收藏英国雕刻家亨利摩尔的作品而闻名于世。馆内约有20座著名雕像，藏有杜菲、玛格丽特、毕加索、梵·高、七人社团、因纽特人的艺术作品。美术馆正门外一座供孩子们钻爬的巨大青铜雕像，十分引人注目。

皇家安大略博物馆，主要以自然科学、动物生态、人类学和艺术收藏为主。皇家安大略博物馆是加拿大最大的博物馆，也是全世界收藏品最多的博物馆之一，除本国艺术品外，还藏有中国、希腊、埃及、罗马等各国众多珍贵收藏品。

蒙特利尔，是一座依山临水，风光美丽的山城。大多数居民都是法国移民后裔，素有"北美的巴黎"之称。

蒙特利尔分旧城和新城两部分：

新城在西部，举目望去皆是现代化高楼大厦，有著名的十字形大楼、国际博览会大厦。这一带还有北美规模最大的地下市场，商场、咖啡馆、银行、冷饮店、餐馆、电影院、游艺场一应俱全，同地上一样繁华热闹。

东部是旧城区，古老的房屋建筑沿街而立，鹅卵石路面弯曲细长，纪念碑、古玩店、喷泉、商店坐落在路两侧，是一座典型的堡垒式的古城。

蒙特利尔是加拿大主要的工业、金融和商业中心，也是世界最大的河港之一。

圣母大教堂，是北美最大的教堂之一。教堂为哥特式风格，双塔塔尖高达70米，外观华丽，规模雄大，造型精美、壮观。有高大的圣坛，著名木雕和画像悬挂在教堂墙上，22个钟分别排列在两座钟楼内，每天早晚都奏出美妙的乐声。教堂内有彩绘的玻璃装饰，由松木、胡桃木雕刻而成，蓝色天花板上镶嵌着许多以纯金打造的星星。

教堂后面有个礼拜堂，当地人亲切地称它为"结婚礼堂"，这是当地人举行婚礼的地方。

周队长对同伴们说："外国人都喜欢在教堂举行婚礼，这是个很好的地方。"

芬迪国家公园在阿尔马镇附近，是加拿大著名旅游胜地，地势起伏，瀑布飞落，溪水中有各种鱼类嬉戏游水。此地最引人注目的是明纳斯湾的大潮汐，涨潮时，潮水排山倒海、轰鸣震耳。园内还有各种娱乐设施，高尔夫球场、网球场、加温海水浴场等。

尼亚加拉大瀑布，在加拿大和美国交界的尼亚加拉河上，河的右岸是美国的纽约州，左岸是加拿大的安大略省。它与非洲的莫西奥图尼亚瀑布和南美阿根廷巴西边境的伊瓜苏瀑布并列，是世界三大瀑布之一。同伴们来到尼亚加拉瀑布游览，瀑布主要是由于伊利湖水在经过尼亚加拉陡崖时，从尖端处猛落，注入安大略湖中而形成。瀑布顶端宽 675 米，落差 54 米，狂泻如柱，声如雷鸣，喷雪射雾，呈马蹄形，雄伟壮观，是举世闻名的瀑布景观。

到加拿大旅游，入境手续简便。欧洲、美洲和大洋洲多数居民到加拿大旅游不需要事先申请入境签证。加拿大还允许外国旅游者驾车入境旅游。

美国全称美利坚合众国。首都华盛顿是一座世界名城，也是美国政治中心。市内整洁、美丽、宁静，鲜花碧草布满城市的各个角落。白宫是闻名世界的总统官邸，是总统工作和居住的地方，西翼内侧的椭圆形办公室是白宫最负盛名的房间，不对外开放。

东翼对游人开放。主楼正前方白宫南草坪是总统花园，花园绿树成荫，繁茂的木兰树已有 150 年树龄。白宫供游人游览的部分是一楼的宴会厅、红厅、蓝厅、绿厅和东大厅。白宫是世界上唯一定期向游人开放的国家之首的官邸，楼内有许多大理石柱子，大厅宽敞、明亮。外交大厅呈椭圆形，铺蓝色椭圆形花纹地毯，是总统招待外国元首的地方。同伴们在导游的带领下与游人来到白宫，在这座总统官邸内游览。

周队长边看边说："白宫内的大厅用红、绿、蓝作装饰，格调简洁、色彩统一，体现美国人个性豪爽的一面，椭圆形的大厅和椭圆形的地毯，又显示出他们随意、开朗、坦诚的性格。相对于金碧辉煌，白宫让人感觉高大明亮、宽阔清雅，富有现代的时尚风格。"

在白宫前的草坪花园里，同伴们边看边拍照。路边有茂密的树丛，绿绿的草坪上点缀着五颜六色的彩色花卉，让人们感到又惊喜又惬意。

华盛顿著名的五角大楼，是美国陆、海、空三军的总部。五角大楼是由一个五边形套在另一个五边形的楼内，各楼之间又由 10 条轮辐状长廊相连，因而得名五角大楼。在这里的工作人员大约有 2.3 万人。知名的五角大楼是美国三军的总部，是让人崇拜又充满神秘感的大楼，人们可听之，看之，而不可随意进之。

山川说："这可是军事重地。"

海湖开玩笑地说："如今华盛顿将军，也只好在高高的塔尖上，看着五角大楼进进出出的将领官兵，与他们行注目礼。"

周队长对同伴们笑着说："美国军衔的最高级别是五颗星，正好与五角大楼相对称。"

小陶看着周队长说："哪五边形怎么解释？"

邱文洁说："那说明年长者可以获得五颗星，年少者也可得到五颗星。长者得五颗星就很满足，年少者得五星级将军，可能还会问有六颗星吗？"

绿地笑着说："这就验证那句话，不想当将军的士兵不是好士兵。"

大古力坝，是哥伦比亚河上最大的一座水坝，也是美国最大的水电基地，世界最大的混凝土坝。大坝长 1272 米，基底宽 152 米，高 168 米，筑大坝所用的材料足可造 4 座金字塔。

同伴们来到国家大教堂，这是一座欧式大教堂，教堂呈十字形。教堂内有 200 扇各种图案的玻璃窗，每当阳光从窗外射进来时，教堂内显得十分美丽辉煌，许多重大的活动都是在这里举行。

华盛顿纪念塔，在白宫附近，为纪念美国第一任总统乔治·华盛顿而兴建。塔高 169 米，下部宽 15 米，厚 4.5 米，有 898 级台阶，这是世界最高的石制建筑物。华盛顿特区有明文规定，其他建筑高度不得超过纪念塔，以示对第一任的乔治·华盛顿总统的尊重与敬爱。

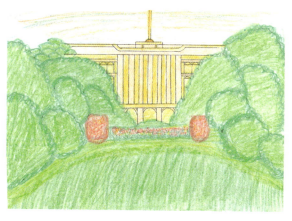

白宫

国家宇宙航行博物馆，它也是世界上航空和航天科学技术方面收藏品最丰富的博物馆，包括航空学、宇宙航行学、地球和行星、航空史。馆内飞机类展品十分丰富，还有"水星号"宇宙飞船和指挥舱。

国会图书馆位于市中心国会大楼东边，是一座建于文艺复兴时期的图书馆，圆形的天花板由玻璃镶嵌而成，馆内共有 2000 扇精美的玻璃窗。它是全世界最大的图书馆之一，收藏总量达 8000 万，包括 2000 万册书籍和出版物，3500 万件珍贵手稿，如华盛顿日记、《独立宣言》原稿等。

周队长边看边说:"有关《独立宣言》,好莱坞还拍过一部电影,你们看过吗?"

绿地说 :"是的,拍得好。"

国家美术馆,是世界上最精美,藏品最丰富的美术馆之一。由两座风格不同的建筑组成,一座是新古典式的建筑,有着古希腊风格,另一座是充满现代风格的三角形建筑。馆内藏有拉斐尔《圣母图》、凡·爱克《圣母领报图》、美国著名画家斯图尔特的《华盛顿像》和萨维奇《华盛顿的一家》等众多名画。在美术馆里,同伴们边看边说着话。

邱文洁说 :"美国画家的绘画风格、手法与欧洲人很相似。"

山川笑着说 :"那当然,他们都是一个祖宗,人长得也相像。"

周队长也笑着对同伴们说 :"他两说得都有道理,美国是移民国家,他们国人的祖宗可不止来自一个国家。"

肯尼迪表演艺术中心,是史蒂文斯主持设计的,由科林·斯特朗捐建。它由艾森豪威尔乐剧场、歌剧院、音乐厅、梯形剧场、实验剧场、美国电影研究放映厅组成。其中为纪念艾森豪威尔而建立的乐剧场设有 1130 个座位,而歌剧院座位更多,有 2318 个,分上下 4 层,是世界上最大的歌剧院之一。

音乐厅是艺术中心最大的剧场,实验剧场是艺术中心最小的剧场,电影放映厅有 224 个座位。艺术中心大前厅,长约 192 米,宽 12 米,高 18.3 米。在大厅前入口处,有一尊金色肯尼迪总统大型头像,高 2.13 米。在这样的剧场看歌剧或听音乐,都是美的享受。

拉什莫尔峰国家纪念馆,在南达科他州西部拉皮德城附近。由美国艺术家格桑·博格伦设计,雕刻的分别是 4 位曾对美国独立和发展做出卓越贡献的总统华盛顿、杰斐逊、罗斯福和林肯的头像。这些头像高达 18 米,气势磅礴,是在拉什莫尔峰 1820 米高的花岗岩山雕凿出来的。杰斐逊像高 18.4 米,鼻子长 6 米,每只眼睛宽 3 米,嘴宽 5 米,是目前世界上最大的人头像。

纽约市是美国最大最繁华的城市,也是联合国总部所在地。纽约港水深港宽,波平浪静,是天然良港。最繁华地区是曼哈顿区,汇集着垄断集团开设的银行、保险公司、工业公司。市内的名胜很多,如帝国大厦、举世闻名的百老汇大街、著名博物馆、图书馆、美术馆、艺术中心、哥伦比亚大学、纽约大学、科学研究机构、市政大厅、格林尼治村、卡内基音乐厅、弗里克收藏室、古根海姆博物馆、雀儿喜是纽约著名的画廊街,共有大小画廊 100 多家,而第五大道是纽约豪华时尚的中心。

这条著名的大街如同繁华大都市的缩影，外层被高楼大厦包裹，人群在中间穿行。

周队长边看边说："美国人崇尚简洁的个性随处可见，比如用数字表示街道的名称，简单明确又容易记住。"

海湖看着周围说："我们是在哪条大街？"

绿地说："当然是第五大街。"

同伴们来到唐人街上，在一家中国餐馆用午餐，饭菜美味可口。饱餐一顿后，便在这世界上最大的一条唐人街上随意闲逛起来，这条街保存着浓郁的中国文化习俗，是华人在美国的家乡。唐人街在纽约曼哈顿区的南部，以勿街为中心。唐人街处处洋溢着华夏文化的传统，有着象征中华文化之源的孔子广场，广场前端是孔夫子青铜像，高6米，华光溢彩，面容慈祥。整条街满布形形色色的中餐馆、商店、超级市场、服装店、鲜鱼店、中文印刷公司、中文书店、华人律师事务所等。来到这里就像是来到一座中国城市一样，真可称得上是华人的家乡。

山川说："没想到有这么多的中国人住在这里，住在这儿如同住在国内，只是交往的人多了些外国人。时间一长，思想开放了，生活西方化也没什么不好，你们说呢？"

周队长说："是啊，地球是圆的，转到哪儿都是一样的，我们不就从地球的东边儿转到西边儿来了，不可思议吧？"

小陶说："这最好理解，我们都是地球上的人，去到哪儿都是住在地球上，你们说对吧？"

纽约第五大道

时代广场，因《纽约时代报》总社在此而得名，每年最盛大的活动就是"倒计时迎新年"。成千上万市民在每年最后一天深夜，汇集在时代广场迎接新年到来。

同伴们又来到纽约博物馆，这是美国最大的博物馆，在曼哈顿南部第五大街附近，是典型的哥特式博物馆。馆内分 13 部分，134 间收藏室，收藏有 30 万件埃及珍品、2000 多幅欧洲名画和 3000 多幅美国名画，还有各时期的珍贵艺术作品。

同伴们来到洛克菲勒中心，就好像又进到一座小城市。在美国洛克菲勒已成为富翁的代名词，洛克菲勒曾是美国石油大王，他一共拥有 19 座连体大厦，现已发展为集商业、娱乐于一身的中心。中心内餐厅、药店、理发厅、银行、学校样样齐全，就像一个社会的缩影。

中央公园，在曼哈顿岛，由园林设计师奥姆斯特德和沃克斯设计，总面积达340 万平方米。同伴们来到公园，园内有池、湖、喷泉、动物园、运动场、美术馆、剧院，是市民休闲、散步的好地方。

联合国总部，在曼哈顿东部第一大道与 46 大街交汇处，它是美国富豪洛克菲勒花了 850 万美元买下后捐给联合国的。大楼内有安全理事会议厅，经济、社会理事会和托管理事会机关。总部花园有苏联捐赠的"化剑为犁"雕像，和南斯拉夫赠送的"和平雕像"以及卢森堡的"非暴力"雕塑艺术品。

华尔街，被誉为美国象征。在曼哈顿岛最南端，附近有百老汇、唐人街，此处有 100 多座摩天大楼。举世闻名的华尔街是世界金融业的心脏，对世界经济产生着巨大的影响，华尔街以其巨大的实力，在国际金融业中起着举足轻重的作用。

现代美术馆，如今馆内作品总数已超过 10 多万件，包括从后印象派到表现主义、结构主义等众多现代流派作品。同伴们坐在馆内的咖啡厅里边品尝咖啡边闲谈，馆内还有展览厅、电影院。

尼亚加拉大瀑布，在纽约州西北部，是全球最大的瀑布，是世界著名的奇观。瀑布由两个主流汇合而成，一是美国境内的"美国瀑布"，另一是"马蹄瀑布"，两个瀑布奔腾交织在一起从峭壁上倾注而下，注入安大略湖，水流量为每秒 778000 万加仑。游人在著名的"前景观望台"上观赏，台阶高达 86 米。大瀑布的附近还有个小瀑布，叫"新娘面纱瀑布"，又称"月光瀑布"，流水潺潺，景色迷人。

大都会艺术馆，在曼哈顿西部，是美国最大的艺术馆。与英国博物馆和罗浮宫并称"世界三大艺术殿堂"。馆内共有 3 个展厅，200 个展室，总面积 129 平方千米。馆内藏品达 36 万件，来自不同国家、不同风格流派，种类丰富，包罗万象，贯通古今。尤为突出的是欧洲美术部分，这里拥有 3000 件 14 世纪到 20 世纪后期印象派的欧洲画家的作品。

邱文洁边看边说："难怪称为大都市艺术馆，世界各地的艺术品这儿都有，还有古代的、中世纪的，现代艺术品也种类繁多、丰富精彩。"

周队长笑着说："堪称世界三大艺术馆之一，当然是大而全。"

百老汇在纽约曼哈顿区，原意为"宽街"。由南向北纵贯曼哈顿岛的一条长街，全长25千米，大街两边都是耸高的大楼。同伴们在这条街上游览，两旁都是琳琅满目的商店和名目繁多的剧院。百老汇有众多闻名遐迩的剧院，在戏剧表演艺术上有着巨大成就，成为世界戏剧表演艺术中心，曾有"伟大的白色大道"之称。现有40多家大型剧院，分布在第44街到53街之间，最著名的有皇家剧院、布罗德赫斯剧院、海伦·海斯国际剧院和舒伯特剧院，百老汇几乎荟萃着世界上所有的大剧院。

旧金山在加州的西北部，三面环海，是太平洋沿岸的一颗明珠。旧金山出产的各种水果驰名全国，喜欢水果的人，到这儿可以大饱口福，品尝到各种口味的水果。城内的唐人街具有浓郁的东方色彩，是众多游客的必游之地。

中国城，城东与金融区为邻，城西是高级住宅区的诺布山，纵横十几条街和小巷。城中有公园、银行、邮局、戏院、学校、书店、报馆、蜡像馆、博物馆、华语电台，一切都是中国风格，有塔、楼阁和宫殿。来到这里，就像到了中国的城市。

金门桥，在旧金山海湾，由工程师施特劳斯设计。桥长达278米，海面到桥中心部高度约为67米，桥两端两座高塔达227米。整座桥雄伟壮观，把旧金山和加利福尼亚的马林郡连成一体。它被称为"全世界最美丽的桥梁"，是桥梁建造史上的奇迹，在许多宣传片中都可看到。

市政大厅是旧金山市政府所在地，由小约翰·贝克韦尔和小阿瑟·布朗设计。它浓缩了当时风行的建筑艺术学院式风格，巴洛克式的圆顶以罗马的圣·彼德教堂为模型，是一座巨型、古典和对称的杰作。大厅内的墙上有精美的雕塑，是法国艺术家的作品。

硅谷是从帕洛阿尔托到首府圣何塞的一段谷地，100年之前，这里曾是果园和葡萄园，自从国际商用电器公司和电脑公司等高科技公司纷纷成立后，这里就成为繁华地带。而今已成为电子工业和计算机的王国，同时在硅谷已出现无数新时代的富翁，使往日的果园变成当代的电子工业园。

大盆地红杉国立公园，是观赏森林美景的最佳处。哥伦布发现新大陆时，红杉林中许多树还是幼苗，如今已长成让人惊异的巨杉。在红杉林中漫步，游客可以看到高达 329 米的"红杉之母"和已有 2000 年的"红杉之父"。同伴们在这红杉公园里游玩，周队长边看边说："这儿的树与城里的高楼一样，个个高耸挺拔，好像是都在比赛长个子似的。"

海湖在树边说："这儿的红杉树都是长寿的树木。"

山川用手扶着树说："这种红杉树品种优成活率高。"

绿地看着树林又说："这里的树木不知是盖房屋好，还是做成家具好。"

周队长说："这儿的树木受国家的保护，都不能随意砍伐。"

邱文洁在树下说："这里的树是爷爷奶奶、爸爸妈妈辈的，已组成红杉树的帝国。"

小陶看着远处的红杉树说："这儿还有将军树，我们待会儿就到那边看看，他们长得像什么样子。"

在旧金山北部，绵延 640 千米的林海由红杉树组成，号称"红杉帝国"，其中有许多已有 2000～3000 年的高龄，甚至有生长 5000 年之久的古木。红杉树又名"美洲杉"，生长神速，成活率高，寿命特别长，因而长得异常高大，成熟的高达 60～100 米。红杉木树皮厚，具有很强的避虫害和防火能力，所以被公认为世界最有价值的树种之一。

红杉国家公园和金斯峡谷国家公园是美国历史最悠久的国家公园，红杉国家公园以"谢尔曼将军树"这株世界上最大最古老的红杉树而闻名于世。这株树高达 83.03 米，树龄长达 3500 年，据说它最初生长在青铜时代，因而被称为"世界树王"。同伴们都在这儿抱着这棵"谢尔曼将军树"拍照。美丽的金斯河从公园南部穿过，公园内亦有许多古老的巨树，最大最有名的是"格兰特将军树"，树高 81.38 米，其次是一棵"李将军树"，两棵在世界树王中名列第二第三名。

洛杉矶在美国加州西海岸，一年四季阳光充足，是美国第三大城市，城市的名字来源于西班牙语，意为"天使之城"。这里有著名的好莱坞与迪斯尼，是举世闻名的工商都会，拥有世界上最稠密的高速公路网，使 100 多座城镇连成一个特大的都市区。

如今洛杉矶是美国石油、飞机制造、宇航电子和银行业蓬勃发展的中心地带。在加州规模最大的前百名企业当中，有一半以上都将总部设在洛杉矶。洛杉矶是美国西海岸的经济、金融和贸易中心，是天使都青睐的城市，这里最值得游览的是好莱坞和迪斯尼。

迪斯尼乐园，在城东南阿纳海姆，由美国动画片大师沃尔特·迪斯尼耗资 7.66

亿美元建造，占地 109 平方千米。迪斯尼乐园是世界上最大的综合游乐场，园内设有 8 个主题游乐区、餐厅、邮局、商店、医务所等配套设施一应俱全，俨然一座小型卫星城。这里不仅是儿童心中的天堂，也是成年人的乐园，从远古到未来多种主题区任游客畅玩，还可以偶遇米奇、唐纳德等迪斯尼巨星。

好莱坞在洛杉矶西北部，由威尔科克斯投资开发，取名好莱坞，意为"冬青树林"。

周队长说："这名字起得好，你们知道冬青树有什么特点吗？"

小陶说："冬青树一年四季都是绿的，这就是它被人们喜爱的原因，许多城市都用冬青树来装饰街道与公园。"

这里的天气极好，常是天晴日丽、艳阳高照，附近有海滨、沙漠、雪山，景观丰富，都是很好的拍摄电影的外景地，于是大多制片商向这里转移。到 20 年代，形成米高梅、华纳兄弟、环球、20 世纪福克斯、派拉蒙、哥伦比亚、联美、雷电华八大电影公司。至今这里每天都在举行拍摄活动，有许多明星大腕汇集。如今，好莱坞声誉兴隆，成为举世闻名的世界影都。

夏威夷州是美国唯一的群岛州，首府在欧胡岛上的檀香山。该州地处热带，终年有季风调节。群岛是由 124 个小岛和 8 个大岛组成的新月形海岛，有"火山之城"之称。

夏威夷意为"原始之家"，是太平洋上的一颗明珠。闻名的胜地有檀香山、威尔基海滩和珍珠港，这里四季常青，最适宜旅游。

夏威夷

同伴们住在海边的宾馆，在窗户边就能看到大海、椰树、沙滩。白天可以到大海里游泳，坐在遮阳伞下，抱着椰子喝椰汁，晚上可以在沙滩上散步吹海风，看土族人跳草裙舞。

周队长与男伴来到女伴的房间，对她俩说："今天我请你们大伙儿品尝夏威夷有名的海鲜龙虾如何？"

　　小陶说："好啊，周队长破费了。"说着他们从出房间出来，进到餐厅坐在窗户的边上，同伴们在那里可一边观赏大海的风景，一边品尝海鲜。

　　周队长对同伴们笑着说："如果刀叉用不习惯，你们就用手，这不是出席宴会，不用那么文雅，我们是朋友聚会，可随意。"

　　檀香山海生动物园在欧胡岛东部，园内的海洋科学剧场中畅游着各种各样的鱼类，还有海豚、企鹅、海豹和海狮的精彩表演。同伴们在海洋科学馆看过鱼类表演后，又来到欧胡岛上游玩。

　　欧胡岛又称"聚集之岛"，是浮潜、赏鱼的最佳处。娃美阿瀑布公园有上万种野生植物和飞禽鸟类，欧胡岛南岸曾发现许多珍珠而取名"珍珠港"，现已成为美国在太平洋重要的海军和空军基地。

　　黄石国家公园，由美国总统格兰特签字开发，它是世界上第一个由政府主持开发的国家公园，同时又是美国最大、最著名的公园。

　　公园以雄奇美丽的自然风光闻名，园内有许多温泉、喷泉和泥山。温泉共3000多处，最著名的是曼摩斯温泉，泉水长年不息，温度高达71℃。公园内的黄石湖是美国最大的高山湖泊，同时又是密西西比河的发源地，有清澈透明的湖水，湖水流入黄石大峡谷，又在这儿形成著名的黄石大瀑布。这里的野生动物众多，有羚羊、野牛、鹿、白鹭、天鹅、沙丘鹤，同伴们在这温泉边、湖水边尽情地游玩、拍照。

　　夏威夷土风舞世界闻名，在众多土风舞中，草裙舞最负盛名。草裙舞是一种全身运动的舞蹈，但只有手部动作才能真正表达舞蹈的含义。这种舞蹈多为表达人们祈盼和平与丰收的意愿。

　　美国是新型的移民国家，到处都是现代化的高层建筑和花样繁多的旅游胜地，许多的城市都是世界有名的城市。华盛顿是政治中心，白宫是世界上定期向游人开放的国家元首官邸。华盛顿纪念塔，纪念第一任总统华盛顿。国家大教堂，欧式教堂外形呈十字形。国家宇航馆，有水星号宇宙飞船和阿波罗11号指挥舱。国会图书馆，独立宣言原稿。国会大厦，上院下院。国家美术馆，收藏世界各地名画。肯尼迪表演艺术中心，世界上最大剧院之一。拉什莫尔国家纪念像，多个总统头像。纽约，联合国总部所在地。纽约博物馆，美国最大的博物馆。洛克菲勒中心，富翁代名词。中央公园，在曼哈顿。华尔街，世界金融的心脏。现代美术馆，当代艺术作品。尼亚加拉大瀑布，每秒水流量778000万加仑。自由女神像，

在自由岛上。唐人街，华人的世界。大都会艺术馆，与英国博物馆和罗浮宫并称世界三大艺术殿堂。古根海姆博物馆与美术馆，都是有名的弗兰克·莱特设计。百老汇，戏剧的表演中心。旧金山，中国城、金门桥。硅谷，新时代富翁诞生地。大盆地红杉国立公园，有红杉之父，红杉之母和将军树。洛杉矶，天使之城。迪斯尼乐园，儿童心目中的天堂。好莱坞，世界影都。夏威夷，太平洋上的一颗明珠。黄石公园，由总统格兰特签字开发。

同伴们又乘飞机从北美来到南美。

巴西，在葡萄牙语中意为"红木"。首都巴西利亚，在戈亚斯州的高原上，由著名设计师卢西奥·阿科斯塔设计。

巴西利亚，是世界唯一在20世纪建造的首都，设计新颖奇特，整个城市轮廓如同一架巨型的飞机。在城内同伴们游览的景点有震旦宫、高原宫、伊塔马拉蒂宫、最高法院大厦、国家剧院、巴西利亚展览中心等。

电视铁塔，是全城最高的电视塔，塔高244米，是世界第四高的铁塔。在175米高处有一观景台，可以容纳150多人纵观东西南北，将整座城市的美丽风光尽收眼底。

在导游的带领下，同伴们来到电视塔的第二层，也就是著名的宝石博物馆。这里五光十色的宝石珍品，令游人大饱眼福。巴西的宝石产量占世界总产量的90%，主要有钻石、海蓝石、黄玉、紫晶石和祖母绿。

外交部的大楼，就是有名的"伊塔马拉蒂宫"，宫外部全部采用玻璃结构。大楼坐落在一泓湖水中，犹如一座水晶宫，设计别具一格。前有一座奇特的由五块瓦状水泥雕刻而成的石雕，整体像一个变形的莲花。把五块石雕按球面组合在一起，就是一个地球的形状，意味着全世界五大洲人们的团结，游人们纷纷在水晶宫前、石雕旁合影留念。

黎明宫在城东部，又称高原宫，是总统的官邸，被认为是巴西利亚最美丽的宫殿。在宫内同伴们看见大厦的柱子，有的是上长下短呈菱角形，有的则似展翅欲飞的大雁。其中一组柱子呈菱柱形，有四个角，十分独特，这种菱形图案是巴西利亚的象征。

黎明宫前人工湖上的桥，好似一条弧形的素带飘落在水面上，简洁优美。有些平房室内兰花幽香，室外四周的墙壁都由落地玻璃窗组成，在窗外就能看见室内的兰花。同伴们一边闲谈，一边欣赏着各色美丽的兰花。巴西视兰花为国花，象征巴西民族的一切可贵品德。

在官邸前的一片开阔草坪地上，是入口处有一长方形水池，池水清澈，鱼翔浅底，总统府定期对外开放。

圣保罗在巴西东南部，以天主教圣徒圣保罗的名字命名，如今是南美最大城市，圣保罗是全国最大的工业和金融中心，有包括著名的圣保罗大学在内的数十所高等院校。市内共有6家电视台和多家报社，490多家大、中、小图书馆，其中国家图书馆藏书多达几百万册，还有28家国家博物馆，1.5万家咖啡馆、餐馆和13万家商店。

里约热内卢

在圣保罗、里约热内卢和贝各奥里藏特工商三角区中，以圣保罗的工商业最为集中，经济实力最雄厚。来到南美最大的工商业城市，会让游人有耳目一新的感觉，这个以出产咖啡而闻名的王国，人民性格爽直开放，他们会热情友好地欢迎来自世界各地的人们。

同伴们来到圣保罗美术馆游览，这座美术馆坐落在保罗大街，是南美唯一全面展示从中世纪至今的西欧美术的博物馆。馆内收藏法国印象派、佛罗伦萨派和翁布里亚派画家的大量名画，还有其他美术大师的杰作，如拉斐尔的《复活》。此外还藏有古玩、玻璃艺术品和多种珍贵宝物。

阿瓜布朗卡公园，以饲养热带动植物著称。其中许多是巴西独有品种，如奇特的热带鱼、羽毛绚丽的鸟类。阿瓜布朗卡公园里，还有一个水族馆，养着种类繁多的水生动物。

新娘街是条专门经营新娘礼服和新房用品的商业街。店铺里挂满各种各样的新娘礼服、结婚饰物以及新房用品，整条街充满喜庆气氛。街上新娘礼服专卖店有700多家，"新娘街"雅号也由此而来。每年5月是巴西的"新娘月"，届时"新娘街"将热闹非凡。

里约热内卢，依山傍海，树木葱郁，景色优美宜人。加里奥国际机场是世界上最先进的航空港之一，道路的两旁热带树木成行。

早饭后，同伴们行走在由各种彩色瓷砖组成图案的人行道上游览，街道两旁有银行、大酒店、图书馆、艺术学院、剧院。

市区内有许多的高楼，街道繁华。里约港是南美最大的港口之一，游人还可欣赏到热情奔放的桑巴舞表演。

科帕卡巴纳海滩，全长 4 千米，宽数百米，海滩风平浪静，最适宜游泳。每到夏季，人们或浮游在海上，或仰卧在松软的沙滩上，其乐融融。海边还有供人们踢足球和打排球的专用场地，同伴们开心地在场地上尝试踢足球。弗拉门戈海滩宽阔，白沙如玉，还有 5 米宽的人行道，供人们散步和骑自行车之用。同伴们两人一组骑着双人自行车，在 5 米宽的人行道上悠闲地边看海景边骑自行车，感受着热带国度的风情。

圣卢西亚教堂，一座雄伟壮观的双塔教堂，教堂里有一座精致的圣卢西亚雕像。每逢宗教节日，教徒们用圣水洗涤圣像的眼睛，相传能创造奇迹。同伴们在圣像前照相留念。

周队长笑着对同伴们说："我摸摸圣像的眼睛，是否同样能创造奇迹？"

山川笑着说："人家教徒在他们的宗教节日里，用圣水洗圣像的眼睛，才能创造奇迹，你又不是教徒。不过摸眼睛也许管用，你可以试试看？"

小陶笑着说："我们在这儿照相就行，但不知队长想创造什么样的奇迹？"

周队长笑着说："只能心领神会，不能说出来。"

邱文洁笑着对小陶说："你给队长和圣像拍张照，也许能让他如愿以偿，梦想成真。"

圣母坎德拉利亚教堂，是本地区最美丽的教堂。它的外观非常漂亮，内部装饰十分豪华，陈设古色古香，内藏多幅名画。

新大教堂，高 83 米，长 104 米，是一座新颖别致的大教堂。外形如杯状，四扇彩色玻璃窗，蔚为壮观。教堂内部装饰金碧辉煌，有可容纳万人的大厅。同伴们在教堂内边说边看，周围的彩色玻璃窗在阳光的照射下，使大厅里产生多彩的如水波似的光影，波光粼粼，变幻莫测，显得异常好看。

同伴们进到蒂如卡国家森林公园，如同来到热带的水果公园，这是世界上最大的城市森林公园。郁郁葱葱的大西洋森林绵延密布，林中有丰富的热带植物，包括香蕉、椰子、波罗蜜、木瓜等热带水果。山川开玩笑地说："我们摘些水果坐在亭子里尝尝这儿的水果味道有什么不同，怎么样？"

周队长笑着说："就怕看果园的人饶不了你。"

森林中到处都是流泉、瀑布、池塘、草坪，景色如画。同伴们坐在园内的一座中国式八角亭里休息，在亭内可远看到大海和里约热内卢市的风景，园中还有一座"中国森林公园"，它是目前世界上唯一具有中国园林风格的环保公园。

基督山的山顶有一座巨大的耶稣像，高约 30 米，重达 700 吨，两手展开间宽为 30 米，由法国著名雕塑家郎多夫斯基设计。这座耶稣像是世界巨型雕塑之一，也是里约热内卢市的标志。在里约热内卢城市的任何一处都能看到这座雕像，耶稣展开双臂，面部平和，虔诚地看着这座城市。

巴西的国立图书馆，在布兰科大街上，原名为"宫廷文库"，1822 年改组为巴西国立图书馆。现收藏珍本有富斯特与斯科弗合著的《拉丁圣母》，是全国最大的资料贮存库。

国家历史博物馆，曾是一座古朴典雅的总统府。内部总统寝室装饰十分华丽，保存着许多珍贵的文物和文件。馆内藏有各种奖章、勋章，约万余种，馆内分为军事博物馆、地理博物馆和海军博物馆。

萨尔瓦多，在巴西东北部，曾是巴西首都。城市面对大西洋，分为上城和下城两大区，城区间用电梯相连。游人乘电梯往返上下两城，十分新奇。

非洲人的传统音乐、舞蹈、食品和生活习惯在此都可看到，市内还有许多教堂，都是哥特式和巴洛克式的风格。

伊瓜苏大瀑布在巴西和阿根廷交界处的伊瓜苏河下游，大瀑布的地貌由 1.2 亿年前岩浆喷发而成。有 275 个大小瀑布，形成总宽 2700 米，落差 72 米的瀑布群，呈马蹄形，飞流直下，水势壮观，轰鸣震耳的响声在 20 千米外都清晰可闻。

这是人间的奇迹，是大自然的鬼斧神工，是造物主的杰作。同伴们在高高的、蓝蓝的天空下，在这单纯的自然之力前，任心灵被净化。在这奇迹面前又会让人感到内心平静，这就是为什么人们有时会喜欢到山川、海河、江湖中游览，感受神奇的自然景观。

潘塔纳尔，在葡萄牙语中是宽阔的沼泽之意。从巴西境内一直延伸到玻利维亚和巴拉圭，是南美著名的水乡。巴拉圭河和亚马孙河都发源于这块沼泽，雨季时常常是倾盆暴雨，河水也猛涨，此地的珍鸟也十分丰富，有白乐鹭、白鹭、蓝苍鹭、互嘴鸟、鸭子、水塘鸟。

亚马孙河，在世界河流中居第二，长 6440 千米，仅次于长度为 6695 千米的尼罗河，它也是世界上流量最大、流域最广的河流。流经南美8个国家，最终在贝伦附近注入大西洋，是世界上最神秘的"生命王国"。亚马孙河流经世界最大的热带雨林，此处的植物种类为全球之首，大树遮天蔽日，灌木和乔木有板状基根，树冠由高至低分层，各层都充满生机。水中生活着淡水鱼、淡水海豚和海洋哺乳动物。陆地上生活着美洲虎、细腰猫、貘、水豚及多种鱼和鸟类。现在亚马孙部分雨林被辟为保护区。

伊泰普大坝在巴拉那河上，大坝由巴西和巴拉圭两国合作建设，堪称世界第一坝。坝高225米，长8000米，所用的混凝土达1180万立方米，水库总容量290亿立方米。水电站主机房高112米，长968米，宽99米，装电容量达1260万千瓦，有趣的是此工程的合同书重达1吨，大坝被誉为世纪工程，是人类创造的又一奇迹。世界各国元首和政府首脑近百余人都到过此地，大坝堤上栽有许多护湖树林，郁郁葱葱，生机盎然，与原始森林相连。

巴西的足球世界闻名，在国际足联公布的排名榜上，巴西队长期居于榜首。巴西足球的成功归功于巴西人对足球的热爱，这里有世界最大的足球场，可容纳20万人。

巴西是世界上最大的咖啡生产国，素有"咖啡王国"之称，人们称咖啡为"绿色的金子"，大多巴西人喝咖啡喜欢加牛奶和糖。咖啡树高3米，叶呈椭圆形，果成对生。每年三四月开花，花开在叶腋部，五瓣，果实为青色，成熟时变为深红色，内含两粒咖啡种子，5～6月收获一次，咖啡有提神，强心作用。到巴西旅游一定记得要买本地生产的咖啡，如有可能也可买些咖啡的果实，作为装饰别有情趣。

巴西是南美红木的国度，盛产咖啡，全民喜欢足球，出产世界上90%的宝石，色彩鲜丽的宝石可让游人大饱眼福。

阿根廷，在西班牙语中意为"银子"，首都布宜诺斯艾利斯。自古以来就是南美洲重要的商业、科学、文化和艺术中心，素有"南美洲的巴黎"之称。布宜诺斯艾利斯，意为"空气清新"。同时它港湾多、河水深，是良好的军港和商港，也是一座美丽而又清洁的现代化的世界名城。

总统府曾是邮政总局的大楼，现称"玫瑰宫"，它是一座意大利风格的宫殿。总统府门前由4个支柱组成的雕塑分别代表农业、商业、科学和劳动。总统府内有一白厅，是安排重要事宜的地方，如总统就职、部长宣誓、外国大使递交国书。荣誉厅陈列着总统的半身塑像，总统绶带、权杖、总统夫人戴过的首饰。

科隆剧院，由汤博里尼设计，它与纽约大都会剧院和米兰的拉斯卡拉剧院并称为世界三大剧院。外观具有明显的意大利文艺复兴风格，而内部装饰却是法国风格，前厅高大宽敞，富丽堂皇，廊柱、门楣、墙面、台阶和扶栏全部使用精美的大理石雕刻而成，四周摆放着历代著名音乐家、指挥家的雕像。演出剧场气势雄伟、金碧辉煌，舞台宽 35.25 米，深 34.5 米，是世界上最大的舞台。有可旋转变换场景的功能，剧院是收藏有丰富珍贵物品的博物馆。

圣马丁纪念碑，纪念倍受爱戴的圣马丁将军。规模雄大，平台中央红色大理石基座上，高高耸着驾马腾空的将军，头戴船形帽，右手直指前方，基座周围镶嵌着著名战役的铜质浮雕，四个角上各有一组战士铜像，个个栩栩如生。游人们纷纷在雕像和浮雕前合影留念。

海女神群雕，雕像是以古希腊罗马神话为题材，而创作的白色大理石雕像。作品呈环形，有三个层次，最下面是三个身材高大的男青年，他们力挽骏马破水而出，中间是两个人身鱼尾的仙女托起一扇巨大的贝壳，贝壳之上安坐着美丽的海女神，她匀称丰满的胴体、潇洒自然的坐姿和安详恬静的神情，散发着青春的活力。

周队长看着雕像群说："听说过海神的传说吗？"

海湖看着雕像说："这三个男青年与海神的关系不清楚？但这个雕像群雕刻得相当出色，人物与骏马、贝壳都栩栩如生。我们在这儿照个相，怎么样？"说着同伴们便一起拍照。

在导游的带领下，同伴们在这条世界上最宽的"七月九日"大街上游览，这条宽街贯穿布宜诺斯艾利斯市南北大街，比巴黎香榭丽舍大街还宽十米，是世界最宽的大街。

街道两旁是现代化的高楼，人行道上有许多的露天咖啡店，男女同伴们与游人坐在路边的咖啡店边喝咖啡边休息。

绿地说："这条大街真的像北京长安街一样宽阔。"

街道两旁明亮的玻璃橱窗里陈列着来自世界各地的名牌商品。"七月九日"大街是布宜诺斯艾利斯最著名的大街，就像北京的长安街一样宽敞雄伟。

儿童共和国乐园，宗旨是让孩子们了解社会和国家组成的知识，同伴们来到这个免费向游人开放的乐园。它是一所别具一格的儿童乐园，乐园内充斥着风格各异的建筑，有德国式的尖顶建筑、俄罗斯的洋葱式圆顶建筑、红顶白墙的瑞士山中别墅、巴黎贵族气派的宫殿、罗马城的华丽豪宅，展示出欧洲所有建筑的风格。

周队长边看边说："来到这个公园真是大开眼界，这里还有'陆、海、空'三军基地。"公园的文化室内收藏有 1000 多种来自各国的玩具娃娃。公园里还有大片草地、森林、耕地、苗圃，充满田园之美。

海湖边看边说："这样的儿童乐园，别的城市很少见到，这儿的孩子都很幸运，能在这么好玩的公园里游玩。"

卢汉圣母大教堂，是红衣主教的驻地，又称"卢汉大教堂"，是一座哥特式建筑物。两座尖塔钟楼对称而立，高高的台阶上，耸着十几米高的拱形大门，大堂内金碧辉煌，巨大的窗户上嵌着五彩玻璃，教堂中供奉着一尊圣母像。

独立宫在图库曼市，1816 年，阿根廷在此宣布独立。独立宫由 3 个院子和院子周围的平房组成。主院一端是宣誓厅，厅内有当年举行会议的桌子、椅子，墙上挂着 28 位立宪议员的画像，还有图库曼女艺术家莫拉创作的浮雕，栩栩如生。

同伴们来到省历史博物馆，这里原来是阿维利亚内达家族的私人宅邸。在阿根廷内战时，这所房子是重要的活动中心，是北方联盟首领阿维利亚内达与盟友进行政治、军事策划的地方。这所房子又称"百门宅"，因为它有 100 个房门，窗户却很少，现这所房子被辟为图库曼省历史博物馆。

"七月七日"公园，是图库曼市最大的绿地，呈椭圆形。公园里有鲜花时钟、灯光喷泉，宁静闲适的藤萝架旁，矗立着阿波罗、维纳斯的雕像。周队长笑着对同伴们说："我们又看到神话里的人物了，来到他俩的身边你们有什么感想？"

七月七日公园

山川看着雕像说："你们俩人可真是慧眼识珠，来到人间选这么个好地儿，椭圆形的公园，绿绿的草坪，精致的喷泉，让我们好生羡慕。"

小陶对着雕像说："你们知道七月七日是什么日子吗？是我们中国的情人节，是牛郎织女会面的日子，你们俩怎么跑到这儿来约会？"

邱文洁说："他俩听说七月七日牛郎织女会面，想来看看热闹，日子是选对了，就从天上飘飘然来到这个漂亮的七月七日公园，哪知道这个公园是在国外的阿根廷，只好在这儿约会。"

周队长笑着说："你们说的传说都很精彩，不过我听说阿波罗的情人是达芙妮，早已变成月桂树了。维纳斯的情人我不清楚，可他们怎么会跑到这儿来？"

"露馅儿了吧，谁说太阳神与美神不能约会？他俩不就在我们面前吗？事实胜于雄辩。"海湖笑着看向同伴们，"对吧？"

邱文洁又说："听说人间的七月七日有个情人节，他俩都想来看看，碰巧都来到这里，这样解释如何？"

绿地笑着说："都是情人节闹的，把神仙们都搞糊涂了，中国的情人节跑到阿根廷来了。"

小陶笑着说："阿根廷人可能不这么认为，不信你们问问他们会怎么说？"

周队长笑着说："都怪我，是我提出的问题，不过是想考考你们的想象力怎么样。结果你们的想象力都很丰富，可以得满分。"

海湖笑着说："那你得请客，让我们饱餐一顿。"大家纷纷响应。

阿根廷是南美洲的"银子"，空气清新，玫瑰宫内设白厅。游走在七月九日大街，就像漫步在长安街，儿童共和国如同世界乐园，有来自各国的玩具，免费向游人开放。您也可坐在七月七日公园内椭圆形的绿地上，淡紫色的藤萝架旁，静静地欣赏阿波罗、维纳斯的雕像。

从亚洲、欧洲、非洲、澳洲、再到美洲，横穿世界的四大洋五大洲，六人结伴的环球旅行，每到一处，大家都会有不同的惊喜与感受。

在山水名城游览之余，喜欢外出旅行的他们组成六人小组，又踏上小城之旅，以亲身体验推荐值得光顾品味，又迷人多彩的旅游小城。

推荐旅游小城之———德国莱茵河边的美因茨

这座小城是欧洲印刷术的发明人约翰·古藤堡的出生地，对欧洲的文明起着重要的作用。

美因茨，有"父亲河"之称的莱茵河，最美丽的一段就是从德国美因茨开始的。每个城市都有各自城市的气质，美因茨是对整个欧洲文明起着重要推动作用的小城。因为欧洲发明印刷术的约翰·古藤堡就是在美因茨出生的，因而美因茨又称"古藤堡之城"。古藤堡身上体现着德国人的完美主义，在他发明印刷术之前，欧洲的文字都是书写在很昂贵的羊皮卷上，正是印刷术的发明加速了知识的传播。

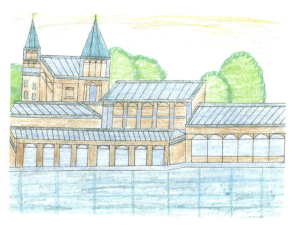

美因茨小城

美因茨至今已有2000余年的历史。在罗马帝国时美因茨声名达到顶峰，号称"金色城市"。当同伴们来到美因茨，第一眼看到的就是耸立在此的中世纪皇帝大教堂。教堂的建筑风格由罗马式和哥特式相结合而成，皇帝大教堂与科隆大教堂、特里尔大教堂被公认是德国著名的三大教堂。

美因茨小城中汇聚着德国人的很多特点，重视细节，人口素质高，等等。美因茨大学是德国著名的综合性大学之一。小小的美因茨又是德国的媒体重镇，德国电视二台（ZDF）及很多大型出版社总部都设立在美因茨。

德国的美茵茨是欧洲印刷术发明人约翰·古藤堡的出生地，因而许多知名的出版社的总部，都设在美茵茨。

推荐旅游小城之二——意大利威尼斯

有个美的令人目眩的城市,这就是意大利的水城——威尼斯。有人曾这样形容它"这里没有地震，但我的脚下摇晃不止，我也没喝醉，但我感觉自己晕晕乎乎的"。到威尼斯还不满24小时，同伴们已经晕车般地为威尼斯的美而晕眩。

游人乘坐火车，从车站

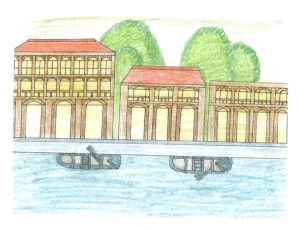

威尼斯

出门，来到大运河前，此处浪漫的游船，精美的建筑，会使所有的游客，都手舞足蹈，惊声欢呼，以示赞美。那是一种精细的美，哪怕游人有再多的心理准备也会被它所吸引，而沉迷与此。若是来到这儿，威尼斯只会将它的美艳，完全呈现在你的面前。

意大利的水城威尼斯，是个美得让游人眩晕的城市。

推荐旅游小城之三——欧洲岛屿之国克罗地亚

克罗地亚被称为"欧洲的珍珠项链"。它拥有欧洲南部特有的温暖阳光，每当正午时分，温暖的阳光就像大雨般倾泻而下，洒满你的全身。同伴们相约在鹅卵石铺成的街道上漫步，两旁五颜六色的房子，皆被染上七彩的阳光，光线在地上投下阴影，从而构成一幅光和影的油画。

周队长边看边说："这儿可能是欧洲油画的故乡，来到这儿到处都能看到现成的风景油画，你们看周围彩色房子像不像迷宫？脚下的鹅卵石街道被七彩的阳光照着，我们好像进到了彩色的油画世界。"

山川打趣道："刚踏上小城，你就这样感慨万千，后面还有好多美丽的风景等着我们观赏呢。"

在克罗地亚 4000 公里长的海岸线上，有着上千个漂亮的海岛，这些美丽的岛屿就像一串围绕着欧洲大陆的珍珠项链，它就是欧洲最宁静的国家——克罗地亚。同伴们开车沿着绵长的海岸公路游览，每到一个转弯处，都能看到开阔的碧海蓝天，从而感到欣喜与宽蔚。

如果停在茨雷斯岛上，将会看到这里不可思议的淡水湖。

漫步在葡萄园的小路上，就会明白这是酿制葡萄酒的克尔克岛。

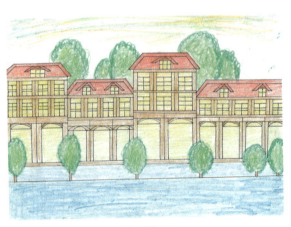

克罗地亚

踏上覆盖着百年松林的罗施尼岛，岛上是一眼望不到边的绿荫荫的绿树丛林。

来到有着金色海滨之称的拉布岛，就会看到金黄色的沙子与蓝蓝的海水，光脚在柔软的沙滩上或在边沿浅浅的海水里散步，是那么浪漫而又惬意。

登上雄伟美丽的布拉奇岛，游人就会感受到小岛如珍珠般光彩炫目。

到达被熏衣草包裹着的赫瓦尔岛，看到的都是淡紫色薰衣草，随风飘来阵阵的清香让人陶醉。

周队长看着这满眼的紫色说："你们想到什么？"

山川笑着说："队长又来出考题？"

小陶回答道："想到电影《薰衣草》的男主角和女主角一前一后在薰衣草地上漫步，他们后来在火车上……再后来他们又在餐馆里一起用餐。"

周队长笑着说："你说得简单明确，挺会用简洁的形式说明问题。"

邱文洁笑着说："她是不好意思详细对你说，这说明对这部电影的很多细节都令人印象深刻。"

海湖笑着说："看样子喜欢这部电影的人有不少。"

克罗地亚每一座岛屿都是上帝的恩赐，而在上千个海岛中，vis 小岛离海岸较远，是最安详富饶的一个。

克罗地亚是个被上帝眷恋的岛国，如同珍珠一样珍贵，小岛有如一幅幅光与影交汇的油画。

推荐旅游小城之四——法国南部的活力小城尼斯

尼斯，在法国南部，全年气候温和，日照充足，如世外桃源一般。地中海的光与影，造就了尼斯人超越其他人的艺术气质。男女同伴们每到一处，看到的都是一幅美轮美奂的油画，这是大自然赐予法国人的天堂。有海的地方，格外容易孕育爱恋，尼斯灿烂的阳光，绵长的海滩，法兰西的浪漫情怀，最容易让爱情升温。

尼斯是一座"恋人城"，夜晚同伴们坐在蓝色海岸边，听着海浪的拍打声，开一瓶法国香槟，点一盘新鲜的海贝。来到海边的恋人们有的是时间，调调情，跳跳舞，在附加一枚浓情热吻。

尼斯的英国海滨大道是一条全长 3.5 公里的大街，汇集着众多超一流的饭店和宾馆。尼斯嘉年华是世界嘉年华中最盛大的，每到这时，整个城市都沉迷在烟火、游行和化装舞会中，满街的游人纵情欢乐。

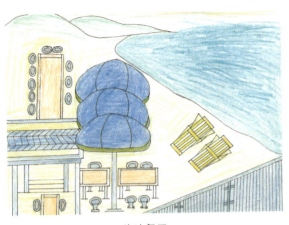

海边餐厅

尼斯西北有一个小山城，名葛拉斯，是举世闻名的法国香水城市。在这一带山野幽谷中盛开的鲜花，都是用来制作香水的原料。环绕着该城的香水工厂有 30 家左右，来到这儿最精彩的节目莫过于游览"国际香水博物馆"。而且这里的香水都是特价出售，同伴们各自挑选几款味道特别的香水，送给爱人家人，或亲朋好友。

如果你想在尼斯过冬，是个明智的选择。早晨可在山间滑雪，下午可躺在沙滩上享受温暖的日光浴，能在同一天感受不同季节的美好。在尼斯一定要记得品尝当地名产——"索卡"。

恋人如想让爱恋升温，就一定要来尼斯，这儿有温暖的阳光，绵长的海滩。在海边听听海浪的拍打声，打开一瓶法国香槟，点上一盘鲜贝，搭配上甜蜜的热吻，离开前再挑选一瓶味道别致的香水，浪漫而富有情趣。

推荐旅游小城之五——瑞士小城圣莫里茨

圣莫里茨

瑞士小城圣莫里茨是一处被森林、湖泊、伯尔尼纳和阿尔卑斯群峰环绕的高山旅游胜地，听说一年有 322 天都有明媚的阳光照耀着这片美丽的土地，人们都用"清爽的香槟气候"来赞美圣莫里茨的四季。这里成功举办过两次冬季奥林匹克运动会以及滑雪大赛。一年到头,游人都可以在这里享受高尔夫、马球及多项多彩的冰上运动。

清晨,同伴们出门在圣莫里茨湖畔漫步、开车,绕湖一周,满眼都是美景,这里一年四季都适合漫步游览。

夏天能看到帆船爱好者在湖上扬帆,点点白帆倒映在湖面上。

冬天湖水结成厚厚的冰面,这里就成了冰上赛马、冰上马球、冰上高尔夫和冰上钓鱼的最佳场所。

游人可乘坐著名的冰川快车、伯尔尼纳快车和棕榈快车,都可方便到达周边景区,且沿途风景也是美不胜收。

冰川的行驶路线是瑞士最受欢迎的全景观光游览路线,同伴们坐上这列红色的列车,车窗用宽大透明的特种玻璃制成,可以方便地看到车外景观,随着海拔高度的变换,游人们可看到不同风光。中途还可下车到达沃斯看一看,每年在这里举行的世界经济论坛会,使达沃斯成名,来自世界各地的一批又一批政界领袖和商界名流到此光顾。

来到如皇家宫殿般富丽堂皇的豪华饭店,圣莫里茨优美壮阔的雪山景观尽收眼底。餐厅内星光熠熠,世界各地影视巨星、商业名人、政要名人和王宫贵族都可能成为你的邻座,到时可别太过惊奇哦。

瑞士的小城圣莫里茨,一年里有 322 天的阳光,漫步在城中,美丽的风光引人无限遐想。

推荐旅游小城之六——意大利西西里岛

西西里岛,传说"如果你不到西西里,就像是没到过意大利,因为在西西里岛才能找到意大利的美丽之源"。这是格斯 1787 年到达帕勒莫时写下的句子。

在地图上看,西西里岛是意大利那只伸向地中海皮靴上的足球,辽阔而富饶。同伴们踏上小岛,举目望去

西西里岛

皆是果实累累的橘林、柠檬园和大片的橄榄树林。帕勒莫是一座比意大利历史更悠久的古都，拥有世界上最优美的海岬。据说凡见过这个城市的人，都会忍不住回头多看一眼，帕勒莫是个充满异国情调的城市。

意大利小城西西里岛，听名字就可知道，这颗美丽的地中海上的足球有多吸引人的眼球，回头率自然高。

推荐旅游小城之七——美国夏威夷

夏威夷，是太平洋中部的一组火山岛，现为美国的一个州，又被称为"太平洋的十字路口"。它的倩影常出现在电影中，海水碧蓝，人工海滩上的细沙干净柔软，最出名的还是岛上的火山。在世界蜜月佳地中，它的名次高高在上，稳坐第一。007的扮演者皮尔斯·布鲁斯南在拍摄工作之余，每年都会来到这个安静而美丽的人间天堂，放松心情。同伴们光着脚走在细软的沙子上，来到海边的遮阳篷下，坐在躺椅上说着话。

周队长说："听说这儿的沙子都是用船舶从外地运来的，那得运多少趟？从哪儿运来的？"

绿地说："老兄你怎么说话总是提问题，这次我们都不回答，你自问自答怎么样？"

周队长笑着说："遇到难题答不上来了吧？这下总算有你们答不上来的问题了。实话说这个问题，我也答不出来。"

海湖说："不行，你这也是没答上来，不能给分，还罚你请客。"

小陶笑着说："问问'007'，说不定他知道？"

邱文洁笑着说："可惜他不在这儿，队长请客是请定了。"

周队长笑着说："我们换个话题，听说……"

山川笑着打断道："又

夏威夷

是听说，你能不能换个说法？"

周队长笑着起身，来到同伴旁边。

山川观察着周队长的动作，醒悟过来，叫道："不好。"说着立刻起身向海边跑去，队长紧追过去，两人在海水里追逐打闹。同伴们看着他们都笑了起来，另两位男同伴也起身跑向大海，他们在海水里回身招手，将女士们也招呼过去，一同畅游在美丽的大海中。

美国夏威夷，太平洋上的十字路口，前后左右都是海水，难怪"007"也被吸引而来，在海边乘凉观景。到过夏威夷的人都会对风景如画的小岛难以忘怀。蓝天、白云、阳光、海水、沙滩、绿树、椰林、海边的原始茅草屋与路边的高档星级饭店，现代与原始的鲜明对照，自然与人工的巧妙融合。热带的夏威夷风情使小岛充满浪漫的异国情调，难怪会成为人们旅游或度蜜月的最佳选择地。

推荐旅游小城之八——迪拜

迪拜，在中东地区，是阿拉伯联合酋长国。迪拜市是融合阿拉伯文化、西方文化和南亚文化的新兴现代化城市。自从1966年发现石油，就变成了一个国际大都会。

迪拜这个用金子堆砌起来的城市，最豪华的就是世界闻名的七星级酒店，意为"阿拉伯之星"。高321米，有56层，拥有202套复式客房，由英国设计师汤姆·莱特设计建造。

迪拜

这座七星级酒店，耸立在海边的人工小岛上，外形似帆船状，通体呈塔形。在中间部位，修成一个全球最高的花园中庭。同伴们满怀好奇与惊喜的心情，来到迪拜"黄金屋"，这里奢华却不显庸俗，酒店内任何细节都处理的绅士般矜持，淑女般优雅，室内的装饰品，每件都是俗中求雅，且俗且雅，无处不彰显着它是全世界最豪华的酒店。

迪拜，这个用黄金堆起来的，全世界最著名的阿拉伯之星，最惹眼的还是厚重华丽的白金帆酒店。用七颗星赞誉这颗浮在海上的明星，一点儿也不过分。

推荐的旅游小城都在这儿，你是否已挑选到自己喜爱与欣赏的小城，如果有时间和精力就来游览一番吧。

欧洲旅游防线——行前准备

1. 请带全护照、身份证、机票、个人旅行用品。欧盟体国家之间不用检查护照，到这些国家几乎感觉不到有边境的存在，但进入和离开欧洲必须检查护照。

2. 根据季节准备衣物：欧洲冬季平均 0～5 度，夏季平均 20～26 度，晚间比日间约低 8～10 度，着装以轻便舒适为主。欧洲酒店出于环保意识往往没有牙刷、牙膏、拖鞋等一次性用品，游客需自带。

3. 人民币在欧洲仍不能使用，赴欧洲一定要带上美金与欧元，尽量多对换一些小额钱币备用。

4. 必带常用药品：在欧洲买药必须凭医生处方，而且医疗费用昂贵。

5. 使用带轮子的行李箱，方便随航班托运和随身携带。

6. 如果携带 139、138、137、136、135 开头的手机号，出发前先前往当地电信系统办理开通国际功能手续。在国外拨外线都先拨 0，打国内须拨 0086，在香港需拨 00186。各国电话卡不同，但德国、荷兰电话卡可通用。

7. 乘飞机不可将贵重物品放在托运行李内，包括相机、相机用电池、摄像机等，国际航线的机位最好提前 10 天确认。收到托运行李后一定要将上面的旧条取掉，以防下次托运行李时引起误会，导致行李运错地方。

8. 欧洲饭店都是从二楼开始算作一楼，电梯的标识普遍为 G，法国用 R 表示，德国用 E 表示。不可穿拖鞋或睡衣在饭店来回走，卫生间的自来水可饮用。

9. 欧洲与中国时差夏天为 6 小时，冬天为 7 小时。

10. 临行前，最好把所办的事和托管的东西用纸记录下来，再先后办理。需带的东西都详细用纸条写出来，再按顺序准备。

旅游的相关提示一：防晕车

1. 晕车药，在上车前 10～15 分钟吞服。途中临时服药者，在服药后站立 15～20 分钟后再坐下。以便药物吸收，行程两小时以上又出现晕车时，可再服 1 粒。

需注意晕车药有可能会引起口干、头晕等副作用。

2. 改变坐的方向，选择落座的方向和车辆行进的方向一致。尽量选择坐下后可面向车辆行进方向的座位，且以靠近通道左侧为宜，可有效防止晕车状况的发生。

3. 口香糖，乘车时嚼口香糖。因为嘴巴不停地开合可以减缓内耳压力，对克服晕车也很有效。

4. 放松心情，发生晕车与思想因素具有很大关系。有晕车习惯的人，别总担心会晕车，放松思想，坐车养成习惯就不会晕车。在旅途中，多与同行者谈笑，分散注意力，也可避免晕车状况的发生。

5. 鲜姜和橘皮，民间有很多治疗晕车的偏方。材料不同，原理基本相同。都是依靠食物的刺激性气味来防止晕车。乘车前 5 ～ 10 分钟喝一杯加有生姜水的温开水，可有效防止晕车。上车时随身携带橘子，当乘车出现不适时，也可将橘皮随时放在鼻下闻一闻，也有助于抑制晕车呕吐。

6. 充足的睡眠与休息，出门旅行前，经常会忙碌，得不到很好休息，这也容易引起晕车。如果乘车前睡好睡足，精神饱满，乘车旅行时也能有效防止晕车状况的发生。

7. 束紧裤带，上车前将裤带束紧。这样可防止内脏在体内过分晃动，尽量选择车厢内前边的座位，下坡时注意抓紧扶手，可减缓惯性对内脏的冲击，以减少晕车状况的发生。

8. 运动疗法，医学专家指出，晕车可用运动锻炼来治疗。晕车与内耳前庭器有关，与体质没什么关系。一些带旋转、翻腾项目的运动可提高内耳前庭器的适应能力和平衡能力。最简单的方法就是转圈练习，两臂侧平举，原地转圈，坚持一段时间，就可快乐地享受旅游。

相关提示二：乘飞机喝矿泉水最健康

有数据表明，飞行时间达 3 小时，体内水分会减少，有些人之所以感觉长途飞行非常辛苦劳累，原因之一就是没有及时补充足够水分。飞机上都备有各式各样的饮料，乘客可随意随量取用。但并不是每种饮料都能起到很好的补充水分的作用。营养学家认为，在飞机上首选饮料是天然矿泉水，这是由于矿泉水中含有氧，在补充水的同时，又可以补充氧。

相关提示三：静止场合运动

有时在密闭、嘈杂的空间，容易使人头昏脑涨，适当的一些小动作，可帮你消除紧张，使头脑清醒。

颈部：双手放于脸颊上，略施力助头部往右侧下弯和左侧下弯，以充分活动颈部。

肩部：抬高双肩，再放下。

手部：双手合掌，向前、向后大幅度旋转手腕关节。

胸部：挺胸，双手置于背后，交叉相握并向上抬，伸展胸部。

腰背部：双手掌贴在腰背两侧上，作上下摩擦背部的按摩。

脚部：脚尖、脚跟来回触地，以活动脚踝。

以上这些动作，在车上或飞机上都可以随时随地的运动。

相关提示四：慢生活

优质的 SlowLife 运动已成为如今的都市主题。慢生活就是放慢生活的脚步，体味生活的本质，感性、浪漫、细腻、飘逸、优雅。在慢步、慢行、慢游、慢读的生活中体会香茶、好书、轻歌、美食，能懂得享受拥有的空间和时间，才是真正简易、和谐、时尚的优质生活。

相关提示五：生命在于运动

视外出旅行为生活的一项内容，从而得到愉悦身心，享受生活的乐趣。

后记

　　总算完成想写的全部内容，虽不近人意，但总算按时完成。其实也没有人给我规定时间，我一边学习，一边完成写作，写得精彩的大多有各位导师指点润色，不尽人意的皆出自本人拙笔。各位导师在专业领域强于我太多，而我对文字的掌握和控制能力还算值得一提，也可算作强强联合。

　　读者们用惯了"中餐、西餐"（指一本书一个内容），或许会惊喜于我们别具一格的"自助餐"（指一本书有多个内容）。各种图文并茂的"美味佳肴"都呈现在读者面前，可以按各自的喜好，任意挑选自己喜爱的"美味"。借助一句广告词，"总有一款适合你"。衣食住行四款我都喜欢，因而写成这本书。书中适量有趣的插画，也大大增加了阅读的趣味性。

　　可以预想到看过书后，电影导演可能会说："书中叙说的故事情节都那么简单，现实生活中有么？"看样子我得又当导演又当编剧。我坚信换一种思维，以生活纪录片的拍摄手法或适当增加情节，就可以拍出一部精彩的电影。

　　电视剧导演会说："四集的内容看起来不长，如果每部分各拍三十集，连起来就可拍一百二十集，如果你是个好导演，收视率会很高。"

　　童话作家可能会说："我可以编成一本学前教育读本。"

　　这样幼儿园的教师就可以指着书上的画，对孩子们说："孩子们你们看，这是衣服。"

　　孩子们用稚嫩的童声答道："是漂亮的衣服。"

　　教师笑着点头，说："对，是漂亮的衣服。"

　　教师又指着另一处插画说："大家看，这是好吃的蛋糕。"

　　孩子们用纯澈的目光盯着画上的蛋糕，说："可以分给我们吃吗？"

教师笑着说："我也想尝尝呢。"

教师又指着书上的房子说："你们看，这是房子。"

孩子们说："是好看的房子。"

教师说："你们说得对，是好看的房子。"

教师最后指着迪斯尼乐园说："这里是最好玩的儿童乐园。"

孩子们期盼地问："我们可以去玩吗？"

教师温柔地笑着答道："等你们长大一些，就可以去玩儿。"

男人们可能会说："我的书柜里已有许多书，不过，像这样把饮食、穿衣、住宅、旅行在一起叙述的书还是头一次看到。"

女人们会说："这本书放在枕边，说不定可以帮助睡眠。"

学生也可能会说："作为课外读物，值得翻阅。"

旅行者准备外出所用的行装时，拿起这本书看着说："说不定在旅途中可以读来解闷。"

一位名人说过，如果你看一本书，其中的一句话，或一个传说让你感动，那就是作者的成功、读者的收获。不知我是否做到了？静候佳音。

最后，我要感谢我的女儿，全部书稿的打字与插图工作都由她完成的。